建筑电气与智能化
设计技术措施
（2024 年版）

清華大学 建筑设计研究院有限公司 编

中国电力出版社
CHINA ELECTRIC POWER PRESS

内 容 提 要

为更好地贯彻落实《建设工程质量管理条例》与清华大学建筑设计研究院有限公司质量管理措施，统一设计团队在工程设计中的习惯做法和图面表达方式，进一步提高设计质量和设计效率，清华大学建筑设计研究院有限公司组织编制了《建筑电气与智能化设计技术措施（2024年版）》（简称《技术措施》）。

本《技术措施》分为通用篇、电气篇、智能化篇和说明篇4篇，主要包括总则，制图规定，供配电系统，应急、备用电源，变（配）电所，建筑光伏系统与直流配电，低压配电，照明，常用电气设备配电，电线、电缆选择及敷设，防雷、接地、等电位联结，电气消防，信息设施系统，建筑设备管理系统，安全技术防范系统，智能化系统机房，住宅电气施工图设计说明示例，公共建筑电气施工图设计说明示例等26章内容。

本《技术措施》适用于从事建筑电气与智能化设计的设计人员和管理人员学习和使用，也可供相关专业师生参考。

图书在版编目（CIP）数据

建筑电气与智能化设计技术措施：2024年版 / 清华大学建筑设计研究院有限公司编. -- 北京：中国电力出版社，2024.10. -- ISBN 978-7-5198-9294-4

Ⅰ.TU85

中国国家版本馆CIP数据核字第2024LU4017号

出版发行：中国电力出版社
地　　址：北京市东城区北京站西街19号（邮政编码100005）
网　　址：http://www.cepp.sgcc.com.cn
责任编辑：翟巧珍（010-63412351）
责任校对：黄　蓓　朱丽芳　王海南
装帧设计：郝晓燕
责任印制：石　雷

印　　刷：北京博海升彩色印刷有限公司
版　　次：2024年10月第一版
印　　次：2024年10月北京第一次印刷
开　　本：787毫米×1092毫米　16开本
印　　张：20
字　　数：492千字
定　　价：99.00元

本书编委会

序

在这个充满希望与挑战的时代，在建筑领域不断发展与创新的当下，清华大学建筑设计研究院有限公司（THAD）秉持着对建筑设计的热忱和对技术创新的不懈追求，精心编撰了《建筑电气与智能化设计技术措施（2024 年版）》（简称《技术措施》）。

我们深知电气与智能化专业在建筑设计中的重要性与复杂性。电气系统如同建筑的"神经网络"，其合理设计与高效运行，直接关系到建筑的功能实现、能源利用效率以及使用者的舒适度与安全性。

近年来，由 THAD 设计并建成的工程已获得国家级、省部级优秀设计奖达 600 余项。THAD 主编及参编了多项国家、地方及行业标准，拥有 100 多项专利技术；主编了《建筑设计资料集（第三版） 第 2 分册 居住》《应急照明设计与安装》《智能供配电与照明控制》等多项专著、图集，参编了《建筑学名词》《照明设计手册》等多部工具书籍；同时，作为产学研的平台，自 2011 年起被教育部确认为全日制专业学位硕士研究生联合培养基地。THAD 作为建筑学院、土水学院等院系教学、科研和实践相结合的基地，积极利用清华大学深厚广博的学术、科研和教学资源，不断实现学术研究与科技成果之间的转化，鼓励并支持设计人员总结设计经验，分享科研成果，推动行业发展，承担社会责任。

《技术措施》的编撰，坚持以问题为导向、以实践为基础，旨在解决电气设计中的常见问题，提供优化解决方案，是对 THAD 多年来在电气专业领域积累的丰富经验与技术成果的系统梳理与总结，汇聚了 THAD 众多优秀电气工程师的智慧，结合了国内外最新的规范标准、前沿技术及实际工程案例，以适应建筑行业智能化、绿色化的发展趋势，力求为广大从业者提供全面、准确且实用的技术指导。

我们期望《技术措施》不应只为 THAD 独享，更希望能够成为广大建筑电气从业者的良师益友，助力大家在设计工作中不断提升技术水平，创新设计思路，借此推动电气专业技术的交流与进步，为我国建筑事业的高质量发展贡献一份力量。

中国工程院院士

THAD 首席总建筑师、技术委员会主任

2024 年 8 月

前　言

为更好地贯彻落实《建设工程质量管理条例》和 THAD 质量管理措施，统一 THAD 设计团队在工程设计中的习惯做法和图面表达方式，进一步提高设计质量和设计效率，向建设单位提供优质的设计产品，特编制《建筑电气与智能化设计技术措施（2024 年版）》（简称《技术措施》），供电气设计人员使用。

《技术措施》分通用、电气、智能化、说明篇共 4 篇，主要内容包括总则，制图规定，供配电系统，应急、备用电源，变（配）电所，建筑光伏系统与直流配电，低压配电，照明，常用电气设备配电，电线、电缆选择及敷设，防雷、接地、等电位联结，电气消防，信息设施系统，建筑设备管理系统，安全技术防范系统，智能化系统机房，住宅电气施工图设计说明示例，公共建筑电气施工图设计说明示例，住宅电气消防施工图设计说明示例，公共建筑电气消防施工图设计说明示例，住宅智能化施工图设计说明示例，公共建筑智能化施工图设计说明示例，电气节能设计说明示例，绿色建筑电气设计说明示例，电气人防施工图设计说明示例，夜景照明设计说明示例，共 26 章。

依据现行的相关规范、标准及北京市相关技术措施及常用做法，《技术措施》力求总结清华大学建筑设计研究院有限公司的设计经验和设计特点，做到简洁实用。由于本措施内容较多，加之时间仓促，恐存不少缺点和遗漏，希望电气专业设计人员在使用过程中，对本《技术措施》提出批评意见并认真总结、不断积累设计经验，以便今后不断修订和完善。

《技术措施》第 1～6、12、26 章由徐华编写（万亚龙绘图）；第 7 章由杨大强编写（万亚龙绘图）；第 8、14 章由王磊编写；第 9、10 章由武毅编写（万亚龙绘图）；第 11、15、17 章由刘力红编写；第 13、16、21、22 章由郭红艳编写（万亚龙绘图）；第 18 章由杨莉编写；第 19、20 章由艾涛编写；第 23～25 章由黄景峰编写。全书由戴德慈主审。

《技术措施》由清华大学建筑设计院有限公司审批并颁布实施，由技术质量部负责管理及对条文和具体技术内容的解释。

《建筑电气与智能化设计技术措施》编制组
2024 年 8 月

目 录

第1篇 通 用 篇

1 总 则

1.1 在民用建筑项目电气与智能化设计中，为更好地贯彻落实《建设工程质量管理条例》和清华大学建筑设计研究院有限公司质量管理措施，统一设计团队在工程设计中的习惯做法和图面表达方式，进一步提高设计质量和设计效率，向建设单位提供优质的设计产品，制定本《技术措施》。

1.2 本《技术措施》适用于纳入本院质量管理体系的设计项目。如项目业主有特殊要求，并严于本《技术措施》时，应做好协调论证。

1.3 项目设计应符合项目所在地相关规划和政策、法规的要求，符合国家、行业及地方的有关规范、标准、规程和技术措施要求。采用新技术、新产品和新材料时，应及时取得建设单位的确认。

1.4 各阶段设计文件的编制深度应符合中华人民共和国住房和城乡建设部现行《建筑工程设计文件编制深度规定》的相关要求。

1.5 在各设计阶段，应与建筑、结构、给排水、暖通空调、经济等专业密切配合，互提资料，相互协调，确保建筑电气与智能化专业技术合理和工程整体质量优良。

1.6 本《技术措施》未述及的内容应遵守国家、行业和地方现行相关规范、标准、规程的要求，可参照执行本院颁布的《电气专业有效版本目录》中推荐的《全国民用建筑工程设计技术措施》和相关设计手册的内容。

2 制 图 规 定

2.1 文件管理

2.1.1 制图标准应按照《建筑制图标准》GB/T 50104 执行。CAD 设计文件应统一标准，形成设计数据交换的统一语言环境。

2.1.2 图纸编排应按图纸目录、图例符号、设计说明、系统图、平面图、大样图等顺序编排。

2.1.3 图纸编号。

（1）当图纸数量少于 20 张时，图纸编号可按"专业统称＋设计阶段简称＋序号"编排。"专业统称"为"电""弱""智""照"，"设计阶段简称"为"初""施"，序号为 1～20，进行连续排列。

（2）当图纸超过 20 张时，为便于增减图纸，图纸编号按"专业统称＋设计阶段简称＋图纸类别系列号＋序号"编排，并遵循下列规定："电初""弱初"等代表初步设计图纸统一的"专业统称＋设计阶段简称"，"电施""弱施"等代表施工图纸统一的"专业统称＋设计阶段简称"，不得随意在"专业统称＋设计阶段简称"部分再加入任何中文或英文符号。

（3）电气图纸编号。

1）电气初步设计图纸用"电初＋图纸类别系列号＋序号"（初步设计说明用 Word 版），见表 2.1-1。

表 2.1-1 电气初步设计图纸编号

图纸类别系列号	图纸类别内容	序号
0	图纸目录、图例符号、设备表、总图等	同类图纸数量少于 100 时用两位数，00、01 等。 同类图纸数量大于 100 时，用三位数 000、001 等
1	变电所相关图纸	
2	电力照明平面图	
3	电气消防系统图	

例："电初 001、002、…、099"为图例、文字代号、总图、主要设备表等。

"电初 101、102、…、199"为变电所部分主要图纸，一般包含高压系统图、低压系统图、变电所平面布置图及剖面图、竖向干线系统图等。

"电初 201、202、…、299"为电力照明平面图（主要是配电路由、消防应急照明系统及平面图）。

"电初 301、302、…、399"为电气消防系统图（火灾自动报警系统图、电气漏电火灾系统图、防火门监控系统图、消防电源监控系统图）、电气消防平面图（消防各系统平面）等。

2）电气施工图图纸用"电施＋图纸类别系列号＋序号"，见表 2.1-2。

表 2.1-2   电气施工图图纸编号

图纸类别系列号	图纸类别内容	序号
0	施工说明、图例、文字符号、设备表、总图	同类图纸数量少于100时用两位数，00、01等。 同类图纸数量大于100时，用三位数000、001等
1	变电所部分全部图纸	
2	竖向系统图、配电箱系统图	
3	电力平面图	
4	照明平面图	
5	防雷、接地平面图	
6	竖井布置、安装大样、户型大样图	
7	电气消防说明、系统图	
8	电气消防平面图	

注　电气消防系统较少时，电气消防平面可与消防说明、系统图连续编号，编入系列 7。

例："电施 001、002、…、099"为说明、图例、文字符号、总图、主要设备材料表等。

"电施 101、102、…、199"为变电所全部图纸，一般包含高压系统图、低压系统图，以及变电所平面布置图、剖面图、电力平面图、照明平面图、接地平面图等。

"电施 201、202、…、299"为竖向系统图、配电箱系统图、控制原理图等。

"电施 301、302、…、399"为电力平面图。

"电施 401、402、…、499"为照明平面图（对于简单的项目，电力、照明平面图可合并在一起；根据项目复杂程度，自行确定消防应急照明与普通照明是否分开在不同平面表示）。

"电施 501、502、…、599"为防雷、接地平面图。

"电施 601、602、…、699"为竖井布置、安装大样、户型大样图、其他详图。

"电施 701、702、…、799"为电气消防施工说明、系统图［火灾自动报警系统图、电气漏电火灾系统图、防火门监控系统图、消防电源监控系统图、余压监测控制系统图、消防应急照明和疏散指示系统图（此系统也可编入电施 201 系列）等］。

"电施 801、802、…、899"为电气消防平面图（消防各系统平面图）。

（4）配电箱系统图的命名。相同图名单纯按序号编排不得超过 3 张，超过时，图名应与区域、功能等属性相对应。

例：不超过 3 张图纸时：照明配电箱系统图一、照明配电箱系统图二、照明配电箱系统图三。

当超过 3 张图纸时：B1 ~ B2 层照明配电箱系统图、1 ~ 5 层照明配电箱系统图、标准层照明配电箱系统图、室外照明配电箱系统图。如果某层系统图仍然超过 3 张，可再按区域编号，如 B1 层 A 区配电箱系统图。

（5）智能化图纸编号。

1）如果合同要求是一般设计深度要求，初步设计用"弱初 + 图纸类别系列号 + 序号"（初步设计说明用 Word 版），施工图用"弱施 + 图纸类别系列号 + 序号"。可根据项目情况把综合布线、安防、广播等分开或合画一个平面。

例如，初步设计编号：弱初 001、002、…为图例、文字符号、总图、主要机房、竖井布置分布图。

弱初 101、102、…为弱电系统图。

弱初 201、202、…为弱电平面图（主要干线路由）。

施工图编号：弱施 001、002、…为施工说明、文字符号、总图。

弱施 101、102、…为弱电系统图。

弱施 201、202、…为弱电平面图，弱施 301、302、…为机房、竖井分布图。

2）如果合同要求是专项设计深度要求，用"智施 + 图纸类别系列号 + 序号"。

例如，智施 001、002、…为说明、图例、总图。智施 101、102、…为信息设施系统（信息接入系统、布线系统、移动通信室内信号覆盖系统、卫星通信系统、用户电话交换系统、无线对讲系统、信息网络系统、有线电视及卫星电视接收系统、公共广播系统、会议系统、信息导引及发布系统、时钟系统等）、建筑设备管理系统、安全技术防范系统［视频监控系统、出入口控制系统、入侵报警系统、电子巡查系统、访客对讲系统、停车库（场）管理系统、安全防范综合管理（平台）系统］等。

智施 201、202、…为信息设施平面图（如果系统较多，可把"综合布线平面图、公共广播系统"等系统编成一套平面）。

智施 301、302、…为安防平面图。

智施 401、402、…为建筑设备管理平面图。

智施 501、502、…为机房、竖井布置、安装大样。

如果信息设施、安防、建筑设备管理等用一张平面能够表达清楚，则可以用"智能化平面图"命名。

（6）照明专项图纸编号。照明专项设计，一般是方案阶段后，直接进入施工图设计，施工图编号用"照施 + 图纸类别系列号 + 序号"。如果合同要求有初步设计阶段，则初步设计图纸编号用"照初 + 图纸类别系列号 + 序号"。

例：照施 001、002 为说明、图例及文字符号、配电系统图、控制原理图，照施 101、102 为照明配电平面图，照施 201、202 为照明控制平面图（如果在照明配电平面图中能表达清楚，可与照明配电平面图合并），照施 301、302 为灯具安装大样图。

（7）通用图。当项目有多个子项时（如住宅小区、学校），可以把设计说明、图例符号、户型大样图、节点图、原理图等公用图纸编成通用图。通用图可单独成册，也可编入每个子项图纸目录中。

通用图一般在施工图阶段，电气图纸编号为电通 01、电通 02 等，弱电图纸编号为弱通 01、弱通 02 等，智能化编号为智通 01、智通 02 等。

（8）人防图纸。宜单独排序，在图名最后中注明"RF"，人防图纸应能独立成套，包括图纸目录、设计说明及相关系统图、平面图及详图。

例：电施 01-RF 为人防设计说明，电施 02-RF 为人防配电系统图，电施 03-RF 为人防电力平面图，电施 04-RF 为人防照明平面图。

（9）变电所报审图纸。应能独立成套，包括图纸目录、设计说明及相关系统图及变电所位置示意图、平面布置图、剖面图、电力照明平面、接地平面图。

（10）如有甲方要求图纸编号按照《房屋建筑统一制图标准》（GB/T 50001—2017）执行，可按甲方具体要求编号。

2.1.4　字体。除项目有特殊要求外，为使西文、汉字字高一致，图样、表格和说明中的汉字应使用 bzhz.shx，数字和西文应使用 bzxw.shx，高宽比 0.8。将字型文件设定成（bzxw.shx，bzhz.shx），把字型文件"bzxw.shx""bzhz.shx"拷贝到 AutoCAD 的 Fonts 子目录下。如果使用 Windows 的字体，应采用仿宋 GB 2312 大字体，把大字体 GB 2312 字形文件拷贝到 Windows 的 Fonts 子目录下。

2.1.5 字高。

（1）图面字高应严格采用 2.5、3.5、4、5、7、10mm 六类字高，字间距及行距宜使用标准字间距，行距宜采用 1.0 倍行距。

（2）采用字型文件"bzxw.shx""bzhz.shx"时，平面图、系统图中字高可用 4mm，图例、图纸说明书字高可用 5mm。如果采用仿宋 GB 2312 大字体，平面图、系统图中字高可用 2.5mm，图例、图纸说明书字高可用 4mm，见图 2.1-1。

说明书：字高5mm

bzxw.shx、bzhz.shx

除项目有特殊要求外，为使西文、汉字字高一致，图样、表格和说明中的汉字应使用 bzhz.shx，数字和西文应使用 bzxw.shx，高宽比为0.8。将字型文件设定成（bzxw.shx，bzhz.shx），把字形文件"bzxw.shx""bzhz.shx"拷贝到ACAD的Fonts子目录下。如果使用Windows的字体，应采用仿宋GB 2312大字体，把大字体GB 2312字形文件拷贝到Windows的Fonts子目录下。

1 图面字高应严格采用2.5、3.5、4、5、7、10mm 六类字高，字间距及行距宜使用标准字间距，行距宜采用1.0 倍行距。

2 采用字形文件"bzxw.shx""bzhz.shx"时，平面图、系统图中字高可用4mm，图例、图纸说明书字高可用5mm。如果采用仿宋GB 2312大字体，平面图、系统图中字高可用2.5mm，图例、图纸说明书字高可用4mm。

(a) bzxw.shx示例

说明书：字高4mm

仿宋GB2312

除项目有特殊要求外，为使西文、汉字字高一致，图样、表格和说明中的汉字应使用bzhz.shx，数字和西文应使用bzxw.shx，高宽比0.8。将字型文件设定成（bzxw.shx，bzhz.shx），把字形文件bzxw.shx、bzhz.shx拷贝到ACAD的Fonts子目录下。如果使用Windows的字体，应采用仿宋GB 2312大字体，把大字体GB 2312字形文件拷贝到Windows的Fonts子目录下。

1 图面字高应严格采用2.5、3.5、4、5、7、10mm六类字高，字间距及行距宜使用标准字间距，行距宜采用1.0 倍行距。

2 采用字形文件"bzxw.shx""bzhz.shx"时，平面图、系统图中字高可用4mm，图例、图纸说明书字高可用5mm。如果采用仿宋GB 2312大字体，平面图、系统图中字高可用2.5mm，图例、图纸说明书字高可用4mm。

(b) 仿宋GB 2312示例

图 2.1-1 字高要求

（3）文字在 CAD 文件中的高度与出图比例有关，按不同比例打印出图时绘图字高应乘以图纸比例，其高度关系可参见表 2.1-3。

表 2.1-3 　　　　　　　　　　　不同图纸比例的绘图字高

绘图高度 图纸比例	出图高度 (mm)					
	2.5	**3.5**	**4**	**5**	**7**	**10**
1:200	500	700	800	1000	1400	2000
1:100	250	350	400	500	700	1000
1:50	125	175	200	250	350	500
1:20	50	70	80	100	140	200
1:10	25	35	40	50	70	100
1:5	12.5	17.5	20	25	35	50
1:1	2.5	3.5	4	5	7	10

注　图框签字栏中的字体和字高（用 THAD 的图框，不应打碎，可用属性修改）：工程名称、图名汉字：常规黑体，高 4mm，宽高比为 0.80；其他汉字：常规仿宋 GB 2312，高 3.5mm，宽高比为 0.80；数字及西方字母：Arial，高 4mm，宽高比为 1.00。

2.1.6　线宽。

线宽在打印样式中通过颜色指定。不应使用多义线（pline）表达图线宽度或进行填充。对图纸表达中的线宽种类可参见表 2.1.4。

表 2.1.4 　　　　　　　　　　　线宽种类与颜色号

图线类型	线宽	颜色号	一般用途
细线	0.15	9	家具、洁具、设备、车位、柱子填充部分
	0.2	8	轴线、门窗、玻璃隔墙
粗线	0.25	7	建筑墙线、尺寸线、文字、标注
	0.25	3	图表、图例、图形符号
	0.25	4	线槽外框、敷设引线
	0.35	6	智能化线路（带文字线路）
	0.35	2	二次接线、大样图设备框线
	0.35	5	线槽中心线
极粗线	0.5	6	应急线路、系统支线、控制线路
	0.6	1	普通平面线路，系统母线

注　家具、卫生洁具、空调设备、车位、混凝土柱等，在打印样式中指定出图灰度，在底图中淡显，可设置淡显至 30%；建筑房间名称在打印样式中指定出图灰度，在底图中淡显，可设置淡显至 60%。

2.1.7　比例。CAD 设计中应严格遵守足尺寸（即 1∶1）原则，只有少数示意性的图形可以除外。示意性的图形包括各种表格、图表以及工程位置、分区示意等。

2.1.8　图纸规格。图纸规格应统一，除总图、图纸目录外，原则上一套图不超过两种图幅，采用 A1 或 A2 图幅为主。

A0 ～ A3 幅面图纸的长边可加长，加长长度按横向边长 L 的倍数加长，如加长长度为 L/8、L/4、L/2、L 等几种。

2.1.9　文件归档。

（1）设计图纸的电子文件应以 dwg 格式提交归档；设计说明、计算书等文本文件应以 doc、xls 格式提交归档；提交的其他相关文件可以是 tif、gif、jpg、pdf 或 bmp 格式文件。

（2）交付顾客的图纸文件生成 pdf（或 dwf）格式文件，文本文件生成 pdf 格式文件。

1）dwg 文件格式和设置。归档文件设置清单见表 2.1-5。

表 2.1-5　　　　　　　　　　　　　　　归档文件设置清单

设置	状态
原点	0，0，0
网格	关闭
图层	当前层置于 0 层
坐标系	世界坐标系
视图缩放	范围

2）dwg（或 pdf）文件设置。dwg（或 pdf）格式文件应以相应的图名作为文件名，并应按照原图要求的比例进行设置。

2.1.10　文件交付。

（1）交付的施工图成品设计文件。施工图设计完成后，按合同要求，可向顾客提供与纸介质图纸文件版本一致的 pdf（或 dwg）格式文件，以及设计说明书、计算书等文体的 pdf 格式文件。

（2）交付电子文件的媒体。交付电子文件的媒体应为只读光盘。

2.2　图例、符号

2.2.1　电气常用设备图形符号见表 2.2-1。

表 2.2-1　　　　　　　　　　　　　　　电气常用设备图形符号

序号	图形符号	名称	备注
1		电力配电箱（AP）	明 / 暗 / 落地安装
2		照明配电箱（AL）	明 / 暗 / 落地安装
3		电能表箱（AW）	明 / 暗 / 落地安装
4		消防双电源互投箱（ATE）	明 / 暗 / 落地安装
5		控制箱（AC）	明 / 暗 / 落地安装
6		非消防双电源互投箱（ATP）	明 / 暗 / 落地安装
7		隔离开关箱（AK）	明 / 暗 / 落地安装
8	RS	防火卷帘门控制器	明装，距顶 0.3m
9	CS	电动挡烟垂壁控制箱	设备处明装；距顶 0.2m
10	CDZ	交流充电桩	落地 / 壁挂安装
11	M~	水泵、风机、电动机	
12	∞	吸顶排风扇位	顶板留接线盒
13		窗式排风扇	壁挂安装
14		插座箱	明 / 暗装，底边距地 1.2m
15	±	风机盘管	
16	±VRV	VRV 室内机	
17	1	洗手盆感应器接线盒	预留 86 接线盒，底边距地 0.5m

续表

序号	图形符号	名称	备注
18	2	小便斗感应器接线盒	预留 86 接线盒，底边距地 1.2m
19	M⊕	风幕机	
20	▷⊲	电风扇	吊管安装，底边距底 3.0m
21	M	电磁阀	
22	M	电动阀	
23	⊙⊙	一般或保护型按钮盒	暗装，底边距地 1.3m
24	⌴	电铃	壁装，底边距地 2.5m
25	⊙	地面接线盒	地面或地板上暗装
26	AC	三种通风方式控制箱	
27	AS	三种通风方式信号箱	
28	AX	防化值班室插座箱	
29	▭	熔断器盒	平时安装，距顶 0.2m
30	╋	防护密闭穿墙套管（配合土建预埋）	
31	～	测压、空气放射性显示装置	明装，底边距地 1.3m
32	⊗	音响信号按钮	
33	MEB	总等电位接线端子箱	暗、明装，底边距地 0.5m
34	LEB	局部等电位接线端子箱	暗、明装，底边距地 0.3m
35		单（双、三、四）联单控开关	暗装，底边距地 1.3m
36		防溅型单（双、三）联单控开关	暗装，底边距地 1.3m
37		单联双控开关	暗装，底边距地 1.3m
38	t	声光控延时开关	暗装，底边距地 1.3m
39	T	红外感应延时开关	暗装，底边距地 1.3m
40		防爆型单（双、三、四）联单控开关	暗装，底边距地 1.3m
41	$N(1、2、3、4)$	带指示灯单（双、三、四）联单控开关	暗装，底边距地 1.3m
42		风机盘管控制开关（温控器）	暗装，底边距地 1.3m
43	VRV	VRV 控制器	暗装，底边距地 1.3m
44		电风扇调速开关	暗装，底边距地 1.3m
45		调光器	暗装，底边距地 1.3m
46	K	照明智能开关	暗装，底边距地 1.3m
47	⊙▭	定时开关	暗装，底边距地 1.3m
48	▼	"请勿打扰"门铃开关	暗装，底边距地 1.3m
49		防水型安全插座（二、三孔，开关控）	暗装，底边距地 1.5m
50		二、三孔安全插座	暗装，底边距地 0.3m

续表

序号	图形符号	名称	备注
51		烘手器安全插座（二、三孔）	暗装，底边距地 1.5m
52		防爆安全插座（二、三孔）	暗装，底边距地 0.3m
53		密闭带接地插孔三相安全插座	暗装，底边距地 0.3m
54		暗装带接地插孔三相安全插座	暗装，底边距地 0.3m
55		防爆带接地插孔三相安全插座	暗装，底边距地 0.3m
56		带熔断器三相四极安全插座	暗装，底边距地 0.3m
57		地面安全插座（二、三孔，IP54）	地面安装
58		带隔离变压器的安全插座	暗装，底边距地 0.3m
59		热水器安全插座（三孔，IP54）	暗装，底边距地 2.3m
60		壁挂空调安全插座（三孔，开关控）	暗装，底边距地 1.8m
61		柜式空调安全插座（二、三孔，开关控）	暗装，底边距地 0.3m
62		卫生间安全插座（二、三孔，IP54）	暗装，底边距地 1.5m
63		智能马桶用安全插座（二、三孔，IP54）	暗装，底边距地 0.5m
64		冰箱安全插座（三孔，开关控）	暗装，底边距地 0.3m，安装在厨房时，底边距地 1.5m
65		油烟机安全插座（三孔，IP54）	暗装，底边距地 2.0m
66		厨房用安全插座（二、三孔，开关控，IP54）	暗装，底边距地 1.4m
67		厨房用安全插座（二、三孔，开关控，IP54）	暗装，底边距地 0.5m
68		洗衣机安全插座（三孔，开关控，IP54）	暗装，底边距地 1.3m
69		分集水器用电源安全插座（二、三孔，开关控，IP54）	暗装，底边距地 0.3m
70		壁挂炉安全插座（二、三孔，IP54）	暗装，底边距地 2.0m
71		热宝安全插座（二、三孔，开关控，IP54）	暗装，底边距地 0.5m
72		带 USB 口安全插座（二、三孔，开关控）	暗装，底边距地 0.3m
73	▶A ALEE	A 型应急照明配电箱	壁挂安装，底边距地 1.2m
74	▶B ALEE	B 型应急照明配电箱	壁挂安装，底边距地 1.2m
75	ⅢA	A 型应急照明集中电源	壁挂安装，底边距地 1.2m
76	ⅢB	B 型应急照明集中电源	壁挂安装，底边距地 1.2m
77	E	A 型出口指示 / 禁止入内标志灯	门上方 200mm 安装
78	EC	应急照明控制器	壁挂安装，底边距地 1.2m，或机柜内安装

序号	图形符号	名 称	备 注
79		集中电源疏散照明灯（A 型）	吸顶安装／吊装
80		自带电源疏散照明灯（A 型）	吸顶安装／吊装
81		集中电源疏散照明灯（A 型）	壁装，底边距地 2.2m
82		自带电源疏散照明灯（A 型）	壁装，底边距地 2.2m
83		台阶疏散照明灯（A 型）	台阶踢面嵌入安装
84		集中电源疏散照明灯（B 型）	吸顶安装、吊装
85		集中电源疏散照明灯（B 型）	壁装，底边距地不小于 8m
86		自带电源疏散照明灯（B 型）	吸顶安装、吊装，底边距地不小于 8m
87		自带电源疏散照明灯（B 型）	壁装，底边距地不小于 8m
88	←F	A 型双面多信息复合标志灯	吊装、吸顶安装
89	←F	A 型多信息复合标志灯	吊装、吸顶安装
90	E	A 型疏散出口标志灯	门上方 200mm 安装
91	S	A 型安全出口标志灯	门上方 200mm 安装
92	←	A 型双面单向指示灯	吊装、吸顶安装
93	←	A 型单面单向指示灯	壁装、吊装、吸顶安装
94	←→	A 型双方向指示灯	壁装、吊装、吸顶安装（仅用于指示状态可变场所）
95	F	A 型楼层标志灯	壁装，底边距地 2.2～2.5m
96	FW	A 型单面方向标志灯（向前）	吸顶安装、吊装、壁装，底边距地 2.2～2.5m
97	FW 向前	A 型落地单面方向标志灯（向前）	2.2～2.5m 高标灯柱，落地安装（高大空间）
98	RI	A 型避难层（间）入口标志灯	疏散门上方 200mm 安装
99	RO	A 型避难层（间）出口标志灯	疏散门上方 200mm 安装
100		A 型地面方向标志灯（双向）	地面嵌入式安装
101		A 型地面方向标志灯（单向）	地面嵌入式安装
102		双管灯具	吊装、吸顶安装
103		单管灯具	吊装、吸顶安装
104		三管灯具	吊装、吸顶安装
105		单管壁装灯具	壁挂安装
106	LD	单管直管灯（自带雷达感应），车库用	吊装、吸顶安装
107		防爆管型灯具一	吊装、吸顶安装
108	EX	防爆管型灯具二	吊装、吸顶安装
109	UV	紫外线管型灯具	吊装、吸顶安装
110	EN	密闭灯具	吊装、吸顶安装

续表

序号	图形符号	名称	备注
111		方形平面灯具	吸顶安装、吊顶内嵌入式安装
112		矩形平面灯具	吸顶安装、吊顶内嵌入式安装
113		方形格栅灯	吊顶内嵌入式安装
114		矩形格栅灯	吊顶内嵌入式安装
115		嵌入式筒灯一	吊顶内嵌入式安装
116		嵌入式筒灯二	吊顶内嵌入式安装
117		嵌入式筒灯三	吊顶内嵌入式安装
118		吸顶灯（防水型）	吸顶安装
119		吸顶灯一	吸顶安装
120		吸顶灯二	吸顶安装
121		壁灯一	吊装、吸顶安装
122		墙上座灯（管井用）	吊装、吸顶安装
123		壁灯二	吊装、吸顶安装
124		壁灯三	吊装、吸顶安装
125		花具	吊装、吸顶安装
126		防爆灯具	吊装、吸顶安装
127		紫外线灯具	吊装、吸顶安装
128		大功率 LED 工矿灯	吊装、吸顶安装
129		灯具接线盒	顶板预留接线盒
130		投光灯	根据工程安装位置确定安装方式
131		聚光灯	根据工程安装位置确定安装方式
132		泛光灯	根据工程安装位置确定安装方式
133		闪光型信号灯	根据工程安装位置确定安装方式
134		风向标灯（停机坪）	
135		着陆方向灯（停机坪）	
136		围界灯（停机坪）	绿色全向光束，立式安装
137		航空地面灯具	白色全向光束，嵌入式（停机坪瞄准点灯）
138		障碍灯、危险灯	红色闪光全向光束

序号	图形符号	名称	备注
139	QF	断路器	
140	QF	带漏电保护的断路器	
141	QS	隔离开关	
142	QS	负荷开关	
143	FU	熔断器	
144	QFS	熔断器式隔离开关	
145	E-SB	启动按钮开关	
146	E-SB	停止按钮开关	
147	S	旋钮开关	
148	K	动合触点	
149	K	动断触点	
150	KT	延时闭合的动合触点	
151	KT	延时断开的动合触点	
152	KT	延时闭合的动断触点	
153	KT	延时断开的动断触点	
154	K	继电器或接触器线圈	
155	KH	热继电器	
156	KH	热继电器的热元件	
157	KM	接触器主动合触点	
158	KM	接触器主动断触点	
159	Ⓐ	电流表	

序号	图形符号	名称	备注
160	V	电压表	
161	cosφ	功率因数表	
162		电容器组	
163		信号灯	
164	Wh	电能表	
165	Varh	无功电能表	
166	QAT	降压启动器	
167	UF	变频器	
168	L	电抗器	
169	TA	电流互感器	
170	TA	零序电流互感器	
171	TV	电压互感器	
172	EPS	EPS 电源箱 / 柜	
173	UPS	UPS（不间断）电源箱 / 柜	
174		导流风机	
175	G	柴油发电站	柴油发电站（总图用）
176		变电所，配电所	变电所，配电所（总图用）
177		直通型电缆井	仅为平面符号，电缆井具体做法详见图集
178		90°转角电缆井	仅为平面符号，电缆井具体做法详见图集
179		斜通型电缆井	仅为平面符号，电缆井具体做法详见图集
180		三通型电缆井	仅为平面符号，电缆井具体做法详见图集
181		四通型电缆井	仅为平面符号，电缆井具体做法详见图集

2.2.2　常用智能化图例、符号分别见表 2.2-2 ～表 2.2-6。

表 2.2-2　　　　　　　　　　　火灾自动报警与联动系统图形符号

序号	图形符号	名称	备注
1		雨淋报警阀（组）	
2		信号阀	
3		手动报警按钮	明装，底边距地 1.4m
4		带电话插孔的手动报警按钮	明装，底边距地 1.4m
5		火灾报警电话分机	明装，底边距地 1.4m
6		消火栓报警按钮	消火栓箱内安装
7		火灾应急广播扬声器	吸顶安装
8		火警电铃	明装，底边距地 2.5m
9		火灾声光报警器	明装，底边距地 2.5m
10	P	压力开关	
11	F	高位水箱流量开关	
12	Φ SE	排烟口	
13	Φ	增压送风口	
14	Φ 280℃	常开防火阀 280℃	设备处顶板预留接线盒
15	Φ 280℃	常闭防火阀 280℃	设备处顶板预留接线盒
16	Φ 70℃	常开防火阀 70℃	设备处顶板预留接线盒
17	M	模块箱	机房、管井内明装，底边距地 1.4m
18	S	可燃气体报警控制器	明装，底边距地 1.5m 或安装于专用机柜内
19	Z	区域型火灾报警控制器	明装，底边距地 1.5m 或安装于专用机柜内
20	C	集中型火灾报警控制器	明装，底边距地 1.5m 或安装于专用机柜内
21	CRT	火灾计算机图形显示系统	安装于专用机柜内
22	GE	气体灭火控制盘	明装，底边距地 1.5m 或安装于专用机柜内
23	LB	漏电报警模块	配电柜、箱内安装
24	H	家用火灾报警控制器	明装，底边距地 15m
25	XD	接线端子箱	明装，底边距地 1.4m
26	S	点型感烟探测器	吸顶安装
27	I	点型感温探测器	吸顶安装
28		复合型探测器	吸顶安装

序号	图形符号	名称	备注
29		缆式线型感温探测器	线槽、桥架、夹层、隧道内安装
30		家用点型感烟探测器	吸顶安装
31		图像型火灾探测器	根据产品参数选择吊装或壁装
32		可燃气体探测器	吸顶安装
33		线型光束感烟探测器（发射）	壁装
34		线型光束感烟探测器（接收）	壁装
35		感光火灾探测器	根据产品参数选择安装方式
36		独立式感烟火灾探测报警器	吸顶安装
37		独立式感温火灾探测报警器	吸顶安装
38	D	火灾显示器	壁装，底边距地 1.4m 安装
39	I/O	输入输出模块	模块箱内安装或设备处吸顶安装
40	O	输出模块	模块箱内安装或设备处吸顶安装
41	I	单输入模块	模块箱内安装或设备处吸顶安装
42	SI	总线隔离器	设备处吸顶安装或壁装时底边距底 2.5m
43	SB	安全栅	吸顶或挂墙 2.5m 安装
44	BO	总线广播模块	模块箱内安装或设备处吸顶安装
45	TP	总线电话模块	模块箱内安装或设备处吸顶安装
46	P	电源模块	模块箱内安装或设备处吸顶安装
47		湿式报警阀（组）	
48		预作用报警阀（组）	
49	D	区域显示器（火灾显示盘）	明装，底边距地 1.4m
50	L	水池水位计	设备处顶板预留接线盒
51	L	水流指示器	设备处顶板预留接线盒
52		消防电话插孔	明装，底边距地 1.4m
53		编码型火灾声光警报器（气体灭火）	防区每个出入口门内外安装
54		气体钢瓶	
55	GE	放气指示灯	门外正上方 0.2m 处安装
56		手动、自动转换装置＋紧急启停按钮	明装，底边距地 1.4m
57		消防水炮	
58	JM	消防炮解码器	

续表

序号	图形符号	名称	备注
59	K	消防炮现场控制盘	
60	FHM-B	常闭防火门监控模块	
61	⊔	门磁开关	
62	FHM-K	常开防火门监控模块	
63	EC	常开防火门电动闭门器	
64	RD	常开防火门门磁释放器	

表 2.2-3　　　　　　　　通信、综合布线及广播系统图形符号

序号	图形符号	名称	备注
1	TD	数据插座"2TD"表示二孔插座	暗装，底边距地 0.3m
2	TO	综合布线信息插座（电话＋数据）"2TO"表示二孔插座	暗装，底边距地 0.3m
3	TP	综合布线信息插座"2TP"表示二孔插座	暗装，底边距地 0.3m
4	MDF	总配线架	弱电机柜内安装
5	ODF	光纤配线架	弱电机柜内安装
6	IDF	中间配线架	弱电机柜内安装
7	CD	建筑群配线架	弱电机柜内安装
8	BD	建筑物配线架	弱电机柜内安装
9	FD	楼层配线架	弱电机柜内安装
10	CP	CP 集合点	吊顶内安装
11	SW	交换机	弱电机柜内安装
12	HUB	集线器	弱电机柜内安装
13	LIU	光纤连接盘	弱电机柜内安装
14	AHD	家居配线箱	暗装，底边距地 0.3m
15	⊠	综合布线配线架	弱电机柜内安装
16	+SPC	程控交换机	弱电机柜内安装
17	+PABX	程控用户交换机	弱电机柜内安装
18	▷AP	功率放大器	弱电机柜内安装
19	◁	扬声器	吸顶安装
20	◁	扬声器箱	壁挂安装
21	◁B	壁挂扬声器	壁挂安装
22	◁	嵌入式扬声器	嵌入式安装
23	▷⊢	调音台	根据具体工程情况选择安装方式
24	□	监听器	根据具体工程情况选择安装方式

表 2.2-4 安全技术防范系统图形符号

序号	图形符号	名称	备注
1		枪式摄像机	根据产品型号选择吊装或壁装
2		全球彩色摄像机	根据产品型号选择吊装或壁装
3		半球红外摄像机	吸顶安装
4		红外带照明灯摄像机	根据产品型号选择吊装或壁装
5		被动红外探测器	吸顶安装
6		微波入侵探测器	吸顶安装
7		被动红外/微波复合探测器	吸顶安装
8		主动红外探测器（发射端）	根据产品型号选择吊装或壁装
9		主动红外探测器（接收端）	根据产品型号选择吊装或壁装
10		门/窗磁开关	门窗上安装
11		电控锁	门上安装
12		读卡器	暗装，底边距地 1.3m
13		电控锁开门按钮	暗装，底边距地 1.3m
14		楼宇对讲主机	暗装，底边距地 1.3m 落地安装
15		可视对讲机	暗装，底边距地 1.3m 落地安装
16		可视对讲户外机	暗装，底边距地 1.3m 落地安装
17		户内对讲分机	暗装，底边距地 1.3m
18		人像识别器	根据产品型号选安装方式
19		电光信号转换器	弱电机柜内安装
20		光电信号转换器	弱电机柜内安装
21		震动探测器	壁装、吊装、吸顶安装
22		玻璃破碎探测器	根据产品型号选安装方式
23		压敏探测器	根据产品型号选安装方式
24		保安无线巡更打卡器	壁装，底边距地 1.3m

表 2.2-5 建筑设备管理系统图形符号

序号	图形符号	名称	备注
1	BAC	建筑自动化控制器	根据具体工程情况选择安装方式
2	DDC	直接数字控制器	根据具体工程情况选择安装方式
3	HM	热能表	根据具体工程情况选择安装方式

续表

序号	图形符号	名称	备注
4	GM	燃气表	根据具体工程情况选择安装方式
5	WM	水表	根据具体工程情况选择安装方式
6	Wh	电能表	根据具体工程情况选择安装方式
7	A/D	模拟 / 数字变换器	根据具体工程情况选择安装方式
8	D/A	数字 / 模拟变换器	根据具体工程情况选择安装方式
9		粗效空气过滤器	根据具体工程情况选择安装方式
10		中效空气过滤器	根据具体工程情况选择安装方式
11		高效空气过滤器	根据具体工程情况选择安装方式
12	T	温度传感器	根据具体工程情况选择安装方式
13	P	压力传感器	根据具体工程情况选择安装方式
14	M	湿度传感器	根据具体工程情况选择安装方式
15	PD	压差传感器	根据具体工程情况选择安装方式
16		计数控制开关，动合触点	根据具体工程情况选择安装方式
17		流体控制开关，动合触点	根据具体工程情况选择安装方式
18		气流控制开关，动合触点	根据具体工程情况选择安装方式
19		空气加热器	根据具体工程情况选择安装方式
20		空气冷却器	根据具体工程情况选择安装方式
21		空气加热、冷却器	根据具体工程情况选择安装方式
22		电动对开多叶调节阀	根据具体工程情况选择安装方式
23		电动蝶阀	根据具体工程情况选择安装方式
24		电动比例调节平衡阀	根据具体工程情况选择安装方式

表 2.2-6　　　　　　　　　　　有线电视系统图形符号

序号	图形符号	名称	备注
1	TV	电视插座	暗装，底边距地 0.3m
2		天线	根据具体工程情况选择安装方式
3	MOD	调制解调器	根据具体工程情况选择安装方式
4		放大器	根据具体工程情况选择安装方式

序号	图形符号	名称	备注
5		带馈线的抛物面天线	根据具体工程情况选择安装方式
6	dB	衰减器	根据具体工程情况选择安装方式
7		干线分配放大器	机柜/箱内安装
8		二分配器	机柜/箱内安装
9		三分配器	机柜/箱内安装
10		四分配器	机柜/箱内安装
11		一分支器	机柜/箱内安装
12		二分支器	机柜/箱内安装
13		三分支器	机柜/箱内安装
14		四分支器	机柜/箱内安装
15		终端电阻	机柜/箱内安装
16	VH	前端箱	机房内安装，底边距地 1.2m
17	VP	分支分配器箱	机房内安装，底边距地 1.2m

2.3 设备标注及线路敷设

2.3.1 电气设备编号原则

2.3.1.1 变压器编号

变压器编号用 □ Tn 表示，其中 □ 为变电所编号；n 为变压器序号等。例如，2T1：表示 2 号变电所 1 号变压器（只有 1 座变电所时，最前面的变电所编号 2 可以省略）。

变压器文字标注应注明型号、规格及相关参数，例 SCB17-1000kVA，$10\pm2\times2.5\%/0.4kV$，Dyn11，$U_k\%=6\%$；SCBH19-1600/10-NX1，$10\pm2\times2.5\%/0.4kV$，Dyn11，$U_k\%=6\%$。

2.3.1.2 低压配电柜柜体编号

低压配电柜柜体编号用 □ ANn 表示，其中 □ 为变电所及变压器编号；n 为柜体序号等。例如，2T1AN01：2 号变电所 1 号变压器 01 号低压配电柜（只有 1 座变电所时，最前面的变电所编号可以省略）。

低压配电柜出线回路编号用 □ ANn—1，2，…，m 表示，其中 n 表示柜体序号，m 表示回路序号。例如，2T1AN01-1：2 号变电所 1 号变压器 01 号低压配电柜第 1 个出线回路（只有 1 座变电所时，最前面变电所编号 2 可以省略）。

2.3.1.3 高压配电柜柜体编号

高压配电柜柜体编号用 □ AHn 表示，其中 □ 为变电所编号；n 为柜体序号等。

例如，2AH01：2 号变电所 01 号高压配电柜（只有 1 座变电所时，最前面的变电所编号 2 可以省略）。

2.3.1.4 配电箱、控制箱编号

配电箱、控制箱编号示例见图 2.3-1。

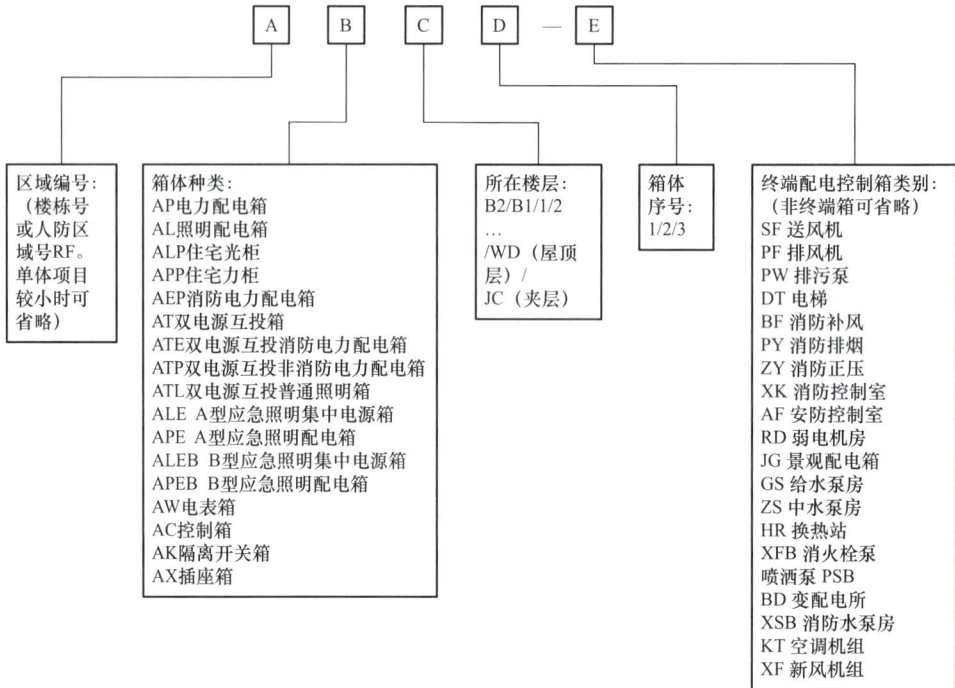

图 2.3-1 配电箱、控制箱编号示例

例如，C1AW21：表示 C1 区二层 1 号电能表箱；C1ACB12-PF：表示 C1 区 B1 层 2 号排风机控制箱。

2.3.2 智能化设备编号原则

智能化设备编号示例见图 2.3-2。

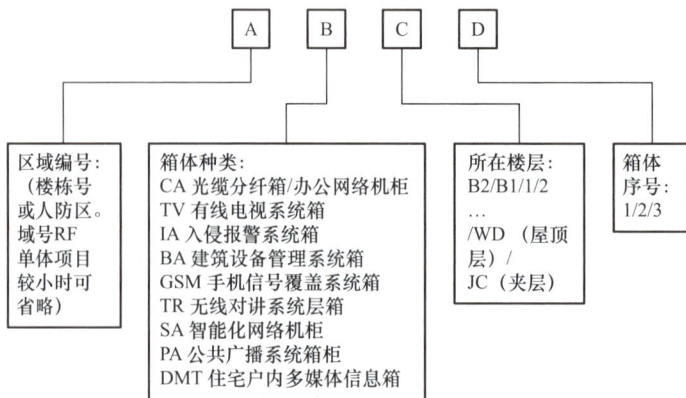

图 2.3-2 智能化设备编号示例

例如，C1BA21：表示 C1 区二层 1 号建筑设备管理系统箱；C1SAB12：表示 C1 区 B1 层 2 号智能化网络机柜。

2.3.3 元器件代号

低压框架断路器 ACB、塑壳断路器 MCCB、微型断路器 MCB、剩余电流动作保护电器 RCD、剩余电流动作断路器 RCBO、电涌保护器 SPD、SPD 用过电流保护器 SCB、熔断器 FC、熔断器或隔离开关 QB。

2.3.4 配电回路标注

配电回路标注用□n 表示，其中□表示线路功能代号：普通电力干线 WPM、普通照明干线 WLM、应急电源干线 WEM、电力支干线 WP、照明支线 WL、插座支线 WS、风机盘管支线 WF、应急照明支线 WE；n 表示回路号，用数字 1、2 等表示，回路标注见图 2.3-3、图 2.3-4。

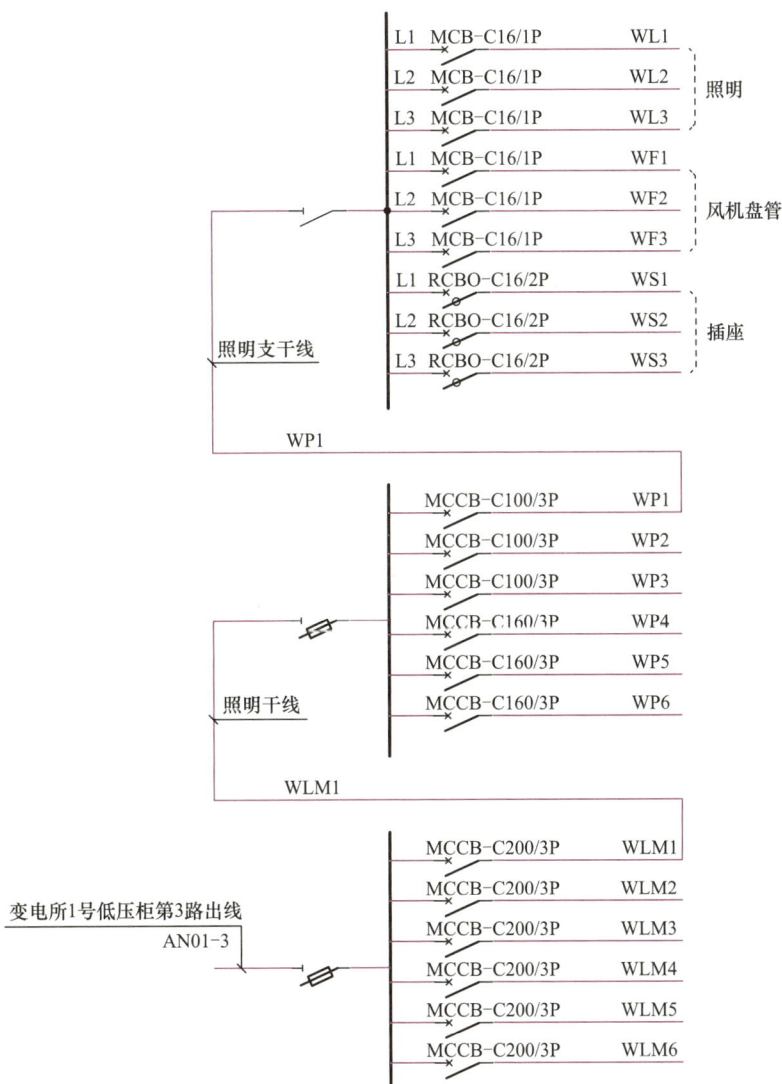

图 2.3-3　普通回路标注

2.3.5 线缆标注

线路标注：A-B（C×D＋E×F）/H，其中 A 为线缆型号；B 为线缆根数（1 根时，省略，并省略括号）；C 为线缆相线或相线和 N 线芯数；D 为相线或相线和 N 线线缆截面；E 为 1（PE 线）或 2（N＋PE）；F 为 PE 线线缆截面；H 为敷设方式，导线敷设方式文字标注见表 2.3-1，导线敷设部位文字标注见表 2.3-2。

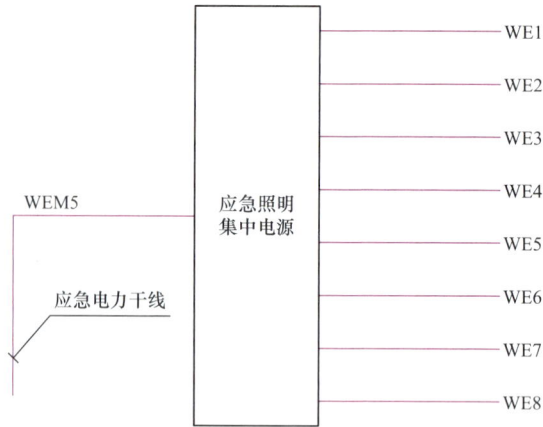

图 2.3-4　应急照明回路标注

表 2.3-1　　　　　　　　　　　　　导线敷设方式文字标注

序号	文字符号	名称	备注
1	SC	穿低压流体输送用焊接钢管敷设	
2	JDG	穿套接紧定式钢管敷设	
3	FPC	穿阻燃半硬塑料导管敷设	
4	PC	穿阻燃硬质塑料导管敷设	
5	CT	电缆桥架敷设	
6	MR	金属线槽敷设	
7	PR	塑料线槽敷设	
8	M	钢索敷设	
9	CP	穿可挠金属电线保护管敷设	
10	KPC	穿塑料波纹电线管敷设	
11	DB	直埋敷设	
12	TC	电缆沟敷设	
13	CE	混凝土排管敷设	

表 2.3-2　　　　　　　　　　　　　导线敷设部位文字标注

序号	文字符号	名称	备注
1	AB	沿或跨梁（屋架）敷设	
2	BC	暗敷在梁内	
3	AC	沿或跨柱敷设	
4	CLC	暗敷设在柱内	
5	WS	沿墙面敷设	
6	WC	暗敷设在墙内	
7	CE	沿天棚或顶板面敷设	
8	CC	暗敷设在屋面或顶板内	
9	SCE	吊顶内敷设	
10	FC	地板或地面下敷设	

例 1　YJY-2(3×95+2×50)/MR，表示该线缆为 2 根 YJY 电缆（交联聚乙烯绝缘聚乙烯护套电缆），3 芯 95mm^2 加 2 芯 50mm^2，沿槽盒敷设。

例 2　YJY-4×95+1×50/MR，表示该线缆为 1 根 YJY 电缆（交联聚乙烯绝缘聚乙烯护套电缆），4 芯 95mm^2 加 1 芯 50mm^2，沿槽盒敷设。

例 3　WDUZB-B1（d0，t1，a1-0.6/1）-YJY-4×95+1×50/SR，铜芯无卤低烟低毒，阻燃 B 类，交联聚乙烯绝缘聚烯烃护套电力电缆，燃烧性能 B1 级，4 芯 95mm^2 加 1 芯 50mm^2，沿槽盒敷设（燃烧滴落物 / 微粒等级为 d0 级，烟气毒性等级为 t1 级，腐蚀性等级为 a1 级，"d0，t1，a1"及额定电压 0.6/1kV 也可标注省略，统一写在说明书中）。

2.4　图纸绘制

2.4.1　布图

（1）无特殊要求，应按顺序横向布图。图纸充满度至少布满整个图幅的 80%。

（2）在同一张图纸上布置多个楼层平面时，各层平面宜按层数由低到高的顺序从下向上、从左至右布置，并在每个平面图正下方注明该图名。

（3）在一张图上有多个平面、详图内容时，每个内容下方均需要注明各自名称和比例。

2.4.2　原点设置

由建筑专业的轴网文件确定项目设计文件的原点位置，建筑电气与智能化专业的设计文件应以上述轴网文件的原点为参照，不应加以更改。

一般情况下，对于单体建筑，建议将建筑专业轴网的最左侧一根轴线与最下方一根轴线的交点应定位在"0，0，0"。对于居住区或群体建筑，也可根据规划条件给定的坐标使用大地坐标系定位。

2.4.3　图层

应严格按图层划分绘图，所有图层颜色、线型均设置为"by layer"，所有图形实体必须采用其所在的图层的缺省颜色，即选择"by layer"而不是"by entity"，从非 AutoCAD 文件转换而来的实体，也应该满足此要求。

电气图层设置见表 2.4-1，智能化图层设置见表 2.4-2。

表 2.4-1　　　　　　　　　　　　　电气图层设置

关键字	图层名称	颜色	线型	平面图例	备注
设备 - 照明	EQUIP- 照明	3	CONTINUOUS	———	
设备 - 动力	EQUIP- 动力	3	CONTINUOUS	———	
设备 - 插座	EQUIP- 插座	3	CONTINUOUS	———	
设备 - 箱柜	EQUIP- 箱柜	3	CONTINUOUS	———	
设备 - 消防	EQUIP- 消防	3	CONTINUOUS	———	
设备 - 应急照明	EQUIP- 应急	3	CONTINUOUS	———	
元件	ELEMENT	3	CONTINUOUS	———	
引线	LWIRE	4	CONTINUOUS	———	
导线 - 照明	WIRE- 照明	1	CONTINUOUS	———	照明

关键字	图层名称	颜色	线型	平面图例	备注
导线 - 动力	WIRE- 动力	1	CONTINUOUS	——	动力
导线 - 插座	WIRE- 插座	1	CONTINUOUS		插座
导线 - 系统	WIRE- 系统	1	CONTINUOUS	——	
导线 - 应急	WIRE- 应急	1	TG_EL	—— EL ——	应急照明
导线 - 消防	WIRE- 消防	6	TG_S	—— S ——	消防信号
导线 - 消防	WIRE- 消防	6	TG_S1	—— S1 ——	报警信号
导线 - 消防	WIRE- 消防	6	TG_S2	—— S2 ——	联动信号
导线 - 电源	WIRE- 消防电源	6	TG_D	—— D ——	消防电源
导线 - 广播	WIRE- 消防广播	6	TG_BC	—— BC ——	消防广播
导线 - 电话	WIRE- 消防电话	6	TG_F	—— F ——	消防电话
导线 - 控制	WIRE- 消防控制	4	TG_C	—— C ——	连锁控制线
导线 - 控制	WIRE- 消防控制	4	TG_K	—— K ——	手动控制线
导线 - 消防其他	WIRE- 消防其他	6	CONTINUOUS	——	其他消防
导线 - 避雷	WIRE- 避雷	4	TG_X_	×- -×	
导线 - 接地	WIRE- 接地	4	TG—⌐	⼀- -⌐	
标注 - 照明	DIM- 照明	3	CONTINUOUS	——	
标注 - 应急	DIM- 应急	3	CONTINUOUS	——	
标注 - 动力	DIM- 动力	3	CONTINUOUS	——	
标注 - 插座	DIM- 插座	3	CONTINUOUS	——	
标注 - 系统	DIM- 系统	3	CONTINUOUS	——	
标注 - 消防	DIM- 消防	3	CONTINUOUS	——	
标注 - 应急	DIM- 应急	3	CONTINUOUS	——	
标注 - 箱柜	DIM- 箱柜	3	CONTINUOUS	——	
标注 - 电话	DIM- 消防电话	3	CONTINUOUS	——	
标注 - 广播	DIM- 消防广播	3	CONTINUOUS	——	
标注 - 控制	DIM- 消防控制	3	CONTINUOUS	——	
标注 - 电源	DIM- 消防电源	3	CONTINUOUS	——	
标注 - 联动	DIM- 消防联动	3	CONTINUOUS	——	
标注 - 消防其他	DIM- 消防其他	3	CONTINUOUS	——	
标注 - 接地	DIM- 接地	3	CONTINUOUS	——	

关键字	图层名称	颜色	线型	平面图例	备注
标注 - 避雷	DIM- 避雷	3	CONTINUOUS	——	
电气预留孔洞	TEL_HOLE	5	CONTINUOUS	——	
电力桥架	CABLETRAY	4	CONTINUOUS	——	
桥架消防	CABLETRAY_FIRE	4	DASH	……	
桥架中心线	CABLETRAY_DOTE	5	CONTINUOUS	——	
桥架标注	CABLETRAY_DIM	3	CONTINUOUS	——	
标注文字	SIG_TEXT	7	CONTINUOUS	——	
索引符号	TEL_IDEN	3	CONTINUOUS	——	
引出标注	TEL_LEAD	3	CONTINUOUS	——	
图名标注	TEL_SYMB	3	CONTINUOUS	——	图名标注
符号	TEL_SYMB	3	CONTINUOUS	——	

表 2.4-2   智能化图层设置

关键字	图层名称	颜色	线型	备注
设备 - 通信	EQUIP- 通信	3	CONTINUOUS	
设备 - 广播	EQUIP- 广播	3	CONTINUOUS	
设备 - 电话	EQUIP- 电话	3	CONTINUOUS	
设备 - 安防	EQUIP- 安防	3	CONTINUOUS	
设备 - 电视	EQUIP- 电视	3	CONTINUOUS	
设备 - 楼控	EQUIP- 楼控	3	CONTINUOUS	
设备 - 其他	EQUIP- 其他	3	CONTINUOUS	
引线	LWIRE	4	CONTINUOUS	
导线 - 综合布线	WIRE- 综合布线	6	CONTINUOUS	综合布线系统
导线 - 通信	WIRE- 通信	6	CONTINUOUS	移动信号覆盖系统
导线 - 对讲	WIRE- 对讲	6	CONTINUOUS	无线对讲系统
导线 - 电视	WIRE- 电视	6	CONTINUOUS	有线电视系统
导线 - 安防	WIRE- 安防	6	CONTINUOUS	安防系统
导线 - 广播	WIRE- 广播	6	CONTINUOUS	公共广播系统
导线 - 信息导引	WIRE- 信息导引	6	CONTINUOUS	信息导引发布系统
导线 - 楼控	WIRE- 楼控	6	CONTINUOUS	建筑设备监控系统
导线 - 弱电其他	WIRE- 弱电其他	6	CONTINUOUS	弱电其他

续表

关键字	图层名称	颜色	线型	备注
导线 - 系统	WIRE- 系统	6	CONTINUOUS	
标注 - 综合布线	DIM- 综合布线	7	CONTINUOUS	综合布线系统
标注 - 通信	DIM- 通信	7	CONTINUOUS	移动信号覆盖系统
标注 - 对讲	DIM- 对讲	7	CONTINUOUS	无线对讲系统
标注 - 电视	DIM- 电视	7	CONTINUOUS	有线电视系统
标注 - 安防	DIM- 安防	7	CONTINUOUS	安防系统
标注 - 广播	DIM- 广播	7	CONTINUOUS	公共广播系统
标注 - 信息导引	DIM- 信息导引	7	CONTINUOUS	信息导引发布系统
标注 - 楼控	DIM- 楼控	7	CONTINUOUS	建筑设备监控系统
标注 - 弱电其他	DIM- 弱电其他	7	CONTINUOUS	弱电其他
标注 - 系统	DIM- 系统	7	CONTINUOUS	
桥架 - 弱电	CABLETRAY_WEAK	6	CONTINUOUS	
桥架 - 通信	CABLETRAY_CA	4	CONTINUOUS	
桥架 - 安防	CABLETRAY_SA	5	CONTINUOUS	

2.4.4 图块

图块可以在 0 层中插入，也可以自定义图块插入层。当使用用户自定义图块时，图块中的实体的层定义应符合前述的图层规定；如果不能做到，则建议在 0 层中插入。

2.4.5 标注

建议尺寸标注时打开关联设置，以保证在标注目标元素被修改时尺寸标注能够自动修改。

2.4.6 填充

不应使用多义线表达图线宽度或进行填充。所有填充建议打开关联设置，以保证填充范围随对象自动修改。

2.4.7 外部参照（引用）

原则上，建筑作业图均为外部引用，设计项目中的公共内容（如轴网、柱网；按照出图比例设置的尺寸标注；其他专业使用的建筑平面条件图等）和参考其他设计人执行的设计内容等均应以外部参照的方式引用，而不应直接拷贝或以图块方式插入。

外部参照的使用方法：

（1）在 AutoCAD 命令行键入：XR+ 回车，出现 Xref manager 对话框，按 Attach 后出现对话框，插入点和比例选项均不选，然后按确定（OK）即可。

（2）如果更新最新平面，在 AutoCAD 命令行键入：XR+ 回车，出现对话框，选择原参照图，按 Reload 回车即可。

（3）图层颜色修改：外部参照的文件图层前加上前缀，在图中修改参照的图层颜色后，再重新装入时，原图设定不会变化，可简化以后重新插入后修改土建参照图的工作量。

（4）最后图纸归档时，应把外部参照的建筑图同时归档，或者把外部参照的建筑图打碎，与电气图纸合成一张图纸。

2.4.8　平面图绘制

（1）建筑电气平面图一般包括电力平面图、照明平面图。电力平面图可包括电力干线平面、插座平面及风机盘管平面，根据图纸的充满度也可分为两张图。照明平面图包括一般照明平面图和应急照明平面图，可根据图纸的充满度也可合并为一张图（注："电力平面图"不应写成"动力平面图"）。

（2）电气消防平面图可根据项目复杂程度分为消防报警平面、消防联动平面图，消防联动平面图包括联动总线连接的末端设备，如阀门、警报装置、广播、消防电话、防火门监控等。当联动设备较少，消防报警平面图和消防联动平面图可合并在一张图上。

（3）智能化平面图一般包括信息网络系统、安全技术防范系统、建筑设备管理系统等平面图。建筑设备管理系统内容较少时，可以与信息网络系统平面图合并。

（4）每层建筑平面较大需要多张图纸才能覆盖时，应在每张图纸上布置平面索引图，在平面索引图上标明本张图所表达的范围。

（5）住宅户型、客房、病房、教室、宿舍、公寓等典型单元，平面图中仅画到配电箱或综合弱电箱，细部用详图、大样图表示，分别见图2.4-1、图2.4-2。

（6）卷帘门、集水坑内排水泵等配电，平面中可仅绘制控制箱，控制箱至电机的电源、启停按钮、液位计的管线可在详图上表示，或标出引用标准图集图号和页次。

2.4.9　系统图、原理图的绘制

（1）电气系统图包括高压配电、低压配电、低压配电竖向干线、电力配电箱、控制箱、照明配电箱等系统图。其中高压配电、低压配电画在变电所部分。

（2）电气消防系统图包括火灾自动报警系统及消防联动控制系统、消防应急广播系统、消防专用电话系统、消防应急照明和疏散指示系统（此部分可编入照明部分）、电梯监视控制系统、电气火灾监控系统、防火门监控系统、消防设施电源监控系统、余压监控系统等。

（3）智能化系统图包括信息接入系统、信息网络系统、综合布线系统、移动通信室内信号覆盖系统、卫星通信系统、有线电视系统、卫星电视接收系统、公共广播系统、会议系统、信息导引及发布系统、时钟系统、安全技术防范系统（含视频安防监控系统、出入口控制系统、电子巡查系统、访客对讲系统、停车场管理系统、安全防范综合管理系统、应急响应系统）、建筑设备管理系统和建筑能效管理系统等。

（4）除三层及三层以下的多层建筑或在一张图纸上能够看清楚系统组成外，均应画竖向系统图。配电干线、火灾自动报警、综合布线、有线电视、安防、建筑设备管理系统等应有竖向系统图。竖向系统应自本建筑的首端机房开始至终端箱或点为止全部系统要素，且应包含楼层线、楼层名称和由上级机房的引入线。

（5）不同类型的系统不宜混合在同一张图纸上。当系统内容较少需合并绘制时，应按类型合并，且每个系统图的下方需注明系统名称。

（6）控制原理图应尽量引用国家或地方标准图集，并应标出引用标准图集的页次。国家或地方标准图没有含盖的应单独绘制。

（7）风机、水泵等控制应满足水、空调等专业提供的技术条件，但不应违反电气专业现行规范，当与本专业规范相冲突时，应以本专业规范为准。

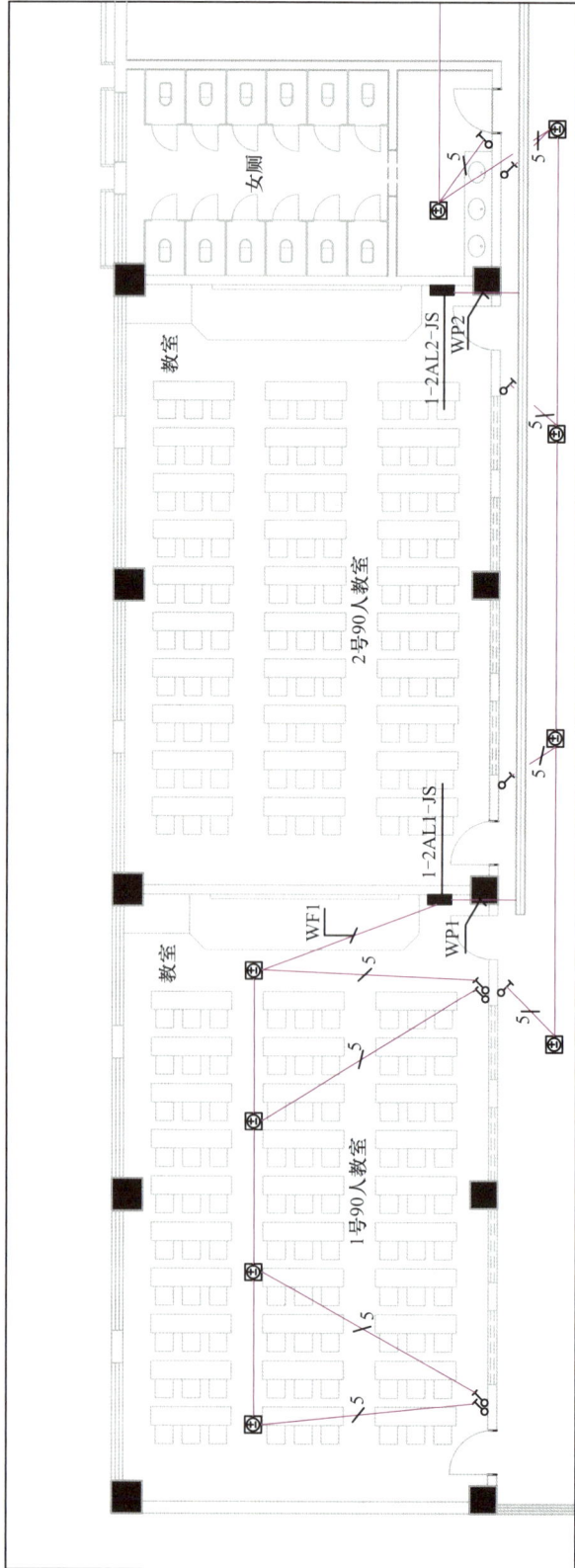

图 2.4-1 教学楼电力平面图示例

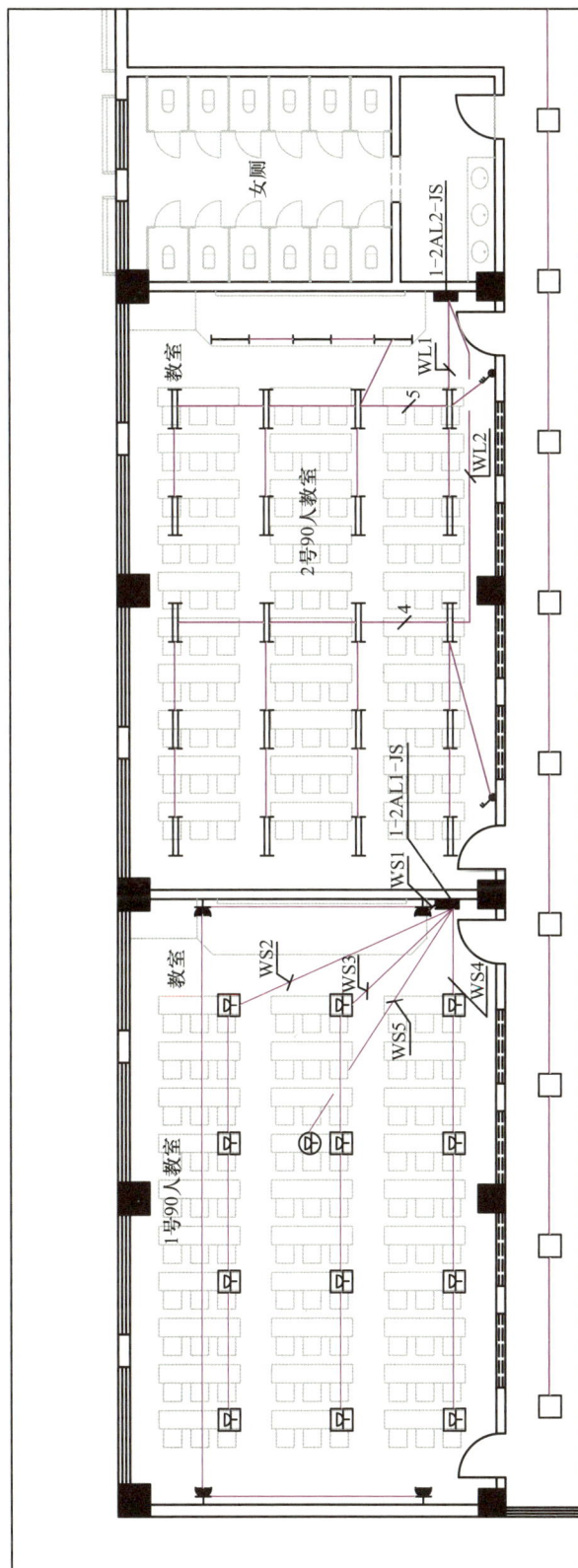

图 2.4-2 教学楼照明平面图示例

2.4.10　详图、大样图的绘制

（1）详图、大样图图纸比例宜为 1∶50 或 1∶20。平面图、剖面图应包含尺寸、轴线号。机房、电气竖井应包含设备布置、电缆桥架或线槽位置、留洞位置、接地等内容。

（2）变电所详图应包括平面布置图、剖面图，应含桥架与母线、照明、接地等内容。

（3）柴油发电机房详图应包括平面布置图、剖面图及相关专业部分内容，如进排风、排烟管及井道、日用油箱间及注油口位置等内容。

（4）消防控制室详图应包含设备布置、进出线位置、照明、接地等内容。

（5）智能化机房详图应包含设备布置、电源情况、照明、接地等内容。

（6）进出户套管（防水钢板）、防雷接地节点、电缆沟、电缆井等节点可画出定位和示意，标出引用标准图集图号和页次。

（7）人防平面图上的穿越外墙、临空墙、防护密闭隔墙和密闭隔墙的各种管线或预留套管，应标出引用标准图集图号和页次。

第2篇 电 气 篇

3 供配电系统

3.1 负荷分级

3.1.1 负荷分级

负荷分级应严格按照现行规范、标准划分。

消防用电负荷依据《建筑防火通用规范》（GB 55037—2022）、《建筑防火设计规范（2018 年版）》（GB 50016—2014）划分，普通负荷主要依据《建筑电气与智能化通用规范》（GB 55024—2022）及《民用建筑电气设计标准》（GB 51348—2019）附录 A 中民用建筑中各类建筑物的主要用电负荷分级，并参考相关类型建筑的电气专业规范要求划分，各类建筑的电气专业规范主要有：

《商店建筑电气设计规范》（JGJ 392—2016）

《会展建筑电气设计规范》（JGJ 333—2014）

《体育建筑电气设计规范》（JGJ 354—2014）

《教育建筑电气设计规范》（JGJ 310—2013）

《医疗建筑电气设计规范》（JGJ 312—2013）

《金融建筑电气设计规范》（JGJ 284—2012）

《住宅建筑电气设计规范》（JGJ 242—2011）

《交通建筑电气设计规范》（JGJ 243—2011）

负荷分级应依据规范划分，不得随意提高和降低负荷等级。在满足负荷等级供电要求的基础上，根据电源情况，在不增加造价的前提下，可以适当提高供配电措施。

3.1.2 电力用户重要等级分类

电力部门是按电力用户等级提供供电方案的，与电气负荷分级含义不同。10kV 电力用户分为重要电力用户和普通电力用户。根据供电可靠性的要求及中断供电危害程度，重要电力用户分为特级、一级、二级重要电力用户和临时性重要电力用户。

（1）特级重要电力用户，是指在管理国家事务中具有特别重要的作用，中断供电将可能危害国家安全的电力用户。

（2）一级重要电力用户，是指中断供电将可能产生下列后果之一的电力用户：①直接引发人身伤亡的；②造成严重环境污染的；③发生中毒、爆炸或火灾的；④造成重大政治影响的；⑤造成重大经济损失的；⑥造成较大范围社会公共秩序严重混乱的。

（3）二级重要电力用户，是指中断供电将可能产生下列后果之一的电力用户：①造成较大环境污染的；②造成较大政治影响的；③造成较大经济损失的；④造成一定范围社会公共秩序严重混乱的。

（4）临时性重要电力用户，是指需要临时特殊供电保障的用户。

（5）普通电力用户，是指除特级、一级、二级重要电力用户和临时性重要电力用户外的其他电力用户。

电力用户的级别是供电部门给出用户供电方案的依据，根据供电方案可知项目有几路电源及电源可靠程度。

负荷等级划分则是对电源可靠性的要求，当城市电网电源不满足电源可靠性要求时，需要设置备用电源。

3.1.3 供电措施

（1）一级用电负荷应由两个电源供电，当一个电源发生故障时，另一个电源不应同时受到损坏；每个电源的容量应满足全部一级、特级用电负荷的供电要求。

两个电源包括从城市电网引接的双重电源，或一个城市电网电源和一个自备电源，如柴油发电机电源。双重电源可以是来自不同城市电网的电源，也可以是来自同一城市电网但在运行时电源系统之间的联系很弱的电源。一个电源系统任意一处出现异常运行或发生短路故障时，另一个电源仍能不中断供电，这样的电源都可视为双重电源。

（2）特级用电负荷应由三个电源供电，并应符合下列规定：

1）三个电源应由满足一级负荷要求的两个电源和一个应急电源组成；

2）应急电源的容量应满足同时工作最大特级用电负荷的供电要求；

3）应急电源的切换时间，应满足特级用电负荷允许最短中断供电时间的要求；

4）应急电源的供电时间，应满足特级用电负荷最长持续运行时间的要求。

应急电源是与城市电网在电气上独立的各种电源，例如，独立于正常工作电源的由专用馈电线路输送的城市电网电源、蓄电池、柴油发电机等。

（3）二级负荷的供电应符合下列规定：

1）二级负荷的外部电源进线宜由 35、20kV 或 10kV 双回线路供电；当负荷较小或地区供电条件困难时，二级负荷可由一回 35、20kV 或 10kV 专用的架空线路供电。

2）当建筑物由一路 35、20kV 或 10kV 电源供电时，二级负荷可由两台变压器各引一路低压回路在负荷端配电箱处切换供电。

3）当建筑物由双重电源供电，且两台变压器低压侧设有母联开关时，二级负荷可由任一段低压母线单回路供电。

4）对于冷水机组（包括其附属设备）等季节性负荷，即使为二级负荷时，也可由一台专用变压器供电。

3.2 负荷计算

3.2.1 在项目规划阶段，电力规划的负荷计算宜按单位指标法估算变压器装机容量。

（1）在北京地区，除住宅外，用户变压器装机总容量配置宜按式（3.2-1）估算，其他地区可参照执行。

$$S = \frac{P}{K_2 \cos\varphi} \qquad (3.2\text{-}1)$$

$$P = QA \qquad (3.2\text{-}2)$$

式中：S 为变压器总容量确定参考值，kVA；P 为用户预计最大负荷，kW；$\cos\varphi$ 为功率因数，按无功补偿配置标准规定执行，可取 0.95；K_2 为变压器的负载率，对于重要用户按 50% 计算，对普通用户单台变压器时应按 85% 计算，两台及以上变压器时应按 60% 计算；Q 为负荷计算指标，W/m²，各类用地负荷指标见表 3.2-1；A 为建筑面积，m²。

表 3.2-1　　　　　　　　　　各类用地负荷指标 Q（不含住宅）

序号	城市规划用地	建筑类型	用电负荷指标 (W/m²)
1	工业用地	电子设备制造	一类工业—100
		汽车制造厂	
		食品加工厂	二类工业—40
		制药厂	
		纺织厂	
		其他	
2	商业金融	银行	金融业—100
		大型购物中心，宾馆、酒店	商业、服务业—60
3	行政办公	政府机关	行政办公—42
		写字楼	
4	文化娱乐	电影院、剧场	文化娱乐—45
		图书馆	
		博物馆	
		科技馆	
5	医疗卫生	医院	医院—50
		急救中心	
		卫生防疫站	卫生防疫、疗养—20
		休养所和疗养院	
6	教育科研	大学	高等学校及科研—42
		科研机构	
7	中小学托幼	中学、小学、幼儿园	公共服务设施（中小学托幼）—36
8	体育用地	户外球场	体育—50
		户内场馆	
9	市政设施用地	雨水泵站	市政设施—40
		储气站、加油站	
		供热站	
10	仓储用地	物流基地	仓储—25
		普通仓库	

序号	城市规划用地	建筑类型	用电负荷指标 (W/m²)
11	交通用地	长途客运站	交通—40
		铁路站场	
12	农业用地	农村企业	村镇企业—20
		农村住宅	农业—10
		温室大棚	
13	特殊用地	军事设施	军事—15
		使、领馆	保安—50
		监狱、拘留所	

（2）在北京地区，居民住宅小区电力规划的变压器总容量配置应按式（3.2-3）计算。

$$S = \frac{P}{K_2 \cos\varphi} \qquad (3.2\text{-}3)$$

$$P = \sum QAK \qquad (3.2\text{-}4)$$

式中：S 为配电变压器总容量确定参考值，kVA；P 为住宅、公寓、配套公共建筑等折算到配电变压器的用电负荷，kW；$\cos\varphi$ 为功率因数，取 0.85；K_2 为变压器的负载率，单台变压器时应按 85% 计算，两台变压器时应按 60% 计算；Q 为负荷计算指标，kW/ 户或 kW/m²，住宅负荷指标按表 3.2-2 的规定选取；A 为户数或建筑面积，户或 m²；K 为需用系数，各类住宅用电负荷需用系数按表 3.2-3 选取。

表 3.2-2　　　　住宅用电负荷指标和电能计量表的选择

套型	建筑面积 $S(m^2)$	单位负荷指标 (kW/ 户)	电能表（单相）(A)
A	$S < 80$	6（电采暖为 9）	10（100）
B	$80 \leq S < 120$	8（电采暖为 12）	10（100）
C	$120 \leq S < 150$	10（电采暖为 15）	10（100）

注　1. 超过 150m² 以上的部分，按 20W/m² 计算。
　　2. 小区配套按 60W/m² 计算。
　　3. 负荷计算指标应预留电动汽车充换电设施及高档住宅集中供冷的用电容量。

表 3.2-3　　　　各类住宅用电负荷需用系数

序号	项目类别	需用系数
1	普通住宅	0.2
2	高档住宅楼、高级公寓、住宅及办公为一体的建筑（不含分散式电采暖）	200 户及以下为 0.2，200 户以上为 0.15
3	蓄能分散式电采暖	0.6
4	非蓄能分散式电采暖	0.7
5	采用集中式电锅炉（只作为采暖，不作制冷用）采暖的住宅，锅炉配电室与住宅配电室不分开时	0.6
6	采用集中式电锅炉（只作为采暖，不作制冷用）采暖的住宅，锅炉配电室与住宅配电室分开时	0.2
7	住宅区内的配套公建（如小型超市、学校、社区服务业等）	0.6

3.2.2 在项目初步设计或施工图阶段，负荷计算宜采用需要系数法。变压器装机容量按需要系数法并考虑同时系数计算，其公式如下。

（1）用电设备组的计算功率。

$$P_j = K_x P_e \qquad (3.2\text{-}5)$$

$$Q_j = P_j \tan\varphi \qquad (3.2\text{-}6)$$

（2）配电干线或分变电所（车间变电所）的计算功率。

$$P_j = K_{\Sigma p} \sum(K_x P_e) \qquad (3.2\text{-}7)$$

$$Q_j = K_{\Sigma q} \sum(K_x P_e \tan\varphi) \qquad (3.2\text{-}8)$$

（3）计算视在功率和计算电流。

$$S_j = \sqrt{P_j^2 + Q_j^2} \qquad (3.2\text{-}9)$$

$$I_j = \frac{S_j}{\sqrt{3}U_n} \qquad (3.2\text{-}10)$$

以上各式中，P_j 为计算有功功率，kW；Q_j 为计算无功功率，kvar；S_j 为计算视在功率，kVA；I_j 为计算电流，A；P_e 为用电设备组或区域用电设备功率，kW；K_x 为需要系数；$\tan\varphi$ 为计算负荷功率因数角的正切值；$K_{\Sigma p}$ 为有功功率同时系数；$K_{\Sigma q}$ 为无功功率同时系数；U_n 为系统标称电压（线电压），kV。

需要系数法计算的是负荷的持续平均值，引入同时系数是在此基础上又考虑了设备用电的动态变化。同时系数也称参差系数或最大负荷重合系数，$K_{\Sigma p}$ 可取 0.8～0.9，$K_{\Sigma q}$ 可取 0.93～0.97，简化计算时可与 $K_{\Sigma p}$ 相同。通常，用电设备数量越多，同时系数值越小。对于较大的多级配电系统，可逐级取同时系数。

负荷计算表格示例分别见表 3.2-4、表 3.2-5。各类建筑需要系数见相关手册。为简化计算，各类公共建筑负荷指标及需要系数取值见表 3.2-6。

表 3.2-4　　　　　　　　　　负荷计算表（按建筑面积）

负荷名称	建筑面积(m²)	负荷指标(W/m²)	安装功率 P_e(kW)	计算系数			计算功率			计算电流 I_j(A)	备注
				K_x	$\cos\varphi$	$\tan\varphi$	P_j(kW)	Q_j(kvar)	S_j(kVA)		
首层	9762.49	40	390.5	0.8	0.9	0.48	312.40	151.30		527.4	
二层	9857.32	40	394.3	0.8	0.9	0.48	315.43	152.77		532.5	
三层	9857.32	40	394.3	0.8	0.9	0.48	315.43	152.77		532.5	
地下	4983.2	20	99.7	0.8	0.9	0.48	79.73	38.62		134.6	
其他			300	0.8	0.8	0.75	240.00	180.00		455.8	
合计	34460.33		1578.7				1263.0	675.5			
计入参差系数 0.9			1420.9		0.88		1136.7	607.9	1289.0	1958.5	
计入电容补偿			360kvar		0.97		1136.7	283.9	1171.6	1780.1	
选择变压器容量（kVA）									1×1600		
负荷率 %									0.73		
补偿后功率因数					0.97						

表 3.2-5　　　　　　　　　　负荷计算表（按安装功率）

负荷名称	安装功率 P_e(kW)	计算系数			计算功率			计算电流	备注
		K_x	$\cos\varphi$	$\tan\varphi$	P_j(kW)	Q_j(kvar)	S_j(kVA)		
冷水机组	915	0.8	0.8	0.75	732.00	549.00		13902	
冷冻泵	111	0.7	0.8	0.75	77.70	58.28		147.6	
冷却泵	165	0.7	0.8	0.75	115.50	86.63		219.4	
空调机组	704.3	0.6	0.8	0.75	422.58	316.94		802.6	
冷却塔	45	0.7	0.8	0.75	31.50	23.63		59.8	
合计	1940.3				1379.3	1034.5			
计入参差系数 0.9	1746.3		0.80		1241.4	931.0	1551.7	2357.5	
计入电容补偿	600kvar		0.95		1241.4	391.0	1301.5	1977.4	
选择变压器容量（kVA）							1×1600		
负荷率（%）							0.81		
补偿后功率因数			0.95						

表 3.2-6　　　　　　　　　公共建筑负荷指标及需要系数

用电类别	用电指标（W/m²）	备注
养老设施	30	
配套商业用房	150	
地下车库	15	
大型购物中心、宾馆酒店	85	
中小学、幼儿园	50	
医疗卫生	70	计算变压器容量时，需要系数可取 0.7
文化娱乐（电影院、剧院、图书馆）	65	
体育建筑	70	
市政设施（泵站）	60	
交通客运站	60	
夜景照明	3	

（4）总变电所的负荷计算。总变电所的负荷为各分变电所或车间变电所负荷之和再乘以同时系数 $K_{\Sigma p}$ 和 $K_{\Sigma q}$。分变电所的 $K_{\Sigma p}$ 可取 0.85～1，$K_{\Sigma q}$ 可取 0.95～1，总变电所的 $K_{\Sigma p}$ 可取 0.8～0.9，$K_{\Sigma q}$ 可取 0.93～0.97。简化计算时，$K_{\Sigma q}$ 可与 $K_{\Sigma p}$ 取相同的值。

对于多级高压配电系统，特别是多级降压的供配电系统，应逐级多次取同时系数。总变电所负荷计算示例见表 3.2-7。

表 3.2-7　　　　　　　　　　　　　　总变电所负荷计算示例

负荷名称	安装功率	计算系数			计算功率		
	P_e(kW)	K_x	$\cos\varphi$	$\tan\varphi$	P_j(kW)	Q_j(kvar)	S_j(kVA)
1 号变电所							
1 号变压器合计	1588.25				1206.36	904.77	
计入参差系 0.9			0.80		1085.72	814.29	1357.15
计入电容补偿	480kvar		0.94		1085.72	382.29	1151.06
选择变压器容量（kVA）							1×1600
2 号变压器合计	1499.69				1132.99	849.74	
计入参差系数 0.9			0.80		1019.69	764.77	1274.62
计入电容补偿	480kvar		0.95		1019.69	332.77	1072.62
选择变压器容（kVA）							1×1600
变压器损耗	$\Delta P=0.01S$，$\Delta Q=0.05S$				32.00	160.00	
1 号变电所高压侧					2137.41	875.06	
2 号变电所							
3 号变压器合计	1996.08				1178.69	323.62	1222.31
4 号变压器合计	1749.62				1102.26	251.12	1130.50
选择变压器容量（kVA）							2×1600
变压器损耗	$\Delta P=0.01S$，$\Delta Q=0.05S$				32.00	160.00	
2 号变电所高压侧					2312.94	734.74	
3 号变电所							
5 号变压器合计	1307.39				812.67	199.91	836.90
6 号变压器合计	1316.41				842.84	198.34	865.86
选择变压器容量（kVA）							2×1250
变压器损耗	$\Delta P=0.01S$，$\Delta Q=0.05S$				25.00	125.00	
3 号变电所高压侧					1680.51	523.25	
合计	9457.44				6130.87	2133.05	
10kV 侧合计（乘以同时系数 0.85）		0.55	0.94		5211.24	1813.09	5517.6

　　3.2.3　住宅建筑应按各地地方标准选取负荷指标，当无地方标准时，每套住宅的用电负荷和电能表的选择不宜低于表 3.2-8 的规定。居民住宅小区的住宅用电总负荷的需要系数见表 3.2-9。

表 3.2-8　　　　　　　　　　　　　　用电负荷和电能表的选择

套型	建筑面积 S(m²)	用电负荷 (kW)	电能表（单相）(A)
A	$S<60$	6	5（60）
B	$60<S\leqslant90$	8	5（60）
C	$90<S\leqslant140$	10	5（60）

注　套面积大于 140m² 时，超出的建筑面积可按 30 ～ 40W/m² 计算。

表 3.2-9　　　　　　　　　　　　住宅需要系数表

按单相配电连接的户数	按三相配电连接的户数	需要系数
1 ～ 3	3 ～ 9	0.9 ～ 1
4 ～ 8	12 ～ 24	0.65 ～ 0.9
9 ～ 12	27 ～ 36	0.5 ～ 0.65
13 ～ 24	39 ～ 72	0.45 ～ 0.5
25 ～ 124	75 ～ 372	0.4 ～ 0.45
125 ～ 259	375 ～ 777	0.3 ～ 0.4
260 ～ 300	780 ～ 900	0.26 ～ 0.3

3.2.4　数据机房用电指标参见表 3.2-10。

表 3.2-10　　　　　　　　　　　　数据机房用电指标

建筑场所			用电指标 (W/m²)
数据中心	低密度机柜（机柜功率≤3kW/ 台）	主机房	1000 ～ 2000
		总体（北方地区）	400 ～ 800
		总体（南方地区）	800 ～ 1600
	中密度机柜（5kW≤每台机柜功率≤8kW）	主机房	2000 ～ 4000
		总体（北方地区）	800 ～ 1600
		总体（南方地区）	900 ～ 1800
	高密度机柜（机柜功率＞ 8kW/ 台）	主机房	2500 ～ 5500
		总体（北方地区）	1000 ～ 2200
		总体（南方地区）	1200 ～ 2500
辅助区、支持区、办公区			70 ～ 100

注　表中数据包括正常照明、动力及空调负荷，其中空调负荷为采用电制冷集中空调方式时的数据。北方地区与南方地区存在平均气温的差异。

3.2.5　电动汽车充电桩选择，地下车库只宜配置电动汽车慢充充电桩容量。电动汽车慢充充电装置用电负荷按 7kW/ 台考虑。电动汽车充电桩负荷计算需要系数分别见表 3.2-11、表 3.2-12，做法参见国标图集《电动汽车充电基础设施设计与安装》（18D705-2）。

表 3.2-11　　　　　　　　　　　　电动汽车充电桩的需要系数

充电设备类型		需要系数 K_x	备注
交流充电桩	家用交流充电桩	1	家用为单相交流充电桩，需长时间充电
	公共场所单台交流充电桩	≥0.95	包括单相交流 7kW、三相交流 42kW 充电桩
	公共场所多台 7kW 交流充电桩	0.28 ～ 1.0	车型、电池状态等不确定性，详见国标图集 18D705-2 的 K_x 曲线
	运营单位多台 42kW 交流充电桩	0.9 ～ 1.0	以运营为主，存在同时充电现象
非车载充电机	30kW 直流充电设备	0.4 ～ 0.8	民用建筑的直流快充下交流充电的补充
	60kW 直流充电设备	0.2 ～ 0.7	民用建筑的直流快充下交流充电的补充

续表

充电设备类型		需要系数 K_x	备注
充电主机系统	社会公共停车场	$0.45 \sim 0.65$	主机系统的主机功率较大
	运营单位	≥ 0.9	电动公共汽车、电动出租车
交/直流一体式充电设备		$0.3 \sim 0.6$	

表 3.2-12　　　　　　　　　7kW 单相交流充电桩的需要系数

台数（台）	需要系数 K_x	台数（台）	需要系数 K_x
1	1	25	$0.42 \sim 0.5$
3	$0.87 \sim 0.94$	30	$0.38 \sim 0.45$
5	$0.78 \sim 0.96$	40	$0.32 \sim 0.38$
10	$0.66 \sim 0.74$	50	$0.29 \sim 0.36$
15	$0.56 \sim 0.64$	60	$0.29 \sim 0.35$
20	$0.47 \sim 0.55$	80	$0.28 \sim 0.35$

注　工业、数据中心、商业办公混合类商厦、电动汽车充电站等类别的特殊电负荷用户，宜根据设备报装及运行情况进行最大负荷校核。

3.2.6　负荷计算时确定设备功率应注意的问题。

（1）单台用电设备的设备功率。

1）连续工作制电动机的设备功率等于其额定功率。

2）周期工作制电动机的设备功率是将额定功率换算为负载持续率 100% 的有功功率。

$$P_e - P_N\sqrt{\varepsilon_N} \tag{3.2-11}$$

式中：P_e 为设备功率，kW；P_N 为电动机额定功率，kW；ε_N 为电动机额定负载持续率（设备铭牌给出）。

常见的周期工作制电动机如起重机用电动。

3）短时工作制电动机的设备功率是将额定功率换算为连续工作制的有功功率。可把短时工作制电动机近似看做周期工作制电动机。0.5h 工作制电动机可按 $\varepsilon_N \approx 15\%$ 考虑，1h 工作制电动机可按 $\varepsilon_N \approx 25\%$ 考虑。

4）交流电梯用电动机通常是短时工作制电动机，但在设计阶段难以得到确切数据，还宜考虑其频繁启动和制动。建议按电梯工作情况为较轻、频繁、特重，分别按 $\varepsilon_N \approx 15\%$、$\varepsilon_N \approx 25\%$、$\varepsilon_N \approx 40\%$ 考虑。

5）整流器的设备功率取额定直流功率。

6）照明设备的设备功率直接取光源加电器附件的功率。

（2）多台用电设备的设备功率。

1）多台用电设备的设备功率的合成原则是：计算范围内不同时出现的负荷不叠加，如季节性负荷、消防负荷等。

2）用电设备组的设备功率是所有单个用电设备的设备功率之和，但不包括备用设备和专门用于检修的设备。

（3）计算范围的总设备功率应取所接入的用电设备组设备功率之和，并符合下列要求：

1）计算正常电源的负荷时，仅在消防时才工作的设备不应计入总设备功率。

2）同一计算范围内的季节性用电设备，应选取两者中较大者计入总设备功率。

3）计算备用电源的负荷时，应根据负荷性质和供电要求，选取应计入的设备功率。

4）当单相负荷与三相负荷同时存在，单相负荷设备功率之和不大于三相负荷设备功率之和的 15% 时，单相负荷可直接与三相负荷相加；单相负荷设备功率之和大于三相负荷设备功率之和的 15% 时，应将单相负荷换算为等效三相负荷，再与三相负荷相加。

5）只有单相负荷时，等效三相负荷取最大相负荷的 3 倍。

6）数量多而单台功率小的用电器具，如灯具、家用电器，容易分配到三相上，在大范围内可视同三相负荷，可不进行换算。

3.3 供配电系统

3.3.1 供电电压等级选择

（1）供电电压等级按用户预计最大负荷考虑时，应符合以下要求：

1）用户预计最大负荷在 0 ～ 5kW（不含），选用 220V 电压等级供电；

2）用户预计最大负荷在 5 ～ 20kW（不含），选用 220V 或 380V 电压等级供电；

3）用户预计最大负荷在 20 ～ 50kW（不含），选用 380V 电压等级供电；

4）用户预计最大负荷在 50 ～ 100kW（不含），选用 380V 或 10kV 电压等级供电；

5）用户预计最大负荷在 100 ～ 10000kW（不含），选用 10kV 电压等级供电；

6）用户预计最大负荷在 10000kW 及以上，宜研究 35kV 及以上电压等级供电的可能性；

7）用户预计最大负荷大于 10000kW 且 35kV 及以上电压等级供电困难时，应采用 10kV 多路供电。

（2）当用电设备的安装容量在 250kW 及以上或变压器安装容量在 160kVA 及以上时，宜以 20kV 或 10kV 供电；当用电设备总容量在 250kW 以下或变压器安装容量在 160kVA 以下时，可由低压 380/220V 供电。

3.3.2 高压供电系统

（1）采用 35、20kV 或 10kV 双重电源供电的民用建筑，其高压侧宜由单母线分段组成供配电系统，两段母线间宜设联络开关。

（2）对于普通用户，原则上 10kV 侧不联络。

（3）35、20kV 或 10kV 供配电系统中，同一电压等级的配电级数不宜多于两级，低压系统不宜多于三级。

（4）10kV 供电的用户功率因数不宜低于 0.95。

3.3.3 10kV（35、20kV）系统常用方案

（1）一路进线见图 3.3-1。

（2）两路进线、一用一备（单母线不分段）见图 3.3-2。

（3）两路进线同时供电、各负担 50% 负荷、单母线分段，见图 3.3-3。

（4）三路进线（两用一备）见图 3.3-4。

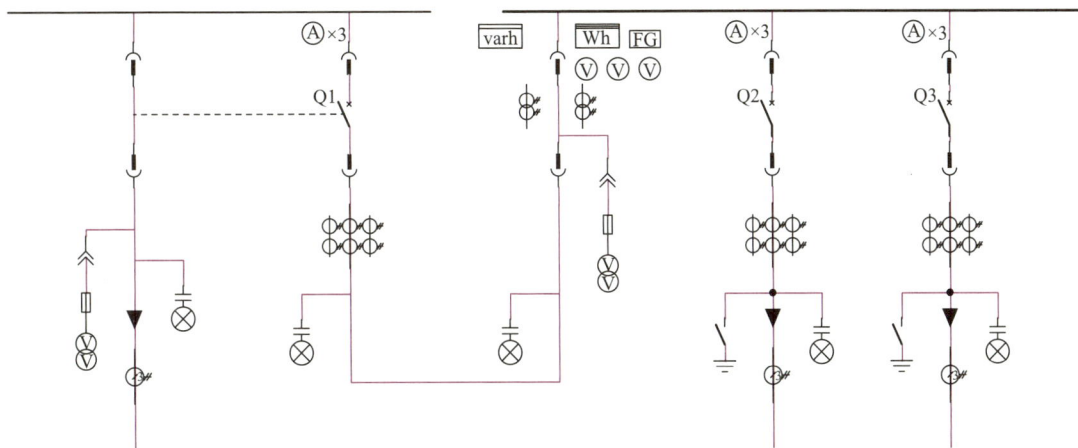

图 3.3-1　一路进线

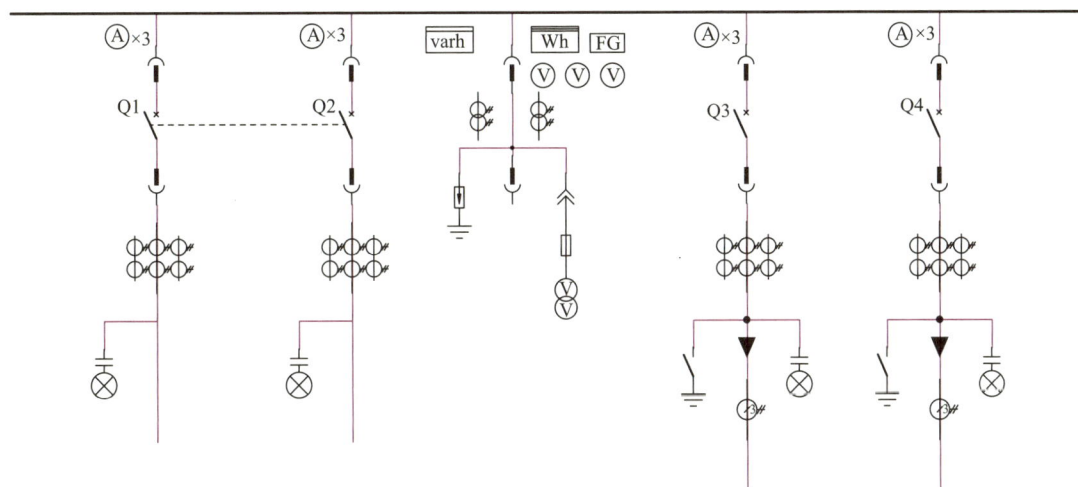

图 3.3-2　两路进线、一用一备（单母线不分段）

3.3.4　变（配）电系统

3.3.4.1　变压器的设置要求。

（1）变电所宜成对安装变压器，当建筑物仅有三级负荷且容量不大于 800kVA 时，可采用单台变压器供电；当建筑内有少量二级及以上负荷且总安装容量不大于 800kVA 时，若外电源能提供满足负荷使用的另一路低压 400V 电源，也可以采用单台变压器。单台变压器的容量应考虑满足大型电动机及其他波动负荷的启动时电压降的要求。

（2）因负荷容量大而选择多台变压器时，在负荷分配合理的情况下，尽可能减少变压器的台数，选择相对较大容量的变压器，但一般不宜大于 2000kVA。对于超高层建筑，变压器设置在建筑高区时，单台变压器容量不宜大于 1250kVA，并应了解当地供电部门对变压器容量有无限制要求。

（3）多台变压器应根据负荷性质、特点适当分组，其中每台变压器的容量应考虑一台停运，另一台能负担本变压器组共同的一、二级负荷。

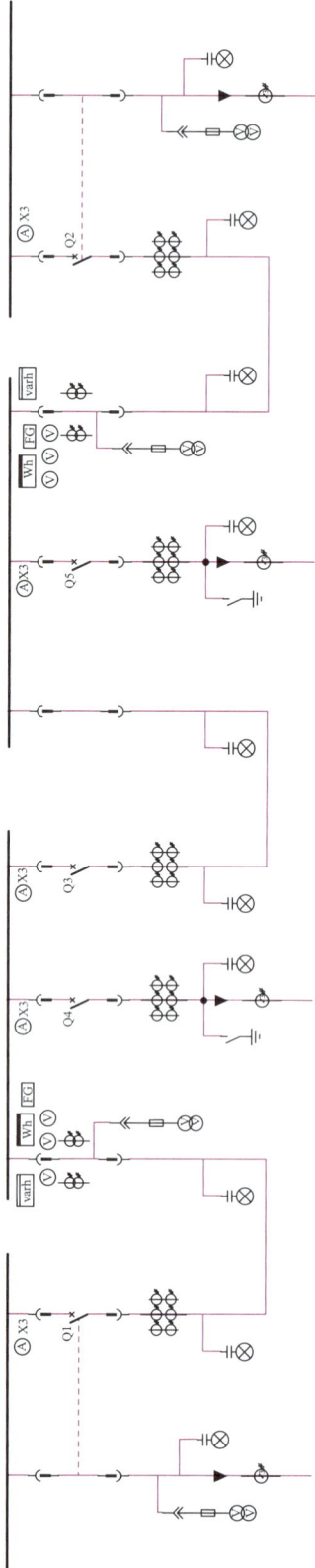

图 3.3-3　两路进线同时供电、各负担 50% 负荷、单母线分段

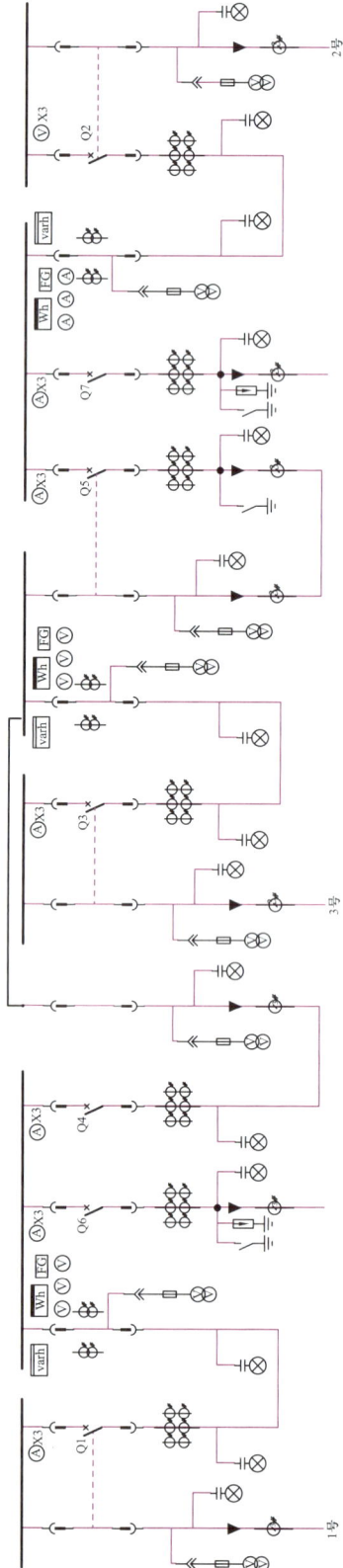

图 3.3-4　三路进线（两用一备）

（4）对于特殊工艺负荷，如大型剧院的舞台设备用电、航站楼的行李系统、大型医疗设备用电、大型体育建筑的场地照明用电、大型建筑内季节性负荷（如制冷设备）宜单独设置变压器。

（5）照明和电力可共用变压器，但若电力设备运行对照明设备会产生质量和寿命的严重影响时，宜单独设置照明变压器。

（6）当冲击性负荷严重影响电能质量时，可设专用变压器。

3.3.4.2　变电所低压侧主进线和母联断路器电流与时间的整定。

（1）低压主进线断路器设长延时、短延时保护，退出其余保护功能。

1）长延时采用反时限，电流整定值取 1.2 ～ 1.3 倍变压器额定电流，变压器最大负荷电流不宜超过其额定电流的 1.3 倍。变压器低压联络并投入自投设备时，整定值应考虑自投后带两台变压器的负荷情况。长延时时间应整定在 6 倍长延时整定电流时，时间在 5 ～ 10s 范围。

2）短延时采用定时限，电流整定值取 3.5 ～ 4 倍变压器额定电流，短延时时间一般取 0.3s。

（2）低压联络断路器设长延时、短延时保护，退出其余保护功能。

1）长延时采用反时限，电流整定值取低压主进线开关长延时整定值的 75% ～ 80%。时间定值与低压主进线开关长延时整定值一致。

2）短延时采用定时限，电流整定值取低压主进线开关短延时整定值的 75% ～ 80%。短延时时间一般取 0.1s。

（3）低压联络断路器应装设自投设备，自投方式选择开关应具有手动（自投停用）、自投自复和自投不自复三个位置。低压主进线断路器保护动作，应同时闭锁低压联络断路器自投。进线、母联断路器只能同时合两个断路器。

3.3.4.3　变电所低压馈出线断路器电流和时间的整定。

（1）非消防回路，一般设长延时、瞬时保护，退出其余保护功能。

（2）长延时采用反时限，长延时整定值应可靠躲过线路最大负荷电流。长延时电流整定值不应大于低压主进线开关长延时整定值的 75% ～ 80%；有联络断路器时，不应大于联络断路器长延时整定值的 75% ～ 80%。

长延时整定值应保证线路末端短路故障（包括单相短路）的灵敏度，灵敏度建议不小于 3。

长延时时间定值不应大于主进线开关的长延时时间定值，有联络断路器时，不应大于联络断路器的长延时时间定值。

（3）瞬时电流整定值一般为 10 倍长延时整定值，但不应大于 2 倍变压器额定电流。

（4）断路器在 400A 以下，一般采用复式脱口，即长延时和瞬时，可采用热磁型脱扣器，400A 以上的断路器可采用电子式脱扣器。

3.3.4.4　低压母联断路器采用自投方式时应满足的控制功能：

（1）应设有自投自复、自投手复、自投停用的三种选择功能。

（2）母联断路器自投时应设有一定的延时，并应躲过高压母联分段断路器的合闸时间。当变压器低压侧主开关因过负荷或短路等故障而分闸时，不允许关合母联断路器。

（3）低压侧主断路器与母联断路器应设有电气连锁装置防止变压器并联运行。

（4）当两台变压器具备短时并机运行条件时，联络柜自动投切控制应具备合环倒闸功能。

3.3.4.5　变电所在条件允许时，也可选择智能断路器，智能断路器具有监测、控制、保护、能效管理和通信功能，可实现配电线路状况的智能管控和网络互联，不需要另设测量元件。

3.3.5　常用低压系统主接线

3.3.5.1　单台变压器方案见图 3.3-5。

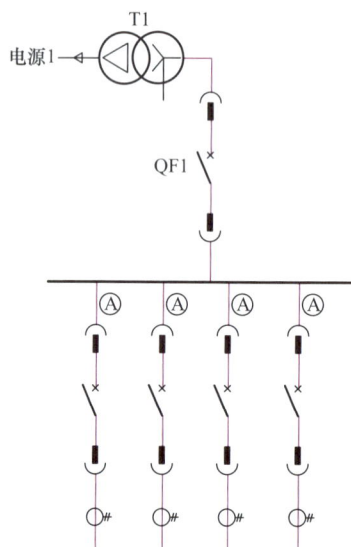

图 3.3-5　单台变压器方案

3.3.5.2　两台变压器单母线分段方案见图 3.3-6。

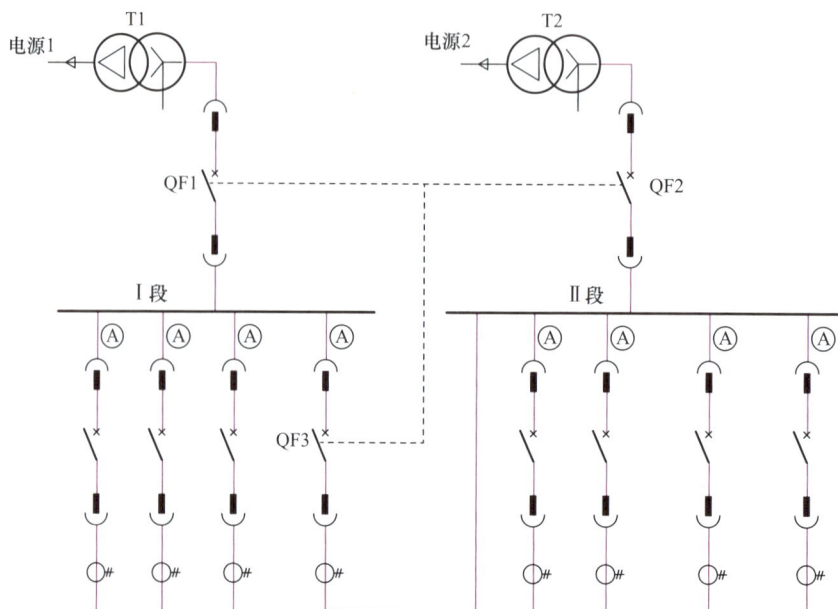

图 3.3-6　两台变压器单母线分段方案

正常运行时，变压器同时工作，分列运行，QF1、QF2 合闸，QF3 断开。其中，任意一台变压器停运，相应停运变压器主开关 QF1 或 QF2 分闸，卸载非保障负荷，QF3 合闸。变压器恢复运行后，QF3 分闸，QF1 或 QF2 合闸。任何情况下，不允许 QF1、QF2、QF3 同时闭合。

3.3.5.3　两台变压器单母线分段，设电力（或照明）子表方案见图 3.3-7。

正常运行时，变压器同时工作，分列运行，QF1、QF2、QF4 合闸，QF3 断开。其中，任意一台变压器停运，相应停运变压器主开关 QF1 或 QF2 分闸，卸载非保障负荷，QF3 合闸。变压器恢复运行后，QF3 分闸，QF1 或 QF2 合闸。任何情况下，不允许 QF1、QF2、QF3 同时闭合。

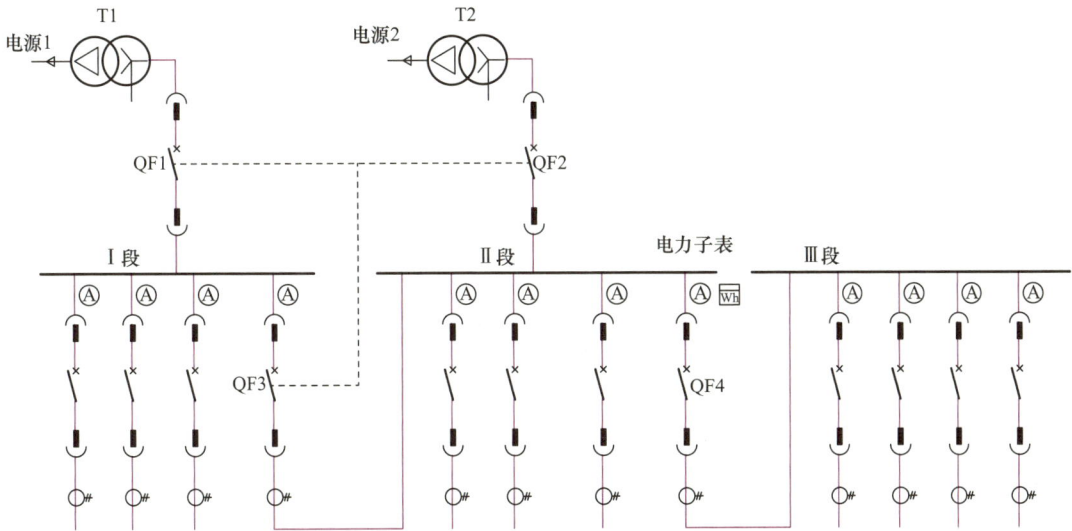

图 3.3-7　两台变压器单母线分段，设电力（或照明）子表方案

电力（或照明）子表一般情况下是电力（或照明）负荷较小时，容易单独计量，电力和照明电价不同，按供电部门要求装设。

3.3.5.4　两台变压器单母线分段，消防与非消防负荷分组方案见图 3.3-8。

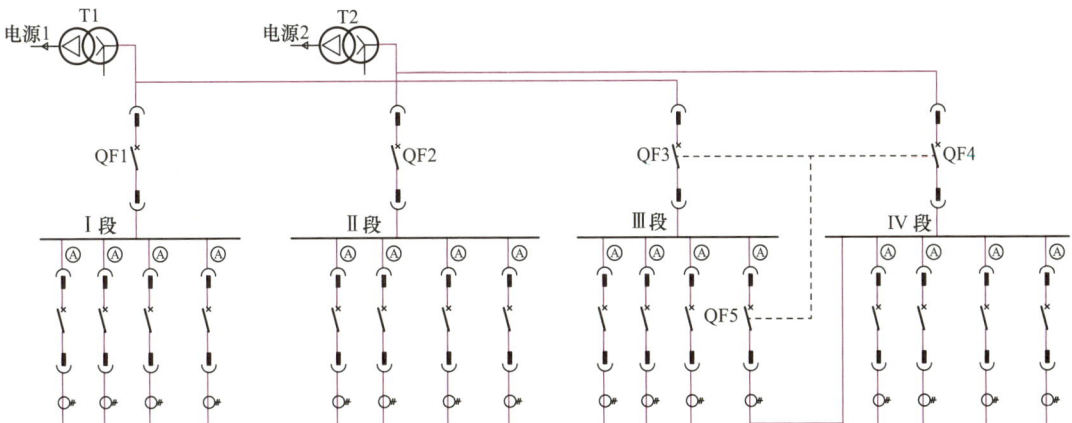

图 3.3-8　两台变压器单母线分段、消防与非消防负荷分组方案

正常运行时，变压器同时工作，分列运行，QF1、QF2、QF3、QF4 合闸，QF5 断开；Ⅲ 段、Ⅳ 段母线供给非消防负荷，任何情况下，不允许 QF3、QF4、QF5 同时闭合。消防负荷由 Ⅰ 段、Ⅱ 段母线供电，末端互投。

发生火灾时，根据火灾情况，手动将 QF3、QF4 断开，切除全部非消防负荷，仅保留消防负荷供电。

3.3.5.5　三台变压器联络方案见图 3.3-9。

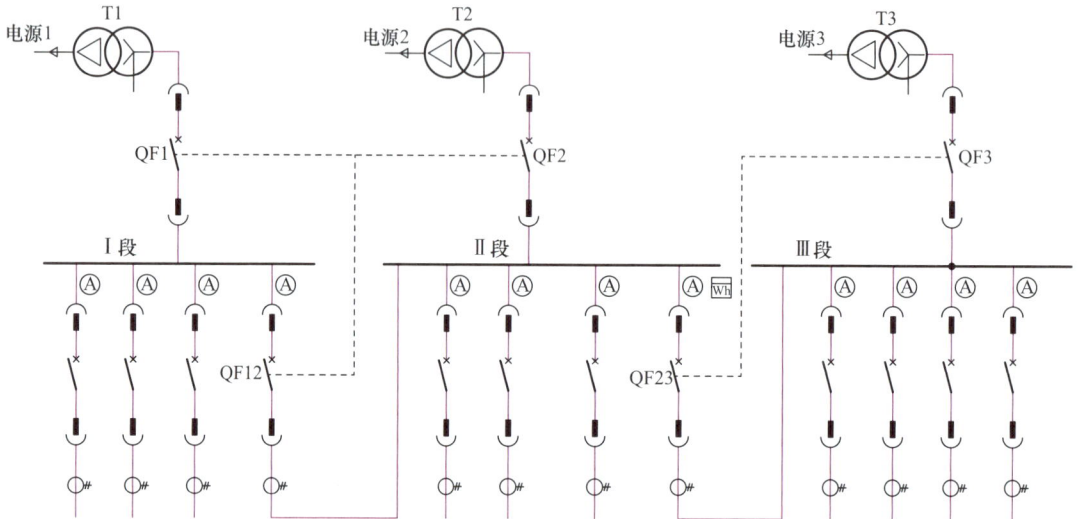

图 3.3-9　三台变压器联络方案

正常运行时，变压器同时工作，分列运行，QF1、QF2、QF3 合闸，QF12、QF23 断开；QF1 或 QF2 因检修或故障而分闸，QF12 自动合闸；QF3 因检修或故障而分闸，QF23 自动合闸；当 QF1 或 QF2 与 QF3 同时检修或故障而分闸，QF12、QF23 合闸；市电恢复后，QF12 分闸，QF1 或 QF2 合闸，QF23 分闸，QF3 合闸。

任何情况下，不允许 QF1、QF2、QF12 同时闭合，也不允许 QF3、QF23 同时闭合。

3.3.6　无功补偿

（1）无功功率应分区、就地平衡。应按照功率因数要求配置无功补偿设备。在低压进线处集中补偿的无功补偿电容器应装设电抗器，以避免谐振和限制电容器回路中的谐波电流，保护电容器。5 次谐波多采用 7% 电抗器，3 次谐波多采用 14% 电抗器。低压无功补偿装置应具有过零自动投切功能。集中补偿容量占比一般可按变压器容量的 30% 进行补偿。

（2）当有大量的单相负荷时，容易造成三相负荷的不平衡，如果采用共相补偿，取其某相电流信号来判断功率因数，并以此为依据来投切电容器，会造成有的相过补，有的相欠补，宜采用分相加三相混合补偿方式。分相补偿容量占比可按总补偿容量的 15%～30% 进行配置。

4 应急、备用电源

4.1 应急电源与备用电源

4.1.1 应急电源（electric source for safety services）是当正常电源断电时，在约定时间内维持重要安全设施电气装置或电气设备运行所需的电源。

4.1.2 备用电源（standby power supply）是当主用电源断电时，用来维持电气装置或电气设备运行所需的电源。

当符合下列条件之一时，用电单位应设置自备电源：

（1）特级负荷由满足一级负荷要求的两个电源和一个应急电源组成，其中应急电源不能满足独立于正常工作电源，由专用馈电线路输送城市电网电源时。

（2）设置自备电源比从电力系统取得第二电源更经济合理，或提供的第二电源不能满足一级负荷要求。

（3）两个电源切换时间不能满足用电设备允许中断供电时间要求。

4.1.3 应急电源及备用电源应由符合下列条件之一的电源组成：

（1）独立于正常工作电源的，由专用馈电线路输送的城市电网电源。

（2）独立于正常工作电源的发电机组。

（3）蓄电池组。

4.1.4 不间断电源装置（uninterruptible power supply，UPS）是由变流器、开关和储能装置（如蓄电池）等组合构成的电气装置，可输出交流或直流电源，在约定时间内维持对负载供电的连续性。

对于要求电源中断供电时间为毫秒级的医院、数据中心等，需要设置 UPS。

UPS 的选择，应按负荷性质、负荷容量、允许中断供电时间等要求确定，并应符合下列规定：

（1）UPS 宜用于电容性和电阻性负荷。

（2）为信息网络系统供电时，UPS 的额定输出功率应大于信息网络设备额定功率总和的 1.2 倍，对其他用电设备供电时，其额定输出功率应为最大计算负荷的 1.3 倍。

（3）当选用两台 UPS 并列供电时，每台 UPS 的额定输出功率应大于信息网络设备额定功率总和的 1.2 倍。

（4）UPS 的蓄电池组容量应由用户根据具体工程允许中断供电时间的要求选定。

（5）UPS 的工作制，宜按连续工作制考虑。

（6）当 UPS 的输入电源直接由自备柴油发电机组提供时，其与柴油发电机容量的配比不宜小于 1:1.2。蓄电池初装容量的供电时间不宜小于 15min。

4.1.5 应急电源应根据允许中断供电的时间进行选择，并应符合下列规定：

（1）允许中断供电时间为 30s（60s）的供电，可选用快速自动启动的应急发电机组。

（2）自动投入装置的动作时间能满足允许中断供电时间时，可选用独立于正常电源之外的专用馈电线路。

（3）连续供电或允许中断供电时间为毫秒级装置的供电，可选用蓄电池静止型不间断电源装置（UPS）。

（4）建筑高度 150m 及以上的建筑应设置自备柴油发电机组。

4.1.6　备用电源和应急电源共用柴油发电机组时，应符合下列规定：

（1）备用电源和应急电源应有各自的供电母线段及回路。

（2）备用电源的用电负荷不应接入应急电源供电回路。

4.1.7　当民用建筑的消防负荷和非消防负荷共用柴油发电机组时，应符合下列规定：

（1）消防负荷应设置专用的回路。

（2）应具备火灾时切除非消防负荷的功能。

（3）应具备储油量低位报警或显示的功能。

4.2　自备柴油发电机组选择

4.2.1　自备柴油发电机组设置要求

（1）机组容量与台数应根据应急或备用负荷大小，以及单台电动机最大启动容量等综合因素确定。当应急或备用负荷较大时，可采用多机并列运行，应急柴油发电机组并机台数不宜超过 4 台，备用柴油发电机组并机台数不宜超过 7 台。当受并机条件限制时，可实施分区供电。

（2）备用柴油发电机组容量的选择，应按工作电源所带全部容量或特级、一级、二级负荷容量确定。

（3）当有电梯负荷时，在全电压启动最大容量笼型电动机情况下，发电机母线电压不应低于额定电压的 80%；当无电梯负荷时，其母线电压不应低于额定电压的 75%。当条件允许时，电动机可采用降压启动方式。

（4）当多台机组需要并机时，应选择型号、规格和特性相同的机组和配套设备。

（5）宜选用高速柴油发电机组和无刷励磁交流同步发电机，配自动电压调整装置。选用的机组应装设快速自启动装置和电源自动切换装置。

（6）当发电机房设置不能满足周边环境噪声要求时，宜选择自带消声处理装置的发电机组。

（7）1000V 以下低压发电机组单机持续功率（COP）不宜超过 1600kW，并机运行台数不宜超过 4 台，并机后母线总电流应低于 6300A；10kV 高压发电机组单机持续功率不宜超过 2400kW，并机后母线总电流宜低于 2000A。

（8）3～10kV 高压发电机组的电压等级宜与用户侧供电电压等级一致。

（9）设置在高层民用建筑内的柴油发电机组，应根据应急负荷大小、单台电动机最大启动容量、供电半径等因素确定柴油发电机的额定输出电压（额定电压等级与供电距离可参考表 4.2-1、表 4.2-2），且宜符合下列规定：

1）当建筑物高度低于 100m 时，宜采用低压柴油发电机。

2）当建筑物高度大于 400m 时，高区宜采用高压柴油发电机，电压等级应根据工程实际情况确定；低区应采用低压柴油发电机。

3）当建筑物高度在 100～400m 时，应进行技术分析、比较，确定柴油发电机的额定电压。

表 4.2-1 额定电压为 400V 时的电压降与供电距离

电缆截面积 (mm²)	载流量(A)	功率 (kW)	$X_0(\Omega/km)$	$R_0(\Omega/km)$	$\Delta U\%$	$L(m)$
95	316	196.8048	0.077	0.229	5	152.6
120	370	230.436	0.077	0.181	5	159.0
150	425	264.69	0.077	0.145	5	165.8
185	490	305.172	0.078	0.118	5	168.3
240	588	366.2064	0.077	0.091	5	170.3

表 4.2-2 额定电压为 10kV 时的电压降与供电距离

电缆截面积 (mm²)	载流量(A)	功率 (kW)	$X_0(\Omega/km)$	$R_0(\Omega/km)$	$\Delta U\%$	$L(m)$
95	316	4920.12	0.077	0.229	5	3816.1
120	370	5760.9	0.077	0.181	5	3975.8
150	425	6617.25	0.077	0.145	5	4144.8
185	490	7629.3	0.078	0.118	5	4206.8
240	588	9155.16	0.077	0.091	5	4256.7

4.2.2 发电机组容量

柴油发电机的功率是柴油发电机组端子处为用户负载输出的功率，不包括基本独立辅助设备所吸收的电功率。除另有规定，发电机组的额定功率是指在额定频率、功率因数 $\cos\varphi$ 为 0.8 时用千瓦（kW）表示的功率。

（1）发电机组的功率定额种类：

1）持续功率（COP）：在规定的运行条件下，并按制造商规定的维修间隔和方法实施维护保养，发电机组每年运行时间不受限制的为恒定负载持续供电的最大功率。

2）基本功率（PRP）：在规定的运行条件下，按制造商规定的维修间隔和方法实施维护保养，发电机组每年运行时间不受限制的为可变负载持续供电的最大功率。在 24h 周期内的允许平均输出功率不应大于基本功率的 70%。

3）限时运行功率（LTP）：在规定的运行条件下，并按制造商规定的维修间隔和方法实施维护保养，发电机组每年供电达 500h 的最大功率。

4）应急备用功率（ESP）：在规定的运行条件下，并按制造商规定的维修间隔和方法实施维护保养，发电机组每年供电达 200h 的最大功率。在 24h 周期内的允许平均输出功率应不大于应急备用功率的 70%。

以持续功率（COP）为发电机组的基础功率，其余的功率是在此基础上的强化功率，通过限制使用时间、平均负载、降低寿命和可靠性来提高最大额定功率。

通常柴油发电机组铭牌功率分为常用功率、备用功率、连续功率。设计中一般按常用功率选择发电机组容量，常用功率等同于国际标准中的基本功率（PRP），常用功率应不小于设备计算功率的 1.1 倍。

（2）在方案及初步设计阶段，柴油发电机容量可按配电变压器总容量的 10% ～ 20% 进行估算。在施工图设计阶段，宜按下列方法计算的最大容量确定：

1）按需要供电的稳定负荷来计算发电机容量；

2）按最大的单台电动机或成组电动机启动的需要，计算发电机容量；

3）按启动电动机时，发电机母线允许电压降计算发电机容量。

（3）机组容量可根据一级负荷、消防负荷（最大同时使用）及用户的某些保障负荷的容量，按下列方法计算的最大容量确定（该容量一般为常用功率）。

1）按需要供电的稳定负荷计算发电机容量。

$$S = \alpha \times \frac{P_\Sigma}{\eta_\Sigma \cos\varphi} \qquad (4.2\text{-}1)$$

式中：S 为发电机组容量，kVA；α 为发电机组负荷率；P_Σ 为总负荷，kW；η_Σ 为总负荷效率，一般取 0.82 ～ 0.88；$\cos\varphi$ 为发电机额定功率因数，可取 0.8。

2）按最大的单台电动机或成组电动机启动的需要，计算发电机容量。

$$S = \left(\frac{P_\Sigma - P_m}{\eta_\Sigma} + P_m KC\cos\varphi_m \right) \frac{1}{\cos\varphi} \qquad (4.2\text{-}2)$$

式中：S 为按最大的单台电动机或成组电动机启动需要计算的发电机容量，kVA；P_m 为启动容量最大的电动机或成组电动机的容量，kW；η_Σ 为总负荷效率；$\cos\varphi_m$ 为电动机启动功率因数，一般取 0.4；$\cos\varphi$ 为发电机额定功率因数，可取 0.8；K 为电动机的启动倍数；C 为按电动机启动方式确定的系数，全压启动时 C=1.0；Y/ △ 启动时 C=0.67；自耦变压器启动时 50% 抽头 C=0.25、65% 抽头 C=0.42、80% 抽头 C=0.64。

3）按启动电动机时发电机母线容许电压降计算发电机容量。

$$S = P_n KCX_d \left(\frac{1}{\Delta E} - 1 \right) \qquad (4.2\text{-}3)$$

式中：S 为按启动电动机时发电机母线容许电压降计算发电机容量，kVA；P_n 为电动机总负荷，kW；X_d 为电动机的暂态电抗，一般取 0.25；ΔE 为应急负荷中心母线允许的瞬时电压降，一般取 0.25 ～ 0.3（有电梯时取 0.2）。

（4）当发电机组同时给消防负荷和特级负荷供电时，总负荷应按消防负荷和特级负荷容量之和确定。

（5）当发电机组同时给消防负荷及平时的重要负荷（也称保障负荷，如变频给水泵、客梯、宴会厅照明等用电）供电时，应分别计算消防负荷和重要负荷的容量，取其大者为确定发电机组容量的总负荷。

（6）对于大型民用建筑或综合体，地下室防排烟风机较多，消防设备功率可以按地下室相邻两个最大防火分区内消防风机加上最高一栋建筑地上消防负荷和消防水泵功率之和确定。

4.3　低压机组消防母线段、重要母线段典型方案

（1）当民用建筑的消防负荷和非消防负荷共用柴油发电机组，重要负荷较少时，发电

机组引一路电源至消防母线段，消防母线段引出一路总断路器至重要母线段，在消防状态下可分断此总断路器。消防母线段、重要母线段典型方案一见图4.3-1。

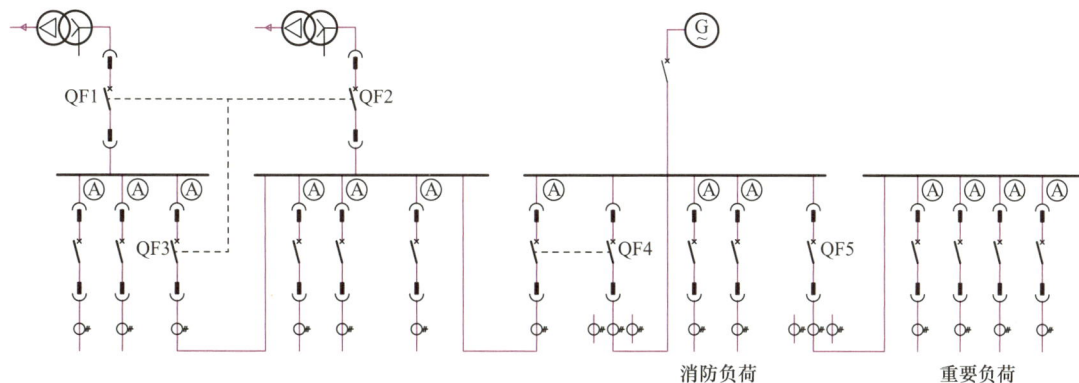

图 **4.3-1**　消防母线段、重要母线段典型方案一

（2）民用建筑的消防负荷和非消防负荷公用柴油发电机组，当重要负荷较多时，发电机组各引一路电源至消防负荷及重要负荷母线段，消防母线段、重要母线段典型方案二见图4.3-2。

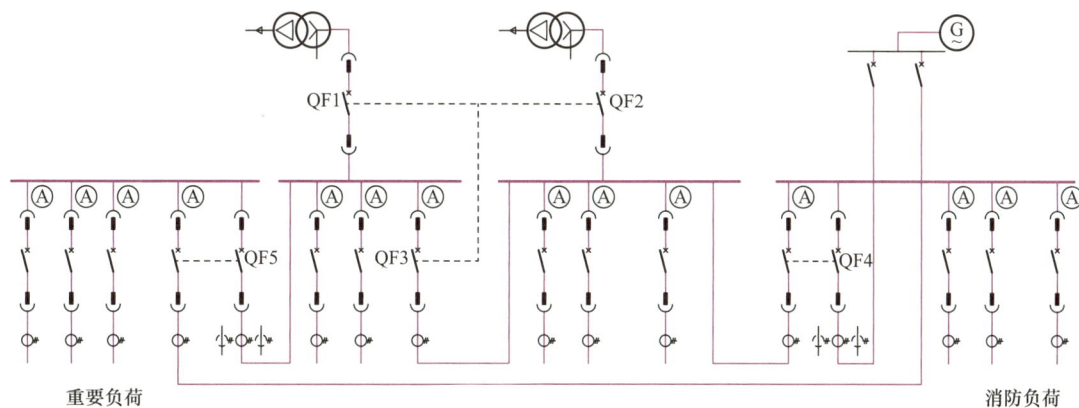

图 **4.3-2**　消防母线段、重要母线段典型方案二

4.4　高压柴油发电机组典型方案

（1）当高压机组较少且集中设置时（3台及以下），高压柴油发电机组母线宜采用不分段方案，典型方案见图4.4-1。

（2）当高压机组较多时（3台以上），宜根据需要分组或分散设置，当需要集中设置时，高压柴油发电机组母线可采用分段方案，典型方案见图4.4-2。

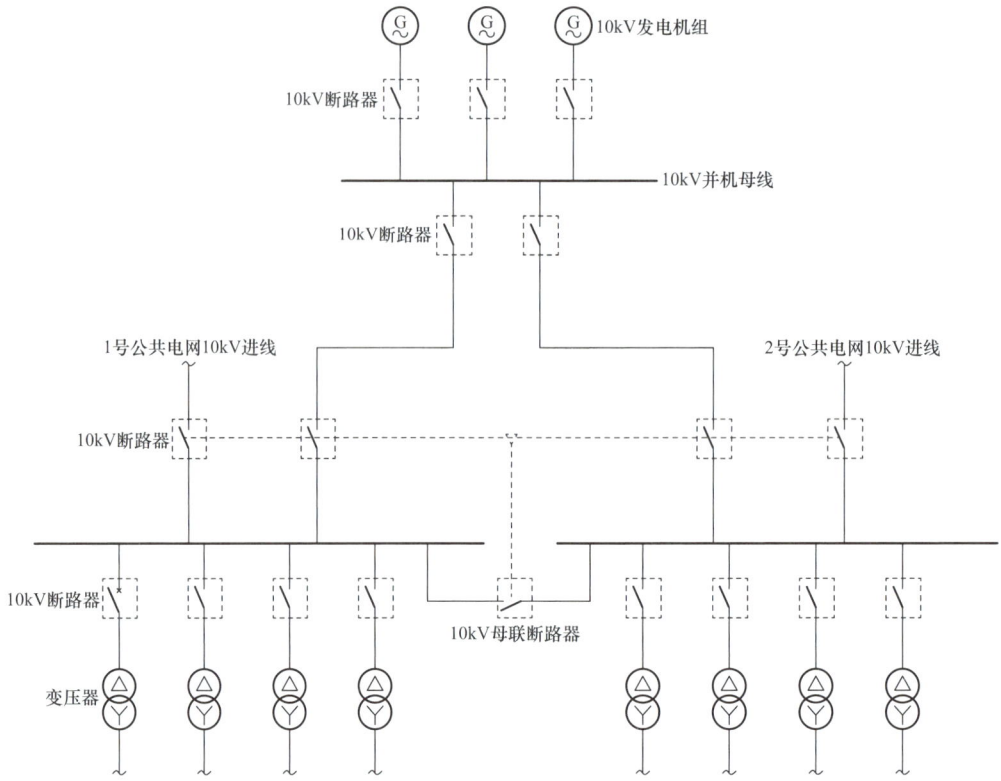

图 4.4-1　高压发电机组供电方案一

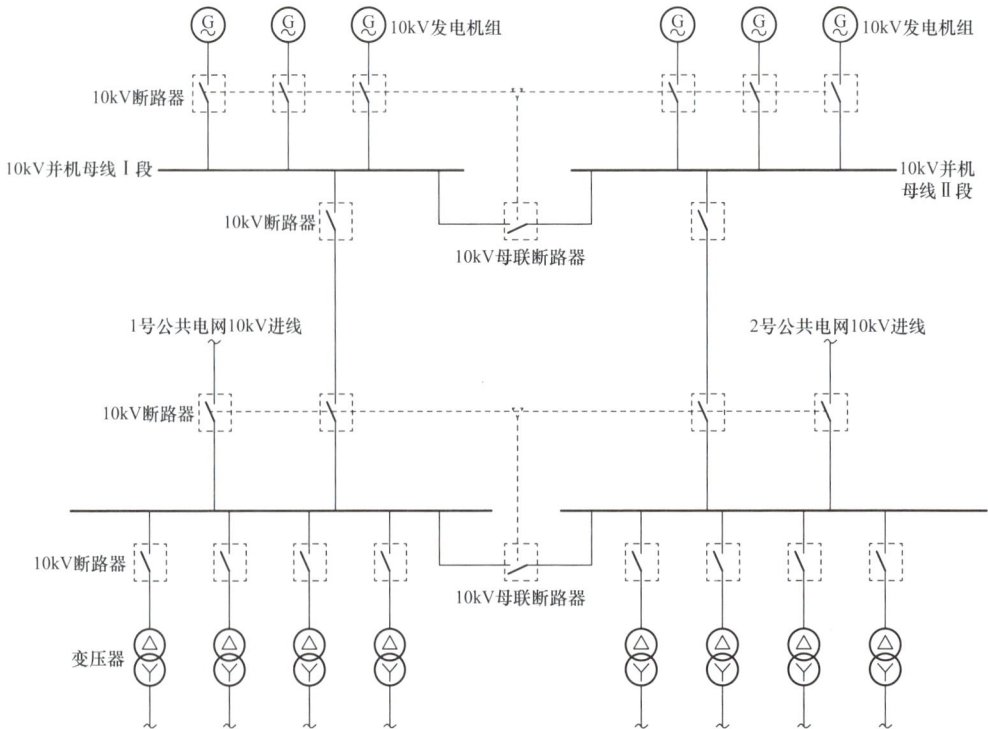

图 4.4-2　高压发电机组供电方案二

4.5 柴油发电机房

4.5.1 机房位置及布置要求

（1）柴油发电机房宜综合考虑与变电所的电气关联，有利设备运输、机房送排风和排烟等因素，可布置于建筑物的首层、地下一层或地下二层，也可布置于裙房屋面；不应布置在地下三层及以下；宜靠近变电所设置，但不宜与之贴临，若贴临时，应采用防火隔墙隔开。

（2）不应布置在人员密集场所的上一层、下一层或贴邻。发电机间、控制室及配电室不应设在厕所、浴室或其他经常积水场所的正下方或贴邻。

（3）机房宜靠建筑外墙布置，应有通风、防潮、机组的排烟、消声和减振等措施并满足环保要求。

（4）机房设置在高层建筑物内时，机房应有足够的新风进口、热风出口并合理敷设排烟管引至排烟道。机房排烟应采取防止污染大气措施，排烟竖井宜内置排烟管道至屋顶。

（5）柴油发电机房内，机组之间、机组外廊至墙的距离应满足设备运输、就地操作、维护维修及布置辅助设备的需要；机组容量为 500 ～ 1500kW 的柴油发电机房面积约为 $80m^2$，1600 ～ 2000kW 的柴油发电机房面积约为 $100m^2$（包含储油量不大于 $1m^3$ 的储油间，未包含进、排风井）。当工程需设置两台或更多台柴油发电机组时，机房面积应相应增加。

（6）柴油发电机间、控制室长度大于 7m 时，应至少设两个出入口。

（7）柴油发电机应急电源向较远的设备供电时应注意校验电压降。

4.5.2 柴油发电机房对相关专业要求

4.5.2.1 排烟、通风

（1）每台柴油机的金属排烟管应单独引至排烟道（金属排烟管应沿排烟井内敷设至室外屋面）；水平敷设的排烟管宜设 0.3% ～ 0.5% 的坡度，并应在排烟管最低点装排污阀；机房内的排烟管采用架空敷设时，室内部分应敷设隔热保护层。当排烟管道无法敷设至室外屋面时可采用消烟池等烟气净化措施。

（2）机房设计应及时给通风专业提机组送排风、排烟条件，有条件时，宜设消烟池，消烟池体积应根据机组容量确定，消烟池体积与机组容量关系见表 4.5-1。排烟管自带一级消声器，消烟池也可作为一级消声器，有利于机房降噪。

表 4.5-1　　　　　消烟池体积与机组容量关系表

机组容量 (kW)	200	250	300	450	500	800	1000	> 1000
消烟池体积 (m^3)	3	3.5	4.5	8	10	14	20	按照 $0.025m^3/kW$

（3）经过消烟池排烟，会增大排烟阻力，应在出烟口处设置机械排烟装置，否则会影响发电机组的出力。当安装现场受空间、温度或水资源条件限制无法采用消烟池方式消烟时，宜在排烟管上安装触媒型排烟净化器。洗烟池平面、剖面示意图见图 4.5-1。

（4）柴油发电机组宜选择整体式风冷机组，将热风通道与机组散热器采用软接头连接，机组热风出口宜靠近且正对柴油机散热器；出风口面积不宜小于散热器面积的 1.5 倍。当热风通道直接导出室外有困难时，可采用通风井道导出。

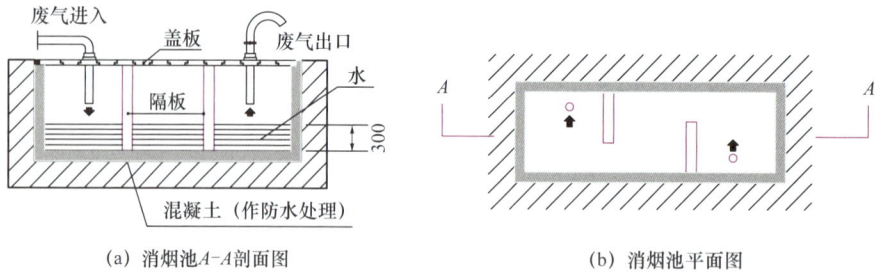

(a) 消烟池 A-A 剖面图   (b) 消烟池平面图

图 4.5-1　洗烟池平面、剖面示意图

（5）机房进风口宜设在正对发电机端或发电机端两侧，进风口面积不宜小于柴油机散热器面积的 1.6 倍，并预留机械通风条件。进风口与排风口宜布置在不同方向，当只能在同一方向时应把进风口安排在上风侧，宜相距 6m 以上。

（6）当无法安排机组排风时，可选择分体式散热机组，即机组冷却水箱外置于室外高处（如屋顶），通过冷却水泵辅助冷却水循环进行机组冷却，在寒冷地区不宜选择此类分体式散热机组，如采用此类机组，在冬天冷却液应采用防冻液。散热器远置方案示意图见图 4.5-2。

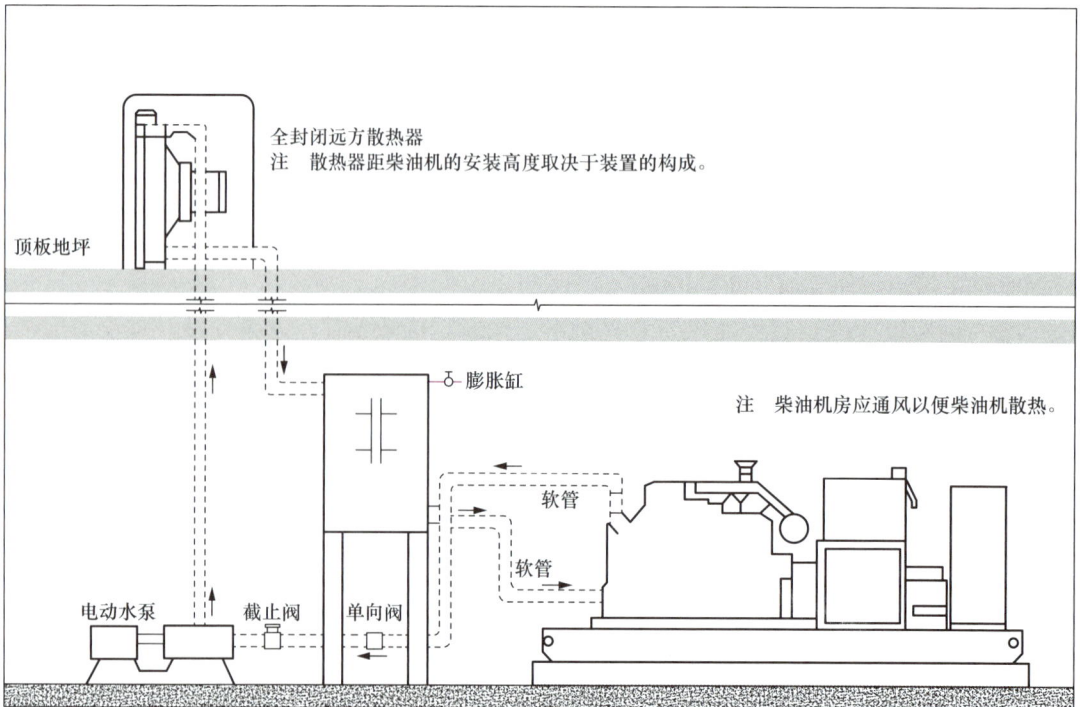

图 4.5-2　散热器远置方案示意图

4.5.2.2　给水排水

（1）柴油机的冷却水水质，应符合机组运行技术条件要求。

（2）柴油机采用闭式循环冷却系统时，应设置膨胀水箱，其装设位置应高于柴油机冷却水的最高水位。

（3）冷却水泵应为一机一泵，当柴油机自带水泵时，宜设 1 台备用泵。

（4）当机组采用分体散热系统时，分体散热器应带有补充水箱，见图 4.5-2。

（5）机房内应设有洗手盆和落地洗涤槽。

4.5.2.3　机房储油设施

（1）当燃油来源及运输不便或机房内机组较多、容量较大时，宜在建筑物主体外设置不大于 15m³ 的储油罐。

（2）机房内应设置储油间，其总储存量不应大于 1m³，储油间应采用耐火极限不低于 3.00h 的防火隔墙与发电机间分隔；确需在防火隔墙上开门时，应设置甲级防火门。日用燃油箱宜高位布置，出油口宜高于柴油机的高压射油泵。

（3）卸油泵和供油泵可共用，应装设电动和手动各一台，其容量应按最大卸油量或供油量确定。

4.5.2.4　机组外接条件预留做法

（1）在室外首层便于加油车接入的位置设置快速输油接口箱，距地 1300mm 安装。

（2）储油间预留输油管、透气管引出室外，具体规格结合实际工程确定，方案示意图见图 4.5-3。

（3）根据工程要求，需要预留外接柴油发电车条件时，应在负载端预留电缆连接端口，柴油车自带电缆长度一般为 50 ～ 100m，柴油车端采用快速插头连接。

4.5.2.5　其他要求

（1）机房应采用耐火极限不低于 2.00h 的防火隔墙和 1.50h 的不燃性楼板与其他部位分隔，门应采用甲级防火门。发电机间与控制室、配电室之间的门和观察窗应采取防火、隔声措施，门应为甲级防火门，并应开向发电机间。

（2）应设置火灾报警装置。

（3）应设置与柴油发电机容量和建筑规模相适应的灭火设施，当建筑内其他部位设置自动喷水灭火系统时，机房内应设置自动喷水灭火系统。

（4）柴油发电机房日用油箱间要使用隔爆型灯具和配管。

（5）柴油发电机房除保护接地外，还应做防静电接地。

（6）机组基础应采取减振措施。

（7）柴油发电机房在首层典型做法示意图见图 4.5-4，在地下层典型做法示意图见图 4.5-5。

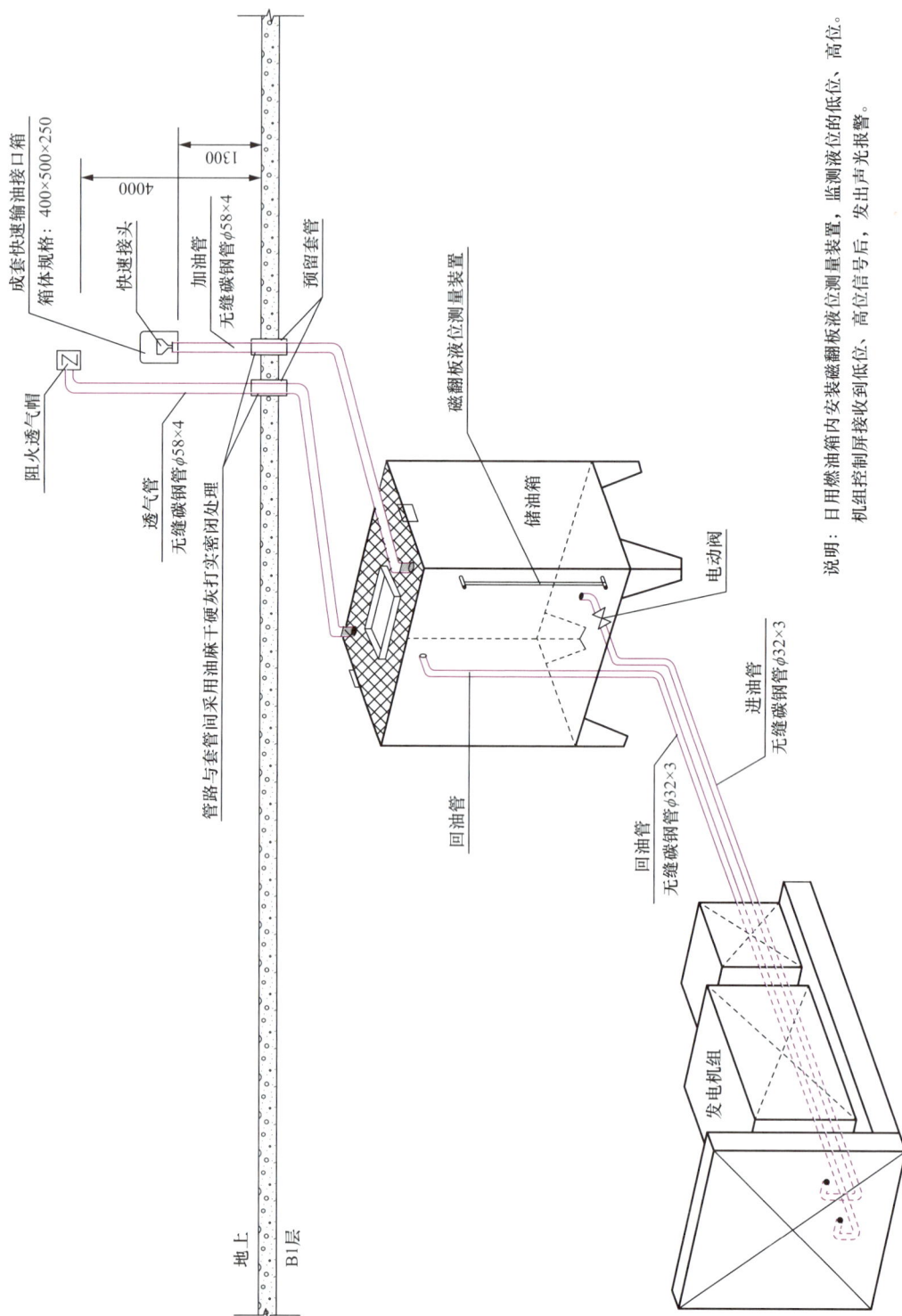

图 4.5-3 柴油发电机组油路示意图（油路属于动力专业范畴）

说明：日用燃油箱内安装磁翻板液位测量装置，监测液位的低位、高位。机组控制屏接收到低位、高位信号后，发出声光报警。

成套快速输油接口箱
箱体规格：400×500×250

快速接头

加油管
无缝碳钢管φ58×4

预留套管

阻火透气帽

透气管
无缝碳钢管φ58×4

管路与套管间采用油麻干硬灰打实密闭处理

磁翻板液位测量装置

储油箱

电动阀

回油管

进油管
无缝碳钢管φ32×3

回油管
无缝碳钢管φ32×3

发电机组

地上

B1层

4000

1300

(a) 剖面图1:100

(b) 平面图1:100

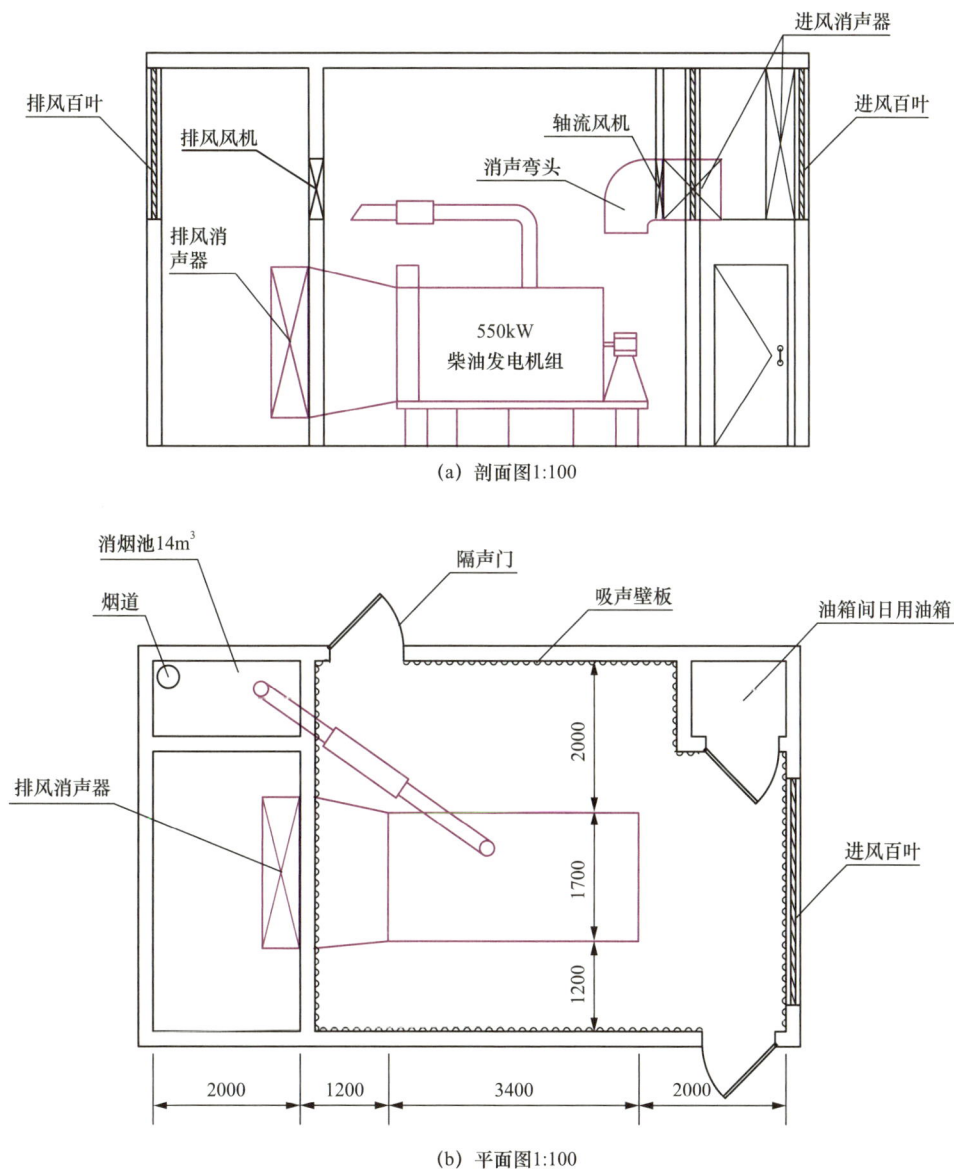

图 4.5-4　柴油发电机房在首层典型做法示意图

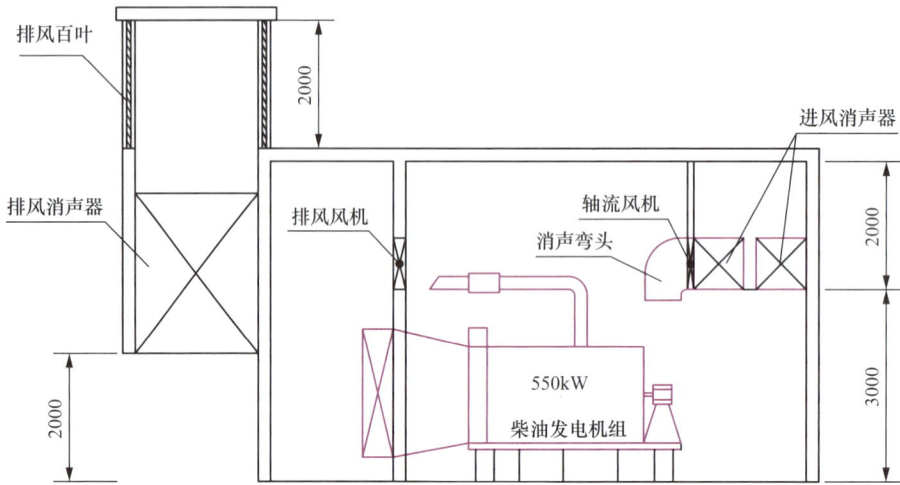

（a）剖面图1:100

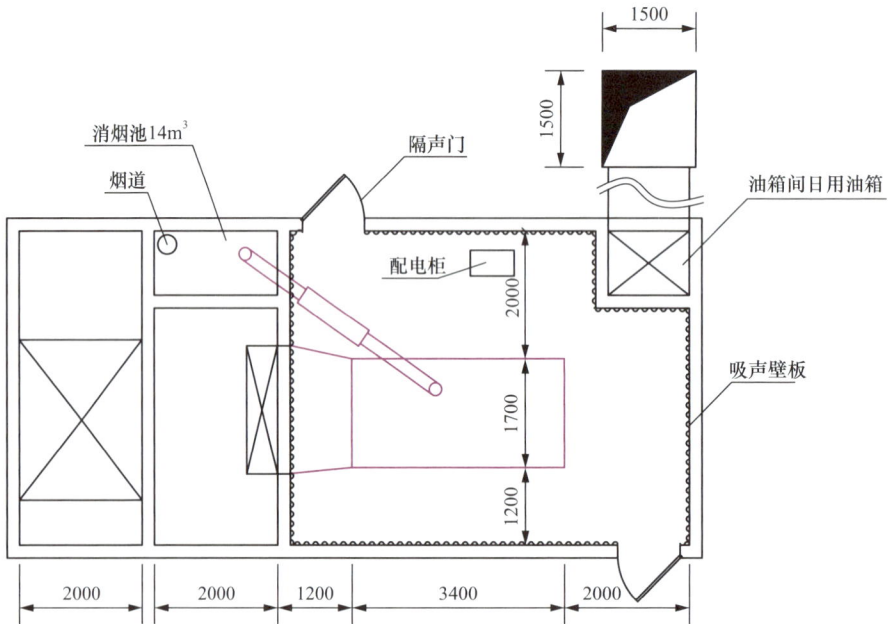

（b）平面图1:100

图 4.5-5　柴油发电机房在地下层典型做法示意图

5 变（配）电所

5.1 开闭站

5.1.1 开闭站是由上级变电站直接供电，对电能进行再分配的配电设备及土建设施的总称，也称开关站。开闭站内仅有开关设备，没有电力变压器。

5.1.2 开闭站的设置由上位电力规划确定。居住建筑可按每 $3×10^5m^2$ 建设一座开闭站。

5.1.3 10kV 开闭站可独立建设或与变电所合建，具体形式应符合当地电力部门的要求。

5.1.4 10kV 开闭站应布置在地面层，进出线采用下进下出方式。开闭站设备层，梁下净高不应小于 3.0m，室内地坪高于室外地坪不应小于 450mm；采用电缆夹层，夹层层高不应小于 2.1m，夹层板下净高不应小于 1.9m。

5.2 高压分界室

5.2.1 高压分界室由多面环网柜组成，用于高压电缆线路环进环出及分接负荷，也称高压开关小室或电缆分界设施。

5.2.2 在北京地区，10kV 用户接入电缆网时，应建设高压分界室（专用线除外），作为单个用户与电网的产权分界处，并具备电缆分支功能。

5.2.3 高压分界室所配置的环网柜应安装用于隔离 10kV 供电用户内部故障的断路器。

5.2.4 断路器或负荷开关配置电动操动机构，具有配电自动化远方遥控功能；电动操动机构操作电源宜选用直流 48V，环网柜内安装电压互感器。

5.2.5 高压分界室宜独立设置，在不具备条件时可与用户建筑联合建设，应设在地面一层，建筑面积为 $25～30m^2$。

5.2.6 高压分界室应具备不经用户内部通行的条件，宜在贴近用户红线内侧建设（门向红线外侧开启）。

5.2.7 高压分界室应符合以下要求：

（1）抗震、防火、通风、防洪、防潮、防尘、防毒、防辐射、防小动物等各项要求。

（2）设备的安装、操作、检修、试验及进出线的要求。

（3）设备层净高不小于 3.0m，电缆夹层净高不小于 1.9m。

5.3 变电所

5.3.1 变电所是接受和汇集电源、变换电压并分配电力功能的设施和场所。变电所分为公用变电所和用户变电所。

5.3.2 公用变电所是由供电部门管理的变电所，其设置应满足下列规定：

（1）公用变电所宜按小容量、多布点原则设置，居住建筑每 $5×10^4m^2$ 建设一座公用变电所，两路电源进线，设置 2 台变压器，低压为单母线分段接线，每台变压器容量不宜超过 1000kVA；宜设有应急电源（发电机）接入装置。

（2）公用变电所也可设置 1 台变压器，设置 1 台变压器的应设有应急电源（发电机）接入装置。10kV 设备采用负荷开关柜；负荷开关配置电动操动机构，具有配电自动化远方遥控功能。

（3）公用变电所临近道路建设，并预留发电车临时电缆的接入设施。

5.3.3 用户变电所是有用户自管的变电所，其设置应符合下列规定。

（1）10kV 侧符合以下条件时，宜选用断路器柜：

1）进线所带变压器总容量大于 3200kVA 或单台干式变压器容量在 1250kVA 及以上或单台油浸式变压器容量在 800kVA 及以上时；

2）由 220kV 变电站直接供电时；

3）用户 10kV 侧加装联络开关时；

4）对供电可靠性要求高时。

（2）10kV 配电室进线所带变压器总容量小于 3200kVA（含 3200kVA）且单台干式变压器容量在 1250kVA 以下或单台油浸式变压器容量在 800kVA 以下时，可选用 SF_6 或真空环网开关柜。

（3）采用环网开关柜时，变压器出线单元应采用负荷开关熔断器组，馈线单元应装设故障指示器。

（4）非独立建筑的配电室，应采用无油化配电设备。安装于公建内的 10kV 变电所应选用干式节能型变压器；独立建筑变电所建有变压器间时，可选用全密封的油浸式变压器，宜选用 S13 或其他节能型变压器。

（5）低压主开关、联络开关应配置至少带有长延时、短延时保护功能的电子脱扣器，馈线开关宜配置至少带有长延时、瞬时保护功能的电子脱扣器。

（6）低压联络开关应装设自动投切及自动解环装置。

（7）用户可根据自身需求选择加装应急自备电源。

（8）重要用户的用户变电所宜预留发电车电源接入接口，满足发电车的接入条件。

5.3.4 采用两路 10kV 高压电源供电的变电所，无供电方案时，采用单母线分段中间设联络开关预留面积。

5.3.5 变电所内与运行相关的通风、照明等设备的电源等级，应与运行设备负荷等级一致。需提请相关专业配置专用性设备。

5.3.6 变电所内应考虑控制及监控的专用线槽。

5.3.7 变电所布置应符合下列规定：

（1）配电室、电容器室长度大于 7m 时，应至少设置两个出入口。

（2）当成排布置的电气装置长度大于 6m 时，电气装置后面的通道应至少设置两个出口；当低压电气装置后面通道的两个出口之间距离大于 15m 时，尚应增加出口。

（3）变电所直接通向建筑物内非变电所区域的出入口门，应为甲级防火门并应向外开启。

（4）相邻高压电气装置室之间设置门时，应能双向开启。

（5）相邻电气装置带电部分的额定电压不同时，应按较高的额定电压确定其安全净距；电气装置间距及通道宽度应满足安全净距的要求。

（6）变电所的电缆夹层、电缆沟和电缆室应采取防水、排水措施。

5.4 建筑物内的变电所对建筑的要求

5.4.1 变电所如果进出线采用下进下出方式时，设备层的板底净高不小于 3.5m，梁底净高不小于 3.0m。

5.4.2　变电所如果进出线采用上进上出方式时，机房层的梁底净高不小于 4.0m，机房内地坪高于机房外不小于 200mm。

5.4.3　变电所采用电缆夹层时，夹层板下净高不应小于 1.9m。设备层地面标高不宜低于同层建筑。

5.4.4　变电所如果采用电缆沟时，高压电缆沟沟深不应小于 1.2m，沟宽不应小于 1.0m；低压电缆沟沟深不应小于 0.8m，沟宽不应小于 0.6m。

5.4.5　若变电所位于首层，设备间应设固定采光窗。窗采用塑钢窗，镶夹丝玻璃，窗外设钢制防护栏，并敷网孔小于 10mm×10mm 的钢板网。

5.4.6　变电所出口设置不应少于两个，并宜布置在不同通道，运输设备用的大门为通扇门宽宜为 1.8m、高宜为 2.7m；人员出入门应直接通向室外。

5.4.7　应预留安装设备用的槽钢、电缆支架及电缆进出线钢管（用防火胶泥封堵）等。

5.4.8　地下变电所的电缆进出线应设置电缆竖井，竖井的宽度须满足电缆弯曲半径的要求，并安装电缆垂直安装用的固定支架。

5.4.9　变电所运输通道。

（1）利用公用通道：如门、汽车通道、走廊等。当运输穿越距离较短时，其宽度及高度应比设备最大尺寸每侧至少大 200mm；当距离较长时，应每侧至少大 500mm。

（2）运输通道经过地下车库时，通道净高不小于 2.5m、宽度不小于 2m，通道转弯处宽度不小于 2.5m。变电所室内、外通道坡度须小于 12°。

5.4.10　进出变电所的电缆桥架要有一定的高差，即变电所内的电缆桥架要略高于变电所外的电缆桥架，以防喷淋水沿桥架进入变电所。

5.4.11　变电所的安全出口间距应满足规范要求，门的耐火等级应满足规范要求。

5.4.12　变电所的值班室应靠近高压配电间。

5.5　变电所采暖、通风、给排水要求

5.5.1　设备间不设采暖装置。卫生间等附属房间设电暖气采暖。给排水管道不应穿越设备间及电缆夹层。

5.5.2　设备间采用具备温控定时自动及手动投停功能的超低噪声轴流风机，强制通风。排风孔设防尘、防雨罩，罩前加钢板网，网孔小于 10mm×10mm。

5.5.3　所内设备发热量按每台变压器 10kW 考虑，进风温度 30℃，出风温度 40℃。设备间每小时换气次数不小于 6 次，依此选择风机容量及风道尺寸。

5.5.4　当采用 SF_6 开关时，排风管道伸至电缆夹层内，距离地面 300mm 处，排风管道不得与设备间相通，通风管道采用非燃烧材料制作。

5.5.5　通风管道不得位于电气设备上方，通风管道底部距地面高度不应小于 2.8m。

5.5.6　根据暖通专业的要求，每个变电所都应设置专用的风机房，不应把风机安装在变电所内。

5.5.7　室外独立变电所夹层集水坑内设可自动移动式潜水泵。

5.6　变电所布置

变电所平面布置应与系统图对应，平面上所有设备柜的编号均应按面对设备柜正面，顺时针方向从左至右，配电柜的编号由低向高排列。系统图示例可扫码查看，平面图示例见图 5.6-1。

1 号变压器系统图　　　　　　2 号变压器系统图

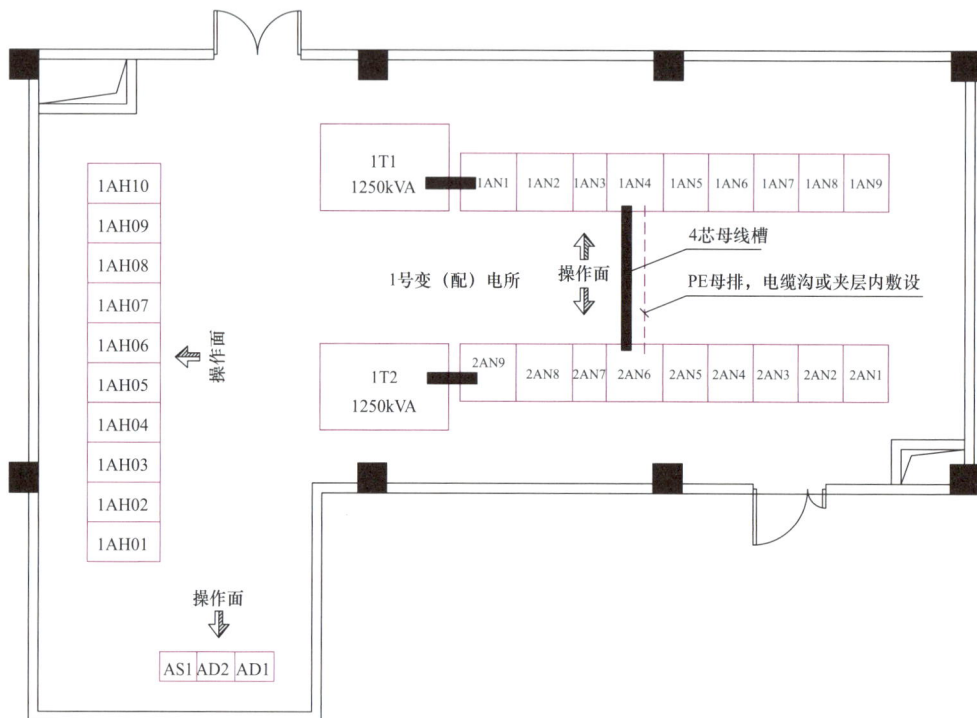

图 5.6-1　变电所平面布置图

5.7　变电所接地

5.7.1　10kV 不接地系统变电所的接地。10kV 不接地系统示意图见图 5.7-1。为节约投资，10/0.4kV 变电所内工作接地和保护接地通常连接在一起，接地故障电流 I_d 不得大于 10A 或 20A，要求接地电阻 R_B 不大于 4Ω（接地故障电流为 20A 时，推荐接地电阻 R_B 不大于 2Ω）。

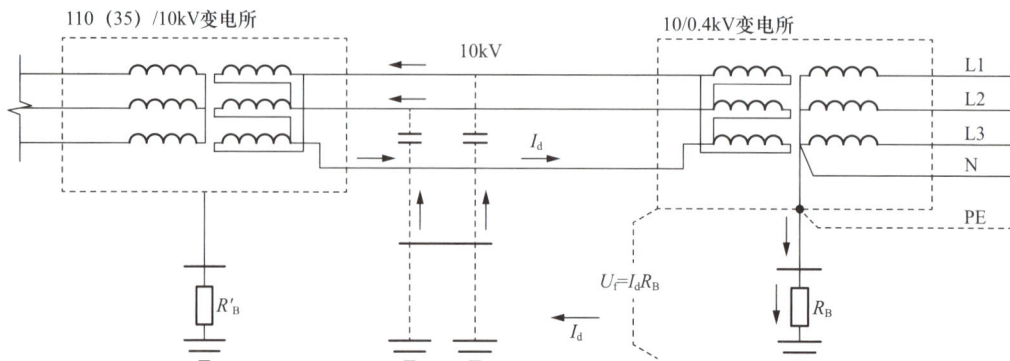

图 5.7-1　10kV 不接地系统示意图

5.7.2 10kV 小电阻接地系统变电所的接地。10kV 小电阻接地系统示意图见图 5.7-2。接地包括 10kV 电源工作接地 R'_B、10/0.4kV 变电所 10kV 配电装置保护接地 R_E、变压器工作接地（变压器中性点接地）R_B。10kV 配电装置的保护接地与变压器外壳、低压配电装置、建筑物基础钢筋、进户钢管及人工接地极等共同构成保护接地。根据变电所所处位置及供电情况，高压配电装置的保护接地 R_E 和变压器工作接地 R_B 可以连接或严格分开。

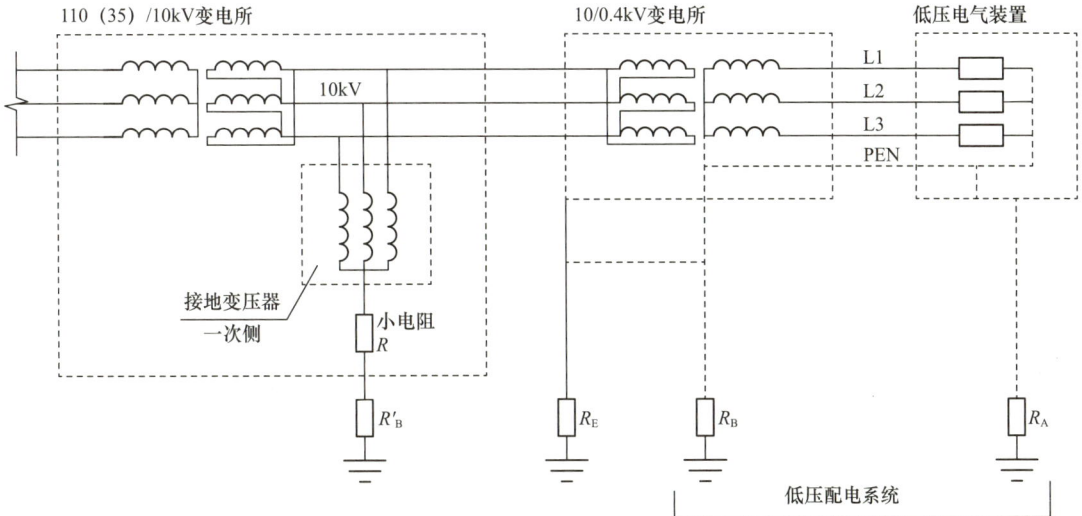

图 5.7-2　10kV 小电阻接地系统示意图

R'_B—10kV 小电阻工作接地；R_E—10/0.4kV 变电所保护接地；R_B—10/0.4kV 变电所变压器工作接地（中性点接地）；R_A—用电设备的保护接地电阻

5.7.3 建筑物内的变电所采用 10kV 小电阻接地系统时，应采用等电位联结方式接地，低压工作接地与高压保护接地共用接地装置，即图 5.7-2 中 R_E 与 R_B 连接在一起合并成一个接地，利用建筑物结构钢筋做综合接地网，进出变电所的金属管道均应做总等电位联结，变电所室内沿墙明敷接地线在设备层内距设备层地面 500mm 敷设，过门处暗敷，变电所内明敷的接地线在不同方向上与建筑物结构主筋连接点不少于 4 处，接地电阻按北京市供电局要求应不大于 0.5Ω，其他地区一般要求不大于 1Ω。

5.7.4 单台变压器接地有两种方式：

（1）方式一为变压器中性点就近接地，接地原理图参见图 5.7-3，接地平面画法参见图 5.7-4，此种接法为从变压器开始的 TN-S 接地系统。

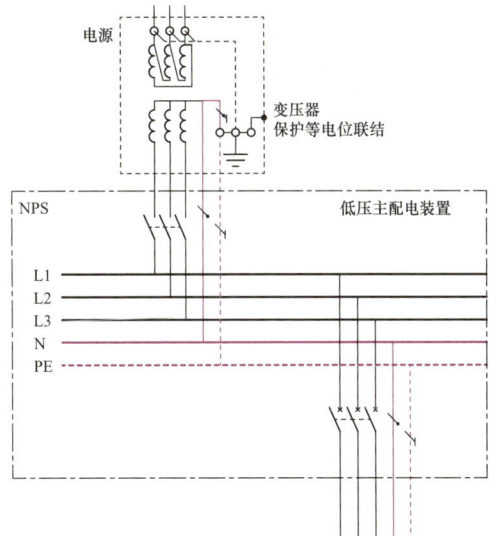

图 5.7-3　变压器中性点就近接地原理图

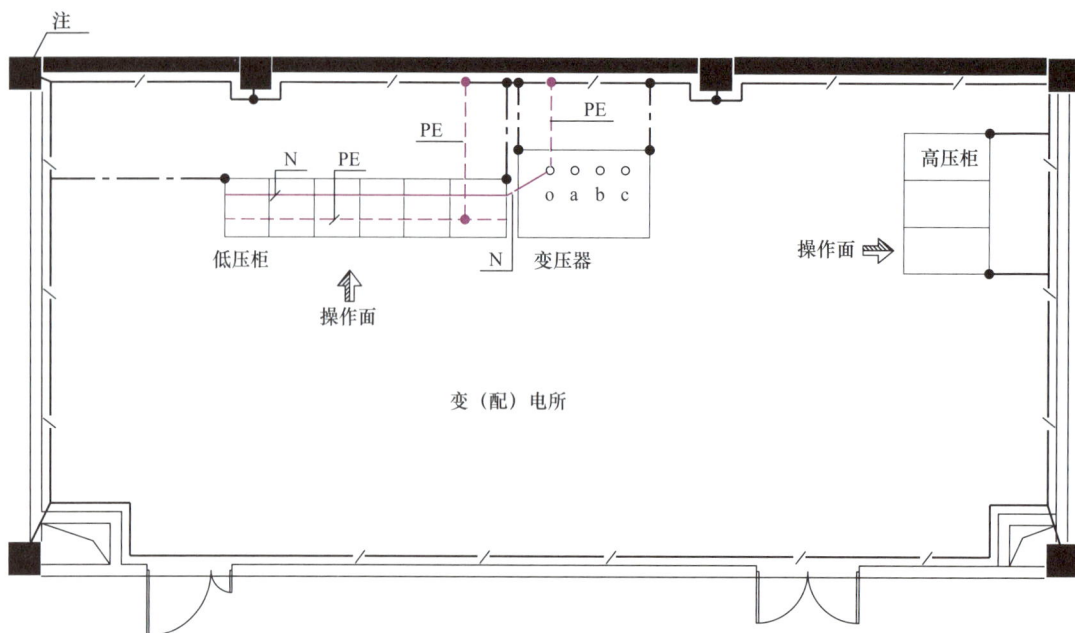

图 5.7-4　变压器中性点就近接地平面图

注　变（配）电所内接地干线不少于 4 点，且与柱内钢筋有效连接。

（2）方式二为在进线柜处与 PE 线连接并接地，接地原理图参见图 5.7-5，接地平面画法参见图 5.7-6，此种接法为从低压柜开始的 TN-S 接地系统，由此系统可以引出 TN-C 系统、TN-S 系统、TT 系统。

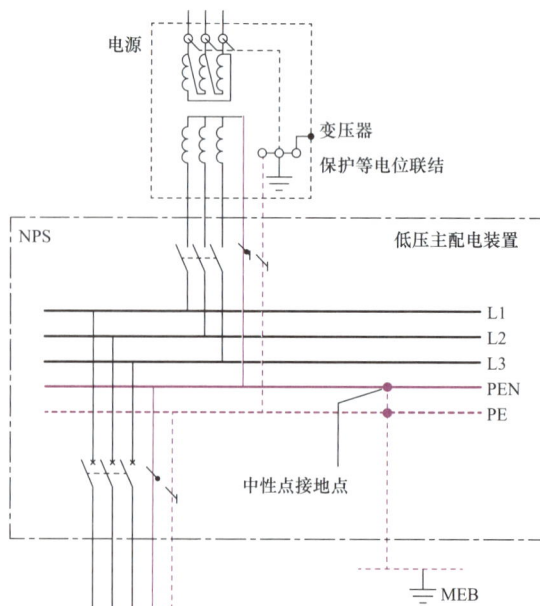

图 5.7-5　变压器中性点进线柜处接地原理图

5.7.5　多电源接地。

（1）两台变压器属于多电源供电，为减少接地线环流干扰，其接地应按"一点接地"

处理。变压器中性点进线柜处一点接地原理示意图见图 5.7-7。变压器中性点引出线为 PEN 线，在一处进线柜与 PE 线连接后，不应再多处接地。变压器保护接地线（PE 线）可多处与建筑物钢筋连接，作为保护等电位联结。主进线和母联断路器均采用三极开关。变压器中性点进线柜处一点接地平面图见图 5.7-8。

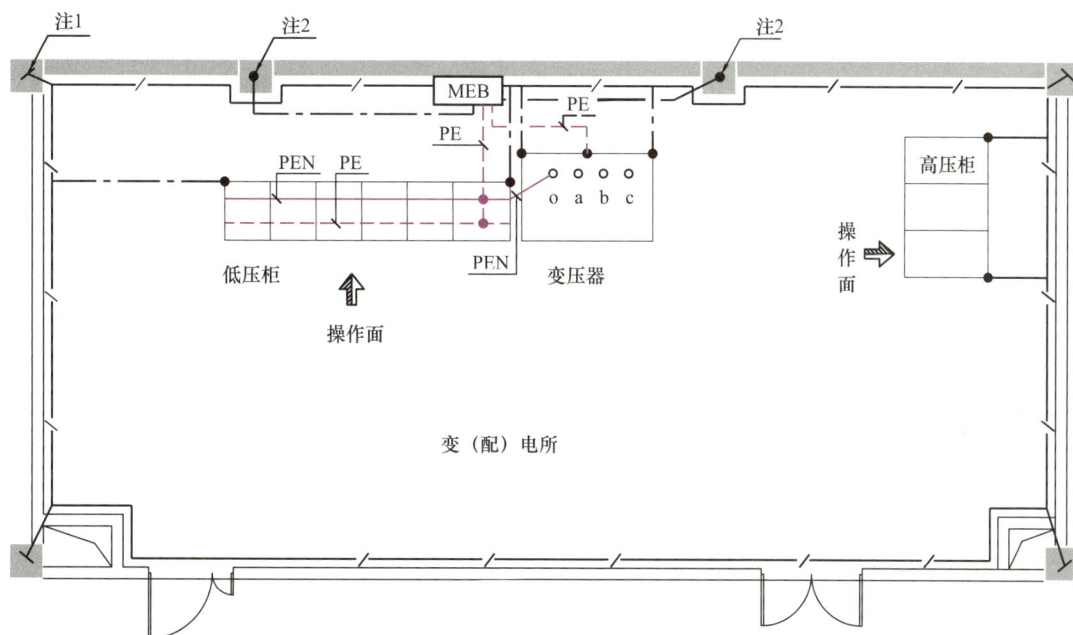

图 5.7-6　变压器中性点进线柜处接地平面图

注　1. 变（配）电所内接地干线不少于 4 点，且与柱内钢筋有效连接。
　　　2. MEB 与接地装置不少于两处直接连接。

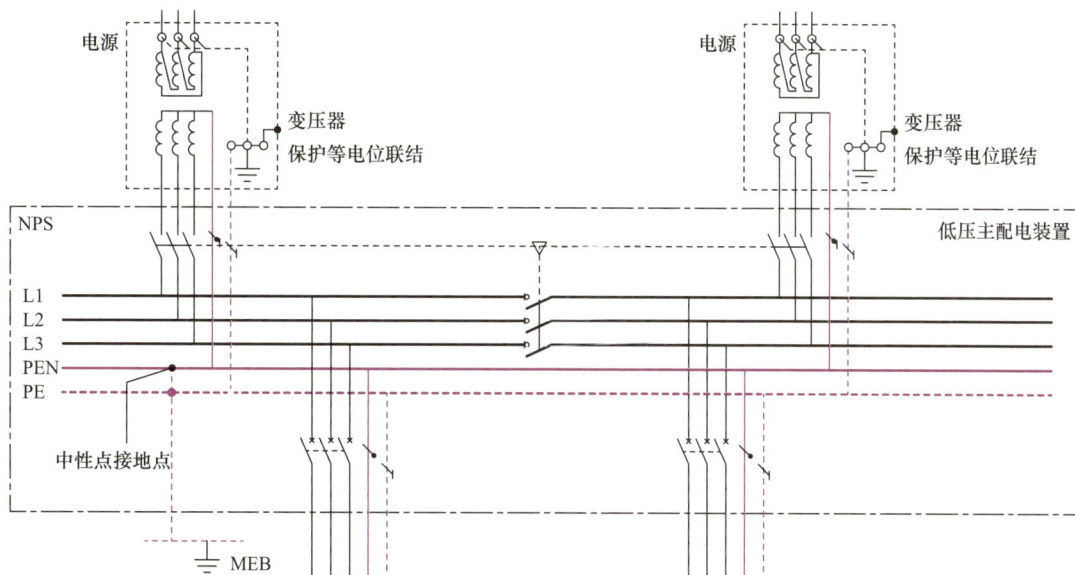

图 5.7-7　变压器中性点进线柜处一点接地原理示意图

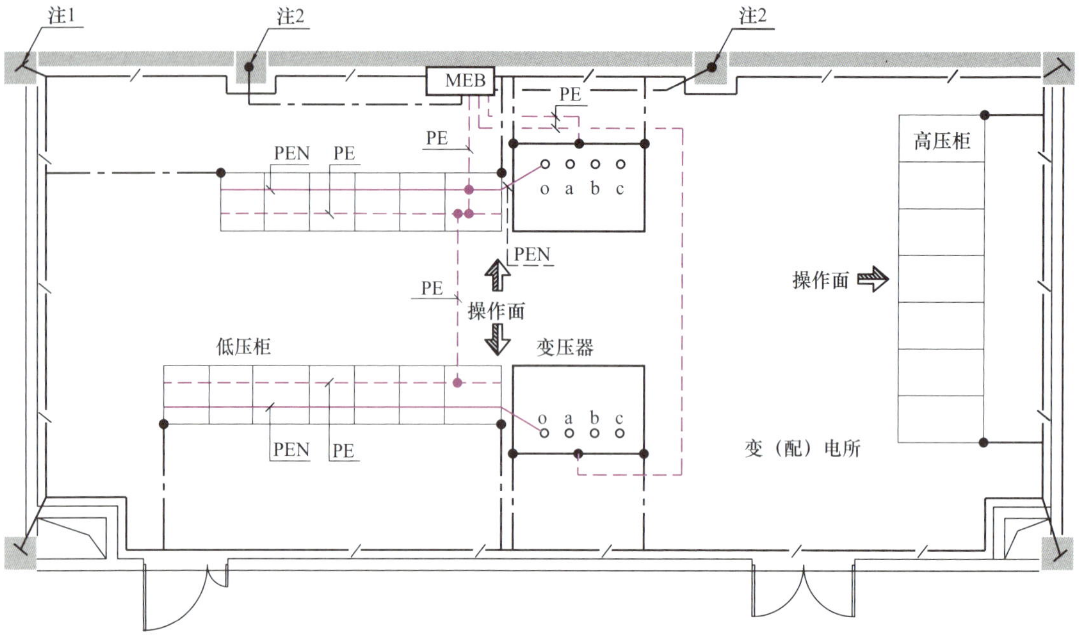

图 5.7-8　变压器中性点进线柜处一点接地平面图

注　1．变（配）电所内接地干线不少于 4 点，且与柱内钢筋有效连接。

　　2．MEB 与接地装置不少于两处直接连接。

（2）变电所一点接地时，如在 1 号变压器主进柜处接地，则 1 号变压器电源进线柜内 PEN 线（在柜上方）与 PE 线（在柜底部）连接一次，并在此处接地。在 2 号变压器电源进线柜内不需要再将 PEN 线与 PE 线连接，在夹层或电缆沟内敷设 PE 连接线把两列低压配电柜的 PE 母排连通即可。1 号和 2 号变压器接地与低压进线柜的连接剖面图见图 5.7-9。

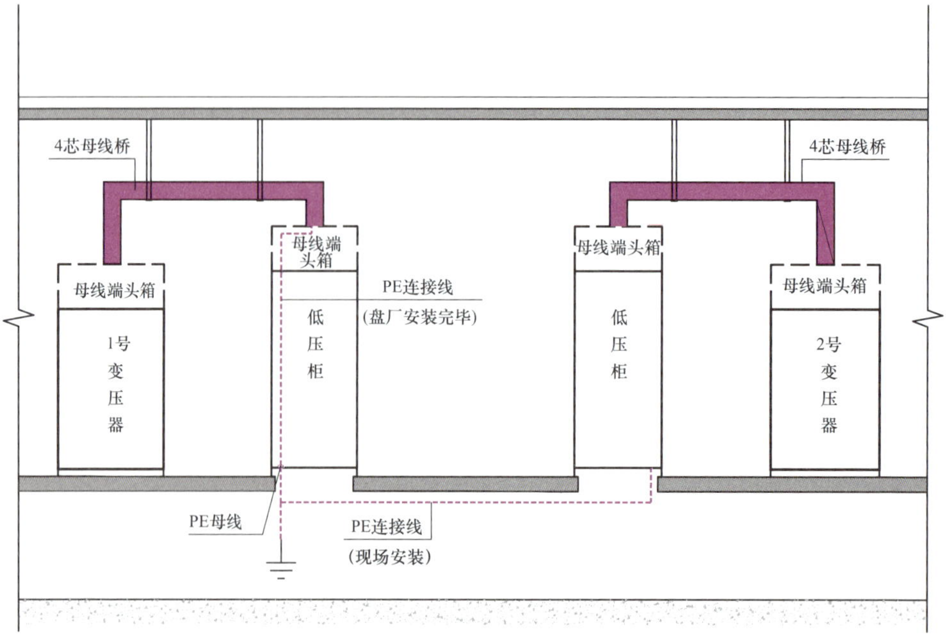

图 5.7-9　1 号和 2 号变压器接地与低压进线柜的连接剖面图

（3）当低压开关柜设有电缆沟或电缆夹层时，PE 线通过电缆沟或电缆夹层把两列低压柜连通，联络母线桥应采用 4 芯，双路电源母联及接地做法示意图见图 5.7-10。

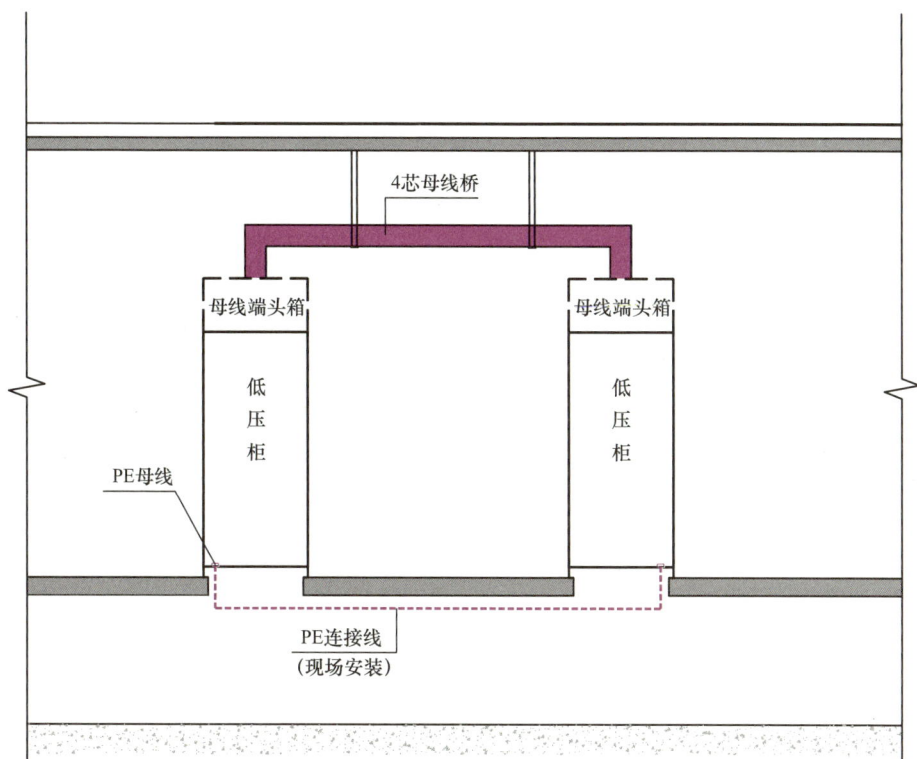

图 5.7-10　有电缆沟或电缆夹层的双路电源母联及接地做法示意图

（4）当变电所低压开关柜下没有电缆沟或电缆夹层时，两列低压柜的 PE 线连通方式通过联络母线桥实现，联络母线桥应采用 5 芯，低压开关柜内下部的 PE 母线应引至上部与联络母线桥内的 PE 母排连接。此时，图纸应明确联络母线桥内 PE 母线与母联低压开关柜 PE 母线的连接线位置（开关柜编号）、型号及规格。母联桥顶部至低压柜底部 PE 排的 PE 连接线应由低压开关柜厂家配套并在出厂前安装固定完毕，具体见图 5.7-11。

5.7.6　柴油发电机做应急电源时的接地。

（1）两台变压器＋一台柴油发电机组，柴油发电机房与变电所贴临，变电所与柴油发电机房共用接地极。应急段（SPS）配电柜与正常电源段（NPS）配电柜 PEN 线和 PE 线连通，此时柴油发电机与变压器也在一处接地（变压器进线柜一处 PEN 与 PE 连接），此时均采用三极开关，一点接地原理图见图 5.7-12、平面图见图 5.7-13。

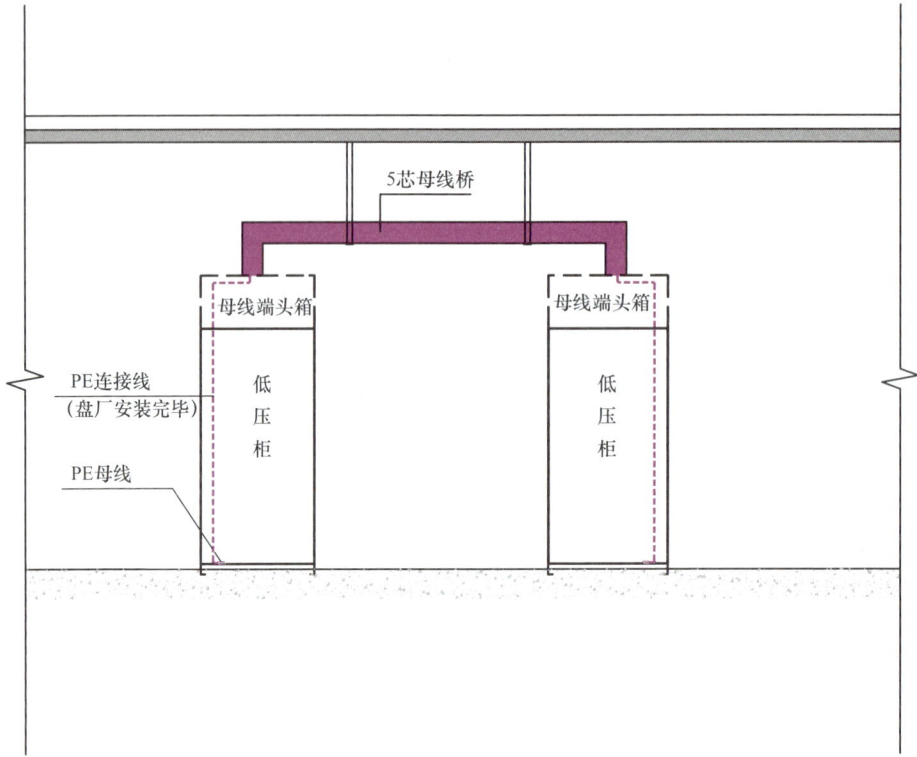

图 5.7-11　没有电缆沟或电缆夹层两列低压配电柜 PE 线的连接做法示意图

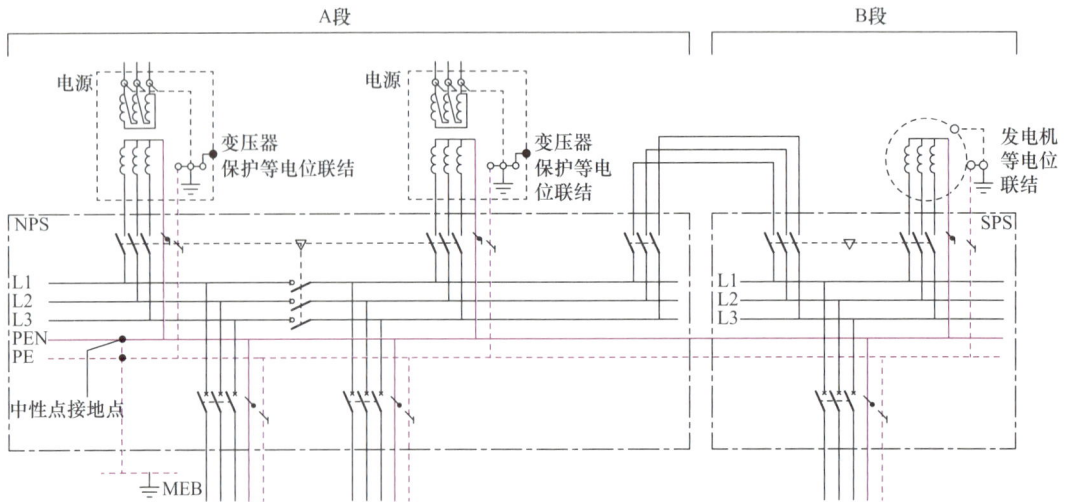

图 5.7-12　两台变压器＋柴油发电机组一点接地原理图

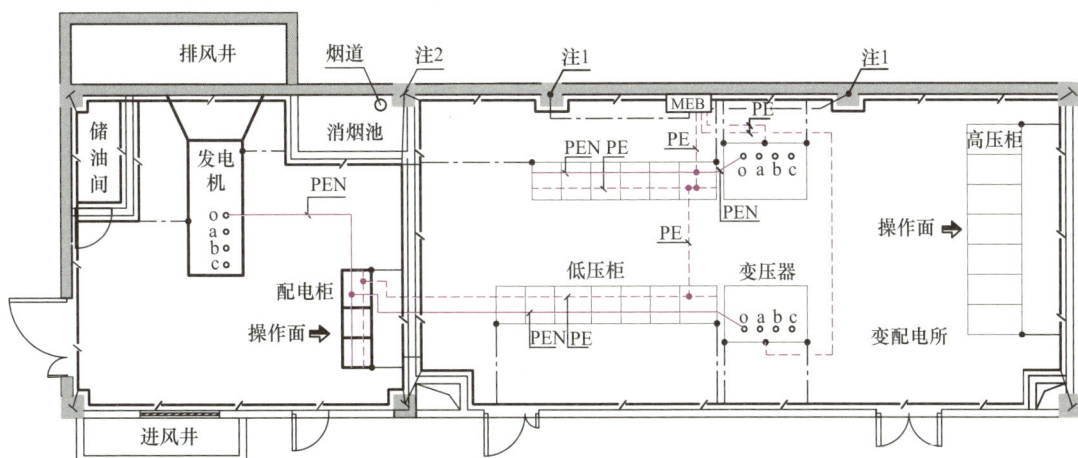

图 5.7-13 两台变压器＋柴油发电机组一点接地平面图

注 1. MEB 与接地装置不少于两处直接连接。

2. 变（配）电所内接地干线不少于 4 点与柱内钢筋有效连接。

（2）两台变压器＋一台柴油发电机组，柴油发电机房与变电所较近，变电所与发电机房采用共用接地，市政电源与柴油发电机母线采用四极双电源转换开关，接地原理见图 5.7-14、接地平面见图 5.7-15。

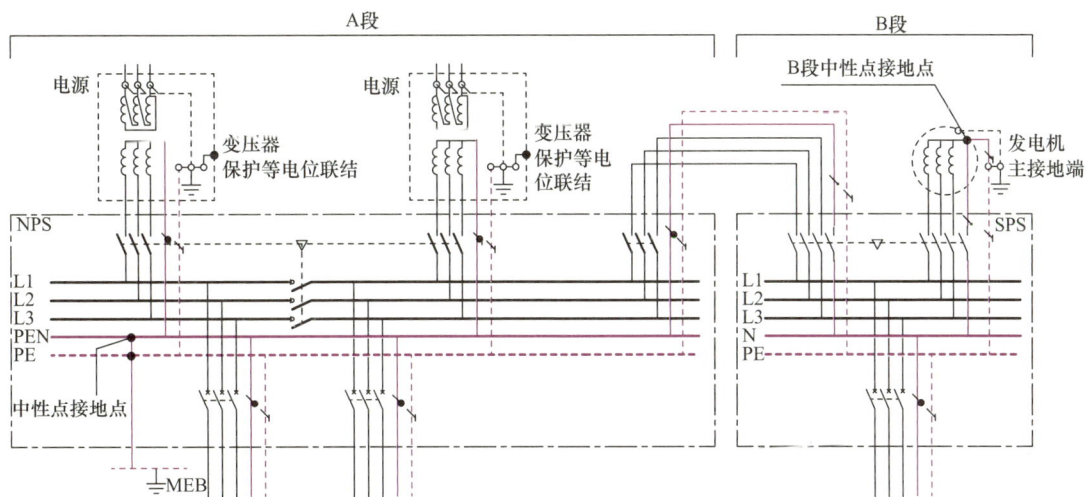

图 5.7-14 两台变压器＋柴油发电机组接地原理方式一（发电机组与变压器共用接地）

（3）两台变压器＋一台柴油发电机组，柴油发电机房与变电所较远，变电所与柴油发电机组分别一点接地，变压器与柴油发电机组中性点接地分别在低压主进柜和柴发进线柜内一点接地，市政电源与柴油发电机母线采用四极双电源转换开关，接地原理见图 5.7-16、接地平面见图 5.7-17。

（4）两台变压器＋柴油发电机组（两台及以上），柴油发电机房与变电所较远，柴油发电机组可看作独立电源，变电所与柴油发电机组分别在一点接地。应急母线与市政电源采用四极双电源转换开关，接地原理见图 5.7-18、接地平面图见图 5.7-19。

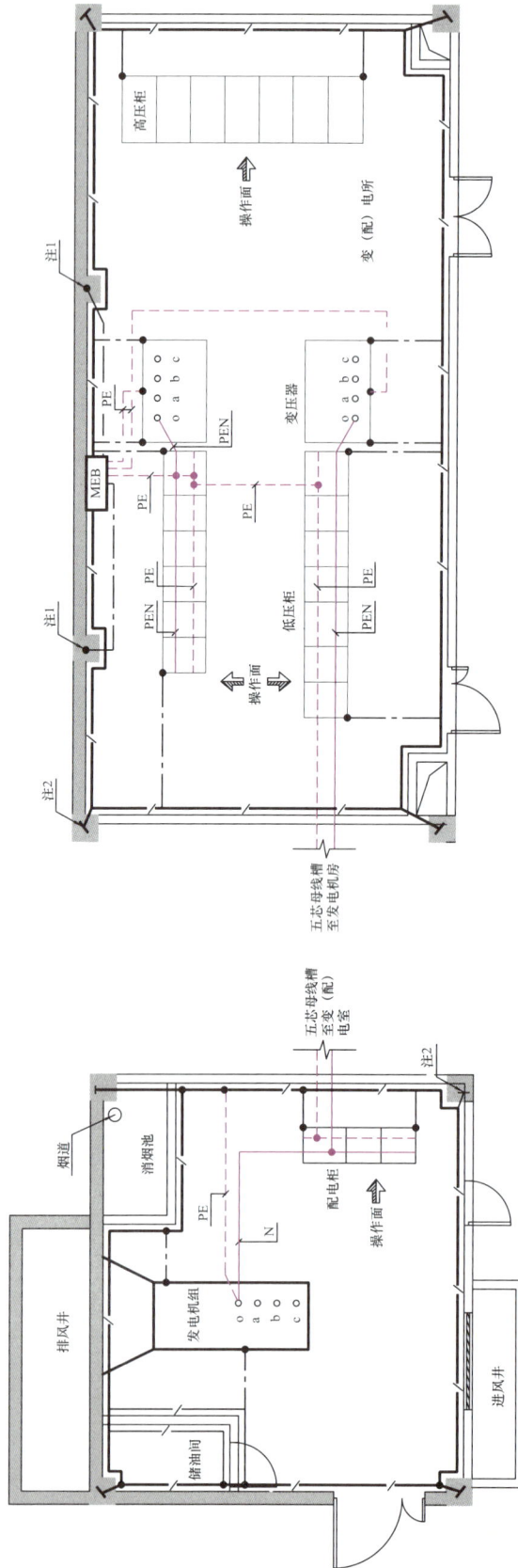

注：1. MEB与接地装置不少于两处直接连接。
2. 变（配）电所内接地干线不少于4点与柱内钢筋有效连接。

(b) 变电所平面图

注：1. 图中接地干线及PE排、N排规格参数详见具体工程设计图。
2. 柴油发电机房内接地干线不少于4点与柱内钢筋有效连接。

(a) 柴油发电机房

图 5.7-15　两台变压器＋柴油发电机组接地平面方式一（变压器与发电机组共用接地）

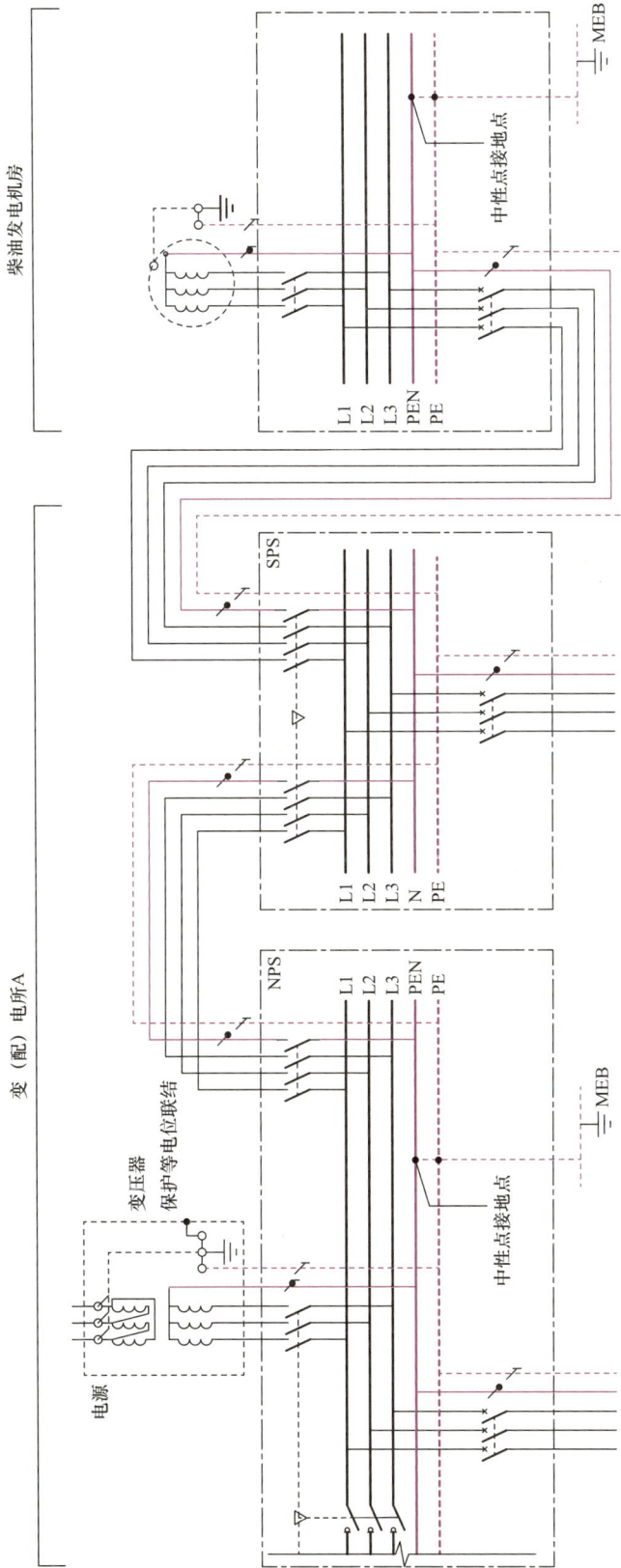

图 5.7-16 两台变压器＋单台柴油发电机组接地原理方式二（变电所与发电机组不共用接地）

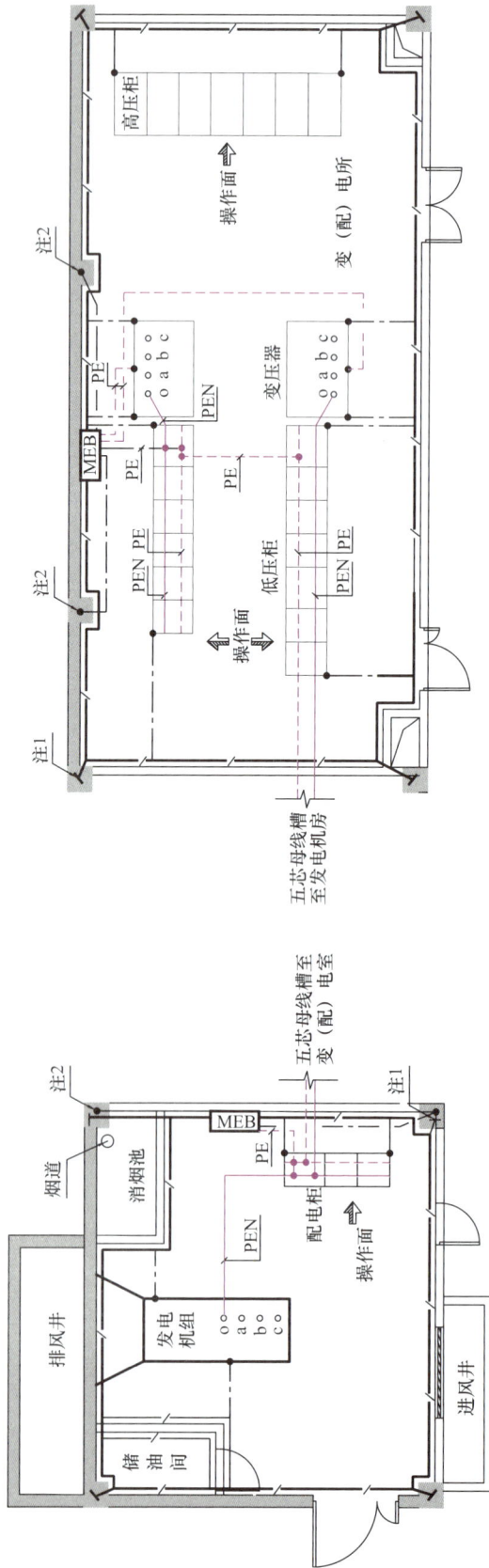

注：1. 变（配）电所内接地干线不少于 4 点与柱内钢筋有效连接。
    2. MEB 与接地装置不少于两处直接连接。

(b) 变电所平面图

注：1. 柴油发电机房内接地干线不少于 4 点与柱内钢筋有效连接。
    2. MEB 与接地装置不少于两处直接连接。

(a) 柴油发电机房平面图

图 5.7-17　两台变压器 + 单台柴油发电机组接地平面方式二（变电所与发电机组不共用接地）

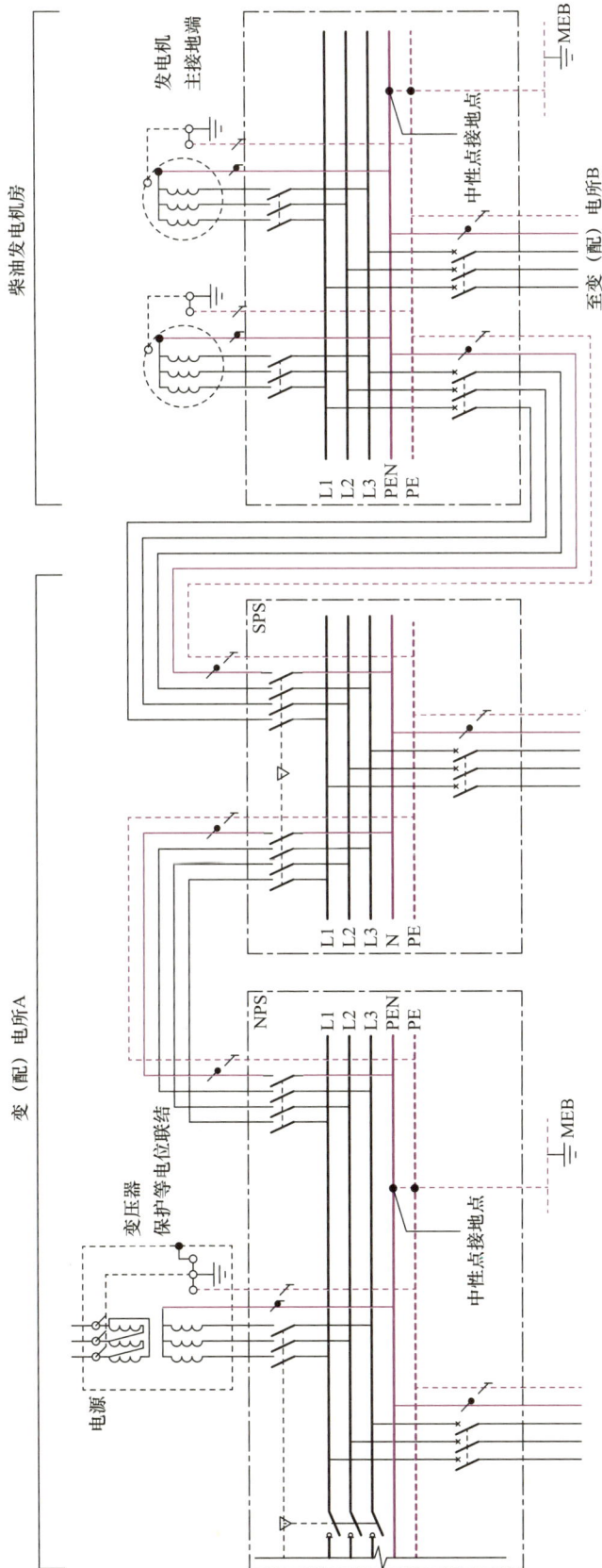

图 5.7-18 两台变压器 + 多台柴油发电机组接地原理

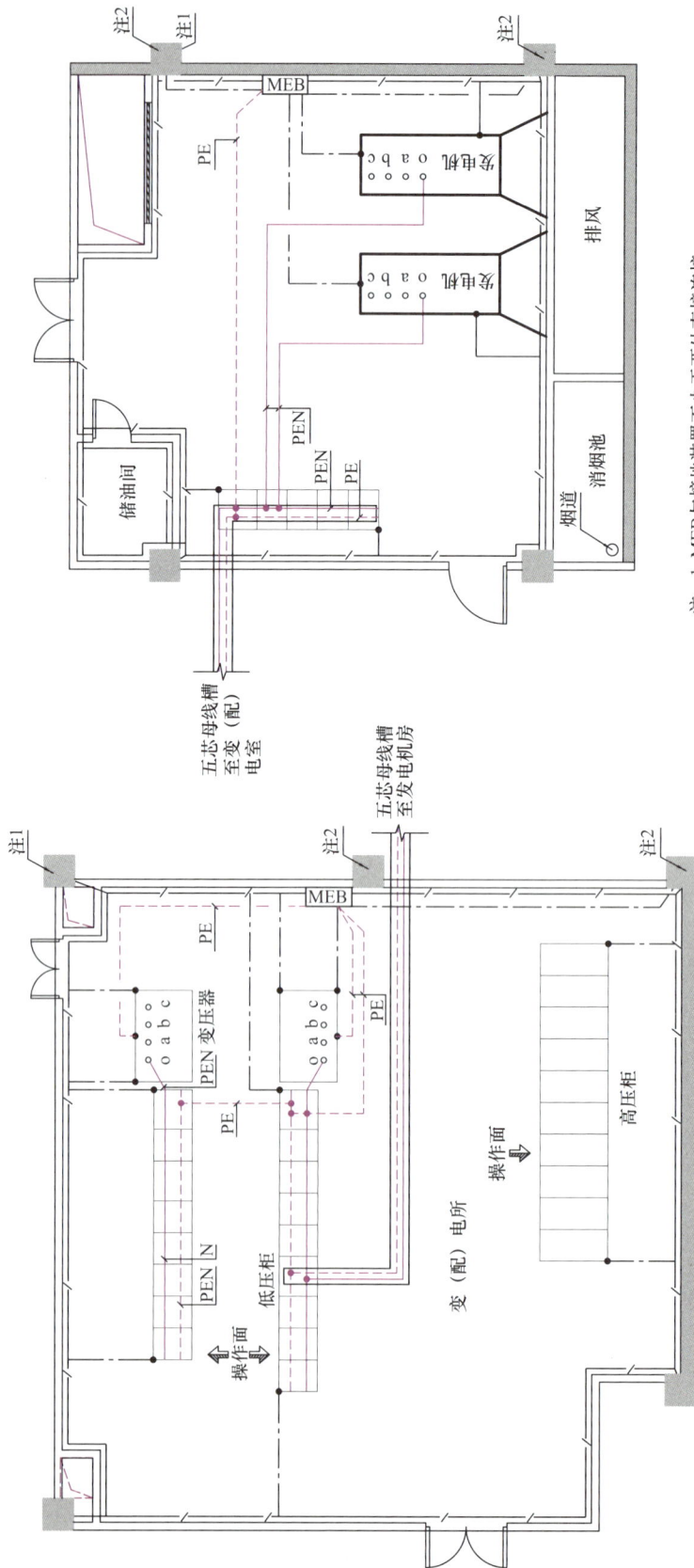

注：1. MEB与接地装置不少于两处直接连接。
2. 柴发机房内接地干线不少于4点与柱内钢筋有效连接。

(b) 柴油发电机房平面图

注：1. 变（配）电所内接地干线不少于4点与柱内钢筋有效连接。
2. MEB与接地装置不少于两处直接连接。

(a) 变（配）电所平面图

图 5.7-19　两台变压器 + 多台柴油发电机组接地平面图

5.7.7 10kV 电源为小电阻接地系统独立建设的变电所接地。

（1）应将低压工作接地与保护接地应严格分开。从绝缘的 PEN 母排引出一根单芯绝缘电缆在户外距保护接地 R_E 至少 20m 处另打工作接地 R_B，该 PEN 母排在变电所内与外露可导电部分及 PE 母排严格分开，两网的接地电阻均须不大于 4Ω。变电所供其他建筑 TN 系统的 PEN 线均从绝缘的 PEN 母排引出，接地原理见图 5.7-20、接地平面见图 5.7-21。

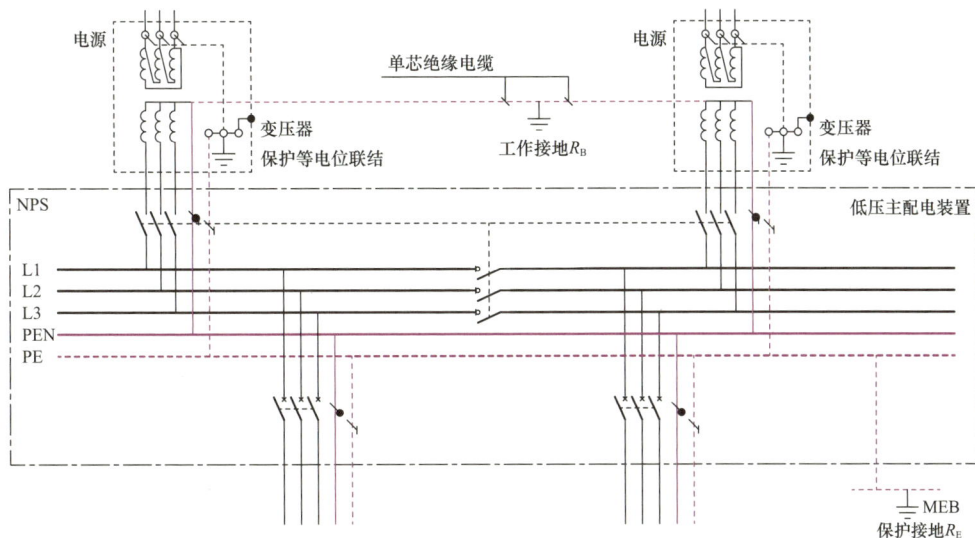

图 5.7-20　10kV 电源为小电阻接地系统的变电所接地原理

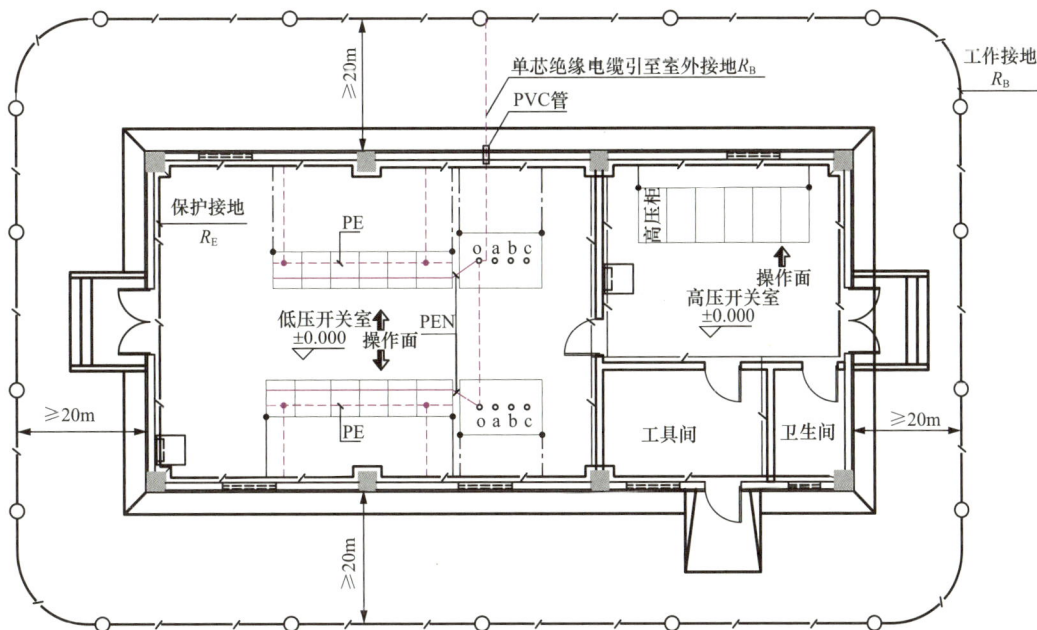

图 5.7-21　10kV 电源为小电阻接地系统的变电所接地平面

注　变（配）电所内接地干线不少于 4 点与柱内钢筋有效连接。

（2）独立变电所所供 TN 系统建筑物内应实施总等电位联结。

（3）独立变电所所供 TN 系统的建筑物，其户外电气装置应改用局部 TT 系统。

6 建筑光伏系统与直流配电

6.1 建筑光伏系统

6.1.1 建筑光伏系统的分类

光伏发电系统 [photovoltaic（PV）power generation system]，是利用太阳电池的光生伏特效应，将太阳辐射能直接转换成电能的发电系统，简称光伏系统。

建筑光伏系统 [building mounted photovoltaic（PV）system]，是安装在建筑物上的光伏系统。

（1）建筑光伏系统按照不同的分类方式见表 6.1-1。

表 6.1-1　建筑光伏发电系统分类

分类方式	分类名称	备注
按在建筑上安装的形式分	建筑集成光伏发电系统（building integrated photovoltaic，BIPV）	光伏发电设备作为建筑材料或构件在建筑上应用，也称建筑光伏一体化
	建筑附加光伏发电系统（building attached photovoltaic，BAPV）	光伏发电设备不作为建筑材料或构件，在建筑上安装
按是否与公共电网连接分	并网光伏发电系统	按接入点的位置分为用户侧光伏发电系统或电网侧光伏发电系统
	独立光伏发电系统（离网光伏系统）	不接入公共电网
按是否配置储能装置分	带储能装置	
	不带储能装置	
按接入负荷形式分	直流系统	
	交流系统	
	交直流混合系统	
按光伏系统装机容量大小分	小型系统（装机容量≤20kWp）	光伏系统的装机容量（capacity of installation）光伏组件的标称功率之和，计量单位为 kWp
	中型系统（20kWp＜装机容量≤100kWp）	
	大型系统（装机容量＞100kWp）	
按光伏发电站额定容量大小分	小型光伏发电站（额定容量≤6MW）	光伏系统的额定容量（rated capacity）是光伏系统中安装的逆变器的额定有功功率之和，计量单位为 kW
	中型光伏发电站（6MW＜额定容量≤30MW）	
	大型光伏发电站（额定容量＞30MW）	

注　光伏发电系统中组件与逆变器之间容量配比在不同的建设场地、太阳能资源和工程造价等条件下，差异较大，光伏发电站组件装机容量已不能完全代表电站发电性能特性，用额定容量表征光伏电站作为电源向电网发出交流功率的能力。

（2）设计应根据建设场地、太阳能资源、建筑造型及工程投资、电网等条件，合理确定建筑光伏系统的类型。

（3）新建建筑上建设光伏系统应与主体建筑同步设计、施工和验收。

（4）在采用建筑附加光伏发电系统时，建筑设计应预留建筑光伏系统建设条件。

（5）建筑光伏系统容量较小，可不接入公共电网，一般采用装机容量表达光伏发电的能力。而光伏电站容量较大，会接入公共电网，一般用额定容量表示光伏系统向电网发出交流功率的实际能力。

6.1.2 建筑光伏系统组成

（1）光伏系统（PV系统）一般由光伏方阵（PV方阵）、光伏汇流箱、直流配电柜及直流电缆、储能及控制装置、逆变器、交流配电柜及交流线缆和监测系统等组成。

（2）PV系统通过光伏汇流箱、直流配电柜及直流电缆可直接连接直流负载，见图6.1-1；PV系统通过逆变器、交流配电柜及交流线缆用于交流配电系统，见图6.1-2。

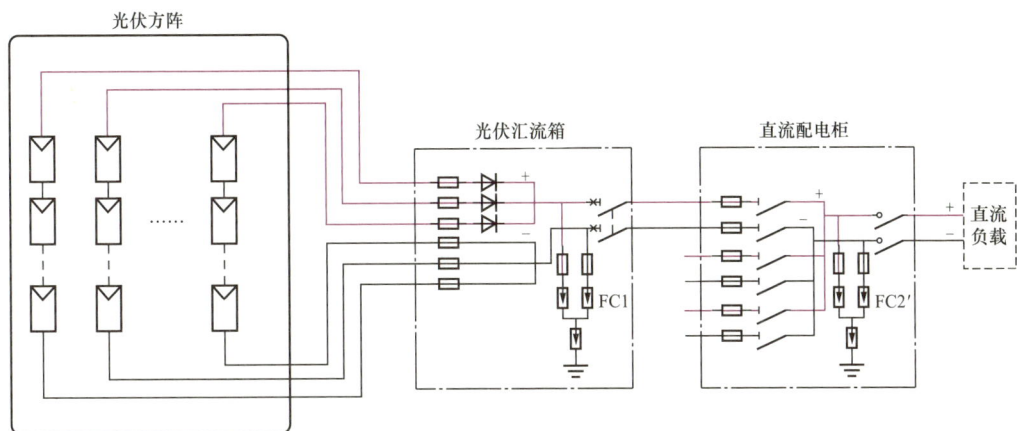

图 6.1-1　PV 直流负载系统

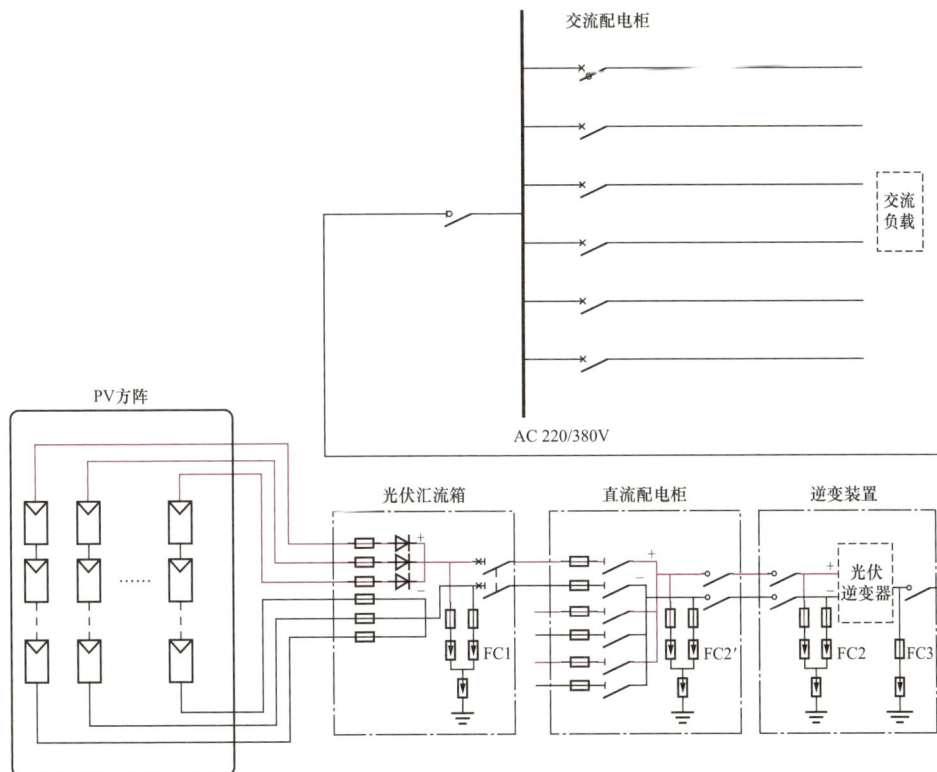

图 6.1-2　PV 交流负载系统

6.1.3　PV 系统关键部件

PV 系统关键部件为光伏组件、光伏组串、光伏方阵等，组合方式多样，可能由单个 PV 组件、单一 PV 组串、几个并联组串或几个并联 PV 子方阵及其相关电气部件组成。常用的 PV 系统 PV 方阵组合分别见图 6.1-3 ～图 6.1-7。

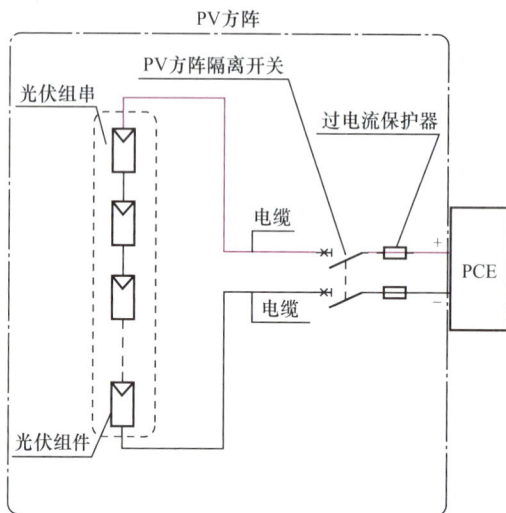

图 6.1-3　单个组串的 PV 方阵

图 6.1-3 中，①光伏组件（PV module）是具有完整保护的互连光伏电池的最小组合；②光伏组串（PV string）是单个组件或串联多个组件的电路；③ PV 方阵（PV array）是相互电气连接的 PV 组件、PV 组串或 PV 子方阵的集合，其中 PV 方阵为直至逆变器或直流负载输入端的所有部件，但不包括 PV 方阵的设备基础、跟踪装置、热控和其他类似部件；④电力转换设备（power conversion equipment，PCE）是将 PV 方阵传递的电力转换为适当频率和 / 或电压值，传递到负载、储存到蓄电池或注入电网的系统。

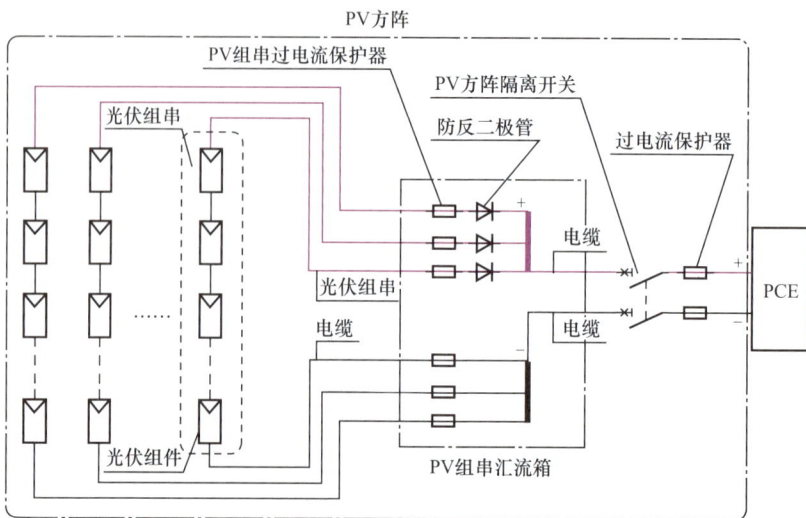

图 6.1-4　多个组串并联的 PV 方阵

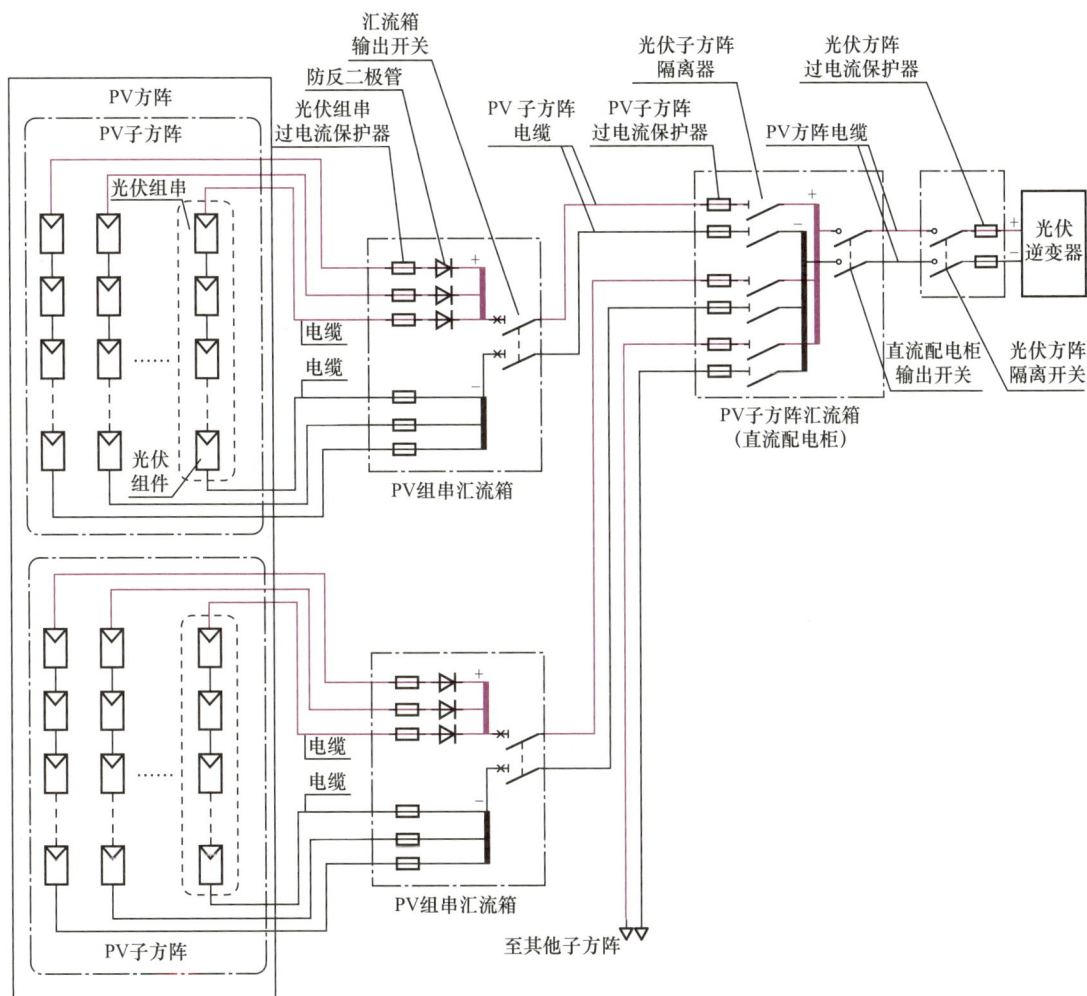

图 6.1-5　多组子方阵串并联的 PV 方阵

图 6.1-5 ～图 6.1-7 中，①光伏子方阵（PV sub-array）是由并联的 PV 组件或 PV 组串组成的 PV 方阵的一部分；② PV 组串汇流箱（PV string combiner box）是 PV 组串在其中进行连接且可能含有防过电流保护电器和 / 或隔离开关的箱子；③ PV 方阵汇流箱（PV array combiner box）是 PV 子方阵在其中进行连接且可能含有防过电流保护电器和 / 或分断电器的箱子，小型方阵通常不包含了方阵而出组串简单组成，而大型方阵通常由多个子方阵组成；④逆变器（inverter）是将 PV 方阵的直流电压和直流电流转变为交流电压和交流电流的 PCE；⑤最大功率跟踪（maximum power point tracking，MPPT）是利用硬件设备和软件控制策略，让光伏组件串的输出功率始终工作在最大功率点附近。

6.1.4　PV 系统模块化交直流嵌入式电源方案

采用模块化硬件设计，把光伏逆变器升级为一种新型交直流嵌入式电源，这种电能变换器被称为电能路由器，由一路直流输入、多路直流和交流输出，并能支持太阳能、市电、油机等多种能源接入和调度，简化了建筑光伏发电系统，见图 6.1-8。

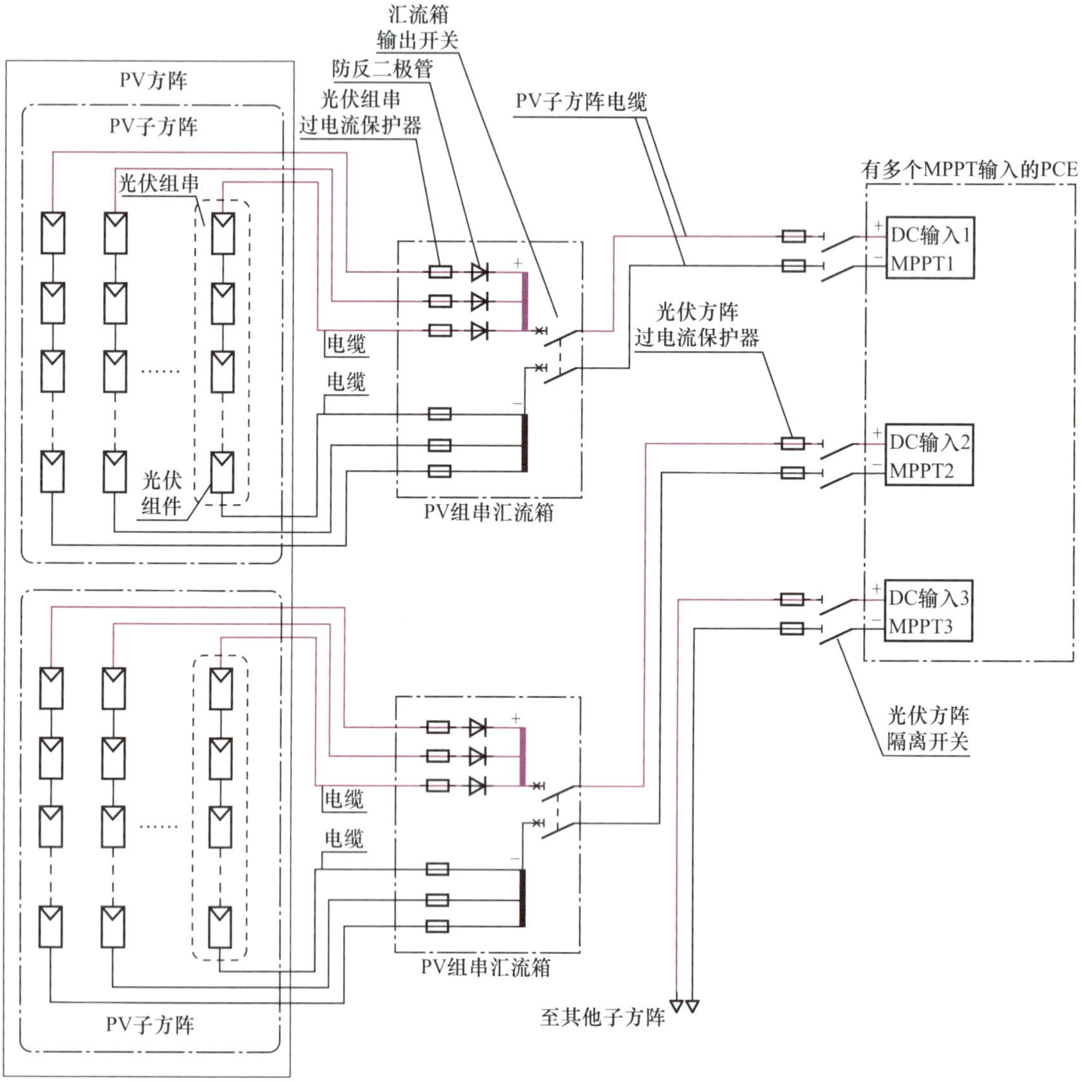

图 6.1-6　具有多路 MPPT 直流输入 PCE 的 PV 方阵

6.1.5　建筑光伏系统计算

6.1.5.1　并网光伏系统计算

为了达到技术经济最优化，应先按式（6.1-1）得出光伏组件串联数的范围，再结合光伏组件排布、直流汇流、施工条件等因素，进行技术经济比较，合理设计组件串联数。

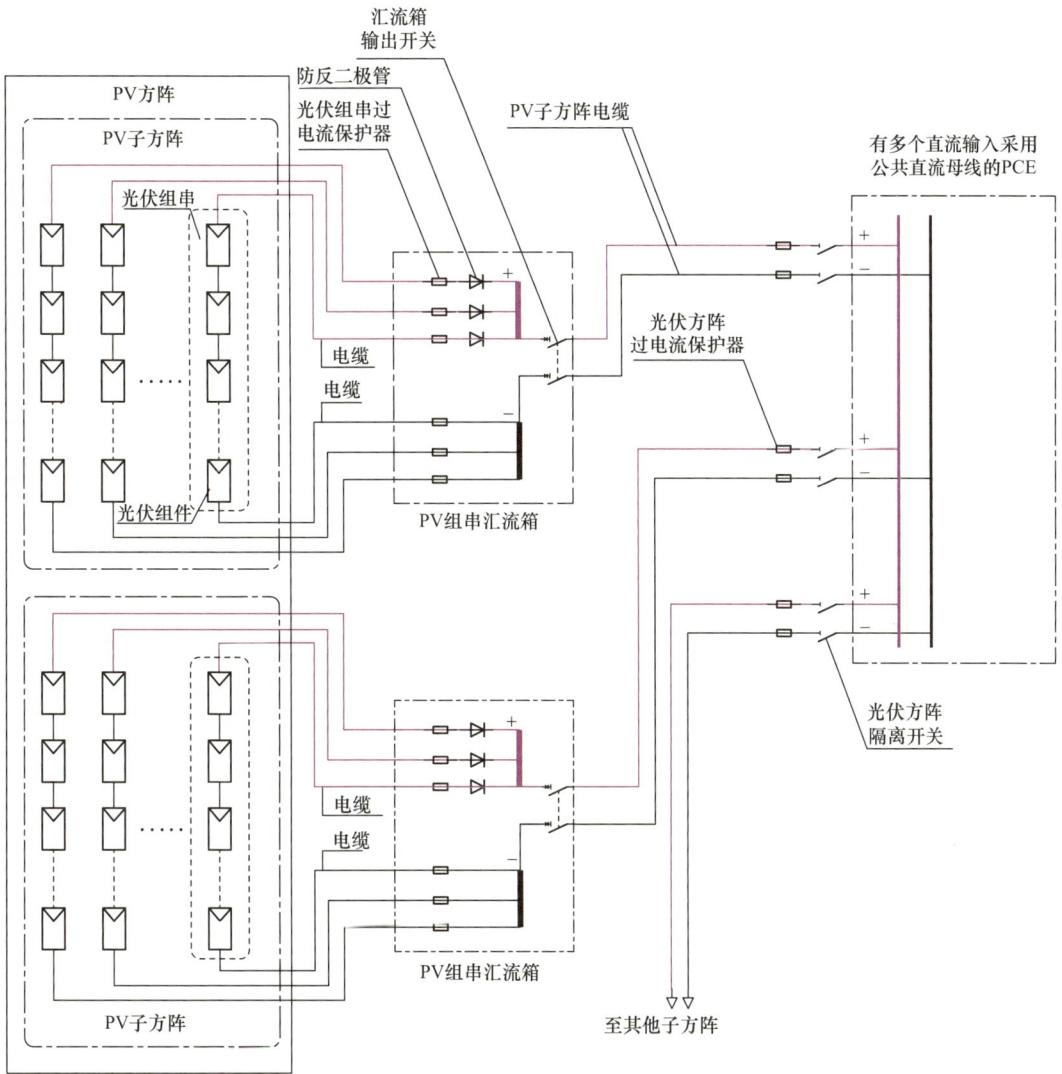

图 6.1-7 具有多路直流输入公共直流母线 PCE 的 PV 方阵

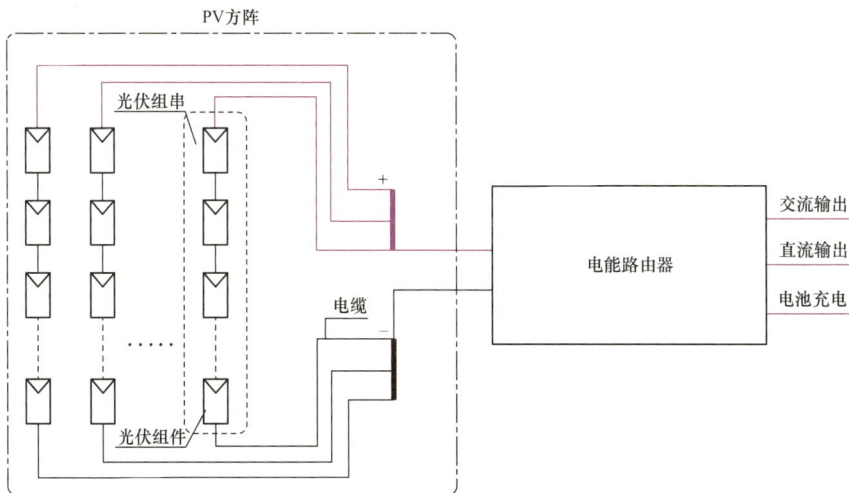

图 6.1-8 PV 方阵接电能路由器方案

（1）光伏组串的串联数计算。

$$\frac{U_{\text{MPPTmin}}}{U_{\text{pm}} \times [1+(t'-25) \times K_{\text{v}}']} \leqslant N \leqslant \frac{U_{\text{dcmax}}}{U_{\text{oc}} \times [1+(t-25) \times K_{\text{v}}]} \quad (6.1\text{-}1)$$

式中：N 为光伏组件串联数（取整）；K_{v} 为光伏组件的开路电压温度系数；K_{v}' 为光伏组件的工作电压温度系数；t 为光伏组件昼间环境极限低温，℃；t' 为工作状态下光伏组件的电池极限高温，℃；U_{dcmax} 为逆变器和光伏组件允许的最大系统电压，取两者小值，直流，V；U_{MPPTmin} 为逆变器 MPPT 电压最小值，V；U_{oc} 为光伏组件的开路电压，V；U_{pm} 为光伏组件最佳工作电压，V。

注　光伏组件的工作电压温度系数 K_{v}' 很难测量，如果组件厂商无法给出，可采用光伏组件的开路电压温度系数 K_{v} 值替代。

（2）光伏组件的并联数计算。光伏组件并联数可按式（6.1-2），根据逆变器额定容量及光伏组串的功率确定。

$$N_{\text{p}} \leqslant \frac{P_{\text{N}}}{P_{\text{m}}N} \quad (6.1\text{-}2)$$

式中：N_{p} 为光伏组件的并联数（取整）；P_{N} 为逆变器额定功率，kW；P_{m} 为单块光伏组件峰值功率，kWp；N 为光伏组件串联数（取整）。

注　光伏组件在标准测试条件下，最大功率点的输出功率的单位用峰瓦表示。

（3）PV 系统装机容量估算。光伏系统装机容量可按式（6.1-3）估算。

$$P=NN_{\text{p}}P_{\text{m}} \quad (6.1\text{-}3)$$

式中：P 为光伏系统装机容量，kW；N_{p} 为光伏组件的并联数（取整）；P_{m} 为单块光伏组件峰值功率，kWp。

（4）发电量估算。并网系统发电量可按式（6.1-4）估算

$$E_{\text{p}} = \frac{H_{\text{A}}}{E_{\text{S}}}PK = H_{\text{A}}A\eta K \quad (6.1\text{-}4)$$

式中：E_{p} 为并网发电量，kWh；P 为光伏系统装机容量，kWp；E_{S} 为标准条件下的辐照度（常数），1kW/m^2；H_{A} 为水平面太阳总辐射量，kWh/m^2，计算月发电量时，应为各月的日均水平面太阳总辐射量和每月的天数乘积；A 为计算范围内方阵组件的总面积，m^2；η 为组件转换效率，%，由制造商提供的数据确定；K 为光伏系统综合效率系数，由 $K_1 \sim K_8$ 组成，光伏方阵在最佳倾角安装时，一般可取 0.75 ～ 0.85。

6.1.5.2　独立光伏系统计算

（1）独立光伏系统装机容量估算。独立光伏系统装机容量可按式（6.1-5）估算。

$$P = \frac{P_0 D_{\text{t}} F E_{\text{S}}}{H_{\text{d}} K} \quad (6.1\text{-}5)$$

式中：P 为独立光伏系统装机容量，kWp；P_0 为负载容量，kW，由用户需求确定；D_{t} 为负载日用电时数，h，由用户确定；F 为考虑连续阴雨天数的裕量系数，可取 1.2 ～ 2.0；H_{d} 为太阳辐射日均水平面太阳总辐射量，kWh/($m^2 \cdot$ d)。

（2）光伏组串的串联数计算。光伏组串的串联数，可按式（6.1-6）计算。光伏组串峰值工作电压应满足储能电池组浮充电压（包括防反二极管和直流线路的压降）的要求，见式（6.1-7）。

$$N = \frac{U_{\text{SC}}}{U_{\text{m}}} \quad (6.1\text{-}6)$$

其中

$$U_{\text{SC}}=1.43U_{\text{S}} \quad (6.1\text{-}7)$$

式中：U_{SC} 为储能电池组浮充电压，V，可按式（6.1-7）估算；U_S 为系统直流工作电压，V；U_m 为光伏组件峰值工作电压，V。

（3）光伏组件的并联数计算。光伏组件的并联数可按式（6.1-8）计算。

$$N_p = \frac{P}{P_m N} \qquad (6.1\text{-}8)$$

式中：N_p 为光伏组件的并联数（取整）；P_m 为单块光伏组件峰值功率，kW。

（4）储能电池总容量计算。如独立 PV 系统配置储能电池，则储能电池容量可按式（6.1-9）计算。

$$C_C = \frac{DK_b P_0}{UK_a} \qquad (6.1\text{-}9)$$

式中：C_C 为储能电池总容量，kWh；D 为最长无日照期间用电时数，h；K_b 为储能电池放电效率的修正系数，通常为 1.05；P_0 为负载功率，kW；U 为储能电池的放电深度，通常为 $0.5 \sim 0.8$；K_a 为综合效率系数，包括储能电池的放电效率，控制器、逆变器及交流回路的效率，通常为 $0.7 \sim 0.8$。

当蓄电池容量以"A·h"为单位时，则其总容量 $C_A = 1000C_C/U_S$。

6.1.5.3　逆变器功率的确定

并网光伏系统逆变器的总额定容量应根据光伏系统装机容量确定，独立光伏系统逆变器的总额定容量应根据交流侧负荷最大功率及负荷性质确定。并网逆变器的数量应根据实际安装条件，光伏系统装机容量与单台并网逆变器额定容量，并结合并网逆变器允许接入的电流、电压值来确定，超配系数不宜大于 1.8。逆变器最大直流输入功率应符合式（6.1-10）规定。

$$S_{INV} \geqslant \Sigma \left(\frac{S_1}{K_1} + \frac{S_2}{K_2} + \cdots + \frac{S_N}{K_N} \right) \qquad (6.1\text{-}10)$$

式中：S_{INV} 为逆变器最大直流输入功率，W；S_1、S_2、…、S_N 为组件标称功率，W；K_1、K_2、…、K_N 为超配系数。

光伏发电系统中光伏方阵与逆变器之间的容量配比，应综合考虑光伏方阵的安装类型、场地条件、太阳能资源、各项损耗等因素，经技术经济比较后确定。光伏方阵的安装容量与逆变器额定容量之比符合下列规定：

（1）一类太阳能资源地区，不宜超过 1.2。

（2）二类太阳能资源地区，不宜超过 1.4。

（3）三类太阳能资源地区，不宜超过 1.8。

6.1.6　建筑光伏设备选择

6.1.6.1　光伏组件性能

（1）在标准测试条件下，组件的短路电流 I_{sc}、开路电压 U_{oc}、最佳工作电流 I_m、最佳工作电压 U_m、最大输出功率 P_m 应符合相应产品详细规范的规定。

（2）将 U—I 曲线性能相近的组件打包在一起，按 1～X 号逆变器及其内部的汇流箱（1～X 号）对组件分类打包，对包装的标识具体到：X 号逆变器 X 号汇流箱。

（3）寿命及功率衰减：太阳电池组件的使用寿命不应低于 25 年。第一年衰减不大于 2%，5 年运行期内衰减不大于 5%，在 10 年运行使用期限内输出功率衰减不超过 10%，年平均衰减不超过 1%，在 25 年运行期内输出功率衰减不超过 20%。

（4）电池片为 A 级，构成同一块组件的电池片应为同一批次的电池片。电池片表面无色差和机械损伤，所有的电池片均无隐形裂纹和边角损伤。单片电池承受反向 12V 电压时反向漏电流不能超过 1.5A，单片电池并联电阻不小于 50Ω。

（5）每块太阳电池组件应带有正负出线、正负极连接头和旁路二极管。

（6）太阳电池组件自带的电缆满足抗紫外线、抗老化、抗高温、防腐蚀和阻燃等性能要求，选用双绝缘防紫外线阻燃铜芯电缆，电缆性能符合《橡胶和塑料软管　实验室光源暴露试验法　颜色、外观和其他物理性能变化的测定》（GB/T 18950—2023）性能测试的要求，应满足系统电压、载流能力、潮湿位置、温度和耐日照的要求。

（7）采用带倾角的固定式支架安装，带倾角的固定式光伏阵列必须考虑方阵间距，以防止前排方阵或高大建筑物阴影遮挡后排方阵，否则在遮阴部分非但没有电力输出，反而会消耗电力，形成局部发热，产生"热斑效应"，严重时会损坏光伏组件。

（8）方阵间距确定原则：一年中冬至日太阳高度角最低，方阵间距 D 应大于冬至日真太阳时上午 9:00 和下午 3:00 时阴影的最大长度，保证在该时段不发生阴影遮挡，则光伏阵列一年之中太阳能辐射较佳利用范围内就不会发生阴影遮挡。根据项目所在地的地理纬度、太阳运动情况、高度差等可由式（6.1-11）和图 6.1-9 计算出最大阴影长度。

$$D = L\cos\beta + L\sin\beta\frac{0.707\tan\varphi + 0.4338}{0.707 - 0.4338\tan\varphi} \quad (6.1\text{-}11)$$

式中：L 为阵列倾斜面长度；D 为两排阵列之间距离；β 为阵列倾角；φ 为当地纬度。

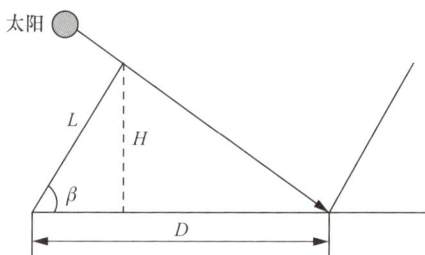

图 6.1-9　计算最大阴影长度示意图

6.1.6.2　逆变器选型

（1）集中式逆变器：具有输出功率大、技术成熟，以及电能质量高、成本低等优点，但其最大功率跟踪电压范围比较窄、组件配置灵活性较低、发电时间短，因此，要求光伏组件之间具有较高的匹配性，一旦出现多云、部分遮阴或单个组串故障，将影响整个光伏发电系统的效率和产能。它主要应用于光照均匀的集中式地面大型光伏电站等集中式光伏发电系统，产品转换效率高、电网友好性强、安全可靠、经济性好，能适应高寒、低温、高海拔等多种环境。

（2）组串式光伏逆变器：对单串或数串光伏组件进行单独的最大功率点跟踪，再经过逆变以后并入交流电网，一台组串式逆变器可以有多个最大功率峰值跟踪模块，单机容量一般在 200kW 以下。组串式光伏逆变器最大功率跟踪电压范围宽，组件配置灵活，发电时间长。而且，其功率密度高、安装维护简单，可满足户内、户外等不同的应用环境要求。

（3）集散式逆变器：结合了大型集中式光伏逆变器的集中逆变优势和组串式光伏逆变器的分散 MPPT 跟踪优势，达到集中式逆变器低成本高可靠性，组串式光伏逆变器的高发电量。

（4）微型逆变器：对每一块光伏组件进行单独的最大功率点跟踪，再经过逆变以后并入交流电网，从而实现对每块光伏组件的输出功率进行精细化调节及监控。微型逆变器的单体容量一般在 5kW 以下。相较于集中式逆变器与组串式光伏逆变器，在碰到部分遮挡或者组件性能差异的情形下，微型逆变器光伏发电系统能获得更高的发电效率。微型逆变器全部并联运行，并且直接将每块光伏组件的直流电逆变为交流电后并入电网，运行时仅有几十伏的直流电压，最大程度降低了安全隐患。其优点是高功率密度、安装维护简单、可自动适应复杂电网环境、延长发电时间、有效提升发电收益，同时内置防雷及高精度漏电流保护，具备储能接口和多种通信方式，满足户内、户外等不同的应用环境要求，广泛应用于住宅屋顶、庭院等户用光伏发电系统。

6.1.6.3 储能电池选择

储能电池根据储能效率、循环寿命、能量密度、功率密度、响应时间、环境适应能力、技术条件等因素选择，并符合下列规定：

（1）宜选用循环寿命长、充放电效率高、自放电小等性能优越的储能电池。

（2）宜选用大容量单体储能电池，减少并联数；储能电池串并联使用时，应由同型号、同容量、同制造厂的产品组成，并应具有一致性。

（3）储能系统应具有电池管理系统，宜具有在线识别电池组落后单体、判断储能电池整体性能、充放电管理等功能。

（4）充放电控制器应具有短路保护、过负荷保护、过充（放）保护、欠（过）电压保护、反向放电保护、极性反接保护及防雷保护等功能，必要时应具备温度补偿、数据采集和通信功能。

（5）充放电控制器应符合电磁兼容性要求。

6.1.7 案例

某别墅用电功率 P_0 为 10kW，其中照明 U_S 为 DC 48V，空调 U_{S1} 为 DC 375V，插座为交流 220V，该别墅采用 BAPV 系统，该地区太阳水平面日辐射量 H_d 为 4.24kWh/(m²·d)，年水平面太阳总辐照量 H_A 为 1392～1625Wh/m²，采用 170W 太阳能电池组件，组件电气性能见表 6.1-2。

表 6.1-2　　　　　　　　　　　　太阳能电池组件电气性能

序号	参数名称	数值
1	功率（W）	170（±3%）
2	开路电压（V）	21.6
3	短路电流（A）	10.09
4	工作电压（V）	18.24
5	工作电流（A）	9.32
6	电池片转换效率（%）	21.5 以上
7	电池片连接形式（片）	32 组成
8	测试条件	AM1.5，1000W/m²，25℃

配置储能蓄电池，储能电池最大允许放电深度 U 为 0.6，单个蓄电池的电压 12V，单个蓄电池的容量 200A·h，储能电池在无城市供电的情况下，应满足 2 天、每天 6h 的全负荷用电。计算光伏板及电池数量，系统装机容量和年发电总量。

解：系统配置见图 6.1-10。

（1）根据式（6.1-5）计算 PV 系统装机容量，其中 F 取 1.5，K 取 0.8，则 $P=\dfrac{P_0 D_t F E_S}{H_d K}=\dfrac{10\times6\times2\times1.5\times1}{4.24\times0.8}=53.1(\text{kWp})$。

（2）根据式（6.1-6）计算 PV 组串串联数 $N=\dfrac{U_{SC}}{U_m}=\dfrac{1.43\times375}{21.6}=24.8$，取整为 25。

（3）根据式（6.1-8）计算 PV 组件并联数 $N_p=\dfrac{P}{P_m N}=\dfrac{53.1}{0.17\times25}=12.5$，取整为 13。

光伏板数为 25×13=325（块）。

（4）根据式（6.1-9）计算蓄电池容量，其中 K_a 取 0.8，K_b 为 1.05，则 $C_C = \dfrac{DK_b P_0}{UK_a} = \dfrac{2 \times 6 \times 1.05 \times 10}{0.6 \times 0.8} = 262.5 \text{(kWh)}$

$C_A = 1000C_C/U_S = 1000 \times 262.5/48 = 5468.8$（A·h）

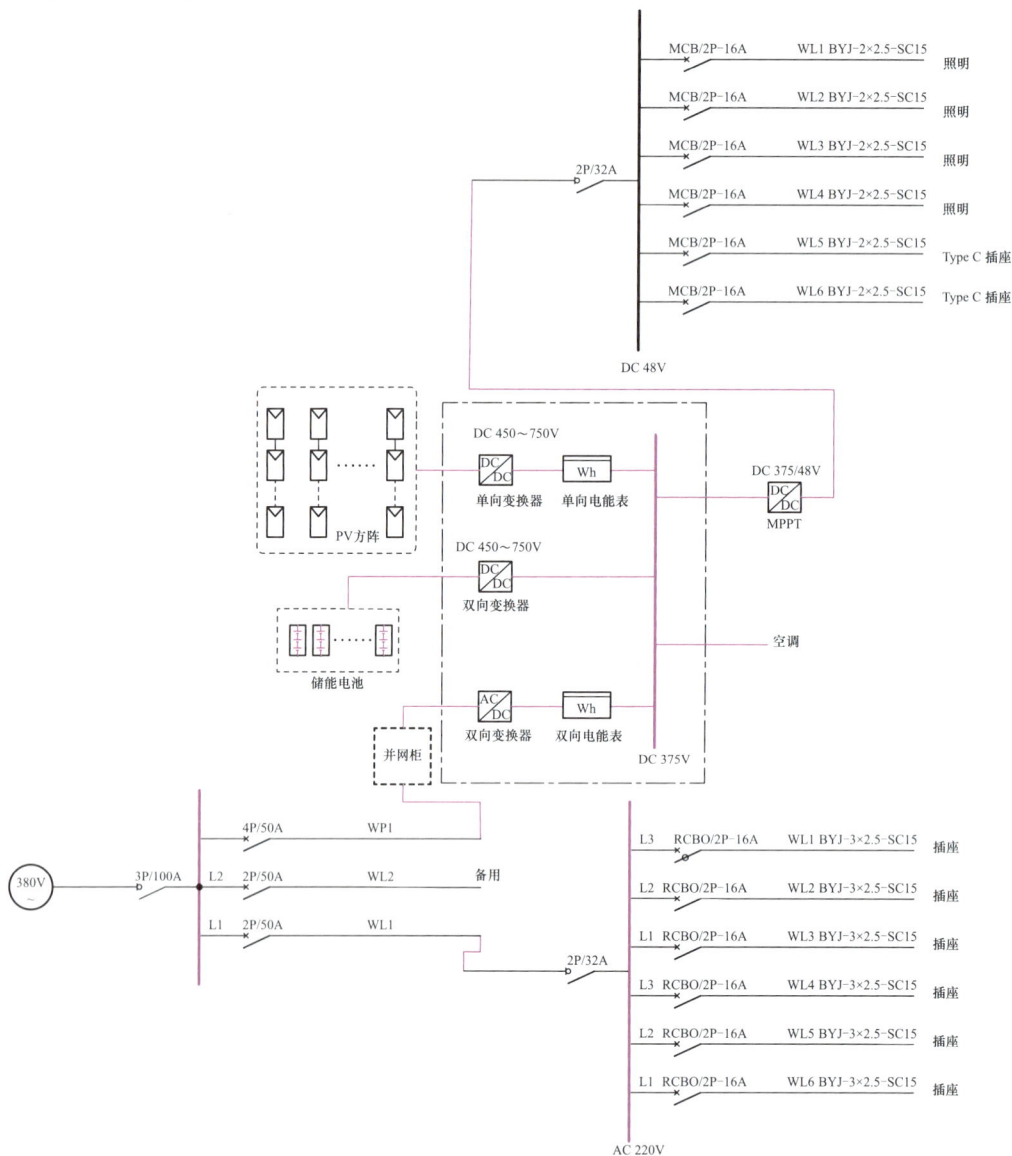

图 6.1-10　配电系统图

蓄电池串联电池数 = 48V/12V=4

蓄电池并联电池数 = 5468.8A·h /200A·h =27.3，取 28

实际配置的蓄电池数 =4×28=112（块）

配置蓄电池组安时数 =28×200=5600(A·h)（即配置后蓄电池组的容量。串联后电池组容量不变，并联后容量相加）。

（5）年总发电量

$$E_{p1} = \frac{H_A}{E_S} \times PK = \frac{1392}{1} \times 53.1 \times 0.8 = 59132.16 \text{(kWh)}$$

$$E_{p2} = \frac{H_A}{E_S} \times PK = \frac{1625}{1} \times 53.1 \times 0.8 = 69030(\text{kWh})$$

年总发电量在 59132.16 ～ 69030kWh 范围内。

6.1.8 建筑光伏系统安全要求

（1）建筑光伏发电系统的最大系统电压不应大于 1500V DC。

注 最大系统电压等于最低预期工作温度修正后的光伏方阵开路电压。最低预期工作温度下的电压修正系数应根据组件制造商的产品说明书进行计算。

（2）光伏组件应无外观缺陷，组件的可触及性、抗划伤性、抗机械载荷冲击、等电位连接连续性、脉冲耐受电压、绝缘耐受电压、湿漏电流和引出端强度及防火性能应满足标准要求。

（3）组件防反二极管的额定电压至少为最大系统电压的 2 倍，额定电流至少为组件短路电流的 1.4 倍。

（4）直流汇流箱中直流开关应为光伏专用直流开关。直流汇流箱宜具备电弧检测及关断功能。

（5）逆变器应具备限功率功能，高容配比条件时，逆变器应自动限流工作在允许的最大交流输出功率处。逆变器宜具备光伏组串Ⅳ扫描与智能诊断、电弧检测及关断、智能温控、故障录波等先进技术功能。

（6）交流汇流设备的防护等级、电击防护、介电性能、短路保护和短路耐受强度应满足标准要求。

（7）光伏直流连接器的防触电保护、IP 防护等级、绝缘和耐压性能应满足标准要求。配对使用的连接器应是同厂家同型号。

（8）光伏电缆选择应综合考虑载流量、热稳定、电压降、绝缘耐压、保护配合等因素。光伏组串、光伏子方阵和光伏方阵的电缆规格应根据相应线路的短路电流、电缆的最小载流量及电缆的损耗压降值来确定。

（9）组件接地应满足：组件边框之间的跨接线宜选用不小于 BVR 1×4mm² 的黄绿线。支架至地面的引下导体宜选用直径不小于 10mm 的热镀锌圆钢、截面积不小于 80mm² 的热镀锌扁钢或截面积 16mm² 以上的铜导线或其他等效的导体。其他类接地的导体，应采用截面积不小于 6mm² 的铜或其他等效导体。

（10）建筑光伏监控系统应采取抵御黑客、病毒、恶意代码等对系统的破坏、攻击及非法操作的安全防护措施，满足电力监控系统安全防护要求。

（11）建筑光伏发电系统宜具备快速关断功能，快速关断装置启动后 30s 内，以光伏方阵边缘外延 305mm 为边界，边界范围内的电压应降低到 120V 以下，边界范围外的电压应降到 30V 以下。

（12）启动装置：启动装置应能启动光伏系统的快速关断功能。设备的"关闭"位置应表明所有连接到该设备的光伏系统都启动了快速停机功能，启动设备应位于建筑物外部易于访问的位置。快速关闭功能的启动装置应最少由以下之一组成：

1）电网接入断开装置；

2）光伏系统断开装置；

3）易于访问的开关，指示其处于"关"或"开"的位置。

6.1.9　建筑光伏系统过电流保护

6.1.9.1　直流侧过电流保护

（1）光伏组件过电流保护：PV 组件制造商应设置过电流保护。为 PV 组件和 / 或其线路选择的过电流保护电器，应在 PV 组件过电流达到其额定电流的 135% 时，在 2h 内保持可靠运行。

（2）光伏组串过电流保护。

1）当 $[(N_S-1)I_{SCmax}]>I_{MOD.MAX.OCPR}$ 时，应设置组串过电流保护。其中，I_{SCmax} 为 PV 组件、PV 组串或 PV 方阵短路的极限值，$I_{SCmax}=K_1 I_{SCSTC}$（K_1 的最小值为 1.25，考虑环境影响，如反射或太阳强度增强，应增大 K_1）。I_{SCSTC} 为在标准测试条件下，组件或光伏组串的短路电流；$I_{MOD.MAX.OCPR}$ 为 PV 组件的最大过电流保护额定值，通常组件制造商规定为"最大串联熔断器值"；N_S 为由最近的过电流保护电器保护的并联总组串数。

2）当两个以上的光伏组串连接到同一路 MPPT 时，每一光伏组串都应装有过电流保护装置，过电流保护装置的标称额定电流 I_n 应满足式（6.1-12）和式（6.1-13）的要求。

$$1.5 I_{SCMOD} < I_n < 2.4 I_{SCMOD} \tag{6.1-12}$$

$$I_n \leqslant I_{MOD.MAX.OCPR} \tag{6.1-13}$$

式中：I_{SCMOD} 为在标准测试条件下，组件或光伏组串的短路电流。

（3）光伏子方阵过电流保护：当两个以上的光伏子方阵连接到同一逆变器时，应为光伏子方阵提供过电流保护，过电流保护装置的标称额定电流值 I_n 应满足式（6.1-13）的要求，式（6.1-14）中 $I_{SCSARRAY}$ 由式（6.1-15）计算。

$$1.25 I_{SCSARRAY} < I_n \leqslant 2.4 I_{SCSARRAY} \tag{6.1-14}$$

$$I_{SCSARRAY} = I_{SCMOD} N_{SA} \tag{6.1-15}$$

式中：$I_{SCSARRAY}$ 为标准测试条件下光伏子方阵的短路电流；N_{SA} 为光伏子方阵中并联光伏组串的总数量。

（4）光伏方阵过电流保护：对于在故障条件下可能会有来自其他电源的电流注入光伏方阵时，应提供光伏方阵过电流保护。光伏方阵过电流保护装置额定电流 I_N 应满足式（6.1-16）的要求，式（6.1-15）中 $I_{SCARRAY}$ 由式（6.1-16）计算。

$$1.25 I_{SCARRAY} < I_N \leqslant 2.4 I_{SCARRAY} \tag{6.1-16}$$

$$I_{SCARRAY} = I_{SCMOD} N_p \tag{6.1-17}$$

式中：$I_{SCARRAY}$ 为标准测试条件下光伏方阵的短路电流；N_p 为光伏方阵中并联光伏组串总数量。

（5）直流侧过电流保护装置的安装位置：

1）组串过电流保护装置，应安装在组串电缆与子方阵或方阵电缆连接处，或安装在组串汇流装置处；

2）子方阵过电流保护装置，应安装在子方阵电缆与方阵电缆连接处，或安装在子方阵汇流装置处；

3）方阵过电流保护装置，应安装在方阵电缆与逆变器的连接处。

（6）对 PV 方阵电缆的保护：PV 方阵电缆的持续载流量 I_Z 应大于或等于 PV 方阵的最大短路电流，见式（6.1-18）。

$$I_Z \geqslant I_{SCmax} \tag{6.1-18}$$

6.1.9.2　直流电弧保护

直流侧最大系统电压大于或等于 120V 的系统应具备直流串联电弧保护功能。当检测到故障电弧时，应能切断发生电弧故障的组串或关停故障电弧所在的整个阵列，并发出可视的告警信号（就地信号或远程监控信号）。

6.1.9.3 交流侧过电流保护

交流侧过电流保护为逆变器后的交流配电系统，系统应装设短路保护和过负荷保护，装设的上下级保护电器，其动作应具有选择性，且各级之间应能协调配合，具体应满足《低压配电设计规范》（GB 50054—2011）的要求。

6.1.10 建筑光伏系统过电压防护

（1）光伏组件等设备因布置在建筑物表面，当不能和建筑外部防雷装置保持间隔距离时，光伏设备外露金属结构应和建筑外部防雷装置进行等电位连接，光伏系统直流侧宜选用Ⅰ级试验的直流电涌保护器，电涌保护器可安装在正极与等电位连接带、负极与等电位连接带及正负极之间，每一保护模式的冲击电流值 I_{imp} 不应小于表 6.1-3 中的要求。

表 6.1-3   光伏系统直流侧 I_{imp} 的选择

建筑物防雷分类	I_{imp}(kA)
第一类	12.5
第二类	10
第三类	6.5

（2）电涌保护器的电压保护水平 U_p 不应大于表 6.1-4 的要求，电涌保护器的有效电压保护水平应小于设备耐冲击电压额定值的 0.8 倍，最大持续工作电压不应小于光伏方阵标准测试条件下开路电压的 1.2 倍。

表 6.1-4   电压保护水平 U_p 的选择

汇流箱额定电压 U_N(V)	电压保护水平 U_p(kV)
$U_N \leqslant 60$	1.1
$60 < U_N \leqslant 250$	1.5
$250 < U_N \leqslant 400$	2.5
$400 < U_N \leqslant 690$	3.0
$690 < U_N \leqslant 1000$	4.0

（3）当光伏汇流箱处的第一级电涌保护器与逆变器之间的线路长度（图 6.1-11 中 E_1）大于 10m 时，宜在逆变装置机柜内安装第二级电涌保护器（FC2）。当采用多级汇流，光伏汇流箱和直流配电柜之间的线路长度（图 6.1-11 中 E_2）大于 10m 时，宜在直流配电柜安装第二级电涌保护器（FC2′），电涌保护器（FC2，FC2′）可选用Ⅱ级试验的直流电涌保护器，其标称放电电流 I_n 不应小于 5kA。

（4）直流主电缆的长度大于 50m 时，应采取防止过电压措施，可将电缆安装在接地金属槽盒或导管中，也可采用金属铠装电缆或安装电涌保护器。

（5）用于光伏系统控制及信号传输线路的电涌保护器应根据线路的工作频率、传输介质、传输速率、带宽、工作电压、接口形式、特性阻抗等参数，选择适配的信号线路电涌保护器。

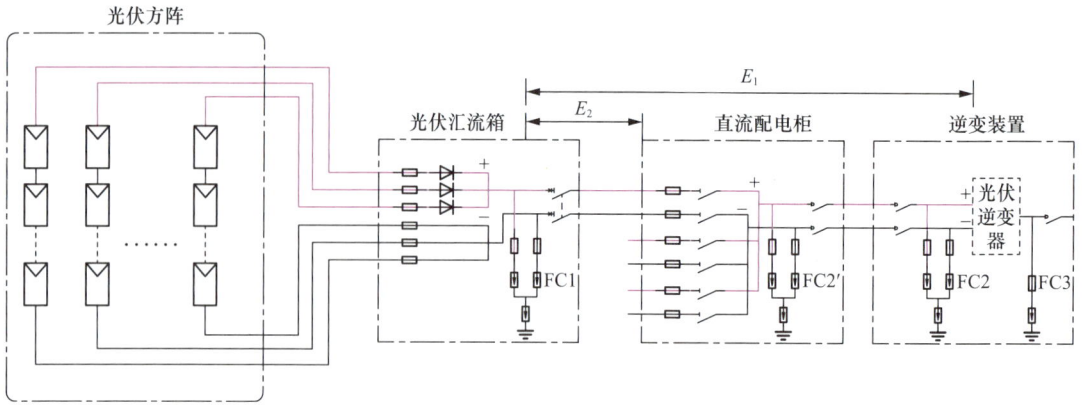

图 6.1-11　光伏系统电涌保护器安装

（6）为减少光伏系统直流侧的感应过电压，直流电缆正极和负极应尽量靠近敷设，减少电缆组成的环路区域（图阴影部分）的面积，如图 6.1-12 所示。

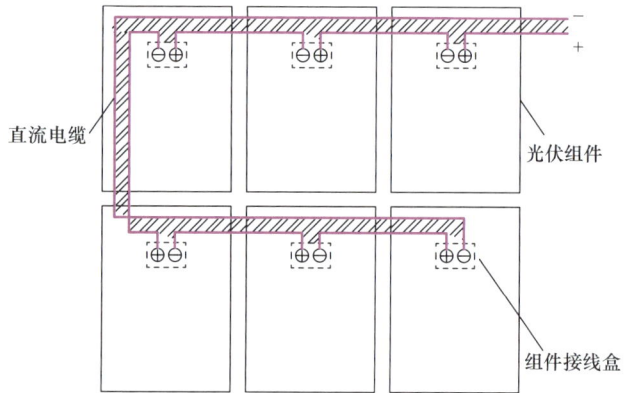

图 6.1-12　光伏组串布线

6.1.11　建筑光伏系统监测

建筑光伏发电系统宜采用一体化的监控系统，实现光伏系统的监视、测量、控制功能。监控范围宜包括光伏发电区、储能系统区和配电区的电气设备、继电保护和专用装置。光伏发电监测系统数据采集信息见表 6.1-5。

表 6.1-5　　　　　　　　　　　　　光伏发电监测系统数据采集信息

设备类型	采集内容	设备类型	采集内容
汇流设备	各路直流输入电流	电能计量装置	系统频率
	直流输出电流 / 电压		各相 / 线电压
	开关设备状态		各相 / 线电流
逆变器	直流侧电压		系统有功功率
	直流侧电流		系统无功功率
	总直流功率		系统视在功率
	交流侧相 / 线电压		系统功率因数
	交流侧相 / 线电流		正向电能
	总有功功率		反向电能
	总无功功率		电压平均总谐波畸变率
	总功率因数		电流平均总谐波畸变率
	电网频率	环境监测设备	环境温度、湿度
	逆变器效率		组件温度
	日发电量		风速、风向
	总发电量		日照辐射强度

监控系统宜具备经济运行决策、自动巡检及状态分析、设备状态检修等功能，实现光伏系统的基本智能化的监控与运维管理。

6.2 低压直流配电

6.2.1 直流配电系统接线型式

直流配电系统接线型式应根据直流系统接地类别、出线方式、系统的回路电压进行选择，具体接线形式和保护设置可参考表 6.2-1。

表 6.2-1 直流配电系统接线型式

系统类别		保护方式	直流断路器（熔断器）接线方式
接地系统	一极接地系统	单极性保护接线方式	
		双极性保护接线方式	
	中间点接地系统	双极性保护接线方式（中间不出线）	
		双极性保护接线方式（中间出线不设保护）	

系统类别		保护方式	直流断路器（熔断器）接线方式
接地系统	中间点接地系统	双极性保护接线方式（中间出线设保护）	
	不接地系统	双极性保护接线方式	
		双极性保护接线方式（中间出线）	

6.2.2　直流配电系统基本要求

（1）直流配电保护应按直流特性选择相应的保护电器。

1）直流电源单极接地系统可采用单极性保护或双极性保护；

2）直流电源中间点接地系统应采用双极性保护；

3）直流电源不接地系统应采用双极性保护；

4）直流电源不接地系统中间抽头出线应增加一极断路器（熔断器）保护；对于直流电源中间点直接接地，中间点出线可根据需要增设一极断路器（熔断器）保护。

（2）每个直流供电回路起始端均应装设直流过负荷及短路保护电器作为过电流防护措施。

（3）直流供电回路采用对地绝缘时，应在正负母线上安装绝缘监测装置，实时监测线路绝缘状态。

（4）选择的直流集中控制柜及柜内元件应符合现行《电力工程直流电源设备通用技术条件及安全要求》（GB/T 19826—2014）的有关规定。

6.2.3　直流配电电压等级的选择

（1）民用建筑低压直流配电的标称电压宜为 1500（±750）、750（±375）、220（±110）、48V，

未标正负号的电压值对应单极性直流线路，标正负号的电压值对应双极性直流线路。

（2）标称电压为 120V 及以下的电压值为直流特低电压。

（3）民用建筑直流配电系统电压等级宜采用 DC 750V、DC 375V 和 DC 48V。电压等级应根据接入设备功率大小选择，并宜符合表 6.2-2 的规定。

表 6.2-2　电压等级选择

序号	接入的额定功率 P_N	直流电压等级 (V)
1	$P_N > 15kW$	750
2	$500W < P_N \leqslant 15kW$	375
3	$P_N \leqslant 500W$	48

6.2.4　直流电压偏差

（1）1500V（含）～ ±6kV（含）等级的直流供电电压偏差范围为标称电压的 −15% ～ +5%。

（2）1500V 以下等级的直流供电电压偏差范围为标称电压的 −20% ～ +5%。

6.2.5　直流配电线路的保护

（1）直流配电线路应装设短路保护和过负荷保护。

（2）各级保护装置的配置应根据短路电流的计算结果确定，并保证具有可靠性、选择性。

（3）直流配电系统配电层级不宜超过三级。

（4）当采用直流熔断器和直流断路器配合保护时，熔断器宜装设在断路器的上一级，熔断器额定电流不应小于直流断路器额定电流的 2 倍；直流断路器的下级不应使用熔断器。

（5）当蓄电池组出口回路采用直流断路器时，应选择仅有过负荷保护和短路短延时保护脱扣器的断路器，其与下级断路器按延时时间配合，且其短时耐受电流不应小于蓄电池组出口短路电流，短时耐受电流的时间应大于断路器短路短延时保护时间与断路器全分闸时间之和。

（6）整流装置直流侧出口宜按直流馈线设置保护电器，保护电器可选断路器或熔断器。

6.2.6　直流供电系统保护电器的选择

（1）直流熔断器或直流断路器的额定工作电压应大于或等于系统标称电压 U_n 的 1.2 倍，并满足表 6.2-3 的规定。

表 6.2-3　保护电器额定工作电压

系统型式		保护方式	保护电器额定工作电压
接地系统	一极接地系统	单极性保护	单极性额定工作电压≥1.2U_n
		双极性保护	正极、负极的额定工作电压均≥1.2U_n
	中间点接地系统	双极性保护	正极、负极的额定工作电压均≥0.6U_n
不接地系统		双极性保护	正极、负极的额定工作电压均≥1.2U_n

（2）断路器的额定电流应大于回路的最大工作电流，且应与直流馈线相配合。

（3）蓄电池组出口回路断路器的额定电流应按最大放电负荷电流进行选择，宜选取蓄电池组恒功率放电截止电压时的放电电流进行选择。

（4）整流装置输出回路断路器额定电流应按整流装置额定输出电流选择，且应按式

（6.2-1）计算。

$$I_N \geq K_k I_{Nm1} \tag{6.2-1}$$

式中：I_N 为断路器额定电流；K_k 为可靠系数，取 1.2；I_{Nm1} 为整流装置的额定输出电流。

（5）直流电动机回路断路器额定电流可按电动机的额定电流选择，且应符合式（6.2-2）。

$$I_N \geq I_{Nm2} \tag{6.2-2}$$

式中：I_{Nm2} 为直流电动机额定电流。

（6）直流配电柜进线断路器的额定电流应按馈线回路上全部用电计算电流之和选择，且应按式（6.2-3）计算。

$$I_N \geq K_c \sum I_{cg} \tag{6.2-3}$$

式中：K_c 为同时系数，取 0.8；$\sum I_{cg}$ 为全部用电计算电流。

（7）直流断路器过载长延时脱扣器整定电流应满足式（6.2-4）。

$$I_c \leq I_{set1} \leq I_z \tag{6.2-4}$$

式中：I_c 为线路计算电流，A；I_{set1} 为断路器长延时脱扣整定电流，A；I_z 为导体容许持续载流量，A。

（8）直流断路器额定短路分断电流及短时耐受电流，应大于通过断路器的预期最大短路电流。

6.3 低压直流配电系统电击防护

6.3.1 直流配电系统的接地型式。按交直流联系特点，直流配电系统的接地分类见表6.3-1。

表 6.3-1 直流配电系统的接地分类

DC 侧	负极	T：接地；I：绝缘
	中间极	T：接地；I：绝缘；N：与 AC 侧的中性线连接
	设备外露可导电部分	M：直流中线；M-S：通过专用导线（PE）与中性点连接；M-C：通过中性线与中性点连接，也用作保护接地（PEM）；T：通过独立接地系统接地

（1）单极结构直流接地系统。单极结构直流接地系统网络特点如下：

1）外露可导电部分接地，用于接地故障电流检测；

2）仅有一个电压等级。

单极结构直流负极不接地系统见图 6.3-1，直流负极接地系统见图 6.3-2。

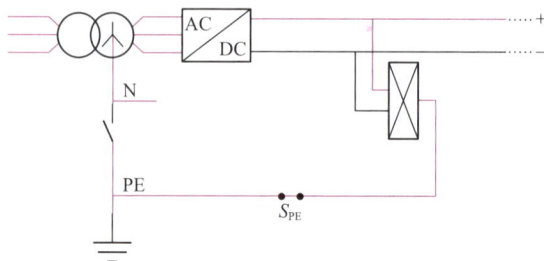

图 6.3-1 单极结构直流负极不接地系统

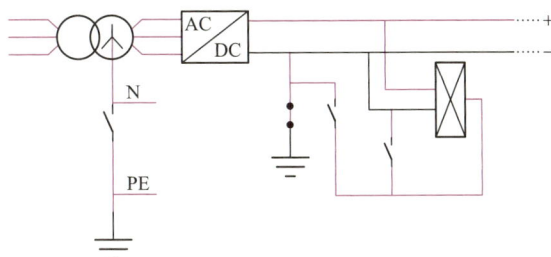

图 6.3-2　单极结构直流负极接地系统

直流负极不接地系统特点如下：

1）变压器中性点接地，DC 负极不允许接地，必须绝缘；

2）DC 对地电位平均值为 $\pm V_{dc}/2$，但最高值可达 $\pm V_{dc}$；

3）DC 寄生电容在正常条件下也会影响电气装置。

直流负极接地系统特点如下：

1）DC 负极接地，变压器中性点必须绝缘；

2）DC 电位保持固定在（$+V_{dc}$，0）；

3）在正常条件下无 DC 寄生电容影响。

（2）三极结构直流接地系统。三极结构直流接地系统网络特点如下：

1）外露可导电部分接地，用于接地故障电流检测；

2）变压器中性点可接地或不接地；

3）如果变压器中性点接地，DC 负极不允许接地，必须绝缘；

4）DC 对地电位保持固定在 $\pm V_{dc}/2$；

5）可获得更多的直流电压等级。

三极结构直流 PEM 线不接地系统见图 6.3-3，直流 PEM 线接地系统见图 6.3-4。

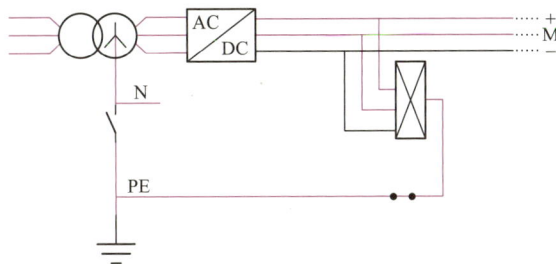

图 6.3-3　三极结构直流 PEM 线不接地系统

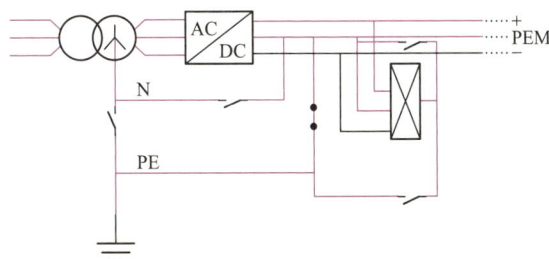

图 6.3-4　三极结构直流 PEM 线接地系统

PEM 线不接地，PEM 不与变压器中性点相连，专用线 PE 做保护接地，由于 M 线不接地，直流寄生电容在正常条件下也会影响电气装置。

PEM 线接地，分别和变压器的中性点相连，直流网络同时做到功能接地和保护接地，由于 PEM 线接地，在正常条件下无直流寄生电容的影响。

6.3.2　直流侧接地形式的选择。

（1）直流侧不接地系统（浮地）（IT）：单点接地故障几乎没有危险，无需采取措施，可以正常供电；两点接地故障对人体有触电危险，需要安装绝缘监视器 IMD；三线不接地系统预期接触电压 U_t 最高达 $2U_{dc}$，见图 6.3-5。

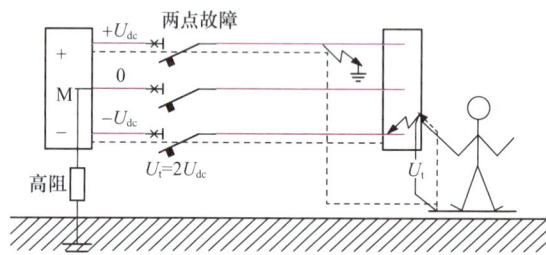

图 6.3-5　直流侧不接地系统

（2）直流中线接地，外露可导电部分通过中线接地（TM-S）：接地故障时，故障电流大，可用过电流保护实现电击防护；PE 线断线会形成 TT 系统，应加装剩余电流保护器；考虑到负极接地故障，预期接触电压为 U_{dc}，见图 6.3-6。

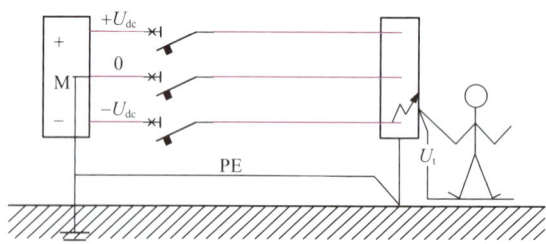

图 6.3-6　直流中线接地系统

6.3.3　当电气装置或电气装置某一部分发生接地故障后，间接接触的保护电器不能满足自动切断电源的要求时，尚应在局部范围内将本区域内可导电部分再做一次局部等电位联结；也可将伸臂范围内能同时触及的两个可导电部分之间做辅助等电位联结。辅助等电位联结有效性应符合式（6.3-1）的要求。

$$R \leqslant 120V/I_a \qquad (6.3-1)$$

式中：R 为可同时触及的外露可导电部分和装置外可导电部分之间，故障电流产生的电压降引起接触电压的一段线路的电阻，Ω；I_a 为保证间接接触保护电器在规定时间内切断故障回路的动作电流，A。

6.3.4　TN 系统中配电线路的间接接触防护电器切断故障回路的时间，应符合下列规定：

1）配电线路或仅供给固定式电气设备用电的末端线路，不应大于 5s。

2）供给手持式电气设备和移动式电气设备用电的末端线路或插座回路，TN 系统的最长切断时间不应大于表 6.3-2 的规定。

表 6.3-2　　　　　　　　　　　　TN 系统的最长切断时间

极对地电压 (V)	切断时间 (s)
$U_0 \leqslant 120$	无要求
$120 < U_0 \leqslant 230$	5
$230 < U_0 \leqslant 400$	0.4
$U_0 > 400$	0.1

6.3.5　TN 系统中配电线路的间接接触防护电器的动作特性，应符合式（6.3-2）的要求。

$$Z_sI_a \leqslant U_0 \tag{6.3-2}$$

式中：Z_s 为接地故障回路的阻抗，Ω；U_0 为极对地电压，V。

6.3.6　TT 系统配电线路间接接触防护电器的动作特性，应符合式（6.3-3）的要求。

$$R_AI_{\Delta n} \leqslant 120V \tag{6.3-3}$$

式中：R_A 为外露可导电部分的接地电阻和保护导体电阻之和，Ω；$I_{\Delta n}$ 为 RCD 的额定剩余动作电流，A。

6.3.7　TT 系统中配电线路的间接接触防护电器切断故障回路的时间，应符合下列规定：

（1）配电线路或仅供给固定式电气设备用电的末端线路，不应大于 1s。

（2）供给手持式电气设备和移动式电气设备用电的末端线路或插座回路，TN 系统的最长切断时间不应大于表 6.3-3 的规定。

表 6.3-3　　　　　　　　　　　　TT 系统的最长切断时间

极对地电压 (V)	切断时间 (s)
$U_0 \leqslant 120$	无要求
$120 < U_0 \leqslant 230$	0.4
$230 < U_0 \leqslant 400$	0.2
$U_0 > 400$	0.1

6.3.8　IT 系统的配电线路中，当发生第一次接地故障时，应发出报警信号，且故障电流应符合式（6.3-4）的要求。

$$R_AI_d \leqslant 120V \tag{6.3-4}$$

式中：R_A 为外露可导电部分的接地电阻，Ω；I_d 为正（或负）极导体和外露可导电部分单极接地故障时的故障电流，A。

6.3.9　IT 系统应设置绝缘监测器。当发生单极接地故障或绝缘电阻低于规定的整定值时，应有绝缘监测器发出音响和灯光信号，且灯光信号应持续到故障消除。

7 低 压 配 电

7.1 低压配电系统

7.1.1　低压配电系统的设计原则

（1）系统设计应确保人身安全、检修方便。

（2）保证供电可靠性和供电质量。

（3）系统应简洁，并具有一定的灵活性和适当裕量。

（4）系统设计应节能环保。

7.1.2　低压配电干线系统

（1）低压配电系统接线方式一般有放射式、树干式、链式和混合式等。由变电所或低压配电室至各建筑层配电箱，宜采用树干式或放射与树干相结合的混合式配电；当负荷较大或较重要时，宜从变电所或低压配电室放射式配电。

（2）由建筑物外引入的低压电源线路，应在总配电箱（柜）的受电端装设具有隔离和保护功能的电器。由变电所引入的专用回路，在受电端可装设不带保护功能的隔离电器。树干式配电系统，各受电端均应装设具有隔离和保护功能的电器。

（3）照明、电力、消防及其他防灾用电负荷宜分别自成配电系统。高层及大型公共建筑配电系统应根据负荷性质按防火分区划分。

（4）甲乙类公共建筑低压配电系统应满足分项计量要求。

（5）配电变压器二次侧至用电设备间的低压配电级数一般不超过三级。三级负荷不超过四级。

> 注　1. 配电级数不能与保护级数混淆，配电级数是按一个回路通过配电装置分配为几个回路的一次分配称作一级配电。对一个配电装置而言，进线总开关与馈出分开关合起来称为一级配电，不因进线开关采用断路器还是隔离开关而改变它的配电级数。
>
> 　　2. 保护级数不宜过多，配电系统的各级保护电器之间的选择性配合，应满足供电系统可靠性要求。
>
> 　　3. 低压配电系统配电级数、保护级数示意图见图 7.1-1。

（6）各级低压配电屏（箱、柜）宜预留适当数量的备用回路。在没有明确预留要求时，备用回路宜按总回路数的 25% 预留。

（7）一、二级负荷低压双路电源的配电方式。

1）一级负荷应由双重电源的两个低压供电回路在末端配电箱处切换供电；

2）特级负荷除双重电源外，尚应增设应急电源供电，其末端配电箱切换开关上端口宜设置电源监测和故障报警；

3）当建筑物外电源为双回路 35、20、10kV 供电，或当建筑物为一路 35、20、10kV 专用架空线路电源供电时，二级负荷可由两台变压器各引一路低压回路在负荷端配电箱处切换供电；

4）当建筑物为双重电源供电，且两台变压器低压侧设有母联断路器时，二级负荷可由任一段低压母线单回路供电。

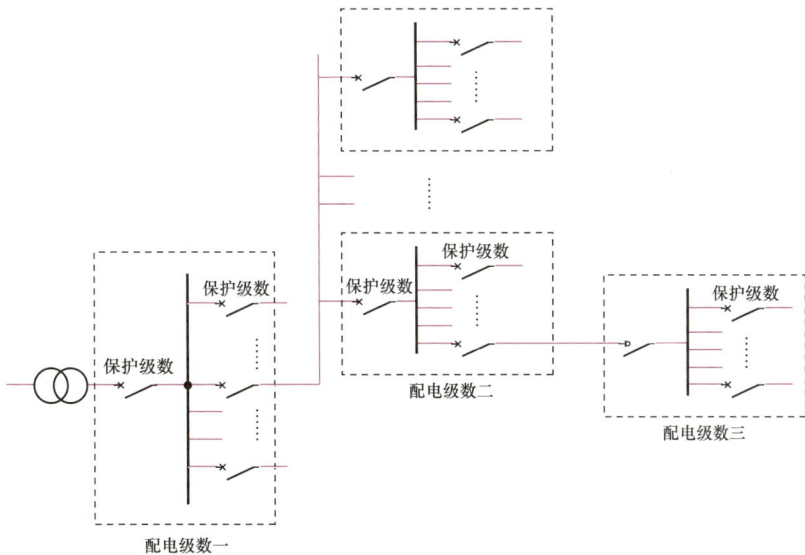

图 7.1-1 低压配电系统配电级数、保护级数示意图

（8）大容量负荷的供电干线。

1）建筑物内负荷，400A 及以上宜采用封闭式母线槽供电的树干式配电。

2）400A 以下宜采用电缆供电。当采用电缆树干式配电时，宜采用预制分支电缆或 T 接箱方式实现电缆分支。

3）低压配电系统不宜采用多拼电缆线路。当必要时，不应超过三根电缆拼接。

7.1.3 低压消防配电系统设计应注意的问题

（1）建筑物内的非消负荷不应接入消防负荷回路。

注 1．排水泵（除消防用排水泵外）、非消防备用照明、值班照明、安全照明、非消防用卷帘门等非消防设备不得接入消防配电回路。

2．地下室排水泵是否属消防设施由给排水专业提资料时确定。

3．GB 50016—2014 的 10.1.1 及 10.1.2 条文解释，事故风机未列入"消防用电"范围内，因此未将事故风机列入消防负荷。暖通专业有工艺要求需在消防时使用的事故风机除外。

4．气体灭火房间的事故排风机控制箱宜设在需气体灭火的房间之外，并注意与火灾报警联动控制系统、电动风阀的联动。设有气体灭火设施的变电所，其事故排风机除接入本变电所市电电源外，应在事故风机控制箱进线处，预留外部电源接入条件。该事故风机配电线路宜选耐火线缆。

5．事故风机回路过负荷时只报警不跳闸。

（2）除按照三级负荷供电的消防用电设备外，消防控制室、消防水泵房的消防用电设备及消防电梯等的供电，应在其配电线路的最末一级配电箱内设置自动切换装置。防烟和排烟风机房的消防用电设备的供电，应在其配电线路的最末一级配电箱内或所在防火分区的配电箱内设置自动切换装置。防火卷帘、电动排烟窗、消防潜污泵、消防应急照明和疏散指示标识等的供电，应在所在防火分区的配电箱内设置自动切换装置。

（3）为消防控制室、消防电梯机房服务的空调设备、排气扇可由消防电源供电。

（4）供避难场所使用的用电设备，应从变电所采用放射式专用线路配电。

7.1.4　低压配电干线平面设计应满足的要求

（1）低压电源进线的要求。

1）低压电源进线，当用电负荷较大或用电负荷较重要时，电源进线侧应设置低压配电室。

2）低压进线宜按楼集中引入，避免多处分散进线。

3）宜在配电室的室内地面做电缆沟，电缆沟尺寸应满足最大截面积电缆弯曲半径要求。

（2）各配电箱的布置应考虑断路器做故障防护时铜芯线缆允许长度。

（3）每个变（配）电所、每条低压配电线路，都应有明确供电范围，不应交错重叠。

（4）消防类配电箱、控制箱应首选安装在机房、配电间、电气竖井、配电小间、控制室等场所。消防排污泵、防火卷帘、自动排烟窗、电动挡烟垂壁控制箱，可就地挂墙安装在控制设备附近，并应采取防火保护设施。

（5）电气竖井（配电小间）设置的要求。

1）消防配电竖井宜与非消防配电竖井分开设置，当受条件限制无法分开设置时，消防与非消防设备应分开两侧布置。

2）电气竖井（配电小间）应按防火分区设置，每个电气竖井（配电小间）供电半径不宜超过50m，供电区域在1000m^{2}左右。电气竖井应上下贯通。

3）竖井大小除应满足布线间隔及端子箱、配电箱布置所必需尺寸外，进入竖井宜在箱体前留有不小于0.8m的操作距离。当建筑平面受限制时，可利用公共走道满足操作距离的要求，但竖井的进深不应小于0.6m。

4）竖井的井壁应为耐火极限不低于1h的非燃烧体。竖井在每层楼应设维护检修门并应开向公共走廊，其耐火等级不应低于丙级。竖井内各层钢筋混凝土楼板或钢结构楼板应做防火密封隔离，线缆穿过楼板或井壁应采用与楼板、井壁耐火等级相同的防火堵料封堵。

5）电气竖井（配电小间）内，配电箱（柜）与电缆桥架和插接母线间的净距均不小于0.1m。竖井内高压、低压和应急电源的电气线路之间，应保持不小于0.3m的距离或采取隔离措施，并且高压线路应设有明显标识。

（6）弱电设备间的电源预留。

1）强弱电竖井宜分开设置。公共建筑弱电竖井内除由就近的照明配电箱提供检修插座电源外，还应根据弱电设备的用电需求提供弱电专用配电箱（一般大于2kW）。

2）屋顶应给5G基站预留不小于5kW电源。

3）容量不小于50kVA的UPS和EPS等发热量大的设备，应单设房间并配置空调等降温设备。

7.2　低压配电线路的保护

7.2.1　低压配电线路的短路保护

（1）短路保护基本原则：应在短路电流对导体及其连接件造成危害之前，切断故障线路。

（2）电线、电缆线路热稳定校验。

1）短路电流持续时间大于0.1s而不超过5s的电线电缆线路，电线电缆截面积选择应满足式（7.2-1）。

$$S \geq \frac{I_K}{K}\sqrt{t} \qquad (7.2-1)$$

式中：S为绝缘导体线芯截面积，mm^2；I_K为预期短路电流有效值（方均根值），A；t为短路电流持续时间，s；K为温度系数，见表7.2-1。

表 7.2-1 常用导体和绝缘的 K 值

项目		导体绝缘						
		70℃ PVC $S\leqslant300mm^2$	90℃ PVC $S\leqslant300mm^2$	85℃ 橡胶	60℃ 橡胶	90℃交联聚乙烯	矿物绝缘	
							带 PVC 护套	无护套
初始温度（℃）		70	90	85	60	90	70	105
最终温度（℃）		160	160	220	220	250	160	250
K 值	铜	115	100	134	141	143	115	135
	铝	76	66	89	93	94		

注 1. PVC 为聚氯乙烯。

   2. 短路电流持续时间大于 5s 时不适用此表。

2）当短路电流持续时间小于 0.1s，因短路电流非周期分量占比很大，校验电线、电缆截面积应计入短路电流非周期分量的影响。要求电线电缆所允许的热效应 $(SK)^2$ 必须大于短路电流产生的热效应（I^2t）。

$$(SK)^2 \geqslant I^2t \qquad (7.2\text{-}2)$$

注 1. I^2t 值也被称为允通能量，对于熔断器，其由产品标准确定；对于断路器，其由制造厂提供。

   2. 低压配电系统短路电流持续时间 $t < 0.1s$ 的情况很普遍，用瞬时脱扣器做短路保护时间多为 $10 \sim 30ms$；用熔断器做短路保护，当短路电流超过熔体额定电流 $16 \sim 20$ 倍以上时，熔断时间也小于 0.1s。

3）对于母线槽热稳定，要保证母线槽允许的热效应大于短路电流产生的热效应，见式（7.2-3）。

$$I^2_{cw}t_{cw} \geqslant I^2t \qquad (7.2\text{-}3)$$

式中：I_{cw} 为母线槽短时耐受电流；t_{cw} 为母线槽短时耐受时间。

注 1. $I^2_{cw}t_{cw}$ 值为母线槽耐受短路电流强度指标，由母线槽厂家提供。

   2. 由断路器生产厂家提供不同短路电流下的 I^2t 值。

4）断路器为小额定电流时，不同短路电流下，瞬时脱扣器做短路保护，能够满足热稳定要求的导体最小截面积见表 7.2-2。

表 7.2-2 塑壳断路器（MCCB）瞬时脱扣器做短路保护的导体最小截面积

断路器额定电流 (A)	短路电流为下列值时铜芯绝缘线的最小截面积 (mm²)					
	10kA		20kA		60kA	
	PVC 绝缘	交联聚乙烯	PVC 绝缘	交联聚乙烯	PVC 绝缘	交联聚乙烯
16	6	4	6	6	10	6
20	6	4	6	6	10	6
25	6	6	10	6	10	6
32	6	6	10	6	10	6
40	10	6	10	6	10	6
50	10	6	10	6	10	10
63	10	6	10	6	10	10

注 通常大截面导体热稳定较易满足，而小截面导体通过大短路电流时热稳定难满足。特别是距变电所较近的配电线路，当计算电流较小，不能只按载流量选导线，还必须根据热稳定选导线。

（3）短路保护电器分断能力校验。

1）短路保护电器宜选择断路器或熔断器，短路保护电器分断能力应大于保护电器安装处的预期最大短路电流。

2）变电所低压断路器分断能力见表 7.2-3。

表 7.2-3　　　　　　　　　　　变电所低压断路器分断能力要求

干式变压器容量 (kVA)	变压器阻抗电压 (%)	要求低压断路器运行分断能力	备注
500 ~ 800	6	25kA 及以上	
1000，1250	6	35kA 及以上	
1600	6	45kA 及以上	
2000	8	60kA 及以上	
2500	6、8	65kA 及以上	

3）距变电所较近的配电箱及母线槽插接箱处，短路电流通常有 20 ~ 50kA，当采用 MCB 或 RCBO（带 RCD 的 MCB）做短路保护，通常不能满足短路分断能力的要求，宜采用限流能力较大的 gG 熔断器加带 MCB 或 RCBO 组合做保护电器，也可选用高分断的 MCB（断流能力通常有 25、36、50kA 几挡）。

（4）短路电流动稳定校验。

1）绝缘电线、电缆因柔软可弯曲的特点，可耐受电动力影响，通常不考虑动稳定校验。

2）密集母线槽的动稳定校验宜依据生产厂家提供的母线槽额定电流和保证其动稳定的短时耐受电流（I_{cw}）值进行。

3）开关电器（断路器、接触器、隔离开关等）必须能够承受短路电流的电动力。动稳定校验通常要依据开关设备厂家提供的开关电器短时耐受电流（I_{cw}）允许值进行。

4）低压配电柜、配电箱内的硬母排根据成套设备标准规定，由设备生产厂家保证其产品的动稳定。

（5）短路保护电器的装设要求。

1）每段配电线路首段应装设短路保护。

2）配电线路分支处、分支线路导体截面积减少处应装设短路保护；当满足规范要求，分支电缆 3m 以内可不装设短路保护。

3）短路保护装置应设在配电线路的首端，当低压配电系统采用放射式接线时，受电端配电箱进线处不应再装设短路保护电器。

7.2.2　低压配电线路的过负荷保护

（1）过负荷保护的基本要求。过负荷保护应在过负荷电流引起的温升对导体的绝缘、接头、端子和邻近物料等造成破坏之前，切断电路。

（2）过负荷保护电器的动作特性应满足式（7.2-4）和式（7.2-5）。

$$I_B \leqslant I_N \leqslant I_z \tag{7.2-4}$$

$$I_2 \leqslant 1.45 I_z \tag{7.2-5}$$

式中：I_B 为回路计算电流，A；I_N 为断路器长延时整定电流或熔断器熔体额定电流，A；I_z

为导线允许载流量，A；I_2 为保护电器在可靠时间内的约定动作电流，A。

（3）中性导体 N 的过负荷保护及中性导体开断原则。

1）当中性导体截面积等于相线截面积，不需在中性导体 N 装设过负荷保护电器，也不应断开中性导体。

2）当中性导体截面积小于相导体截面积，应对中性导体 N 装设过电流检测，并切断相导体但不必切断中性导体。

3）当中性导体可能出现超过相导体的电流时，应对中性导体装设过电流检测，并切断相导体但不必切断中性导体。

4）中性导体一般不能断开，当需断开 N 线时，则应将相线同时断开。

5）TN 系统严禁断开 PEN 线，不得在 PEN 线单独装设开关电器。

（4）过负荷保护电器的装设要求。

1）过负荷保护电器应装设在导体的截面积、安装方式或系统结构改变处。

2）配电干线分支回路满足：①长度不超过 3m；②没有引出插座回路；③有防机械损伤措施；④不靠近可燃物。该分支回路的过负荷保护电器可设在此分支回路 3m 范围内任意处装设。

3）对于因过负荷引起断电而造成更大损失的供电回路，过负荷保护应作用于信号报警，不应切断电源。报警信号宜送至有人值班的值班室或控制室。

4）消防配电系统的配电线路（自消防配电干线系统首端起），应设不切断电路只动作于报警的过负荷保护。

注　消防线路的保护电器宜选用可引出过负荷报警信号的断路器。

（5）多根并联导体组成的线路采用一台过负荷保护电器时，当满足如下敷设要求时，其线路允许的持续载流量可为每根并联导体的允许持续载流量之和。

1）电缆电线型号、截面、线芯材料、绝缘材料相同，电缆结构相同，宜为同一卷轴的电线、电缆。

2）电线、电缆长度相等。

3）敷设方式相同，线路布置使并联导体之间的电流分配应均衡。

4）线路全长内不应有分支线路引出或用作隔离或通断的电器。

注　因施工中满足上述敷设要求难度较大，低压配电系统设计时，宜尽可能避免采用多根电缆并联方式。

7.2.3　低压配电线路的过电压欠电压保护

（1）配电线路大气过电压保护应符合建筑物防雷规范相关要求。

（2）对于三相负荷严重不平衡的场所，当电压下降或升高对人员造成危险对设备造成损坏时，应装设过、欠电压保护。

（3）当被保护用电设备的运行方式允许短暂断电或短暂失压而不出现危险时，欠电压保护器可延时动作。

7.2.4　配电线路电气火灾的防护

（1）接地故障引起的电气火灾防护。

1）建筑物内配电线路绝缘情况应受到全面监视，不能出现盲区。

2）为减少接地故障引起的电气火灾而装设的剩余电流监测器（或保护电器），其动作电流不应大于 300mA；当动作于切断电源时，应断开回路所有带电导体。

3）剩余电流总监测器（或保护电器）宜安装在建筑物电源总进线回路上，也可安装在各馈出回路上，对建筑物进行全面监视。当正常情况下泄漏电流较大，或低压配电干线供电范围较大时，可在下级配电箱的进线或出线回路上装设剩余电流检测器（或保护器）。

（2）电弧故障引起的电气火灾防护。

1）商场、超市及人员密集场所的照明、插座回路，宜装设电弧故障保护电器。

2）储存可燃物品的库房的照明、插座回路，宜装设电弧故障保护电器。

3）高度大于 12m 的高大空间场所内照明回路，宜装设电弧故障保护器。

7.3 低压配电系统的电击防护

7.3.1 低压配电系统接地形式（见表 7.3-1）

表 7.3-1　　　　　　　　　　低压配电系统接地形式一览表

特点	接地形式				
	TN 系统			TT 系统	IT 系统
	TN-S	TN-C	TN-C-S		
变压器中性点接地方式	直接接地			直接接地	不接地（或通过高阻抗接地）
电气设备外露可导电部分接地方式	通过 PE 导体连接到电源中性点 N。利用中性点 N 的系统接地装置接地			单独接地。与变压器中性点 N 的系统接地分开	
N 导体和 PE 导体的配置	从变电所低压柜起，PE 导体与 N 导体分离	从变电所低压柜起至终端配电箱，PE 和 N 导体始终合并为一根 PEN 线	从变电所低压柜起引出 PEN 线，至下一级配电箱（通常在建筑物进线处），然后将 PE 线和 N 线分开	配出 N 导体	不宜配出 N 导体
接地故障电流特点	故障电流返回电源的通路为 PE 线（或 PEN 线）的金属性通路，故障回路阻抗小，接地故障电流值较大			故障电流返回电源的通路串联了系统接地的阻抗和设备保护接地的阻抗，故障回路阻抗大，接地故障电流较小	变压器中性点不接地，发生第一次接地故障时，故障电流没有直接返回电源的通路，接地故障电流值特别小
适用场所	建筑物内设有变电所的低压配电系统	建筑物内没有变电所的低压配电系统	用在三相平衡没有三次谐波的低压配电系统	无等电位联结的户外场所	对供电可靠性要求很高的场所

7.3.2 低压配电系统电击防护措施

（1）基本防护措施。基本防护措施见表 7.3-2。

表 7.3-2 基本防护措施一览表

名称	措施	要点
基本防护（又称直接接触防护，它是无故障条件下的电击防护）	带电部分全部用绝缘层覆盖	仅用油漆、清漆、喷漆及类似物不能作为绝缘
	采用遮拦或外护物	外护物包括电气设备外壳，遮拦和外护物必须有足够的防护等级，并且只能用钥匙或工具才能移动和拆卸
	采用阻挡物	在电气专用房间或区域，阻挡物用以防止无意识触及带电部分，必须固定得不被无意识移动
	裸带电体置于伸臂范围之外	在电气专用房间或区域，未采用遮拦、外护物、阻挡物时，应将裸带电体置于伸臂范围之外

（2）故障防护措施。故障防护措施见表 7.3-3。

表 7.3-3 故障防护措施一览表

名称	措施	要点
故障防护（又称间接接触防护。它是故障条件下的电击防护）	故障时自动切断电源	（1）适用于防电击类别为Ⅰ类的设备。 （2）正常环境下预期接触电压超过交流50V且持续时间可能导致人的生命危险，保护电器应能自动切断故障回路电源。 （3）建筑物内应做等电位联结。 （4）外露可导电部分应与接地体相连。 （5）故障时配电线路保护电器应有选择性动作。 （6）当发生接地故障后，保护电器不能满足自动切断电源要求时，应在相关区域做局部等电位或辅助等电位联结。 （7）见 TN、TT、IT 系统故障防护要求，详 7.3.3～7.3.5
	采用Ⅱ类设备	Ⅱ类设备具有双重绝缘和加强绝缘。由于绝缘的完善，不必采用自动切断电源和连接 PE 线的防电击措施
	将电气设备安装在非导电场所	由于实施中的具体困难，除特殊要求外，这一防间接接触电击措施民用建筑中很少采用
	采用电气分隔及设置不接地的等电位连接	（1）采用隔离变压器作为电气分隔电源。 （2）每台隔离变压器为一台设备供电。 当一台隔离变压器为多台用电设备供电，被分隔回路的外露可导电部分应做不接地的等电位联结。 （3）被分隔回路导体不应与地、PE 导体或其他回路 PE 导体、外露可导电部分相连。 （4）被分隔回路应采用隔离布线系统，采用无金属外皮的多芯电缆或绝缘导线穿绝缘套管、绝缘槽盒敷设
	采用安全特低电压供电	见 7.3.6

（3）附加防护措施。附加防护措施见表 7.3-4。

表 7.3-4 附加防护措施一览表

名称	措施	要点
附加防护 （基本防护和故障防护之外的防护措施）	装设剩余电流保护器（RCD）	（1）用于基本防护和故障防护失效，以及用电不慎时的附加防护。 （2）RCD 作为附加防护，额定剩余动作电流不应超过 30mA。不能把 RCD 作为唯一保护措施，不能替代基本防护和故障防护措施。 （3）交流配电系统额定电流 32A 及以下插座回路及 32A 及以下户外移动式设备回路，应装设 RCD 做附加防护
	增加辅助等电位（SEB）	辅助等电位连接有效性校验公式： $$R \leqslant 50V/I_a$$ 式中：I_a 为保护电器在规定时间内动作电流，A；R 为可同时触及的外露可导电部分和外界可导电部分之间的电阻，Ω

7.3.3 TN 系统接地故障保护

（1）TN 系统中电气装置所有外露可导电部分，应通过保护导体与电源系统接地点连接。

（2）TN 系统接地故障保护在规定时间内动作电流应满足式（7.3-1）。

$$Z_s I_a \leqslant U_0 \qquad (7.3-1)$$

式中：Z_s 为接地故障回路阻抗，Ω；I_a 为保护电器在规定动作时间内切断电源的动作电流，A；U_0 为相导体对地标称电压，V。

（3）采用断路器做接地故障保护的保护电器灵敏度校验，I_a 应小于接地故障电流 I_d，就可切除接地故障电流。当采用断路器做接地故障保护的保护电器时，为保证可靠切断接地故障，应考虑 1.3 倍的灵敏系数。

（4）TN 系统故障时保护电器最长切断时间。

1）配电系统仅供给固定式电气设备（大于 63A）的末端线路，不应大于 5s。

2）供电给不超过 32A 的终端回路（含插座回路及手持式、移动式、固定式电气设备），TN 系统最长切断时间不能大于表 7.3-5 的规定。

表 7.3-5 最长切断时间

相导体对地标称电压 U_0(V)	220	380	＞ 380
切断时间 (s)	0.4	0.2	0.1

（5）在 TN 系统中，当配电箱或配电回路同时直接或间接给固定式、移动式、手持式电气设备或插座回路供电时，应将配电箱内保护导体与该局部范围内装置外可导电部分做局部等电位联结。以避免由于固定式设备切断故障回路时间长，将故障电压通过 PE 导体传递到手持式、移动式设备及插座回路。

注 1. 民用建筑中的某些场所（电梯机房、风机房、水泵房、厨房等），通常一个配电箱既给固定设备供电又给插座回路供电，且切断故障电路时间要求不同，应给予注意，见 GB 50054—2011 中 5.2.10 要求。

2. 采用辅助等电位消除 TN 系统回路切断故障时间不同引起的电击危险，其示意见图 7.3-1。

在图 7.3-1 中：手持设备、移动设备与某些固定设备要求的切断故障回路时间不同，同一配电箱引出不同切断电源时间回路也会产生电击风险。当机房内某设备发生接地故障，接触电压是 PE 线 1 和 PE 线 2 全长产生的电压降。此接触电压会通过 PE 线 1 和 PE 线 3 传导到持手持设备的人手（因结构钢筋的导通，人脚所在点的电位同 MEB 处电位，人手脚间电位差有可能大于 50V）；而 PE 线 3 所在回路并无接地故障，此回路剩余电流保护器不会动作；若固定设备切除故障时间持续 5s，则手持设备人的接触故障电压时间大于 GB 50054—2011 允许最长切断电源时间，产生触电。为此，通过在机房做局部等电位联结，使人脚所在点的电位同机房 LEB 箱的电位，人手脚间的电位差主要为 PE3 端线路压降，远低于 50V，可避免触电危险。

（6）在用过电流保护器做接地故障保护时，为保证保护器动作灵敏度，需进行灵敏度校验。表 7.3-6 所示为 TN 系统采用断路器做故障防护且满足断路器动作灵敏度要求时铜芯电缆最大允许长度。

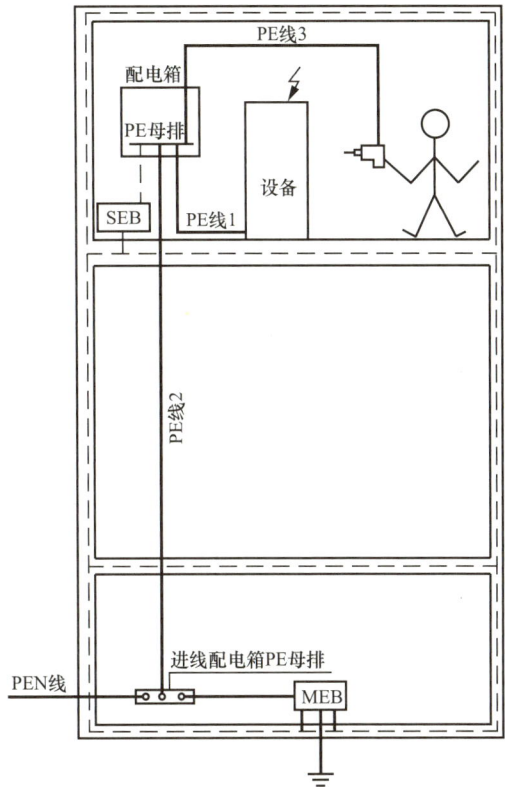

图 7.3-1 采用局部等电位消除 TN 系统回路切断故障时间不同引起的电击危险示意图

表 7.3-6　　　220/380V TN 系统用断路器做故障防护时铜芯电缆最大允许长度　　　（m）

电缆截面积 (mm²) 相线 Sph(mm²)	断路器长延时动作电流 (A)														
	10	16	20	25	32	40	50	63	80	100	125	160	200	250	320
1.5	59	37	29	23	—										
2.5	98	61	49	39	31	—									
4	156	98	78	63	49	39									
6	235	147	117	94	73	59	47	—	—						—
10	391	244	196	156	122	98	78	62							
16	626	391	313	250	196	156	125	99	78	—					
25	—	477	382	305	238	191	153	121	95						
35	—	537	429	344	268	215	172	136	107	86					
50	—	—	—	521	407	326	261	207	163	130					
70								290	228	183	146				
95	—	—	—	—	—	—	—	—	310	248	198				
120									391	313	250				
150	—	—	—	—	—	—	—	—	—	—	—	164	131	105	82

电缆截面积 (mm²) 相线 Sph(mm²)	断路器长延时动作电流 (A)														
	10	16	20	25	32	40	50	63	80	100	125	160	200	250	320
185	—	—	—	—	—	—	—	—	—	—	—	202	162	129	101
240	—	—	—	—	—	—	—	—	—	—	—	262	210	168	131

注　本表依据《电气装置应用（设计）指南》，（法）Schneider Electric，中国电力出版社 2017.7，基于断路器瞬时或短延时动作电流为 10 倍长延时动作电流。

因消防配电线路不允许装设剩余电流保护，当消防配电线路长度超过满足故障保护灵敏度最允许的长度时，消防配电线路应加大截面积满足上述要求或增加局部等电位联结。

（7）设置辅助等电位联结做接地故障保护的补充。

1）当电气装置或其一部分发生接地故障后，间接接触的保护电器（断路器、熔断器）不能满足自动切断电源的要求时，尚应在局部范围内再做一次局部等电位联结，也可将伸臂范围内同时触及的两个可导电部分间做辅助等电位连接。辅助等电位连线降低接地故障电压示意图见图 7.3-2。

图 7.3-2　辅助等电位连线降低接地故障电压示意图

在图 7.3-2 中：机房内，当未设辅助等电位连接线时，设备外壳接触电压是 PE 线 1 和 PE 线 2 全长产生的电压降。若设备距进线配电箱较远，PE2 线较长，则接触电压较大，有可能超过 50V。又由于回路阻抗大，故障电流小，末端配电箱过电流保护器不能在规定时间切断电路。这时人体若同时触及故障设备和附近带地电位的暖气片（也可能是金属管道、金属结构等），就有遭受电击风险。为此在设备和暖气片间做辅助等电位连接线，可消除了设备和暖气片间电位差。

若机房内设备较多，也可采用设局部等电位端子箱的办法，将该场所内 PE 线和各种金属物、金属管道互相联结，降低接触电压，见图 7.3-3。

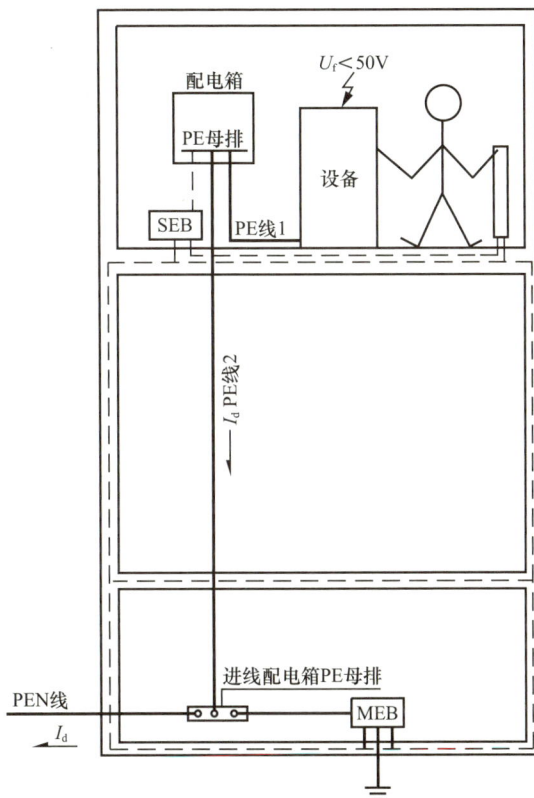

图 7.3-3　采用局部等电位联结降低故障电压示意图

2）辅助等电位联结有效性应符合式（7.3-2）要求。

$$R \leqslant 50/I_a \qquad (7.3-2)$$

式中：R 为可同时触及的外露可导电部分和装置外可导电部分之间，故障电流产生的电压降引起接触电压的一段线路的电阻，Ω；I_a 为保证间接接触保护电器在规定时间内切断故障回路的动作电流，A。

注　1. 仅做总等电位联结，R 可理解为从总等电位联结点到故障点之间 PE 导体电阻。做局部等电位连接后，R 为局部等电位连接点到故障点之间 PE 导体电阻。

2. 除规范明确要求设 SEB 的场所外，距离总等电位联结点较远、间接接触保护电器不能满足自动切断故障电源要求的场所，应设置 SEB。以满足 GB 50054—2011 中 5.2.5 要求。

（8）当采用熔断器做接地故障保护时，接地故障电流 I_d 与熔体额定电流 I_{N1} 的比值不应小于表 7.3-7 的数值。

表 7.3-7 I_d/I_{N1} 的比值表

熔体额定电流 (A)		4～10	16～32	40～63	80～200	250～500
I_d/I_{N1} 的比值	≤5s	4.5	5	5	6	7
	≤0.4s	8	9	10	11	

注　表中时间为切断故障电路的时间。

（9）采用剩余电流保护器（RCD）做接地故障保护。

1）用一般的过电流保护器（断路器、熔断器）兼做间接接触防护最为简单经济。当接地故障电流 I_d 很小，配电回路的过电流保护器不能满足规定时间切除故障线路要求时，应采用增设剩余电流保护器做接地故障保护（与断路器配合，不适用熔断器）。

2）剩余电流保护器（RCD）不能直接用于 TN-C 系统，当在 TN-C-S 系统中采用 RCD 时，RCD 负荷侧不得再出现保护接地中性导体 PEN，应在 RCD 电源侧将中性导体 N 与保护接地导体 PE 分开。

（10）TN 系统内无总等电位联结区域电击事故的防范。

1）建立局部 TT 系统。在建筑物外无等电位联结作用的户外部分另设置独立的接地极，此接地极与电源端系统接地在电气上无联系，符合 TT 系统规定，被称为局部 TT 系统。此局部 TT 系统内发生接地故障，故障电流不大，为此在此回路出线端，必须装设动作电流不大于 30mA 瞬动 RCD，以保证该回路发生接地故障时迅速切断电源。装此 RCD 后，TT 系统内发生接地故障引起的瞬间故障电压不会在 TN 系统内引发电击事故。在同一变压器供电范围内，TN 系统和 TT 系统可以兼容互不影响。

2）采用隔离变压器供电。

3）采用 Ⅱ 类电气设备。

7.3.4　TT 系统接地故障保护

（1）TT 系统中，配电线路内由同一间接接触防护电器保护的外露可导电部分，应用保护导体连接至共用或各自的接地极上。当有多级保护时，各级应有各自的或共同的接地极。

（2）TT 系统的接地故障保护，通常采用剩余电流保护器动作于跳闸。当故障回路阻抗足够小，且稳定可靠也可选用过电流保护器做故障防护。保护电器动作特性应满足式（7.3-3）要求。

$$R_A I_a < 50V \qquad (7.3-3)$$

式中：I_a 为保证间接接触保护电器在规定时间内切断故障回路的动作电流，当采用剩余电流保护器时，即为 RCD 的额定剩余动作电流，A；R_A 为外露可导电部分接地极电阻和 PE 线电阻之和，Ω。

配电线路间接接触保护电器动作特性不满足式（7.3-3）时，应做辅助等电位连接。

（3）剩余电流保护器额定动作电流的确定。剩余电流保护器额定剩余动作电流应躲过正常运行条件下线路和设备的泄漏电流。动作时间需满足表 7.3-8 的要求，并符合式（7.3-4）和式（7.3-5）。

$$I_a \geqslant 2I_L \qquad (7.3-4)$$

$$I_d \geqslant 5I_a \qquad (7.3-5)$$

式中：I_a 为剩余电流保护器额定动作电流，A；I_L 为正常运行条件下被保护线路和设备的泄漏电流，A；I_d 为 TT 系统故障电流，A。

表 7.3-8 剩余电流保护器动作时间

相导体对地标称电压 U_0(V)	切断时间 (s)
220	0.2
380	0.07
> 380	0.04

（4）TT 系统中，间接接触防护的保护电器切断故障回路的动作电流：当采用熔断器时，应为保证熔断器在 5s 内切断故障回路的电流；当采用断路器时，应为保证断路器瞬间切断故障回路的电流；当采用剩余电流保护器时，应为额定剩余动作电流。

（5）TT 系统故障时保护电器最长切断时间。

1）对于不超过 32A 的终端线路，最长切断时间见表 7.3-5。

2）TT 系统超过 63A 的线路、其切断电源时间不允许超过 1s。

7.3.5　IT 系统故障防护

（1）IT 系统故障特点。电源中性点不接地或通过足够大阻抗接地，但电气设备外露可导电部分接地，故障电流很小。

（2）IT 系统发生第一次故障的要求。当故障电流很小，用电设备外露可导电部分接触电压低，IT 系统发生第一次故障不应切断电源。IT 系统第一次故障应发出报警。

（3）IT 系统故障保护器的选用。

1）绝缘监测器装设在相地之间，用以监测第一次接地故障。

2）过电流保护器用于发生第二次接地故障时按 TN 系统切断电源。

3）RCD 用于发生第二次接地故障时按 TT 系统或 TN 系统切断电源。

（4）当发生第一次故障后在不同带电部分又发生第二次故障，应自动切断电源。

1）当多个用电设备外露可导电部分通过 PE 导体连接到共同接地极时，应按 TN 系统自动切断电源。

2）当用电设备外露可导电部分单独接地时，应按 TT 系统的条件和切断时间自动切断电源。

（5）局部 IT 系统故障防护。局部 IT 系统，是从 TN-S 系统取得的（注：以医院手术室为例，在某一配电回路装设 1：1 的隔离变压器，二次侧被视为 IT 系统的起始点，即电源点。二次侧任何导体均不与地连接，形成电源点不接地 IT 系统。其与整个 TN-S 系统隔离，成为局部 IT 系统）。局部 IT 系统的故障防护措施同本条的（2）～（4）。

7.3.6　特低电压（ELV）配电系统

（1）特低电压配电系统的电压不应超过交流 50V 或直流 120V。

（2）特低电压配电系统的线缆应选用铜导体。

（3）特低电压布线应符合下列规定：

1）应满足最小截面积和机械强度的要求。

2）当具有绝缘保护的特低电压配电回路与低压配电回路敷设在金属槽盒内时，应采用带接地的金属隔离措施。

（4）采用安全特低电压（SELV）供电的照明回路应设置过负荷和短路保护。

（5）下列场所均需采用特低电压供电：

1）当疏散走道、疏散通道和安全出口的疏散照明、疏散指示标志灯安装在 2.5m 及以下，火灾时应采用安全特低电压供电。

2）向活动受限制的可导电场所内手持灯具供电时，应采用 SELV 供电，SELV 电源应设置在活动受限制的可导电场所外。

3）跳水池、游泳池、戏水池、冲浪池及类似场所水下照明设备，应选用防触电等级为Ⅲ类的灯具，其配电应采用 SELV 系统，标称电压不应超过 AC 12V，安全特低电压电源应设在 2 区以外的地方。

4）乙级及乙级以上电影院应设踏步灯或座位排号灯，其供电电压应为不大于 36V 的安全电压。

5）当公共浴池设有触摸开关时，应符合下列规定：

a．应具有明显的识别标识；

b．应具有延时设定功能；

c．应使用 12V 电压；

d．防护等级应为 IP68。

6）允许人进入的喷水池，应采用安全特低电压供电，交流电压不大于 12V；不允许人进入的喷水池，应采用交流电压不大于 50V 的特低电压供电。

7）现行规范所规定的其他场所。

7.3.7　同一变电所引出不同接地系统馈线示意图

图 7.3-4 所示为同一变电所可引出不同馈线系统示意图。

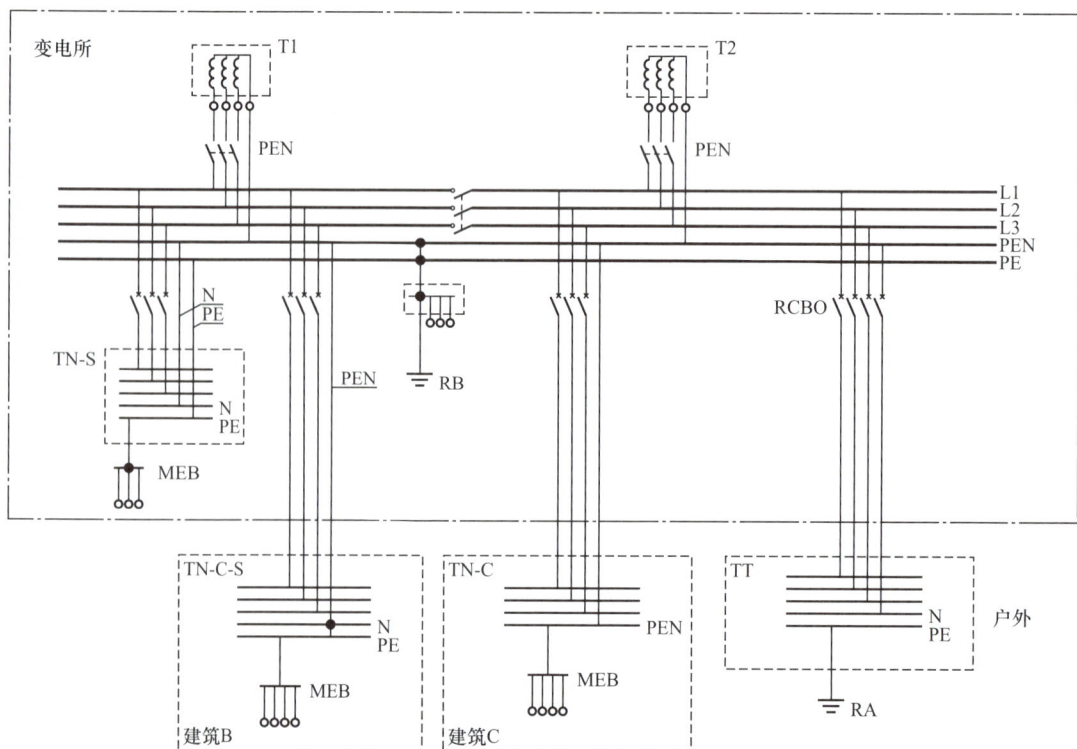

图 7.3-4　同一变电所可引出不同馈线系统示意图

（1）变电所低压柜可以引出 TN-C 系统，TN-C 系统可以转为 TN-S 系统，称为 TN-

C-S 系统。这以后，因为 PE 导体与 N 导体已经分开后不能再合并，TN-S 系统严禁再转为 TN-C 系统。

（2）TN 系统可以引出馈线转成 TT 系统，称为局部 TT 系统。

（3）TN 系统可以引出馈线经隔离变压器转成 IT 系统，称为局部 IT 系统。

7.4 低压配电系统各级保护之间的选择性配合

7.4.1 低压配电系统采用的上下级保护电器，对于重要负荷，其动作应具有选择性，对于三级负荷，可为非选择性。

7.4.2 断路器之间的选择性配合。

（1）选择性断路器的上下级应注意脱扣器整定值与时限的配合。一般上级断路器的过载长延时和短路短延时的整定电流，宜不小于下级相应保护整定值的 1.3 倍。第一级和第二级短路短延时动作时限，应至少有一个级差，不宜小于 0.2s（第二级短延时取 0.2s，则第一级短路短延时取 0.4s）。

（2）低压配电系统断路器脱扣特性宜选用可调型。整定电流和动作时限一般按如下原则选取：

1）长延时脱扣器整定电流按脱扣器额定电流的 0.9 ～ 1.1 倍选取，时限可按 15s 取；

2）短延时脱扣器整定电流按脱扣器额定电流的 3 ～ 5 倍选取，时限可按 0.1、0.2、0.4s 选取；

3）瞬时脱扣器整定电流一般按 10 ～ 15 倍脱扣器额定电流选取。

（3）当上下级断路器距离远，出线端处预期短路电流有较大差别，且均设有瞬时脱扣器时，则上级断路器瞬时脱扣整定电流应大于下级的预期短路电流，以保证有选择性保护。

（4）当上下级断路器距离较近，出线端预期短路电流差别很小时，则上级断路器宜选用带有短路短延时动作，以保证有选择性配合。

（5）当上级断路器采用有选择性，而下级断路器采用非选择性断路器时，上级断路器的短路短延时脱扣器整定电流应大于等于下一级断路器的短路瞬时脱扣器整定电流的 1.3 倍。上级断路器的短路瞬时脱扣器整定电流应大于等于下一级断路器出线端单相短路电流 1.2 倍。

（6）上下级保护电器均为非选择性时，应加大上下级瞬时脱扣器级差值。

1）上级断路器瞬时脱扣整定电流不应小于下级断路器瞬时脱扣整定电流 1.4 倍。

2）上级断路器长延时脱扣整定电流不应小于下级断路器长延时脱扣整定电流的 2 倍。

3）注意减小末级断路器瞬时脱扣整定电流。

（7）当下一级断路器出口端短路电流大于上一级的瞬时脱扣器整定电流时，为保证选择性要求，下级断路器宜选用限流型断路器。

（8）采用区域选择性连锁方式实现选择性：上级断路器采用带有通信接口的智能型断路器，与下级多个回路的断路器实现高速通信，当下级断路器出线回路发生短路，上级断路器和下级断路器同时收到故障信号，此时上级断路器闭锁或短延时，下级断路器瞬时切断故障。

（9）采用物联网智能型断路器，是具有电气测量及报警、状态感知、诊断维护及健康状态指示、故障及历史记录等功能，能进行本地和 / 或远程监控，并具有物联网（IoT）云平台连接能力，可直接或间接接入物联网云平台，且符合网络安全要求的低压断路器。物联网智能断路器可精确设定脱扣器的电流。

7.4.3　熔断器之间的选择性配合。

（1）gG 型熔断器，熔体额定电流≥16A，只要上下级熔体额定电流之比≥1.6∶1，即可保证有选择性。

（2）熔断时间≥0.1s，熔体之间选择性通过"时间—电流"特性曲线验证。熔断时间< 0.1s 时，其选择性根据弧前 I^2t 和熔断 I^2t 验证。

7.4.4　上级熔断器、下级断路器的选择性配合。

（1）此种配合要达到全选择性，需同时满足：

1）熔断时间≥0.1s，熔断器最小弧前时间大于断路器最大动作时间。

2）熔断时间< 0.1s，熔断器最小弧前 I^2t 值大于断路器在该处最大短路电流时的 I^2t 值。

（2）熔断器 I^2t 值可查阅《工业与民用供配电设计手册（第四册）》表 11.6-13 和图 11.6-6、图 11.6-7，断路器 I^2t 由断路器生产企业提供。

7.4.5　上级选择性断路器下级熔断器的选择性配合。此种选择性配合对各个参数取值要求严格，设计中比较难以计算和把握，一般不建议采用。如果断路器生产企业能提供经过验证的与熔断器间选择性配合表可以应用。

7.5　低压电器选择

7.5.1　低压电器选择的一般原则

（1）电器应适应所在场所的环境条件，包括环境温度、湿度、户外、腐蚀性气体、高海拔、爆炸危险场所等条件。

（2）电器的额定电压、额定频率应与所在配电回路的标称电压、标称频率相适应。

（3）电器额定电流不应小于回路计算电流。

（4）电器应满足短路条件下的动稳定、热稳定要求。用于断开短路电流的电器，应满足短路条件下的通断能力。

7.5.2　配电断路器的选择

（1）配电断路器选择表见表 7.5-1。

表 7.5-1　　　　　　　　　　　　配电断路器选择表

序号	选择项	参数选择	计算公式
1	断路器额定电流的选择	断路器额定电流大于回路计算电流	$I_N \geq I_C$
2	瞬时过电流脱扣器的电流整定	断路器瞬时过电流脱扣器额定电流大于回路尖峰电流，可靠系数 1.2	$I_{set3} \geq K_{set3}[I_{stM1} + I_{C(n-1)}]$
3	短延时过电流脱扣器的电流整定和时间整定	短延时过电流脱扣器整定值大于被保护线路的尖峰电流，可靠系数 1.2	$I_{set2} \geq [I_{stM1} + I_{C(n-1)}]$
		短延时动作时间 0.1～0.4s，上下级时间差 0.1～0.2s	
4	长延时过电流脱扣器的电流整定	长延时脱扣器动作电流大于回路计算电流，不考虑回路尖峰电流；可靠系数 1.1；长延时整定电流小于导体载流量	$I_{set1} \geq K_{set1}I_C$ $I_{set1} \leq I_Z$

续表

序号	选择项	参数选择	计算公式
5	按断路器分断能力选择	断路器分断时间大于 0.02s，其额定运行短路分断能力大于被保护线路三相短路电流周期分量有效值	$I_{cs} \geq I_K$
		断路器分断时间小于 0.02s，额定极限短路分断能力应大于被保护线路三相短路冲击电流有效值	$I_{cu} \geq I_p$
6	按断路器动作可靠性的选择	最小短路电流应不小于断路器瞬时或短延时脱扣器整定电流的 1.3 倍	$I_{kmin} \geq 1.3 I_{set3}$
7	照明用低压断路器选择	照明用低压断路器瞬时过电流脱扣器整定电流应大于线路计算电流 3～5 倍（LED 灯为 5 倍）	$I_{set3} \geq K_{set3} I_C$
		照明用低压断路器长延时过电流脱扣器的整定电流应大于线路计算电流	$I_{set1} \geq K_{set1} I_C$
8	按电流特性选择断路器	B 特性断路器——低电感负荷线路	瞬时脱扣范围 3～5I_N
		C 特性断路器——高电感照明线路	瞬时脱扣范围 5～10I_N
		D 特性断路器——电动机线路	瞬时脱扣范围 10～20I_N

表 7.5-1 中，I_N 为断路器额定电流，A；I_C 为线路计算电流，A；K_{set3} 为瞬时整定可靠系数；I_{stM1} 为回路中最大一台电动机启动电流，A；I_Z 为线路载流量，A；I_{set1} 为断路器过电流脱扣器长延时整定电流，A；I_{set2} 为断路器过电流脱扣器短延时整定电流，A；I_{set3} 为断路器过电流脱扣器瞬时整定电流，A；K_{set1} 为长延时整定可靠系数；I_{kmin} 被保护线路末端最小短路电流，kA；I_{cs} 为额定运行短路分断能力，kA；I_{cu} 为额定极限短路分断能力，kA；I_K 为被保护线路三相短路电流周期分量有效值，A；I_p 为被保护线路三相短路冲击电流有效值，A；$I_{C(n-1)}$ 为回路中除最大一台电动机外的计算电流，A。

（2）断路器的极数选择。

1）TN-S 系统、TN-C-S 系统的 TN-S 部分，在设置等电位连接的建筑物内，不需装设四极开关。

2）TN-C 系统、TN-C-S 系统的 TN-C 部分不应装设四极开关。

3）宿舍建筑分室计量的居室应设置电源断路器，并应采用可同时断开相线和中性线的开关电器。

4）住宅建筑家居配电箱、旅馆客房配电箱，应装设同时断开相线和中性线的电源进线开关电器。

5）爆炸性场所 1 区内单相系统中的相线及中性线均应装设短路保护，并采取适当开关同时断开相线及中性线。

6）IT 系统中当有中性导体配出时的所有三相四线制系统应采用四级开关。

注　本节开关包括断路器、隔离开关。

7.5.3　自动转换开关（ATSE）的选择

（1）ATSE 转换动作时间应满足负荷允许的最大断电时间要求。

注　1. PC 级 ATSE 转换时间一般不大于 100ms，CB 级 ATSE 转换时间一般为 1～3s。当 ATSE 用于安全照明、金融商业的交易场所照明的电源自动转换开关时，通常 PC 级 ATSE 可满足要求，CB 级 ATSE 不能满足要求。

2. 对于向大容量电动机负荷供电的 ATSE 的转换时间并不是越短越好，为保证安全可靠切换，可采用自投不自复的运行方式。

（2）ATSE 不应超过两级。当采用两级 ATSE 时，上下级应有时限配合。上级动作时间短，下级动作时间长，以保证上级 ATSE 成功切换后，下级 ATSE 不再切换。

（3）柴油发电机组自备应急电源宜在应急母线处设置与市电电源的第一级互投开关，在设备配电末端设第二级互投开关，变电所的互投时间短，设备配电末端互投时间长。

（4）PC 级 ATSE 应能耐受回路预期短路电流，以保证上级断路器切断短路故障前触头不熔焊。ATSE 的额定短时耐受电流（I_{cw}）不应小于所在回路的预期短路电流值（I_d）。PC 级 ATSE 额定电流不应小于回路计算电流 125%。

（5）CB 级 ATES 用于消防负荷时，应具有短路保护和过负荷报警功能，其保护选择性应与上下级保护电器相配合。

（6）选择的 ATSE 本体宜具有隔离功能，当不具备隔离功能时，应增设隔离开关。

（7）下列电源转换开关应采用能切断相导体和中性导体的四极转换开关。

1）当两个电源来自同一变电所时，TN-S、TN-C-S 系统的双电源转换开关。

2）TN 系统或 TT 系统与配出 N 导体的 IT 系统间的电源转换开关。

3）正常电源与备用发电机之间的电源转换开关。

（8）下列电源转换开关不需采用四级转换开关。

1）当两个电源来自不处于同一建筑物的两个变电所或不处于同一建筑物的两个配电箱（柜）。

2）TN 系统或 TT 系统与不引出中性线的 IT 系统自备发电机电源进行电源转换时。

7.5.4 剩余电流保护器（RCD）的选择

（1）为确保人身安全，民用建筑下列配电线路或设备的末端必须安装剩余电流保护器，动作于跳闸。

1）插座回路或家用电器回路（含柜式空调和分体空调）；

2）室外工作场所的用电设备，包括室外照明、电热融雪、广告牌照明、室外 LED 显示屏、金属电动门等；

3）手持式移动式用电设备；

4）人体可能无法及时摆脱的固定式设备；

5）安装在潮湿、强腐蚀等环境恶劣场所的电器设备；

6）游泳池、喷水池、浴池；

7）电伴热（含消防、非消防给水管道）管道，故障时剩余电流保护器应动作并同时发出报警信号，电伴热消防管道在消防状态时应切除电源；

8）充电桩、升降停车设备等；

9）当正常照明灯具安装高度在 2.5m 及以下，且灯具采用交流低压供电时，应设置剩余电流动作保护电器作为附加防护；

10）其他需安装剩余电流保护器的场所。

（2）下列设施的电源干线不应装设剩余电流保护器，但应装设漏电报警信号装置：

1）应急照明、警卫照明、值班照明、障碍标志灯等；

2）通信设备、安全防范设备、消防报警设备等；

3）消防水泵、排烟风机、消防电梯、正压风机等消防设备；

4）突然断电将危及公共安全、造成巨大经济损失和人员伤亡的用电设备。

（3）用于防止人身电击危险的室内正常环境设置的剩余电流保护器，其额定动作电流不应大于 30mA。

（4）剩余电流保护器分级安装时，应有选择性。上下级剩余电流保护器动作时间差不得小于 0.2s。末端保护动作时间小于等于 0.1s。上级 RCD 的动作电流不应小于下级 RCD 动作电流的 3 倍。剩余电流保护器的分级安装及选择性见表 7.5-2。

表 7.5-2 剩余电流保护器分级安装设置表

剩余电流保护器分级	上下级剩余电流保护器动作时限 (s)	室内正常环境下，剩余电流保护器动作电流值 (mA)
进线剩余电流保护器	0.5	≤300
干线剩余电流保护器	0.3	≤100
末端剩余电流保护器	<0.1	≤30

（5）剩余电流保护器按极数选择见表 7.5-3。

表 7.5-3 剩余电流保护器极数选择表

剩余电流保护器极数	特点	备注
2P，二极二线式	单相，断相线断中性线	（1）用于电气火灾防护 RCD，应选用 2P、4P 的 RCD；
4P，四极四线式	三相，断相线断中性线	（2）TT 系统内的 RCD 应选用 2P、4P 的 RCD；（3）三相四线或单相与三相共用回路应选四级四线式
3P，三极三线式	三相，断相线无中性线	三相 380V 供电设备选三极三线式

（6）剩余电流保护器电磁型和电子型的选择。

1）电磁式和电子式剩余电流保护器的性能比较见表 7.5-4。

表 7.5-4 电磁式和电子式剩余电流保护器的比较

项目	电磁式	电子式
灵敏度	30mA 以上	可制成 6mA 以下高灵敏度产品
电源电压波动对特性影响	无	有
温度变化对特性影响	很小	有
抗机械冲击和振动能力	较差	较强
抗外界磁场干扰能力	强	弱
制造要求	精密	简单
动作可靠性	较高	较低
价格	较高	较低

注 电磁型 RCD 是通过一次侧故障电流在二次侧感应故障电压来直接用于 RCD 动作；电子型 RCD 需要借 RCD 所在回路故障残压提供的能量来使 RCD 动作。如果残压过低，能量不足，RCD 可能拒动。

2）下列场所宜选择电磁式剩余电流保护器：①潮湿场所；②电磁干扰强烈的地区、雷电活动频繁的地区（雷暴日超过 60）；③高温及特低温环境；④电子信息设备；⑤医疗电气设备。

3）有振动的场所宜选用电子式。

（7）剩余电流保护器按剩余电流波形选择。当 RCD 保护回路有直流成分时，会降低 AC 型 RCD 互感器的感应电势，使 RCD 拒动，因此 RCD 的选择上，应注意按回路剩余电流不同波形选择剩余电流保护器，见表 7.5-5。

表 7.5-5   剩余电流保护器按剩余电流波形选择表

RCD 类型	剩余电流波形	应用场所
AC 型	正弦交流波形	剩余电流为正弦交流波形的场所
A 型	同 AC，脉动直流，脉动直流叠加 6mA 平滑直流电流	家用电器
F 型	同 A 型，脉动直流叠加 10mA 平滑直流电流，某些复合剩余电流	数据中心、金融类科技类办公场所、LED 照明、计算机插座等
B 型	同 F 型，1000Hz 及以下正弦交流剩余电流，某些整流电路产生的直流剩余电流，平滑直流剩余电流	变频器、太阳能光伏发电

（8）剩余电流保护器误动和拒动的防止措施：

1）剩余电流保护器应能断开被保护回路的所有带电导体；

2）保护接地导线 PE 不应穿过剩余电流保护器磁回路；

3）被保护回路接线正确；

4）直流成分大的被保护回路应采用 A 型或 B 型 RCD；

5）剩余电流保护器的额定动作电流应大于电气线路和设备的正常泄漏电流的 2 倍；

6）当 RCD 用于保护电动机时，当启动电流大于 6 倍 RCD 的额定电流时，可能引起误动。

7.5.5 熔断器选择

（1）低压配电系统熔断器常用类型：gG——配电线路保护用；gM——电动机保护用；gR——半导体设备保护用。

（2）熔断器的优势：高分断能力、高限流特性、安全性好、免维护、经济性好。

注 1. 典型熔断器结构是一种全封闭有填料且熔体有多个狭颈的结构。短路时，狭颈熔体同时熔化（熔化阶段 t_m）、狭颈起弧（燃弧阶段 t_a）至电弧被填料熄灭，电弧电压保证短路电流急剧下降至零。这种动作现象称为限流。其中，t_m 为弧前时间，$t=t_m+t_a$ 为全熔断时间。

    2. 弧前 I^2t 和熔断 I^2t，分别表示弧前时间段和熔断时间段短路电流在被保护电路中释放的能量。用在过负荷保护时，为过负荷电流在被保护电路中释放的能量。

（3）按正常工作电流选择：熔体额定电流大于回路计算电流。

（4）动力回路的熔体额定电流（I_{N1}）应大于回路启动的尖峰电流。

$$I_{N1} \geqslant K_r[I_{qm1}+I_{B(n-1)}] \tag{7.5-1}$$

式中：I_{qm1} 为回路中最大一台电动机启动电流，A；$I_{B(n-1)}$ 为回路中除最大一台电动机启动电流外的线路计算电流，A；K_r 为熔体选择系数，见表 7.5-6。

表 7.5-6   熔体选择系数

$\dfrac{I_{qm1}}{I_{B(n-1)}}$	<1	$=1$	>1
K_r	1.1	1.15	1.2

（5）照明回路熔体额定电流（I_{N1}）不应小于回路气体放电灯的启动电流（I_b），见式（7.5-2）。

$$I_{N1} \geqslant K_m I_b \qquad (7.5\text{-}2)$$

（6）熔断器分断能力应大于被保护线路最大三相短路冲击电流有效值。

注　熔断器一般有很高的分断能力，如对于 gG 型专业人员使用的熔断器，其分断能力多在 50 ～ 120kA。

7.5.6　隔离电器的选择

（1）隔离电器包括隔离开关、熔断器、插头插座、具有隔离功能的断路器、连接片等，常用类别及功能见表 7.5-7。

表 7.5-7　　　　　　　　　　　　隔离电器常用类别及功能

种类	隔离功能	短路分断能力	带负荷通断能力	可见分断点	备注
隔离开关	好	无	有	有	
熔断器式隔离开关	好	有	有	有	用熔断体作为动触头的隔离开关
隔离开关熔断器组	好	有	有	有	隔离开关和熔断器组串联构成组合电器
带隔离功能的断路器	有	有	有	有些不可视或触头动作不明显	

注　1. 隔离电器应有明显通断显示。
　　2. 低压隔离开关通常都可以接通和分断正常电流。

（2）隔离电器的位置。下列场所应设置隔离电器：

1）放射式配电系统各级配电箱、柜进线处；

2）树干式配电系统每个分支回路处；

3）建筑物低压进线的配电箱、柜处；

4）楼层电能表箱进线处；

5）当 ATSE 本体没有隔离检修功能时，ATSE 的双路电源进线处应设置隔离电器；

6）低压交流电动机主回路应设隔离电器，将电动机及控制电器与带电主体分离；

7）逆变器前端；

8）蓄电池组前端；

9）光伏系统汇流箱主回路出线端；

10）旁路隔离。

注　1. 是选隔离开关还是带保护功能的隔离电器见相关规范要求。
　　2. 当选用的断路器有隔离功能时，可不再单独设隔离开关。

（3）隔离电器选择一般原则：

1）应满足线路额定电压要求；

2）额定电流应大于回路计算电流；

3）当隔离电器有需断开短路电流要求，其断流能力（额定限制短路电流）应大于回路预期短路电流；

4）额定短时（1s）耐受电流：隔离开关具有短时承受这个电流不损坏；

5）额定短路接通能力：隔离开关在额定电压、额定频率、规定功率因数下短路电流的接通能力。

（4）隔离开关极数选择。隔离电器宜采用同时断开电源所有极的多极隔离电器。

1）TN-C、TN-C-S 系统的 TN-C 段，有 PEN 线，严禁采用四级隔离开关；

2）采用熔断器式隔离开关，N 线上不能装设熔断器，任何情况都不能采用四极；

3）TT 系统装设的隔离开关应采用四级；

4）建筑物进线处的隔离开关宜采用四极；

5）楼层配电箱的进线隔离开关宜采用四极；

6）住宅建筑家居配电箱进线隔离开关应选用同时断开相线和中性线的隔离开关；

7）宿舍建筑分室计量的居室配电箱，进线隔离开关应选用双极；

8）旅馆客房配电箱、办公室配电箱、教室配电箱等，采用单相进线的隔离开关宜采用双极隔离开关；

9）当采用 TN-S 系统，设置了保护总等电位联结，并设有完善的辅助等电位或局部等电位联结，三次谐波含有率小，能保证维修时的安全，隔离开关宜选用三极。

8 照　　明

8.1　一般规定

8.1.1　照明设计的目的是创建良好的光环境和光效果，应做到安全可靠、技术先进、经济合理、节能环保、方便维护。

8.1.2　照明设计应选择高效节能的光源和灯具，选用合理的控制方式。

8.1.3　照明灯具与光源选择应满足光生物安全的相关要求。

8.1.4　照明设计应有效利用自然光，并处理好自然采光与人工照明的关系。

8.2　照明设计标准

8.2.1　照明设计应同时满足空间的维持平均照度、照度均匀度、统一眩光值（室内）、眩光值（室外）、显色性、色温、色容差的要求。

8.2.2　设计中采用的照明标准应满足下列要求：

（1）设计中可采用利用系数法、点照度法等计算参考面的照度。建议采用专用照明计算软件对空间进行照明计算。

（2）确定照度标准时，应根据使用要求确定参考平面及其高度。

（3）为提高光环境质量，在投资允许的前提下，可在规范规定的基础上适当提高设计光源的显色指数。

（4）一般场所应保证空间内的垂直照度与水平照度的比值宜在 0.25 ～ 0.5 的范围。

（5）照明均匀度可根据空间的实际使用情况，只在设定区域内满足相关标准即可。无特殊要求的，均指作业面范围的均匀度，同时注意作业面邻近周围照度。

8.2.3　设计中采用的照明方式应满足下列要求：

（1）对于采用分区一般照明的区域，应在图纸中标识出不同区域的照明标准。

（2）对于采用混合照明的场所，应在图纸中标明采用"局部照明"的区域范围。

8.2.4　照明眩光控制应符合下列规定：

（1）统一眩光值和眩光值的计算宜利用专业照明计算软件实施，设计文件应附灯具（光源）的空间光强分布文件（IES 文件），以保证最终的实施效果。

（2）有视觉显示终端的工作场所，设计时要考虑反射眩光对使用者的影响。

（3）交通、会展、医疗、体育建筑的大厅、门厅、站厅等设置显示屏的场所，应防止光幕反射和反射眩光。

8.2.5　景观照明设计应符合下列要求：

（1）景观照明应在区域专项规划的指导下设计，应与周边光环境协调，体现本建筑的景观特征。

（2）景观照明应避免对周边环境的光污染。投射到被照物之外的溢散光不应超过灯具输出总光通量的 15%。草坪灯、庭院灯等的上射光通比不应大于 25%。

（3）景观照明应自成系统，电气设计初期可先预留电源。

8.3 照明光源与灯具

8.3.1 照明光源的选型应符合如下规定：

（1）设计的光源应满足光生物安全标准、显色性、色温、启动时间、节能等要求。

（2）不应采用白炽灯、卤钨灯光源。

8.3.2 灯具选型原则：

（1）应根据环境条件和使用要求，合理选择灯具的光分布、类型、防护等级、安装方式、造型及尺寸等。

（2）室内外灯具均宜采用 LED 灯具。

（3）宜根据房间的室空间比选择灯具，灯具的配光应能更好的保证房间内光环境的均匀性并减少眩光影响。

（4）磁共振设备间内可以选择非铁磁性的铜、铝、工程塑料材料的磁共振专用 LED 灯具。

（5）室内照明用 LED 灯具的光学性能和电学性能等各项指标应满足《LED 室内照明应用技术要求》（GB/T 31831—2015）的要求。

8.3.3 光源和灯具生物安全与健康要求应注意如下内容。

（1）室内光源和灯具的光生物危害风险组别应为 RG0（无危险类）或 RG1（1 类危险）。办公室、中小学校、幼儿园、托儿所建筑主要功能房间的光源和灯具光生物危害风险组别应为 RG0。

（2）光源和灯具的闪变指数（P_{st}^{LM}）不应大于 1。用于人员长期工作或停留场所的一般照明的光源和灯具，其频闪效应可视度（SVM）不应大于 1.3。中小学校、幼儿园、托儿所建筑主要功能房间的光源和灯具，其 SVM 值不应大于 1.0。

（3）室内一般照明同类光源或灯具的色容差不应大于 5 SDCM，宜小于 3 SDCM。

（4）教室内黑板照明光源的色容差不应大于 3 SDCM。

注 1. 频闪指数（P_{st}^{LM}）是指短期内低频（8Hz 以内）光输出闪烁影响程度的度量，为国际电工委员会 IEC TR 61547-1:2017 中提出的指标，用于评价照明产品可见闪烁影响。

2. 频闪效应可视度（SVM）是指光输出频率范围为 80～200Hz 时，短期内频闪效应影响程度的度量，为国际照明委员会 CIE TIV 006:2016 文件中推荐的用于评价频闪效应的指标。

8.3.4 灯具防护等级的选择应符合下列规定：

（1）厨房操作间、水泵房、换热机房等潮湿场所，灯具的防护等级不应低于 IP55；游泳池、浴室等特别潮湿场所应采用专用灯具。

（2）有腐蚀性气体的场所，应采用相应防腐蚀要求的灯具。

（3）多尘埃的场所，应采用防护等级不低于 IP5X 的灯具。

（4）在室外的场所，应采用防护等级不低于 IP54 的灯具。

（5）不宜采用埋地灯具，当采用埋地灯具时，灯具的防护等级不应低于 IP68。

（6）高大空间场所的灯具应设有防坠落措施，灯具玻璃罩应有防破碎的保护措施。

（7）燃气表间、燃气锅炉房、储油间应根据防爆等级选择相应的防爆灯具，且灯具开关应设置在房间外。有爆炸危险场所应符合国家现行有关标准和规范的有关规定。

（8）变电室夹层内应采用防爆低压灯具。

（9）有洁净度要求的场所，应采用不易积尘、易于擦拭的洁净灯具，并应满足洁净场所的相关要求。

（10）需防止紫外线照射的场所，应采用隔紫外线灯具或无紫外线光源。

8.3.5　灯具安装应满足如下安全要求：

（1）人员可触及的照明设备，表面温度不应超过60℃。如不满足要求，需要采取隔离措施防止人员触碰。

（2）安装在饰面的灯具应采用具有 ∇ 标识的产品并采取防火措施。灯具及配套电器、开关电源、控制器等电气设备禁止安装在可燃材料表面。

（3）灯具驱动电源、控制器必须安装在金属外壳的箱体内，不得埋在地面和墙体内。应保证驱动电源在箱体保持散热良好。

（4）装设在地面上的灯具，应标注灯具表面的强度要求。

8.3.6　公共场所的照明设计应满足如下要求：

（1）超过2跑的楼梯间，应在图纸中表示中间休息平台的灯具布置。

（2）为保证自动扶梯踏步150lx的水平照度要求，设计中应在自动扶梯上方设计合理的照明灯具或注明扶梯设备自带灯具。

（3）首层主要出入口应设置照明，有雨棚时宜在雨棚安装吸顶灯，没有雨棚时宜设置壁灯。

（4）车库照明在满足空间高度的前提下，宜选择线槽灯具，方便布线与灯具、传感器的固定安装。

（5）进深超过1m的管道间内应设置照明灯，灯具类型和安装位置应考虑管道间内设备布置，当管道间内空间有限，管道较多时，可在门口上方安装壁灯。

（6）机场周边和低空航道的建筑，应根据相关国家和行业标准确定是否需设置航空障碍灯，当需设置航空障碍灯时，其电源等级应等同本建筑的最高负荷等级。建筑物屋顶设置直升机停机坪时，应设置直升机停机坪标志灯系统。

8.3.7　医疗建筑的照明设计应满足如下要求：

（1）医院、洁净实验室等有洁净度要求的场所，应采用密闭式洁净灯具。

（2）不宜在病房的病床正上方安装灯具。

（3）病房和手术室走道的灯具应控制卧床患者的直射眩光。灯具不宜居中布置。

（4）精神病房照明应采用带保护罩的吸顶或嵌入灯具，防止患者接触。不宜设置明露式床头灯。

（5）传染病房可根据医疗工艺需求设置供医务人员使用的紫外线消毒灯。

（6）医疗建筑宜采用电光源标识照明。

8.3.8　教育建筑的照明设计应满足如下要求：

（1）教室应设置专用黑板灯具。可采用防眩格栅LED灯具。

（2）有双层床的学生宿舍内灯具应设置防护罩。

（3）盲校弱低视力生教室宜设置局部照明。

8.3.9　体育建筑的照明设计应满足如下要求：

（1）乙级及以上的体育建筑应设置马道，马道设置的数量、高度和位置应满足运动项目对照明的需求，可参照《体育场馆照明设计及检测标准》（JGJ 153—2016）附录C。马道上应设置检修照明。

（2）室外高空灯具宜采用重量轻、体积小、风载系数小的产品。高杆灯具宜采用远距离驱动的驱动电源，并宜设置在地面，方便检修维护。

8.3.10 交通建筑的照明设计应满足如下要求：

（1）铁路旅客车站的灯具光源不应与站内黄色信号灯颜色相混。

（2）候机（车）厅、出发厅、站厅等场所，当照明区域内空间及高度较大，灯具宜集中、分组布置在马道上，或在易于维护的位置安装灯具，采用间接照明方式。

（3）高大空间上部安装灯具时，应考虑灯具本体的安全性及必要的维修措施。

8.4 照明节能

8.4.1 照明功率密度限值宜满足目标值的要求。

8.4.2 照明设计要以《建筑节能与可再生能源利用通用规范》（GB 55015—2021）及《建筑照明设计标准》（GB/T 50034—2024）中规定的照度指标和功率密度值为依据，严格执行节能标准。节能计算可以参考表 8.4-1。

表 8.4-1 照明节能计算表

场所	楼层	轴线位置	房间长 L(m)	房间宽 W(m)	房间高 H(m)	室空间比 RCR	利用系数 u	光通量 (lm)	光源数 （个）	光源及附件功率 (W)	标准照度 (lx)	标准 LPD 值 (W/m²)	计算照度 (lx)	计算 LPD 值 (W/m²)
培训教室	B2	2-5/2-H	6.0	4.0	3.0	6.3	0.65	3350	4	40	300.0	9.0	290.3	6.7
培训办公	B1	2-5/2-G	8.0	6.0	3.0	4.4	0.60	3350	10	40	300.0	9.0	335.0	8.3
消防泵房	1F	1-1/1-R	9.0	10.0	3.0	3.2	0.55	3350	6	40	100.0	4.0	98.3	2.7
变（配）电室	2F	1-9/1-R	12.0	10.0	3.0	2.8	0.66	3350	12	40	200.0	7.0	176.9	4.0
排练厅	3F	1-4/1-R	15.0	12.0	3.0	2.3	0.70	3350	30	40	300.0	9.0	312.7	6.7
化妆间	4F	3-1/3-Q	18.0	15.0	3.0	1.8	0.55	3350	30	40	150.0	6.0	163.8	4.4
非遗展厅	5F	3-10/3-F	24.0	18.0	3.0	1.5	0.60	3350	36	40	300.0	9.0	134.0	3.3

注 1. 为根据室空间比 RCR，查《照明设计手册（第三版）》，得出利用系数 u，填入表中。
　　2. 为表中需填写光通量、光源数、光源及附件功率。

8.4.3 照明设计禁止利用照明功率密度值反推照明安装功率。

8.4.4 有装修专项设计的区域要在图纸中明确功率密度值上限要求。

8.4.5 室外灯具应控制溢散光，提高照明的光利用率。

8.5 照明控制

8.5.1 大型公共建筑宜采用智能照明控制系统，并留有与建筑设备管理系统的接口。

8.5.2 走廊、楼梯间、电梯厅、车库等空间宜采用红外、超声波、微波等感应控制；

除特殊原因外，不宜采用声控制方式。

8.5.3 车库出入口采光过渡区宜采用天然光与照明的一体化控制。

8.5.4 车库内车道宜采用感应、回路、定时控制，可选择自带感应装置的 LED 灯具。

8.5.5 楼梯间、走廊等公共部位的照明宜采用节能自熄灯，不再设就地开关控制。房间、设备机房等需要设就地开关控制照明灯具的场所，应本着节能的原则细分控制回路。

8.5.6 有固定运行时间的建筑场所，如门诊楼、图书馆、教学楼、宿舍楼、室外照明等宜采用时钟控制。

8.5.7 多功能厅、会议室、餐厅、报告厅、体育场馆等多功能用途空间，宜采用场景控制。

8.5.8 展厅、超市等大面积单一功能室内空间等宜采用分区控制；当采用回路控制的智能照明控制系统时，应考虑控制的灵活性，每个回路控制的灯具不宜太多。

8.5.9 住宅建筑的门厅应设置便于残疾人使用的照明开关，开关处宜有标识，可采用感应开关。

8.5.10 精神病房的各类开关宜在护士站集中控制。

8.5.11 单灯功率较大或数量较多的照明回路，可采用顺序控制限制照明回路的启动电流。

8.5.12 利用各种导光和反光装置将天然光引入室内进行照明的场所，宜具备随天然光照度变化自动调节的措施。

8.5.13 房间灯具超过 2 个时，开关数量宜不少于 2 个，以达到节能的要求。除设置单个灯具的房间外，每个房间照明控制开关不宜少于 2 种工况。

8.5.14 档案库等重要库房的照明回路宜设置电弧保护装置（AFDD），以降低电弧火灾风险。库房配电箱应装设在库区以外，可在库区入口部设置控制开关，在人员离开库区时切断库区内的所有照明电源。

8.5.15 建筑立面照明、景观照明的控制系统采用的控制模块应能独立运行，主控系统或通信线路发生故障时，各控制模块可在设定的模式下正常运行；某个控制模块发生故障时，不应影响其他控制模块的正常运行。

8.6 照明配电

8.6.1 灯具端电压偏差值不宜高于额定值的 5%，不宜低于额定值的 10%。

8.6.2 照明配电终端回路应设短路保护、过负荷保护和接地故障保护，终端照明分支线路应注意保护灵敏性，应保证线路末端发生短路故障时保护电器能切断电路。设计中最大线路长度不应超过《建筑电气常用数据》（19DX101-1）中的规定值。

8.6.3 采用气体放电灯和 LED 灯时，回路的保护电器选择应考虑光源或驱动电源启动冲击电流的影响。

8.6.4 根据导轨长度、安装灯具参数和数量确定供电功率。

8.6.5 在条件允许时宜采用直流供电。

8.6.6 安装在水下的灯具应采用安全特低电压供电，电压不应大于 AC 12V 或 DC 30V。

8.6.7 室外照明灯具在距离建筑物外墙 20m 之内，宜采用 TN 接地系统，并应设置 RCD 保护或局部等电位连接。室外照明灯具在距离电源端 20m 之外，宜采用 TT 接地系统，设置 RCD 保护。

8.6.8 室外照明灯具的设置 RCD 后，为防止灯具泄漏电流叠加，导致回路 RCD 误动作，每个 RCD 保护回路的灯具数量不宜太多，配电线路不宜过长。

8.7 应急照明

8.7.1 应急照明是正常照明失效后启用的照明，包括疏散照明、安全照明和备用照明。

8.7.2 应急照明应选用能快速点亮的光源。

8.7.3 在正常电源失效后，应急电源供电的转换时间应满足下列要求：

（1）疏散照明不大于 5s。

（2）备用照明不大于 5s（金融商业交易场所和餐饮建筑不大于 1.5s）。

（3）安全照明不大于 0.25s。

8.7.4 疏散照明设计应满足如下要求：

（1）设置了火灾自动报警系统的建筑均应采用集中控制型系统。

（2）消防应急照明和疏散指示系统电池持续工作时间除包含火灾情况下的供电时间，还应增加非火灾状态下，系统主电源断电后的应急点亮时间。

（3）疏散场所和路径的照度要求为水平最低照度，当不同规范之间对于照度要求不同时，设计时按较高数值选取。

8.7.5 除筒仓、散装粮食仓库和火灾发展缓慢的场所外，下列建筑应设置灯光疏散指示标识，疏散指示标识及其设置间距、照度应保证疏散路线指示明确、方向指示正确清晰、视觉连续：

（1）甲、乙、丙类厂房，高层丁、戊类厂房。

（2）丙类仓库、高层仓库。

（3）公共建筑。

（4）建筑高度大于 27m 的住宅建筑。

（5）除室内无车道且无人员停留的汽车库外的其他汽车库和修车库。

（6）平时使用的人民防空工程。

（7）地铁工程中的车站、换乘通道或连接通道、车辆基地、地下区间内的纵向疏散平台。

（8）城市交通隧道、城市综合管廊。

（9）城市的地下人行通道。

（10）其他地下或半地下建筑。

8.7.6 除筒仓、散装粮食仓库和火灾发展缓慢的场所外，厂房、丙类仓库、民用建筑、平时使用的人民防空工程等建筑中的下列部位应设置疏散照明：

（1）安全出口、疏散楼梯（间）、疏散楼梯间的前室或合用前室、避难走道及其前室、避难层、避难间、消防专用通道、兼作人员疏散的天桥和连廊。

（2）观众厅、展览厅、多功能厅及其疏散口。

（3）建筑面积大于 200m² 的营业厅、餐厅、演播室、售票厅、候车（机、船）厅等人员密集的场所及其疏散口。

（4）建筑面积大于 100m² 的地下或半地下公共活动场所。

（5）地铁工程中的车站公共区，自动扶梯、自动人行道，楼梯，连接通道或换乘通道，车辆基地，地下区间内的纵向疏散平台。

（6）城市交通隧道两侧，人行横通道或人行疏散通道。

（7）城市综合管廊的人行道及人员出入口。

（8）城市地下人行通道。

8.7.7 建筑内疏散照明的地面最低水平照度应符合下列规定：

（1）疏散楼梯间、疏散楼梯间的前室或合用前室、避难走道及其前室、避难层、避难间、消防专用通道，不应低于 10.0lx。

（2）疏散走道、人员密集的场所，不应低于 3.0lx。

（3）本条上述规定场所外的其他场所，不应低于 1.0lx。

8.7.8 疏散照明灯具的选择应满足如下要求：

（1）距地 8m 及以下应采用 A 型灯具。

（2）无消防控制系统的住宅建筑的疏散走道和楼梯间，可选择自带电源的 B 型灯具。

（3）应根据室内高度不同选择小型、中型、大型和特大型标志灯。展厅、观众厅、候车厅等大空间场所宜优先考虑设置特大型和大型出口标志灯。

8.7.9 疏散照明灯具的设置应满足如下要求：

（1）安全出口外面及附近区域应设置疏散照明灯，室外安装时应采用防水灯具。

（2）疏散路径上灯具指示方向按最短路径疏散的原则。当借用相邻防火分区的疏散出入口时，分别按最短路径和避险原则确定疏散指示方向，两种路径有重叠时，采用双向指示灯具。借用的疏散口设置"出口指示 / 禁止入内"的双信息出口标志灯。

（3）医院的避难间门口应设置避难间入口标志灯。

（4）需要设置保持视觉连续的疏散标识时，可选择电光源型灯光疏散指示灯或蓄光型疏散指示标识。如选用蓄光型疏散指示标识，需与建筑专业配合，在平面图的疏散路径上做出标识。

（5）多功能厅、入口大厅等在门口装设小型出口标志灯时，厅内视距 20m 范围内可不安装方向标志灯。装设特大型或大型出口标志灯时，厅内视距 30m 范围内可不安装方向标志灯。

（6）当疏散楼梯长度超过 5m 时，宜在楼梯踏步中间设置疏散照明灯，以保证踏步的照度满足最低疏散要求。

8.7.10 疏散照明及疏散指示标志灯具的供配电设计应符合下列规定：

（1）灯具应由主电源和蓄电池电源供电。蓄电池组正常情况下应保持充电状态，火灾情况下应保证蓄电池组的供电时间满足安全疏散要求。

（2）集中控制型系统，其主电源应由消防电源供电。

（3）非集中控制型系统，其主电源应由正常电源供电。

8.7.11 集中电源和应急照明配电箱的设计应符合下列要求：

（1）宜设置于值班室、设备机房、配电间或电气竖井内。

（2）人员密集场所，每个防火分区应设置独立的集中电源或应急照明配电箱；非人员密集场所，多个相邻防火分区可设置一个共用的集中电源或应急照明配电箱。

（3）防烟楼梯间应设置独立的集中电源或应急照明配电箱，封闭楼梯间宜设置独立的集中电源或应急照明配电箱。

8.7.12 疏散照明的配电系统设计应满足如下要求：

（1）避难间和避难走道的照明配电应单独设置配电回路。

（2）封闭楼梯间、防烟楼梯间、室外疏散楼梯应单独设置配电回路，避难层和避难层连接的下行楼梯间应单独设置配电回路。

（3）配电室、消防控制室、消防水泵房、自备发电机房等发生火灾时仍需工作、值守的区域和相关疏散通道，应单独设置配电回路。

8.7.13 备用照明设计应满足如下要求：

（1）避难间（层）和配电室、消防控制室、消防水泵房、应急发电机房等火灾时仍需工作、值守的区域应设置备用照明，火灾时保持正常照明的照度值。

（2）医院的 ICU、急诊通道、检验科、药房、产房、血库等需确保医疗工作正常进行的场所需设置备用照明，其照度不应低于一般照明照度值的 50%。

（3）商店、多功能厅、展厅等大空间采用双电源交叉供电时，一般照明可以兼做备用照明。

（4）特级金融设施营业厅、交易厅等大空间场所照明灯具应由双回路供电，应各带50% 灯具并交叉布置。

（5）中型及中型以上饮食建筑的厨房区域应设置备用照明，其照度不应低于正常照明的 20%；用餐区域应设置备用照明，其照度不应低于正常照明的 10%。

（6）小型饮食建筑的厨房区域、用餐区域，宜设置备用照明，其照度不应低于 10lx。

8.7.14 安全照明设计应满足如下要求：

（1）手术室和抢救室应设置安全照明。2 类场所的手术室、抢救室的安全照明的照度为正常照明灯照度值。

（2）生化实验、核物理等特殊实验室需设置安全照明时，安全照明照度不应小于正常照度值。

（3）体育场馆的观众席和运动场地安全照明的平均水平照度不应低于 20lx。

（4）会展建筑的登录厅、观众厅、展厅、多功能厅、宴会厅、大会议厅、餐厅等人员密集场所应设置安全照明，其照度值不宜低于一般照明照度值的 10%。

9 常用电气设备配电

9.1 电动机

9.1.1 一般规定

（1）本节适用于 0.55kW 及以上、额定电压不超过 1kV 的一般用途电动机。

（2）对恒速负载，功率大于 200kW 的电动机，额定电压宜选 10kV。

9.1.2 电动机的启动

（1）交流电动机启动时，其配电母线上电压应符合下列规定：

1）电动机频繁启动时，不宜低于额定电压的 90%；电动机不频繁启动时，不宜低于额定电压的 85%。

2）当电动机不频繁启动且不与照明或对电压波动敏感的负荷共用变压器时，不应低于额定电压的 80%。

3）当电动机由单独的变压器供电时，其允许值应按电动机启动转矩的条件确定。

4）除满足上述条件外，还应满足接触器线圈的电压不低于释放电压。

（2）笼型电动机的启动电流和启动时间。

1）启动电流（周期分量最大有效值）应取其堵转电流，一般为额定电流的 4 ～ 8.4 倍。

2）接通电流峰值（全电流最大值）一般是启动电流的 2 ～ 2.5 倍。

3）启动时间：在配电设计中宜按启动时间分挡选择电器，通常以 4s 和 8s 为界分为轻载启动、中载启动、重载启动。

（3）笼型电动机的启动方式的选择。

1）全压启动。全压启动是最简单、最可靠、最经济的启动方式，应优先采用。各类电源容量下允许笼型电动机全压启动的最大功率见表 9.1-1。

表 9.1-1　　　各类电源容量下允许笼型电动机全压启动的最大功率

电动机连接处电源容量的类别	允许全压启动的电动机最大功率 (kW)
配电网在连接处的三相短路容量 S_{SC}（kVA）	$(0.02 ～ 0.03)\,S_{SC}$ [①]
10/0.4kA 变压器容量 S_{rT}（kVA） （假定变压器高压侧短路容量不小于 $50S_{rT}$）	经常启动为 $0.2S_{rTA}$
	不经常启动为 $0.3S_{rT}$

① 对应于电动机启动电流倍数为 7 ～ 4.5 时。

2）降压启动。不符合全压启动条件时，宜采用星—三角降压启动、自耦变压器降压启动、软启动器启动等降压启动方式，分别见图 9.1-1 ～图 9.1-4。在图 9.1-4 中，如软启动器自带旁路接触器，QAC2 和 B 可以省略。

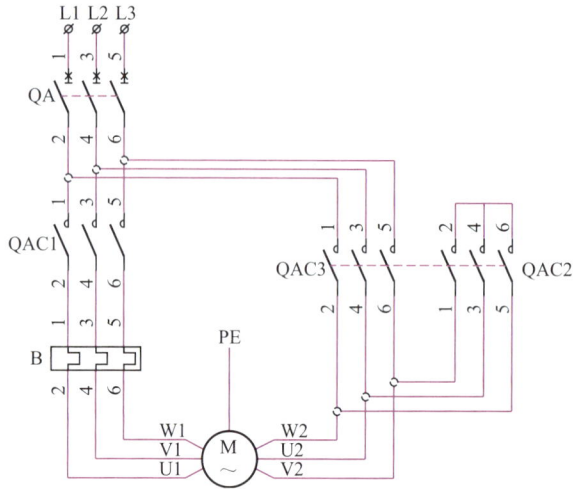

图 9.1-1　普通星—三角启动（启动时间不超过 10s）

QAC1—主接触器，电流为 $0.58I_{rM}$（I_{rM} 为启动电流）；QAC2—星形接触器，电流为 $0.33I_{rM}$；

QAC3—三角形接触器，电流为 $0.58I_{rM}$

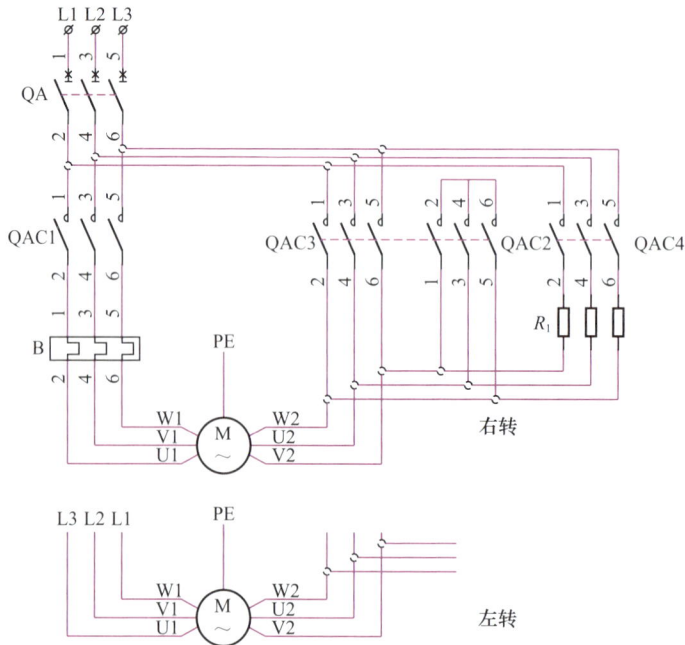

图 9.1-2　不中断的星—三角启动

QAC1—主接触器，电流为 $0.58I_{rM}$；QAC2—星形接触器，电流为 $0.58I_{rM}$

（为分断过渡电阻的电流，需较大规格）；QAC3—三角形接触器，

电流为 $0.58I_{rM}$；QAC4—过渡接触器，电流为 $0.26I_{rM}$；R_1—过渡电阻

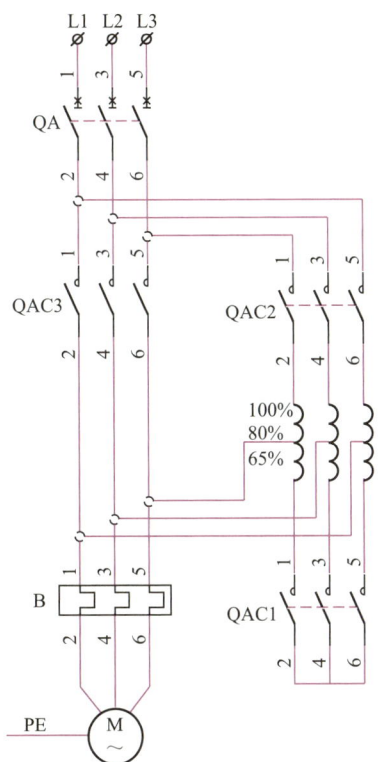

图 9.1-3　笼型电动机自耦变压器降压启动主回路接线

QAC1—星形接触器，电流为 $0.25I_{rM}$（按最高抽头电压为 $0.8U_{rM}$）；

QAC2—变压器接触器，电流为 $0.64I_{rM}$（按最高

抽头电压为 $0.8U_{r}$）；QAC3—主接触器，电流为 I_{rM}

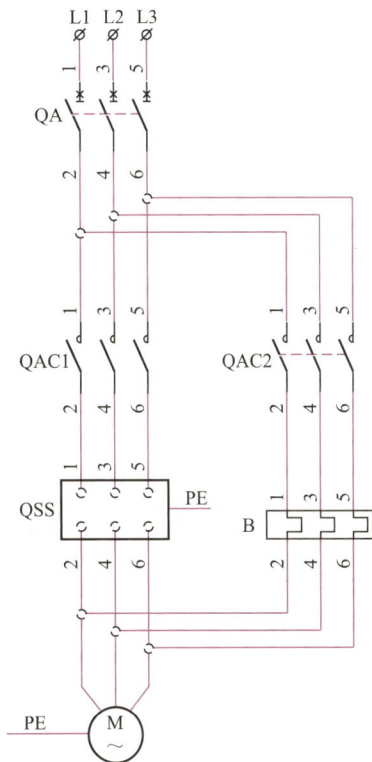

图 9.1-4　笼型电动机用软启动器启动主回路接线

QAC1—主接触器，电流为 I_{rM}；QAC2—旁路接触器，

电流为 I_{rM}（按需要装设），如软启动器自带旁

路接触器，QAC2 和 B 可以省略

9.1.3　电动机的保护

（1）交流电动机应装设短路保护和接地故障保护，除此之外，尚应根据电动机的用途分别装设过负荷保护、断相保护、低电压保护以及同步电动机的失步保护。

（2）当采用断路器作为短路保护时，瞬动脱扣器的整定电流应取电动机启动电流周期分量最大的有效值的 2 ~ 2.5 倍；当采用短延时过电流脱扣器作短路保护时，短延时脱扣器整定电流宜躲过启动电流周期分量最大有效值，延时不宜小于 0.1s。

（3）当电动机的短路保护器件满足接地故障保护要求时，应采用短路保护器件兼作接地故障的保护。

（4）断路器长延时脱扣器整定电流应接近但不小于电动机的额定电流，且在 7.2 倍整定电流下的动作时间大于电动机的启动时间。

（5）当采用熔断器作为短路保护时，熔断体的额定电流应大于电动机的额定电流，且其安秒特性曲线计及偏差后应略高于电动机启动电流时间特性曲线。当电动机频繁启动和制动时，熔断体的额定电流应加大 1 级或 2 级。

（6）过负荷保护器件的动作特性应与电动机的过负荷特性匹配，见表 9.1-2。轻载负荷选用 10A、10 类过负荷保护电器，中载负荷宜选用 20 类过负荷保护电器，重载负荷宜选用 30 类过负荷保护电器。

表 9.1-2   过负荷保护器件通电时的动作电流与脱扣时间

过负荷保护器类别	$1.05I_{Nd}$ 时的脱扣时间 (h)	$1.2I_{Nd}$ 时的脱扣时间 (h)	$1.5I_{Nd}$ 时的脱扣时间 (min)	$7.2I_{Nd}$ 时的脱扣时间 (s)
10A	>2	<2	<2	2～10
10	>2	<2	<4	4～10
20	>2	<2	<8	6～20
30	>2	<2	<12	9～30

注 "I_{Nd}"为电动机的额定电流。

（7）断相保护器件宜采用带断相保护的热继电器，也可采用温度保护或专用的断相保护装置。

（8）低电压保护器件宜采用低压断路器的欠压脱扣器、接触器或接触器式继电器的电磁线圈，也可采用低电压继电器。

9.1.4　电动机的主回路设计

（1）交流电动机的主回路应由隔离电器、短路保护电器、控制电器、过负荷保护电器、附加保护电器及线缆等组成。

（2）每台电动机的主回路上应装设隔离开关，电动机及其控制电器宜共用一套隔离电器。

（3）每台电动机宜单独装设短路保护，但当总计算电流不超过 20A，且允许无选择切断电流时，3 台及以下电动机可共用一套短路保护电器。

（4）每台电动机应分别装设控制电器，应采用电动机专用型。

9.1.5　电动机的控制回路

（1）每台电动的控制回路宜装设隔离电器和短路保护电器。

（2）电动机的控制按钮或控制开关，宜装设在电动机附近便于操作和观察的地点。自动控制、联动控制或远方控制的电动机，应有就地控制和解除远方控制的措施。当突然启动可能危及周围人员安全时，应在机械旁装设启动预告信号和应急断电控制开关或自锁式停止按钮。

（3）当被控用电设备需要设置急停按钮时，急停按钮应设置在被控用电设备附近便于操作和观察处，且不得自动复位。

（4）对频繁操作的可逆转电动机，正转接触器和反转接触器之间应有电气及机械连锁安全措施。

（5）当反转会引起危险时，反接制动的电动机应采取防止制动终了时反转的措施。

（6）电动机旋转方向的错误将危及人员和设备安全时，应采取防止电动机倒相造成旋转方向错误的措施。

9.1.6　电动机接线导体截面

电动机接线导体截面应与电动机启动方式相适应，表 9.1-3 所列为环境温度 35 ℃时，电动机接线导体截面示例。

表 9.1-3   电动机接线导体截面（环境温度 35℃时）

电动机功率 (kW)	断路器额定电流 / 整定电流 (A)	全压启动 BYJ 型导线根数 × 截面	星—三角启动 BYJ 型导线根数 × 截面
30	100/80	3×25+1×16	7×10
37	160/100	3×35+1×16	7×16
45	160/100	3×50+1×25	7×16
55	160/125	3×50+1×25	6×25+1×16
75	250/160	3×95+1×50	6×35+1×16
90	250/200	3×120+1×70	6×50+1×25
110	250/250	3×150+1×70	6×70+1×35
132	400/300	3×185+1×95	6×95+1×50
160	400/350	2（3×95+1×50）	6×120+1×70

9.2 电梯、自动扶梯和自动人行道

9.2.1 一般规定

（1）电梯、自动扶梯和自动人行道应分别视为一个整体设备，其电气控制设备均由制造厂配套。电梯、自动扶梯和自动人行道配电设计内容如下：

1）电梯主电路开关及其从属电路；

2）轿厢照明、井道照明、机房插座、井道地坑插座等电路开关及其从属电路。

（2）普通电梯机房配电系统图示例见图 9.2-1。

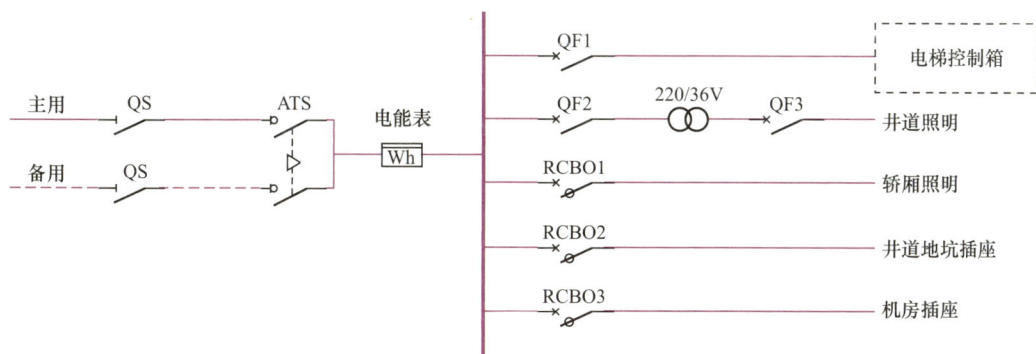

图 9.2-1 普通电梯机房配电系统图示例

注 轿厢及井道照明宜采用安全电压供电；当采用 220V 光源时，供电回路应增设剩余电流保护器。

9.2.2 负荷等级

（1）电梯、自动扶梯和自动人行道的供电应符合《供配电系统设计规范》（GB 50052—2009）的规定。

（2）电梯、自动扶梯及自动人行道应为二级及以上负荷。

（3）无人乘坐的杂物梯、食梯、运货平台可为三级负荷。

9.2.3　负荷计算

（1）电梯、自动扶梯和自动人行通道的供电容量，应按其全部用电负荷量确定。

（2）交流电梯的功率因数可为 0.5 ～ 0.6，自动扶梯的功率因数可为 0.75。

（3）向多台电梯供电，应计入需要系数，需要系数参见表 9.2-1。

表 9.2-1　　　　　　　　　　　　多台电梯的需要系数

项目名称	数值							
电梯台数（台）	2	3	4	5	6	7	8	9
使用程度频繁	0.91	0.85	0.80	0.76	0.72	0.69	0.67	0.64
使用程度一般	0.85	0.78	0.72	0.67	0.63	0.59	0.56	0.54

9.2.4　低压配电

（1）每台电梯、自动扶梯和自动人行通道，应装设单独的隔离保护电器。主开关宜采用断路器。

（2）向电梯供电的电源线路不得敷设在电梯井道内。除电梯专用线路外，其他线路不得沿电梯井道敷设。

（3）单台交流电梯供电导线的连续工作载流量，应大于其铭牌连续工作制额定电流的 140% 或铭牌 0.5h 或 1h 工作制额定电流的 90%。

（4）单台直流电梯供电导线的连续工作载流量，应大于交直流变流器的连续工作制交流额定输入电流的 140%。

（5）机房和轿厢的电气设备、井道内金属构件与建筑物的用电设备应采用同一接地体。

9.3　自动门窗

（1）自动门窗应由就近配电装置单独回路供电。

（2）带金属构件的电动伸缩门、窗（如电动窗）等配电线路应设置过负荷保护、短路保护及剩余电流动作保护器。

（3）电动门窗的所有金属构件及附属电气设备外露可导电部分均应做等电位联结。

（4）电动旋转门功率约 300W，平开电动门功率约 30 ～ 50W，自动伸缩门功率约 300 ～ 500W。

9.4　机械式停车设备

（1）机械式停车设备应按不低于二级负荷供电。

（2）机械式停车设备的配电线路，应设过负荷保护、短路保护及剩余电流动作保护。

（3）机械式停车设备的所有金属导轨、金属构件及附属电气设备外露可导电部分均应做等电位联结。

（4）机械式停车设备运行空间范围内，不得有与停车设备无关的管道、电缆等管线穿过。

9.5   充电桩

（1）电动汽车动力蓄电池充电可采用交流充电桩或直流充电桩。

（2）建筑物内住宅停车位、单位停车场、地下停车库宜采用交流充电桩；公共建筑停车场、社会公共停车场、道路临时停车场宜采用直流充电桩。充电桩不宜设在修车库内。

（3）室外型的充电桩防护等级不应低于 IP65，室内型的充电桩防护等级不应低于 IP32。

（4）分散充电设施负荷等级为三级。

（5）交流低压系统宜采用 TN-S 系统。

（6）充电设备宜采用专用供电回路，交流低压三相回路宜选用五芯电缆，单相回路宜选用三芯电缆，且电缆中性线截面应与相线截面相同。

（7）充电桩应设置剩余电流动作保护，选用剩余动作电流不大于 30mA，无延时。

（8）电动汽车充电桩设计可参见《电动汽车分散充电设施工程技术标准》（GB/T 51313—2018）、《电动汽车充电基础设施设计与安装》（18D705-2）等。

9.6   日用电器

（1）固定式日用电器的供电回路应装设隔离电器、短路保护电器、过负荷保护电器及间接接触防护。

（2）移动式日用电器的供电回路应装设隔离电器、短路保护电器、过负荷保护电器及剩余电流保护电器。

（3）功率小于或等于 0.25kW 的感性负荷及小于或等于 1kW 的电阻性负荷，可以采用插头或插座作为隔离电器，兼做功能性开关。

（4）插座的计算负荷应按已知使用设备的额定功率计，未知使用设备应按每出线口 100W 计。

（5）插座的额定电流应按已知使用设备的额定电流的 1.25 倍计，未知使用设备应按不小于 10A 计。

（6）插座线路的载流量：对已知使用设备的插座供电时，应按大于插座的额定电流计；对未知使用设备的插座供电时，应按大于总计算负荷电流计。对于日用电器的插座回路应采用铜芯绝缘线，导线截面积不应小于 2.5mm²。

（7）在住宅和儿童专用场所应采用安全型插座。

10 电线、电缆选择及敷设

10.1 导体材质选择

（1）民用建筑应用铜芯电缆或电线。

（2）对铜有腐蚀而对铝腐蚀较轻的场所应选用铝（铝合金）芯，室外照明、景观照明供电干线可采用铝（铝合金）电缆，电压等级 1kV 以上的电缆不宜采用铝（铝合金）电缆。

（3）普通电线电缆不应采用铜铝复合导体。

10.2 绝缘水平选择

（1）室内敷设塑料绝缘电线不应低于 0.45/0.75kV。

（2）电力电缆不应低于 0.6/1kV。

（3）控制电缆宜选用 0.45/0.75kV。

（4）母线槽宜选用 0.6/1kV。

（5）在 10kV 系统中，在对于接地故障切除时间不超过 1min 的 A 类系统或带故障运行不超过 1h 的 B 类系统，电缆采用 6/10kV；对于 C 类系统（包含其他不属于 A、B 类的所有系统），电缆采用 8.7/10kV。

10.3 绝缘及护层类型的选择

（1）电缆绝缘类型见表 10.3-1。

表 10.3-1 电缆绝缘类型

用途		电缆绝缘类型
高压电缆		交联聚乙烯绝缘类型
低压电缆		交联聚乙烯绝缘类型
连接移动式电气设备电缆		有较高柔性的橡皮绝缘类型
放射线作用场所		交联聚乙烯或乙丙橡皮等耐射线辐照强度的电缆
人员密集或有低毒性要求的场所		交联聚乙烯或乙丙橡皮等无卤绝缘电缆
高温场所	60℃以上	交联聚乙烯或乙丙橡皮等耐热型电缆
	100℃以上	矿物绝缘电缆
低温环境（−15℃以下）		交联聚乙烯、聚乙烯、耐寒橡皮绝缘电缆

（2）电缆护层类型见表 10.3-2。

表 10.3-2　　　　　　　　　　　电缆护层类型

用途		电缆护层类型
直埋地下		钢丝铠装或钢带铠装
潮湿、含化学腐蚀环境或易受水浸泡电缆		交联聚乙烯、聚乙烯外护层，防水橡套（JHS）
潜污泵、喷泉设备、水下照明等设备电缆		重型氯丁或其他相当的合成弹性体橡套（YCW）
连接移动式电气设备电缆		有较高柔性的橡皮外护层
防鼠害、蚁害要求的场所		钢带铠装
高落差受力条件		钢丝铠装
室外阳光环境中		防紫外线、黑色低密度聚乙烯护层
放射线作用场所		聚氯乙烯、氯丁橡皮、氯磺化聚乙烯等外护层
人员密集或有低毒要求的场所		交联聚乙烯、聚乙烯或乙丙橡皮等无卤外护层
高温场所	60℃以上	交联聚乙烯或乙丙橡皮等耐热外护层
	100℃以上	矿物绝缘电缆
低温环境（-15℃以下）		交联聚乙烯、聚乙烯、耐寒橡皮外护层

注　外护层材料应符合电缆阻燃、耐火的要求，且与电缆最高允许工作温度相适应。

10.4　芯数选择

10.4.1　变电所低压柜配出干线一般采用多芯电缆，低压配电系统的接地型式不同，电缆的芯数也不同：

（1）TN-C 系统：建筑物不应采用 TN-C 系统。

（2）TN-S 系统：变电所低压柜出线选用五芯电缆。

（3）TN-C-S 系统：变电所低压柜干线出线选用四芯电缆。

（4）TT 系统：变电所低压柜室外干线出线选用四芯电缆。

（5）IT 系统：IT 系统一般不引出 N 导体，变电所低压柜干线出线选用三芯电缆。

10.4.2　变电所低压柜配出的导体截面积 400A 以上大电流干线宜选母线槽或大截面单芯电缆，单芯电缆可采用品字形配置或平行交叉换位敷设。在满足短路保护要求、有效防止机械损伤的条件下大电流供电回路可由多根电缆并联组成，各电缆应同材质、等长、等截面，敷设方式一致，外护套一致。

10.4.3　楼层配电箱（柜）、区域总配电箱（柜）至分配电箱（盘）、控制箱间一般采用多芯电缆；厂房、实习车间、库房等同一大空间内分配电箱（盘）间为了配电灵活可采用小截面动力照明母线。

10.4.4　末端照明插座支线一般采用绝缘电线，至动力设备的末端动力支线采用电缆或电线。

10.4.5　发生位移较大的钢结构体内可采用柔性母线，不宜采用钢性封闭式母线槽配电。

10.5　导体截面选择

10.5.1　配电导体截面的选择应符合下列原则：

（1）导体的载流量不应大于其极限温升允许值，且不应小于预期负荷的最大计算电流和按保护条件所确定的电流，并按敷设条件和环境温度进行修正。

（2）线路电压损失不应超过规定的允许值，由变压器低压母线配出的动力干线回路，至动力箱（柜）处的电压损失不宜超过 2%，照明干线不宜超过 1%，室外照明干线不宜超过 2.5%。正常运行情况下，交流用电设备端子处的电压偏差允许值，宜符合表 10.5-1 的规定。1500V 以下等级的直流供电电压偏差范围为标称电压的 −20% ～ +5%。

表 10.5-1　　　　　　　　　　　　　　用电设备电压偏差允许值

用电设备名称		电压偏差允许值 (%)
电动机	一般电动机	±5
	电梯电动机	±7
照明	室内场所	±5
	远离变电所的小面积一般场所	＋5，−10
	应急照明、景观照明、道路照明和警卫照明等	＋5，−10
其他用电设备	无特殊要求时	±5

（3）导体应满足动稳定和热稳定的要求。

（4）导体的最小截面积应满足机械强度的要求，见表 10.5-2。

表 10.5-2　　　　　　　　　　　　　　导体用途与最小截面积

布线系统型式	线路用途	导体最小截面积 (mm^2)(铜)
固定敷设的电缆和线路	电力和照明线路	1.5
	信号和控制线路	0.5

10.5.2　铜芯导体截面积最小值可参照下列原则确定：

（1）低压用户电源进线截面积不小于 10mm^2。

（2）动力照明配电箱电源进线截面积不小于 6mm^2。

（3）控制箱电源进线截面积不小于 4mm^2。

（4）插座支线截面积不小于 2.5mm^2。

（5）高压二次回路（成套设备除外）中，电压回路不小于 1.5mm^2（计量单元时不小于 4mm^2）、电流回路不小于 2.5mm^2（计量单元时不小于 4mm^2）。

（6）强电控制回路截面积不小于 1.5mm^2，信号控制回路截面积不小于 0.5mm^2。

10.5.3　导体敷设的环境温度选择：

（1）当敷设路径各部分的条件不同时，应按最差区段条件选取。

（2）绝缘导体或电缆敷设处的环境温度选取见表 10.5-3。

表 10.5-3　　　　　　　　　　　　　绝缘导体或电缆敷设处的环境温度选取

导体敷设场所	有无机械通风	选取的环境温度
土中直埋	—	埋深处最热月的平均地温
水下	—	最热月的日最高水温平均值
户外空气中、电缆沟	—	最热月的日最高温度平均值
有热源设备的厂房	有	通风设计温度
	无	最热月的日最高温度平均值 +5℃

导体敷设场所	有无机械通风	选取的环境温度
一般性厂房及其他建筑物内	有	通风设计温度
	无	最热月的日最高温度平均值
户内电缆沟	无	最热月的日最高温度平均值 +5℃
隧道、电气竖井	无	最热月的日最高温度平均值 +5℃
	有	通风设计温度

注　北京地区环境温度可参照下列数值选取：
　　1. 户内配线：当敷设在户内空气中时，选用 +30℃；当敷设在竖井内、吊顶内、电缆沟内等时，选用 +35℃。
　　2. 户外配线：空气中敷设时，选用 +35℃；土中直埋时，选用 +25℃；电缆沟、隧道内敷设时，选用 +40℃。
　　3. 封闭式开关柜的母线及封闭母线槽选用 +40℃。

10.5.4　电线电缆载流量校正。

（1）10kV 及以下电缆在不同环境温度时的载流量校正系数见表 10.5-4。

表 10.5-4　10kV 及以下电缆在不同环境温度时的载流量校正系数

敷设位置		空气中				土壤中			
环境温度（℃）		30	35	40	45	20	25	30	35
电缆导体 最高工作温度 （℃）	60	1.22	1.11	1.0	0.86	1.07	1.0	0.93	0.85
	65	1.18	1.09	1.0	0.89	1.06	1.0	0.94	0.87
	70	1.15	1.08	1.0	0.91	1.05	1.0	0.94	0.88
	80	1.11	1.06	1.0	0.93	1.04	1.0	0.95	0.90
	90	1.09	1.05	1.0	0.94	1.04	1.0	0.96	0.92

（2）土壤中直埋多根并行敷设时电缆载流量的校正系数见表 10.5-5。

表 10.5-5　土壤中直埋多根并行敷设时电缆载流量的校正系数

并列根数		1	2	3	4	5	6
电缆之间净距 (mm)	100	1	0.90	0.85	0.80	0.78	0.75
	200	1	0.92	0.87	0.84	0.82	0.81
	300	1	0.93	0.90	0.87	0.86	0.85

（3）电缆桥架上无间距配置多层并列电缆载流量的校正系数（呈水平状并列电缆数不少于 7 根）见表 10.5-6。

表 10.5-6　电缆桥架上无间距配置多层并列电缆载流量的校正系数（呈水平状并列电缆数不少于 7 根）

叠置电缆层数		1	2	3	4
桥架类别	梯架	0.80	0.65	0.55	0.50
	托盘	0.70	0.55	0.50	0.45

（4）空气中单层多根并行敷设时电缆载流量的校正系数见表 10.5-7。

表 10.5-7　　空气中单层多根并行敷设时电缆载流量的校正系数

并列根数		1	2	3	4	5	6
电缆中心距	S=d	1.00	0.90	0.85	0.82	0.81	0.80
	S=2d	1.00	1.00	0.98	0.95	0.93	0.90
	S=3d	1.00	1.00	1.00	0.98	0.97	0.96

注　S 为两根电缆的间距，mm；d 为电缆的直径，mm。

10.5.5　中性导体的截面选择。

（1）单相两线制电路中，中性导体截面与相导体截面相同。

（2）三相四线配电线路中，中性导体的允许载流量不应小于线路中最大不平衡电流与谐波电流之和。

（3）三相四线配电线路中，若负荷分配均衡且 3 次谐波电流不超过相电流的 10%，可选择中性导体截面小于相导体截面。

（4）三相四线配电线路中，当中性导体电流大于相导体电流时，电缆截面积应按中性导体电流选择。

（5）当中性导体电流大于相导体电流 133%，且按中性导体电流选择电缆截面积时，电缆载流量可不校正。当三相平衡系统存在谐波电流，4 芯或 5 芯电缆中性导体和相导体具有相同材料和截面积时，应按表 10.5-8 确定电缆载流量的校正系数。

表 10.5-8　　4 芯或 5 芯电缆存在谐波的校正系数

相电流三次谐波分量 (%)	校正系数	
	按相电流选择截面积	按中性导体电流选择截面积
0 ～ 15	1.00	—
15 ～ 33	0.86	—
33 ～ 45	—	0.86
>45	—	1.00

注　相电流中的三次谐波分量是三次谐波与基波（一次谐波）的比值，用 % 标识。

10.5.6　保护接地导体的截面积选择。

（1）保护接地导体截面应满足回路保护电器可靠动作的要求。

（2）保护接地导体最小截面积应符合表 10.5-9 的规定。

表 10.5-9　　保护接地导体最小截面积

相导体截面积 (mm^2)	保护接地导体允许最小截面积 (mm^2)
$S \leq 16$	S
$16 < S \leq 35$	16
$35 < S \leq 400$	$S/2$
$400 < S \leq 800$	200
$S > 800$	$S/4$

注　S 为相导体截面积。

（3）单独敷设的保护接地导体的截面积，当有防机械损伤保护时，铜导体不应小于 2.5mm^2。无机械损伤保护时，铜导体不小于 4mm^2。

10.6 电线电缆防火设计

10.6.1 为防止火灾蔓延，针对不同使用性质的场所，根据火灾的危险性、疏散和扑救难度及特殊需要，应采用不同燃烧性能等级的电缆。消防设备线路选用的电线、电缆、母线槽的燃烧性能应符合《电缆及光缆燃烧性能分级》（GB 31247—2014）的规定。耐火电缆还应具有不低于 B1 级的燃烧性能。

10.6.2 电线电缆使用场所分为特级、一级和二级三个等级，见表 10.6-1。

表 10.6-1 电线电缆使用场所分级

等级	使用场所	
特级	建筑高度超过 100m 的公共建筑	
	单栋地上建筑面积超过 10 万 m² 的高层公共建筑	
一级	建筑高度超过 100m 的住宅建筑	
	建筑高度不超过 100m 的一类高层公共建筑	
	单栋地上建筑面积 5 万 m² 以上，10 万 m² 及以下的公共建筑	
	建筑高度不超过 50m 的二类高层公共建筑及单层、多层公共建筑	（1）任一层建筑面积大于 3000m² 或总建筑面积大于 6000m² 的商店、展览、电信、邮政、财贸金融、客运、货运等类似用途的建筑和其他多功能组合的公共建筑； （2）省级及以上的广播电视和防灾指挥调度建筑、网局级和省级电力调度建筑； （3）特等、甲等剧场或座位数超过 1500 个的其他等级的剧院、电影院，座位数超过 2000 个的会堂或礼堂，座位数超过 3000 个的体育馆； （4）省级及以上重点文物保护的建筑物； （5）藏书 100 万册以上的图书馆、书库、甲级档案库（馆）； （6）大、中型幼儿园，老年人照料设施，任一楼层建筑面积大于 1500m² 或总建筑面积大于 3000m² 的疗养院的病房楼、旅馆建筑、其他儿童活动场所，不少于 200 床位的医院门诊楼、病房楼和手术部等； （7）建筑面积大于 1000m² 的公共娱乐场所、营业面积大于 1000m² 的餐饮场所； （8）重要公共建筑
	地下或半地下建筑（室）	（1）建筑面积大于 1000m² 商店（商业街）、旅馆、展览厅等公共场所； （2）Ⅰ类汽车库； （3）重要的实验室、图书、资料、档案库
二级	高度不超过 100m 的一类高层住宅建筑	
	二类高层公共建筑	
	单层、多层公共建筑	（1）任一层建筑面积大于 1500m² 但不大于 3000m² 或总建筑面积大于 3000m² 但不大于 6000m² 的商店、展览、电信、财贸金融、客运、货运等类似用途的建筑和其他多功能组合的公共建筑； （2）地市级及以上的广播电视和防灾指挥调度建筑、电力调度建筑； （3）乙等剧场，或座位数 800～1500（含 1500）个的剧院、电影院，座位数 1000～2000（含 2000）个的会堂或礼堂，座位数 1500～3000（含 3000）个的体育馆； （4）地市级及以上重点文物保护的建筑物； （5）藏书 50 万～100 万（含 100 万）册的图书馆、书库、乙级档案库（馆）； （6）建筑面积不大于 1000m² 的公共娱乐场所； （7）特殊教育建筑学校
	地下或半地下建筑（室）	（1）建筑面积不大于 1000m² 及以下的商店（商业街）、旅馆、展览厅及其他公共场所； （2）Ⅱ、Ⅲ类汽车库

注　1．民用建筑的分类应符合现行 GB 50016—2014 的有关规定。
　　2．本表未列出的建筑的等级可按同类建筑的类比原则确定。

10.6.3 电缆及光缆燃烧性能和阻燃性能分级对比见表 10.6-2。

表 10.6-2　　　　　　　　　电缆及光缆燃烧性能和阻燃性能分级对比

性能参数	GB 31274—2014	《阻燃和耐火电线电缆或光缆原则》 (GB/T 19666—2019)
燃烧性能（阻燃）	A、B1、B2、B3 [①]	A、B、C、D
燃烧滴落物 / 微粒	d0、d1、d2	—
烟气毒性	t0、t1、t2 [②]	低毒（U） [②]
腐蚀性	a1、a2、a3 [③]	无卤（W）
烟密度（最小透光率）	B1：≥60%；B2：≥20%	低烟（D）：≥60%

① 燃烧性能分级：A（不燃），B1（阻燃 1），B2（阻燃 2），C（普通）。
② 烟气毒性等级：t0—达到 ZA2，t1—达到 ZA3，t2—未达到 t1；低毒（U）的毒性指数 ITC≤5。
③ 腐蚀性等级：a1 级为电导率≤2.5μS/mm 及 pH≥4.3，a2 级为电导率≤10μS/mm 及 pH≥4.3，未达到 a2 级的为 a3 级。
　无卤（W）的电导率（≤10μS/mm）及 pH（≥4.3）相当于腐蚀性等级 a2。

10.6.4 在同一通道内敷设的阻燃电缆应选用同一阻燃等级的电缆，电线电缆的的非金属含量不应超过表 10.6-3。

表 10.6-3　　　　　　　　　电线电缆的非金属含量明细

电线电缆的非金属材料含量 (L/m)	阻燃级别
7～14（以上）	A 级
3.5～7（含 7）	B 级
1.5～3.5（含 3.5）	C 级
0.5～1.5（含 0.5）	D 级

注　阻燃电缆电线的阻燃级别符合《电缆和光缆在火焰条件下的燃烧试验》（GB/T 18380.31～36）的规定。

10.6.5 不同场所电线电缆的燃烧性能选用见表 10.6-4。

表 10.6-4　　　　　　　　　不同场所电线电缆燃烧性能

适用场所		电缆燃烧性能等级 （阻燃级别）	电线燃烧性能等级（阻燃级别）	
特级	全部	WDZA，B1(t0，d0)	WDZB，B1(t0，d0)	
一级	金融建筑、省级电力调度建筑、省（市）级广播电视、电信建筑及人员密集的公共场所	WDZA，B1(t1，d1)	WDZB，B1(t1，d1)	
	其他一级场所	WDZB，B2(t2，d2)	WDZC，B2(t2，d2)	
二级	宜采用	WDZC，B2(t2，d2)	50mm² 及以上：WDZC	B2(t2，d2)
			35mm² 及以下：WDZD	
避难层（间）（明敷）		BTTZ，A(t0，d0)	WDUZA，B1(t0，d0)	
长期有人滞留的地下建筑		WDUZ □，□ (t0，d0)	WDUZ □，□ (t0，d0)	

注　1. 示例：WDUZB-B1（d0，t0，a1）YJY-0.6/1 -5×16：表示燃烧性能等级为 B1 级，燃烧滴落物 / 微粒为 d0 级，烟气毒性等级为 t0 级，腐蚀性等级为 a1 级无卤低烟低毒 B 级阻燃交联聚烯烃绝缘、交联聚烯烃护套阻燃电缆，额定电压 0.6/1kV 五芯，16mm²。
　　2. 体育建筑、交通建筑、金融建筑、教育建筑、会展建筑、商店建筑等场所的电线电缆燃烧性能的选用，还应符合其行业电气设计标准的要求。
　　3. 建筑物内水平布线和垂直布线选择的电线和电缆燃烧性能宜一致。

10.6.6 消防设备最少持续供电时间及电线电缆选择。

（1）火灾自动报警系统、消防应急照明和疏散指示系统及消防设备供配电系统的线路选用应采用铜芯电线、电缆或母线槽，应满足火灾时持续运行时间的要求，见表10.6-5。在建筑内消防应急照明和灯光疏散指示标志的备用电源的连续供电时间应满足人员安全疏散的要求，且不应小于表10.6-6的规定。

表 10.6-5　　　　　　消防用电设备在火灾发生期间的最短持续供电时间

消防用电设备名称	持续供电时间 (min)
火灾自动报警装置	≥180（120）
消火栓、消防泵及水幕泵	≥180（120）
自动喷水系统	≥60
水喷雾和泡沫灭火系统	≥30
CO_2 灭火和干粉灭火系统	≥30
防、排烟设备	≥90、60、30
火灾应急广播	≥90、60、30
消防电梯	≥180（120）

注　1. 防、排烟设备及火灾应急广播的工作时间应大于等于疏散照明时间。
　　2. 表中 120min 为建筑火灾延续时间 2h 的参数。

表 10.6-6　　建筑内消防应急照明和灯光疏散指示标志的备用电源的连续供电时间

建筑类别		连续供电时间（h）
建筑高度大于 100m 的民用建筑		1.5
建筑高度不大于 100m 的医疗建筑，老年人照料设施，总建筑面积大于 100000m^2 的其他公共建筑		1.0
水利工程，水电工程，总建筑面积大于 20000m^2 的地下或半地下建筑		1.0
城市轨道交通工程	区间和地下车站	1.0
	地上车站、车辆基地	0.5
城市交通隧道	一、二类	1.5
	三类	1.0
城市综合管廊工程，平时使用的人民防空工程，除上述规定外的其他建筑		0.5

（2）电缆阻燃耐火性能代号见表10.6-7。

表 10.6-7 电缆阻燃耐火性能代号

代号	适用范围	试验时间	试验方法
N	6～20kV 电缆	90min 供火 +15min 冷却	TICW 8-2012
		试验结束 1h 内进行 15min 耐压	
	0.6/1 kV 及以下电缆	90min 供火 +15min 冷却	《在火焰条件下电缆或光缆的线路完整性试验 第 21 部分：试验步骤和要求 额定电压 0.6/1.0kV 及以下电缆》（GB/T 19213.21—2003）
	数据电缆	90min 供火 +15min 冷却	《在火焰条件下电缆或光缆的线路完整性试验 第 23 部分：试验步骤和要求 数据电缆》（GB/T 19216.23—2003）
	光缆	90min 供火 +15min 冷却	《在火焰条件下电缆或光缆的线路完整性试验 第 25 部分：试验步骤和要求 数据电缆》（GB/T 19216.25—2003）
NJ	0.6/1 kV 及以下外径小于等于 20mm 电缆	120min	《在火焰条件下电缆或光缆的线路完整性试验 第 2 部分：火焰温度不低于 830℃的供火并施加冲击振动，额定电压 0.6/1kV 及以下外径不超过 20mm 电缆试验步骤方法》（GB 19216.2—2021）
	0.6/1 kV 及以下外径大于 20mm 电缆	120min	《电缆在着火条件下的试验 电路完整性 第 1 部分：额定电压高达（和包括）0.6/1.0kV，全径大于 20mm 的电缆在温度不低于 830℃的冲击火焰下的试验方法》（IEC 60331-1—2009）
NS	0.6/1 kV 及以下外径小于等于 20mm 电缆	120min，最后 15min 水喷淋	《阻燃和而火电线电缆或光缆通则》（GB/T 19666—2019）
	0.6/1 kV 及以下外径大于 20mm 电缆	120min，最后 15min 水喷射	GB/T 19666—2019
NW	0.6/1 kV 及以下外径小于等于 20mm 电缆	180min	《在火灾情况下保持电路完好要求的电缆防火的试验方法》（BS 6387—2013）
		单纯供火 15min，供火加喷水 15min	BS 6387—2013
		供火 15min	BS 6387—2013
	0.6/1 kV 及以下外径大于 20mm 电缆	180min	《用作烟热控制系统及其它特定消防安全系统部件的大直径电力电缆的耐火完整性评估方法》（BS 8491—2008）

（3）消防工作区域及避难疏散区域的备用照明、火灾自动报警装置及消火栓、消防泵、水幕泵、消防电梯等消防设备电源主干线路，应采用 NW 型（180min）耐火电缆；对于建筑火灾延续时间为 2h 的建筑物，上述设备的电源主干线路可采用 NS 或 NJ 型（120min）耐火电缆。

示例：NW-YJY- 0.6/1- 5×16：交联聚烯烃绝缘、交联聚烯烃护套耐火电缆，额定电压 0.6/1kV 五芯，16mm²，耐火时间 180min。

（4）自动喷水系统、水喷雾和泡沫灭火系统、CO_2 灭火和干粉灭火系统、火灾应急广播、防排烟设备的电源主干线路，应采用不低于 N 型（90min）的耐火电缆。

示例：N-YJY- 0.6/1- 5×16，交联聚烯烃绝缘、交联聚烯烃护套耐火电缆，额定电压 0.6/1kV 五芯，16mm²，耐火时间 90min。

（5）一般平面及竖向疏散区域、航空疏散场所等疏散照明电源主干线路，应采用不低于 N 型（90min）的耐火电缆。

示例：NS-GYJSYJ（F）-0.6/1 - 5×16，双层共挤辐照交联耐火电缆，额定电压 0.6/1kV 五芯，16mm²，耐火时间 90min。

（6）火灾自动报警系统的消防联动总线及联动控制线路、消防应急广播和消防专业电话等传输线路，应采用 N 型（90min）的耐火电缆。在人员密集场所疏散通道采用的火灾自动报警系统的报警总线，应选择燃烧性能 B1 的耐火电线电缆；其他场所的报警总线应选择燃烧性能 B2 的耐火电线电缆。

示例 1：WDZAN-B1（d0，t0，a1）-RYS-450/750-2×1.5，燃烧性能等级为 B1 级，燃烧滴落物 / 微粒为 d0 级，烟气毒性等级为 t0 级，腐蚀性等级为 a1 级无卤低烟阻燃耐火聚烯烃绝缘绞型软线，额定电压 450/750V 双芯，1.5mm²，耐火时间 90min。

示例 2：WDZAN-B1（d0，t0，a1）-BYJ-450/750-2×2.5，燃烧性能等级为 B1 级，燃烧滴落物 / 微粒为 d0 级，烟气毒性等级为 t0 级，腐蚀性等级为 a1 级无卤低烟阻燃耐火聚烯烃绝缘电线，额定电压 450/750V，双芯，2.5mm²，耐火时间 90min。

（7）高层建筑的消防垂直配电干线计算电流在 400A 及以上时，宜采用耐火母线槽（180、120min）供电。

示例：NW-MC-0.6/1-400A，耐火母线槽，额定电压 0.6/1kV，额定电流 400A，耐火时间 180min。

（8）建筑高度大于 250m 民用建筑的消防电梯和辅助疏散电梯的供电电线电缆，应采用燃烧性能为 A 级、耐火时间不小于 180min 型耐火电线电缆，其他消防供配电电线电缆应采用燃烧性能为 B1 级、耐火时间不小于 180min 型耐火电线电缆。

（9）消线路及其他配电线路敷设在同一电缆井、沟内时，应分别布置在电缆井、沟的两侧，且消防配电线路应采用矿物绝缘类不燃性电缆。

（10）消防用电设备采用树干式供电时，宜采用预分支耐火分支电缆和分支矿物绝缘电缆。

（11）消防用 10kV 柴油发电机的配出线路应采用耐火电缆和矿物绝缘电缆。

（12）当建筑物内设有总变电所和分变电所时，由总变电所至有消防要求的分变电所的 35、20、10、6kV 的电缆应采用耐火电缆或矿物绝缘电缆。

（13）火灾时，环境温度急剧上升导致导体电阻增大，为保障消防设备受电端电压，应将供电距离较长的耐火电缆截面适当放大。

10.6.7　常用阻燃耐火电线、电缆、矿物绝缘电缆、耐火母线槽见表 10.6-8。

表 10.6-8 　　　　常用阻燃耐火电线、电缆、矿物绝缘电缆、耐火母线槽

类别	型号	名称	备注
耐火电线	N-BYJ-450/750-1×4	交联聚烯烃绝缘耐火电线，额定电压 450/750V，单芯，4mm²	耐火时间 90min
耐火电缆	NJ-YJY-0.6/1-5×16	交联聚烯烃绝缘、交联聚烯烃护套耐火电缆，额定电压 0.6/1kV 五芯，16mm²	供火加机械冲击的耐火，耐火时间 120min
耐火电缆	NS-GYJSYJ-（F）0.6/1-5×16	双层共挤辐照交联耐火电缆，额定电压 0.6/1kV 五芯，16mm²	供火加机械冲击和喷水的耐火，耐火时间 120min
耐火电缆	WDZAN-YJY-8.7/10-3×95	交联聚乙烯绝缘烯烃护套低烟无卤 A 类阻燃耐火电力电缆，额定电压 8.7/10kV，三芯，95mm²	耐火时间 90min
矿物绝缘电缆	BTTZ-750-1×120	重型铜芯铜护套矿物绝缘电缆，额定电压 750V，单芯，120mm²	燃烧性能等级：A；耐火时间：180nim
矿物绝缘电缆	WDZ-BTTYZ-750-1×120	重型铜芯铜护套矿物绝缘无卤低烟外套电缆，额定电压 750V，单芯，120mm²	外护套阻燃、无卤、低烟
耐火母线槽	NH-MC-500A	耐火母线槽，额定电流 500A	耐火时间（min）：60、90、120、180、240

10.7　线路敷设

10.7.1　一般规定

（1）本规定适用于室内绝缘电线、室内外电缆线路、母线槽等配电线路的敷设。

（2）不应采用裸露带电导体布线。

（3）同一配电回路的所有相导体、中性导体和 PE 导体，应敷设在同一导管或槽盒内。

（4）不同电压等级的电力线缆，不应共用同一导管或槽盒布线；电力线缆和智能化线缆不应共用同一导管或槽盒布线。

（5）导管、槽盒、母线槽在穿过建筑物变形缝时，应设补偿装置。

（6）钢管内外壁均应做防腐处理，但敷设于混凝土内的钢管外壁除外；金属槽盒及其金属配件、金属支架等应做防腐处理，应采取热镀锌等防腐措施。

10.7.2　敷设方式的选择

（1）线路的敷设应与环境特征相适应见表 10.7-1。

表 10.7-1 　　　　线路敷设方式与环境性质匹配表

导线类型	敷设方式	常用型号	环境性质											
			干燥		潮湿	特别高温	高温	多尘	化学腐蚀	爆炸危险环境	户外	高层建筑	一般民用	进户线
			生产	生活										
塑料护套线	直敷配线	BVV	√	√	×	×	×	×	×	×	×	×	√	×

续表

导线类型	敷设方式	常用型号	环境性质											
			干燥		潮湿	特别高温	高温	多尘	化学腐蚀	爆炸危险环境	户外	高层建筑	一般民用	进户线
			生产	生活										
绝缘电线	金属导管（厚壁）明敷	BYJ、BYJ(F)、GYJS(F)	△	+	+	+	√	+	+①	√	+	√	√	√
	金属导管（厚壁）埋地敷设		△	√	√	√	√	√	+	√	+①	√	√	√
	金属导管（薄壁）明敷		+	+	+	×	+	+	×	×	△	√	√	×
	塑料导管明敷		+	√	+	√	×	√	√	×	△	△	△	+
	塑料导管埋地		+	+	+	+	△	+	√	×	+	△	△	+
	槽盒配线		√	√	+	×	×	×	×	×	×	√	√	×
电缆	电缆沟敷设	YJY、YJ(F)E、GYJSYJ(F)、YJY22	△	√	+	△	√	+	△	+③	+	√	√	√
	支架明敷		△	√	+	√	+	+	+		+②	△	△	△
	直埋地		△	△	+	△	△	△	△	△	√	△	△	+
	槽盒敷设		△	√②	+②	+	+②	√②	+②	+②	+	√	△	+
封闭母线槽	支架敷设	各种型号	△	√	+	+	+	+	+	×	+	+	△	+

注　表中"√"推荐使用，"＋"可以采用，"△"建议不用，"×"不允许使用。

① 应采用镀锌钢管并做好防腐处理。

② 宜采用阻燃电缆。

③ 地沟内应埋沙并设防水设施。

（2）导管布线。

1）室内干燥场所的线缆采用镀锌钢导管布线时，其壁厚不应小于1.5mm；室内潮湿场所采用金属导管明敷设布线时，其壁厚不应小于2.0mm。

2）暗敷于墙内或混凝土内的刚性塑料导管的管壁厚度不应小于1.8mm，燃烧性能等级为B2。明敷时，壁厚度不应小于1.6mm，燃烧性能等级为B1。

3）可弯曲金属导管布线可适用于室内外场所。明敷于室内外场所时，宜采用中型弯曲金属导管；室内暗敷时，应采用重型弯曲金属导管；暗敷于室外地下或室内潮湿场所时，应采用重型防水弯曲金属导管。

4）柔性导管的长度在动力工程中不宜大于0.8m，在照明工程中不宜大于1.2m。

（3）槽盒布线。

1）电缆在槽盒敷设时，普通电缆与应急电源电缆应分设路由。

2）在金属槽盒内敷设的导线应按回路捆扎成束或穿阻燃热塑导管。在同一槽盒里有几个回路时，其所有绝缘导线应采用与最高标称电压回路相同的绝缘。

3）电线、电缆在槽盒内不应设置接头。

4）电缆槽盒不应在穿过楼板或墙体处设置连接。

（4）母线槽。

1）非消防线路母线槽内部导体的温升应小于等于 70K；消防线路采用耐火母线槽时，内部导体的温升应小于等于 70K；母线槽外壳的温升小于等于 55K。

2）母线槽及附件的燃烧性能不应低于 B1。

3）竖井、强电间内安装的母线槽应达到 IP54 或以上。竖井外、配电间外、地下层、机电避难层、室外安装的母线槽应达到 IP65 或以上。

4）封闭式母线与变压器、柴油发电机等大型有振动的设备连接应采用软连接，表面镀银或镀锡。

5）竖井内穿楼板的母线槽周围应做不低于 50mm 的防水台。

6）母线槽不应在穿过楼板或墙体处设置连接。

10.7.3　敷设长度

（1）导管敷设时超过下列长度应加中间线盒或加大管径：无弯时 40m，有一个弯时 30m，有两个弯时 20m，有三个弯时 10m。

（2）钢制电缆桥架、高分子合金桥架、梯架直线段长度超过 30m，铝合金电缆桥架、玻璃钢桥架超过 15m 时，应设伸缩节。

（3）当母线槽直线敷设长度超过 80m 时，每 50～60m 应设置膨胀节。

10.7.4　安装高度

（1）电缆桥架水平敷设时，距地面的距离不宜小于 2.2m；垂直敷设时，距地面 1.8m 以下部分应加防护措施保护，但敷设在电气专用房间内除外。

（2）母线槽水平敷设时，距地面的距离不应小于 2.2m；在电气设备间及设备层外垂直敷设时，距地面 1.8m 部分应采取防止机械损伤的措施。

10.7.5　导管、槽盒截面

（1）管内电线的总截面积（包括保护层）不应大于导管内截面积的 40%，且电线总数不宜大于 8 根。

（2）槽盒内配电线缆的总截面积不应超过槽盒内截面积的 40%，且电缆根数不宜超过 30 根。

（3）槽盒内控制及信号线路的总截面积不应超过槽盒内截面积的 50%。

10.7.6　接地

（1）金属导管应与保护连接导体可靠连接，并符合下列规定：

1）镀锌钢导管、可弯曲金属导管和金属柔性导管不得熔焊连接；

2）当非镀锌钢导管采用螺纹连接时，连接处的两端应熔焊连接保护连接导体；

3）镀锌钢管、可弯曲金属导管和金属柔性导管连接处两端，应用专用接地卡固定保护连接导体。

4）钢导管不得采用对口熔焊连接；镀锌钢导管或壁厚小于或等于 2mm 的钢导管，不得采用套管熔焊连接。

（2）金属电缆桥架及支架应可靠接地，全长不大于 30m 时，不应少于两处与保护连接导体连接，全长大于 30m 时，每隔 20～30m 应增加一个连接点，起始端终点端均应可靠接地；高分子合金桥架、玻璃钢桥架可不接地。

（3）母线槽的金属外壳及支架应与保护连接导体可靠连接，每段母线槽的金属外壳应可靠连接，全长应不少于两处与保护连接导体相连。水平为每 30m 连接一次，垂直每三层楼连接一次。

（4）电气竖井内应设接地干线或接地端子箱。

（5）电缆沟、电缆隧道内应设接地干线，金属支架应可靠接地。

10.7.7 防火阻燃措施

（1）对宜受外部影响着火的电气线路密集场或火灾蔓延可能导致严重事故的电气线路，应当实施防火阻燃措施。

（2）电缆沟进入建筑物处应设防火墙。电缆隧道进入建筑物及变（配）电所处应设带甲级防火门（装锁）的防火墙。

（3）电气线路穿越下列部位时应采取防火封堵措施：

1）引至电气柜、盘或控制屏、台的开孔部位，应采取防火封堵措施；

2）穿越防火墙和防火楼板处，应采取防火封堵措施；

3）电缆沿竖井垂直敷设穿越楼板处；

4）电缆隧道、电缆沟、电缆间的隔墙处；

5）穿越建筑物入口处或至配电间、控制室的沟道入口处；

6）母线槽穿越防火墙、楼板处，除采取防火封堵措施外，还应设置不少于1m长的防火板单元。

（4）电缆穿导管敷设中间有接头盒时，接头盒应采用防火封堵措施。

（5）在母线槽和电缆槽盒贯穿孔处，除贯穿部位的间隙外，还要在母线槽和电缆槽盒内的缝隙采用封堵材料封堵。

（6）防火封堵材料应按耐火等级要求采用无机堵料、柔性有机堵料、防火密封胶、阻火包、阻火模块、防火封堵板材、阻火包、阻火包带等。防火封堵材料应符合现行《防火封堵材料》（GB 23864—2023）的有关规定。

（7）电气线路贯穿孔口的封堵应符合《建筑防火封堵应用技术标准》（GB/T 51410—2020）的有关规定。

10.7.8 消防用电设备的配电线路敷设

（1）当采用暗敷设时，应穿管并敷设在不燃烧结构内，保护层厚度不小于30mm。

（2）当采用明敷设时（包括吊顶内），应穿金属导管或封闭式金属槽盒，并应采取防火保护措施。

（3）当采用电缆沟、电缆竖井内布线时，宜与其他配电线路分开敷设，或采用矿物绝缘类必燃性电缆分别布置在电缆井沟的两侧。

（4）建筑高度超过250m的民用建筑，消防用电应采用双路由供电方式，其供配电干线应设置在不同的竖井内。

10.7.9 电气竖井布线

（1）一般楼层在500～1000m² 设置1个竖井（配电小间），大于1000m² 宜设置2个竖井（配电小间），竖井（配电小间）供电半径不宜超过50m。高低压竖井（配电小间）宜分开设置或采取隔离措施，强弱电竖井（配电小间）宜分开设置或采取隔离措施，消防非消防竖井（配电小间）宜分开设置或采取隔离措施。

（2）电气竖井垂直布线时，其固定及垂直干线与分支干线的连接方式，应能防止顶部最大垂直变位对干线的影响，以及电缆及槽盒、保护管等自重所带来的载重影响。

（3）电缆竖井内不应有与电气无关的管道通过。

（4）竖井（配电小间）不应和电梯井、管道井共用同一竖井。

（5）竖井（配电小间）不应贴临热烟道、热力管道及其他散热量大或潮湿的设施。

10.7.10　室外布线

（1）室外敷设方式主要有直接埋地布线、保护管布线、电缆沟布线、隧道布线。

（2）室外电缆敷设方式和电缆根数见表 10.7-2。

表 10.7-2　　　　　　　　　　室外电缆敷设方式和电缆根数

敷设方式	电缆根数
直埋	6 根及以下
保护管（电缆排管）	12 根及以下
电缆沟	21 根及以下
电缆隧道	21 根以上

（3）民用建筑红线内的室外供配电线路不应采用架空线敷设方式。

（4）电缆室外直埋敷设时，电缆表面至地下构筑物基础不得小于 0.3m；电缆表面距地面不应小于 0.7m，且宜埋在冻土层下。

（5）保护管布线：

1）线缆采用导管暗敷布线时，不应穿过设备基础。当穿过建筑物外墙时，应采取止水措施。

2）电缆进出建筑物时，所穿保护管应出建筑物散水坡 200m，且应对管口采取防水填堵。

3）采用电缆排管布线在线路转角、分支或变更敷设方式时，应设电缆人（手）孔井。电缆人（手）孔井不应设置在建筑物散水内。

4）电缆室外穿保护管敷设时，保护管顶部土壤覆盖深度不宜小于 0.7m。

5）电缆在多孔导管内敷设，应采用塑料电缆或裸铠装电缆，电缆排管顶部距地面不宜小于 0.7m。

（6）电缆沟布线。

1）电缆沟可分为无支架沟、单侧支架沟、双侧支架沟三种。当电缆根数不多（一般不超过 5 根）时，可采用无支架沟，电缆平行敷设于沟底。

2）电缆沟的纵向排水坡度不应小于 0.5%。

（7）隧道布线。

1）电缆隧道内通道净高不宜小于 1900mm。

2）在电缆隧道设计时，应同时设计通风系统和排水系统。通风系统可采用机械通风或自然通风。排水系统宜采用机械排水方式，应设置积水坑，纵向排水坡度不宜小于 0.5%。

3）在隧道、管廊等封闭式电缆通道中，不得布置热力管道和有可燃气体或可燃液体管道。

11 防雷、接地、等电位联结

11.1 防雷

11.1.1 建筑物应根据其重要性、使用性质、发生雷电事故的可能性及后果，按防雷要求分为三类，民用建筑物应划分为第二类和第三类防雷建筑物。250m 及以上建筑物，宜提高防雷保护的技术要求。

11.1.2 符合下列情况之一的建筑物，应划为第二类防雷建筑物：

（1）高度超过 100m 的建筑物。

（2）国家级重点文物保护建筑物。

（3）国家级会堂、办公建筑物、档案馆、大型博展建筑物；特大型、大型铁路旅客站；国际性的航空港、通信枢纽；国宾馆、大型旅游建筑物；国际港口客运站。

（4）国家级计算中心、国家级通信枢纽等对国民经济有重要意义且装有大量电子设备的建筑物。

（5）特级和甲级体育建筑。

（6）年预计雷击次数 $N>0.05$ 的部、省级办公建筑物及其他重要或人员密集的公共建筑物。

（7）年预计雷击次数 $N>0.25$ 的住宅、办公楼等一般民用建筑物。

11.1.3 符合下列情况之一的建筑物，应划为第三类防雷建筑物：

（1）省级重点文物保护建筑物及省级档案馆。

（2）省级大型计算中心和装有重要电子设备的建筑物。

（3）100m 以下，高度超过 54m 的住宅建筑和高度超过 50m 的公共建筑物。

（4）年预计雷击次数 $0.01 \leqslant N \leqslant 0.05$ 的部、省级办公建筑物及其他重要或人员密集的公共建筑物。

（5）年预计雷击次数 $0.05 \leqslant N \leqslant 0.25$ 的住宅、办公楼等一般民用建筑物。

（6）建筑群中最高的建筑物或位于建筑群边缘高度超过 20m 的建筑物。

（7）通过调查确认当地遭受过雷击灾害的类似建筑物，历史上雷害事故严重地区或雷害事故较多地区的较重要建筑物。

（8）在平均雷暴日大于 15d/a 的地区，高度大于或等于 15m 的烟囱、水塔等孤立的高耸构筑物；在平均雷暴日小于或等于 15d/a 的地区，高度大于或等于 20m 的烟囱、水塔等孤立的高耸构筑物。

11.1.4 年预计雷击次数计算表示例参考表 11.1-1。

表 11.1-1　　　　　　　　　年预计雷击次数计算表（矩形建筑物）示例

建筑物数据	建筑物的长 L(m)	110
	建筑物的宽 W(m)	86
	建筑物的高 H(m)	135
	等效面积 A_e(km²)	0.1196
	建筑物属性	住宅、办公楼等一般性民用建筑物或一般性工业建筑物
气象参数	地区	河北省保定市
	年平均雷暴日 T_d(d/a)	30.7
	年平均密度 N_g[次 /(km²·a)]	3.07
计算结果	年预计雷击次数 N(次 /a)	0.3672
	防雷类别	第二类防雷

注　计算方法参见《建筑物防雷设计规范》（GB 50057—2010）附录 A。

11.1.5　第二类防雷建筑物的雷电防护措施应符合下列规定：

（1）当采用接闪网格法保护时，接闪网格不应大于 10m×10m 或 12m×8m；当采用滚球法保护时，滚球法保护半径不应大于 45m。

（2）专用引下线的平均间距不应大于 18m。

（3）建筑物外墙内侧和外侧垂直敷设的金属管道及类似金属物，应在顶端和底端与防雷装置连接，并应在高度 100 ～ 250m 区域内每间隔不超过 50m 与防雷装置连接一处，高度 0 ～ 100m 区域内在 100m 附近楼层与防雷装置连接。

（4）建筑物地下一层或地面层、顶层的结构圈梁钢筋应连成闭合环路，中间层应在每间隔不超过 20m 的楼层连成闭合环路。闭合环路应与本楼层结构钢筋和所有专用引下线连接。

（5）应将高度 45m 及以上外墙上的栏杆、门窗等较大金属物直接或通过预埋件与防雷装置相连，高度 45m 及以上水平突出的墙体应设置接闪器并与防雷装置相连。

11.1.6　高度超过 250m 或雷击次数大于 0.42 次 /a 的第二类防雷建筑物的雷电防护措施，应符合下列规定：

（1）当采用接闪网格法保护时，接闪网格不应大于 5m×5m 或 6m×4m；当采用滚球法保护时，滚球法保护半径不应大于 30m。

（2）专用引下线的间距不应大于 12m。

（3）建筑物外墙内侧和外侧垂直敷设的金属管道及类似金属物，应在顶端和底端与防雷装置连接，并应在高度 250m 以上区域每间隔不超过 20m 与防雷装置连接一处，在高度 100 ～ 250m 区域内每间隔不超过 50m 连接一处，高度 0 ～ 100m 区域内在 100m 附近楼层与防雷装置连接。

（4）在高度 250m 及以上区域应每层连成闭合环路，闭合环路应与本楼层结构钢筋和所有专用引下线连接；高度 250m 以下区域建筑物地下一层或地面层、中间层应在每间隔不超过 20m 的楼层连成闭合环路，闭合环路应与本楼层结构钢筋和所有专用引下线连接。

（5）应将高度 30m 及以上外墙上的栏杆、门窗等较大金属物直接或通过预埋件与防雷装置相连，高度 30m 及以上水平突出的墙体应设置接闪器并与防雷装置相连。

11.1.7 第三类防雷建筑物的雷电防护措施要求应符合下列规定：

（1）当采用接闪网格法保护时，接闪网格不应大于 20m×20m 或 24m×16m；当采用滚球法保护时，滚球法保护半径不应大于 60m。

（2）专用引下线和专设引下线的平均间距不应大于 25m。

（3）建筑物外墙内侧和外侧垂直敷设的金属管道及类似金属物，应在顶端和底端与防雷装置连接。

（4）建筑物地下一层或地面层、顶层的结构圈梁钢筋应连成闭合环路，中间层应在每间隔不超过 20m 的楼层连成闭合环路。闭合环路应与本楼层结构钢筋和所有专用引下线连接。

（5）应将高度 60m 及以上外墙上的栏杆、门窗等较大金属物直接或通过预埋件与防雷装置相连，高度 60m 及以上水平突出的墙体应设置接闪器并与防雷装置相连。

11.1.8 各类防雷建筑物除应符合本规范的以上规定外，尚应符合下列规定：

（1）在建筑物的地下一层或地面层处，下列物体应与防雷装置做防雷等电位连接：

1）建筑物结构钢筋及金属构件；

2）进出建筑物处的金属管道和线路。

（2）当建筑物的电气与智能化系统需要做防雷击电磁脉冲时，应在设计时将建筑物的金属支撑物、金属框架或结构钢筋等自然构件、金属管道、配电的保护接地系统等与防雷装置组成一个接地系统。

11.1.9 进出防雷建筑物的线路应采取防雷电波侵入措施。进出防雷建筑物的低压电气系统和智能化系统应装设电涌保护器，并应符合下列规定：

（1）当闪电直接闪击引入防雷建筑物的架空或室外明敷设的线路上时，应选择Ⅰ级试验的电涌保护器。

（2）电涌保护器严禁并联后作为大通流容量的电涌保护器使用。

11.1.10 防雷建筑物设置的接闪器应符合以下规定：

（1）当建筑物采用接闪带保护时，接闪带应装设在建筑物易受雷击的屋角、屋脊、女儿墙及屋檐等部位。

（2）当接闪带采用热镀锌圆钢或扁钢制成时，其截面积不应小于 $50mm^2$。

（3）当接闪杆采用热镀锌圆钢或钢管制成时，热镀锌圆钢的直径不应小于 20mm，热镀锌钢管的直径不应小于 40mm。

（4）当采用金属屋面作为接闪器时，金属板应无绝缘层覆盖。

（5）当双层彩钢板屋面作为接闪器时，其夹层中的保温材料必须为不燃或难燃材料。

（6）易燃材料构成的屋顶上不得直接安装接闪器。可燃材料构成的屋顶上安装接闪器时，接闪器的支撑架应采用隔热层与可燃材料之间隔离。

（7）接闪杆、接闪线或接闪网的支柱、接闪带、接闪网上，严禁悬挂电源线、通信线、广播线、电视接收天线等。

11.1.11 防雷建筑物的防雷引下线应符合下列规定：

（1）建筑物易受雷击的部位应设专用引下线或专设引下线，且不应少于 2 根。专用引下线或专设引下线应沿建筑物外轮廓均匀设置。

（2）建筑物应利用其结构钢筋或钢结构柱作为专用引下线，当无结构钢筋或钢结构柱可利用时，应设置专设引下线。

（3）单根钢筋或圆钢作专用引下线或专设引下线时，其直径不应小于 10mm。

（4）专用引下线和专设引下线上端应与接闪器可靠连接，下端应与防雷接地装置可靠连接。

（5）建筑物外的引下线敷设在人员可停留或经过的区域时，应采用下列一种或两种方法，防止跨步电压、接触电压和旁侧闪络电压对人员造成伤害：

1）外露引下线在高 2.7m 以下部分，应穿能耐受 100kV 冲击电压（1.2/50μs 波形）的绝缘保护管；

2）应设立阻止人员进入的带警示牌的护栏，护栏与引下线水平距离不应小于 3m。

11.1.12　防雷建筑物防雷的接地装置应符合下列规定：

（1）当利用敷设在混凝土中的单根钢筋或圆钢作为防雷接地装置时，钢筋或圆钢的直径不应小于 10mm。

（2）当基础材料及周围土壤达到泄放雷电流要求时，应利用基础内钢筋网作为防雷接地装置。

（3）接地装置采用不同材料时，应考虑电化学腐蚀的影响。

（4）铝导体不应作为埋设于土壤中的接地极、接地导体和连接导体。

11.2　接地

11.2.1　低压配电系统的接地形式应根据系统电气安全防护的具体要求确定。低压配电系统的接地形式可分为 TN、TT、IT 三种类型，其中 TN 系统又可分为 TN-C、TN-S 与 TN-C-S 三种形式。

11.2.2　除另有要求外，各种接地宜采用共用接地装置，共用接地装置电阻值应满足各种接地的最小电阻值的要求。

11.2.3　下列外露可导电部分严禁接地：

（1）采用设置非导电场所保护方式的电气设备外露可导电部分。

（2）采用不接地的等电位联结保护方式的电气设备外露可导电部分。

（3）采用电气分隔保护方式的单台电气设备外露可导电部分。

（4）在采用双重绝缘及加强绝缘保护方式中的绝缘外护物里面的外露可导电部分。

11.2.4　交流电气装置或设备的外露可导电部分的下列部分应接地：

（1）配电变压器的中性点和变压器、低电阻接地系统的中性点所接设备的外露可导电部分。

（2）电机、配电变压器和高压电器等的底座和外壳。

（3）发电机中性点柜的外壳、发电机出线柜、母线槽的外壳等。

（4）配电、控制和保护用的柜（箱）等的金属框架。

（5）预装式变电所、干式变压器和环网柜的金属箱体等。

（6）电缆沟和电缆隧道内，以及地上各种电缆金属支架等。

（7）电缆接线盒、终端盒的外壳，电力电缆的金属护套或屏蔽层，穿线的钢管和电缆桥架等。

（8）高压电气装置以及传动装置的外露可导电部分。

（9）附属于高压电气装置的互感器的二次绕组和控制电缆的金属外皮。

11.2.5　充电桩、机械停车库等设备的接地端子均应可靠接地。自动门的所有金属构件及附属电气设备的外露可导电部分均应可靠接地。

11.2.6 智能建筑的接地系统必须保证建筑内各智能化系统的正常运行和人身、设备安全。智能化系统的接地应满足下列要求：

（1）当智能化系统由 TN 交流配电系统供电时，应采用 TN-S 系统或 TN-C-S 接地系统。

（2）智能化系统及机房内电气设备和智能化设备的外露可导电部分、外界可导电部分、建筑物金属结构应等电位联结并接地。

（3）智能化系统单独设置的接地线应采用截面积不小于 25mm^2 的铜材。

11.2.7 下列金属部分不应作为保护接地导体（PE）：

（1）金属水管。

（2）含有气体、液体、粉末等物质的金属管道。

（3）柔性或可弯曲的金属导管。

（4）柔性的金属部件。

（5）支撑线、电缆桥架、金属保护导管。

11.2.8 保护导体应满足下列规定：

（1）除测试以外，保护接地导体（PE）、接地导体和保护连接导体应确保自身可靠连接。

（2）用电设备的外露可导电部分不得用作保护导体的串联过渡接点。

（3）民用建筑中用电设备的外界可导电部分、除产品标准允许外的外露可导电部分，不得用作保护接地导体（PE）。

11.2.9 单独敷设的保护接地导体（PE）最小截面积应符合下列规定：

（1）在有机械损伤防护时，铜导体不应小于 2.5mm^2。

（2）无机械损伤防护时，铜导体不应小于 4mm^2，铝导体不应小于 16mm^2。

11.2.10 变电所接地装置的接触电压和跨步电压不应超过允许值。

11.2.11 对于在使用过程中产生静电并对正常工作造成影响的场所，应采取防静电接地措施。防静电接地应满足以下要求：

（1）各种可燃气体、易燃液体的金属工艺设备、容器和管道均应接地。

（2）移动时可能产生静电危害的器具应接地。

（3）防静电接地的接地线应采用绝缘铜芯导线，对移动设备应采用绝缘铜芯软导线，导线截面积应按机械强度选择，最小截面积为 6mm^2。

（4）固定设备防静电接地的接地线连接应采用焊接，对于移动设备防静电接地的接地线应与接地体可靠连接，并应防止松动或断线。

（5）防静电接地宜选择共用接地方式，当选择单独接地方式时，接地电阻不宜大于 10Ω，并应与防雷接地装置保持 20m 以上间距。

11.2.12 建筑常见需采用防静电接地设备或装置：

（1）柴油发电机房的燃油系统的设备与管道应采取防静电接地措施。

（2）各燃气表间设有的排风管道应设置导除静电的接地装置。

（3）暖通设备的静电过滤器需与接地装置连接。

（4）气体钢瓶间的管网、壳体应设防静电接地。

11.3 等电位联结

11.3.1 建筑物内的接地导体、总接地端子和下列可导电部分应实施保护等电位联结：

155

（1）进出建筑物外墙处的金属管线。

（2）便于利用的钢结构中的钢构件及钢筋混凝土结构中的钢筋。

11.3.2　接到总接地端子的保护连接导体的截面积，其最小值应符合表 11.3-1 的规定；由等电位箱接至电气装置单独敷设的保护连接导体最小截面积，应符合本《技术措施》11.2.9 的规定。

表 11.3-1　　　　　　　　　　　　保护连接导体截面积的最小值　　　　　　　　　　　　（mm²）

导体材料	铜	铝	钢
最小值	6	16	50

11.3.3　辅助等电位的连接导体应与区域内的下列可导电部分相连接：

（1）人员能同时触及的固定电气设备的外露可导电部分和外界可导电部分。

（2）保护接地导体。

（3）安装非安全特低电压供电的电动阀门的金属管道。

12 电 气 消 防

12.1 火灾自动报警系统

12.1.1 火灾自动报警系统选型，应符合下列规定：

（1）仅需要报警，不需要联动自动消防设备的保护对象宜采用区域报警系统。

（2）不仅需要报警，同时需要联动自动消防设备，且只设置一台具有集中控制功能的火灾报警控制器和消防联动控制器的保护对象，应采用集中报警系统，并应设置一个消防控制室。

（3）设置两个及以上消防控制室的保护对象，或已设置两个及以上集中报警系统的保护对象，应采用控制中心报警系统。

12.1.2 区域报警系统的设计，应符合下列规定：

（1）系统应由火灾探测器、手动火灾报警按钮、火灾声光警报器及火灾报警控制器等组成，系统中可包括消防控制室图形显示装置和指示楼层的区域显示器。

（2）火灾报警控制器应设置在有人值班的场所。

（3）系统设置消防控制室图形显示装置时，该装置应具有传输有关信息的功能；系统未设置消防控制室图形显示装置时，应设置火警传输设备。

12.1.3 集中报警系统的设计，应符合下列规定：

（1）系统应由火灾探测器、手动火灾报警按钮、火灾声光警报器、消防应急广播、消防专用电话、消防控制室图形显示装置、火灾报警控制器、消防联动控制器等组成。

（2）系统中的火灾报警控制器、消防联动控制器和消防控制室图形显示装置、消防应急广播的控制装置、消防专用电话总机等起集中控制作用的消防设备，应设置在消防控制室内。

（3）系统设置的消防控制室图形显示装置应具有传输有关信息的功能。

12.1.4 控制中心报警系统的设计，应符合下列规定：

（1）有两个及以上消防控制室时，应确定一个主消防控制室，其余为分消防控制室。

（2）设置多个消防控制室时，宜选择靠近消防水泵房的消防控制室作为主消防控制室，其余为分消防控制室。

（3）主消防控制室应能显示所有火灾报警信号和联动控制状态信号，并应能控制重要的消防设备；各分消防控制室内消防设备之间可互相传输、显示状态信息，但不应互相控制。消防主控制室可以控制分消防控制室所控设备。整个系统共同使用的消防水泵等重要设备，由最高级别的主消防控制室统一控制。

（4）分消防控制室主要负责本区域火灾报警、疏散照明、消防应急广播和声光警报装置、防排烟系统、防火卷帘以及本区域的消火栓泵、喷淋消防泵等联动控制。

（5）系统设置的消防控制室图形显示装置应具有传输有关信息的功能。

12.1.5 高度大于 12m 的空间场所的火灾报警应符合下列规定：

（1）高度大于 12m 的空间场所，宜同时选择两种及以上火灾参数的火灾探测器。

（2）火灾初期产生大量烟的场所，应选择线型光束感烟火灾探测器、管路吸气式感烟火灾探测器或图像型感烟火灾探测器。

（3）火灾初期产生少量烟并产生明显火焰的场所，应选择 1 级灵敏度的点型红外火焰探测器或图像型火焰探测器，并应降低探测器设置高度。

（4）电气线路应设置电气火灾监控探测器，照明线路上应设置具有探测故障电弧功能的电气火灾监控探测器。

12.1.6 高度大于 12m 的空间场所，线型光束感烟火灾探测器的设置应符合下列要求：

（1）探测器应设置在建筑顶部。

（2）探测器宜采用分层组网的探测方式。

（3）建筑高度不超过 16m 时，宜在 6～7m 增设一层探测器。

（4）建筑高度超过 16m 但不超过 26m 时，宜在 6～7m 和 11～12m 处各增设一层探测器。

（5）由开窗或通风空调形成的对流层为 7～13m 时，可将增设的一层探测器设置在对流层下面 1m 处。

（6）分层设置的探测器保护面积可按常规计算，并宜与下层探测器交错布置。

12.1.7 高度大于 12m 的空间场所，管路吸气式感烟火灾探测器的设置应符合下列要求：

（1）探测器的采样管宜采用水平和垂直结合的布管方式，并应保证至少有两个采样孔在 16m 以下，并宜有 2 个采样孔设置在开窗或通风空调对流层下面 1m 处。

（2）可在回风口处设置起辅助报警作用的采样孔。

12.1.8 火灾报警器设置，应符合下列要求：

（1）火灾自动报警系统应设置火灾声光警报器，并应在确认火灾后启动建筑内的所有火灾声光警报器。

（2）火灾光警报器应设置在每个楼层的楼梯口、消防电梯前室、建筑内部拐角等处的明显部位，且不宜与安全出口指示标志，灯具设置在同一面墙上。

（3）每个报警区域内应均匀设置火灾警报器，其声压级不应小于 60dB；在环境噪声大于 60dB 的场所，其声压级应高于背景噪声 15dB。

（4）当火灾警报器采用壁挂方式安装时，其底边距地面高度应大于 2.2m。

（5）火灾声警报器设置带有语音提示功能时，应同时设置语音同步器。

（6）同一建筑内设置多个火灾声警报器时，火灾自动报警系统应能同时启动和停止所有火灾声警报器工作。

（7）火灾声警报器单次发出火灾警报时间宜为 8～20s，同时设有消防应急广播时，火灾声警报应与消防应急广播交替循环播放。

12.1.9 消防应急广播的设置，应符合下列要求：

（1）民用建筑内扬声器应设置在走道和大厅等公共场所。每个扬声器的额定功率不应小于 3W，其数量应能保证从一个防火分区内的任何部位到最近一个扬声器的直线距离不大于 25m，走道末端距最近的扬声器距离不应大于 12.5m。

（2）在环境噪声大于 60dB 的场所设置的扬声器，在其播放范围内最远点的播放声压级应高于背景噪声 15dB。

（3）电梯前室、疏散楼梯间内应设置应急广播扬声器。

（4）客房设置专用扬声器时，其功率不宜小于 1W。

（5）壁挂扬声器的底边距地面高度应大于 2.2m。

（6）集中报警系统和控制中心报警系统应设置消防应急广播。

（7）消防应急广播系统的联动控制信号应由消防联动控制器发出。当确认火灾后，应同时向全楼进行广播。

（8）消防应急广播的单次语音播放时间宜为 10～30s，应与火灾声警报器分时交替工作，可采取 1 次火灾声警报器播放、1 次或 2 次消防应急广播播放的交替工作方式循环播放。

（9）具有消防应急广播功能的多用途公共广播系统，应具有强制切入消防应急广播的功能。

（10）在消防控制室应能手动或按预设控制逻辑联动控制选择广播分区、启动或停止应急广播系统，并应能监听消防应急广播。在通过传声器进行应急广播时，应自动对广播内容进行录音。

12.1.10　消防专用电话设置，应符合下列规定：

（1）消防控制室内应设置消防专用电话总机和可直接报火警的外线电话，消防专用电话网络应为独立的消防通信系统。

（2）消防电话总机应有消防电话通话录音功能。

（3）多线制消防专用电话系统中的每个电话分机应与总机单独连接。

（4）电话分机或电话插孔的设置，应符合下列规定：

1）消防水泵房、发电机房、配（变）电室、计算机网络机房、主要通风和空调机房、防排烟机房、灭火控制系统操作装置处或控制室、企业消防站、消防值班室、总调度室、消防电梯机房及其他与消防联动控制有关的且经常有人值班的机房，应设置消防专用电话分机。消防专用电话分机，应固定安装在明显且便于使用的部位，并应有区别于普通电话的标识。

2）设有手动火灾报警按钮或消火栓按钮等处，宜设置电话插孔，并宜选择带有电话插孔的手动火灾报警按钮。

3）各避难层应每隔 20m 设置一个消防专用电话分机或电话插孔。

4）电话插孔在墙上安装时，其底边距地面高度宜为 1.3～1.5m。

（5）消防控制室、消防值班室或企业消防站等处，应设置可直接报警的外线电话。

12.1.11　火灾报警与联动系统图的画法。当系统规模较小，联动设备较少，可采用报警与联动控制同回路的系统，见图 12.1-1。当系统规模较大，联动设备较多，报警回路和联动控制回路宜分开，见图 12.1-2，具体画法示例见图 12.1-3。

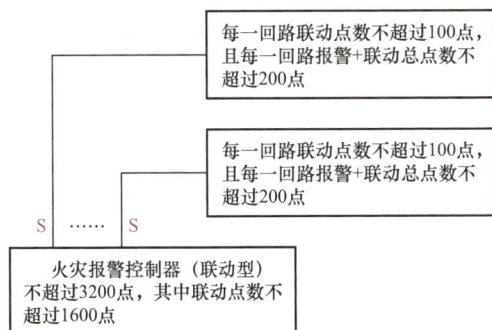

图 12.1-1　报警与联动同回路系统
S—通信线（报警 + 联动）

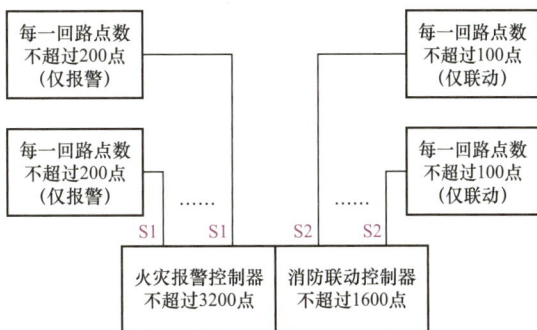

图 12.1-2　报警与联动分回路系统
S1—报警信号总线；S2—联动信号总线

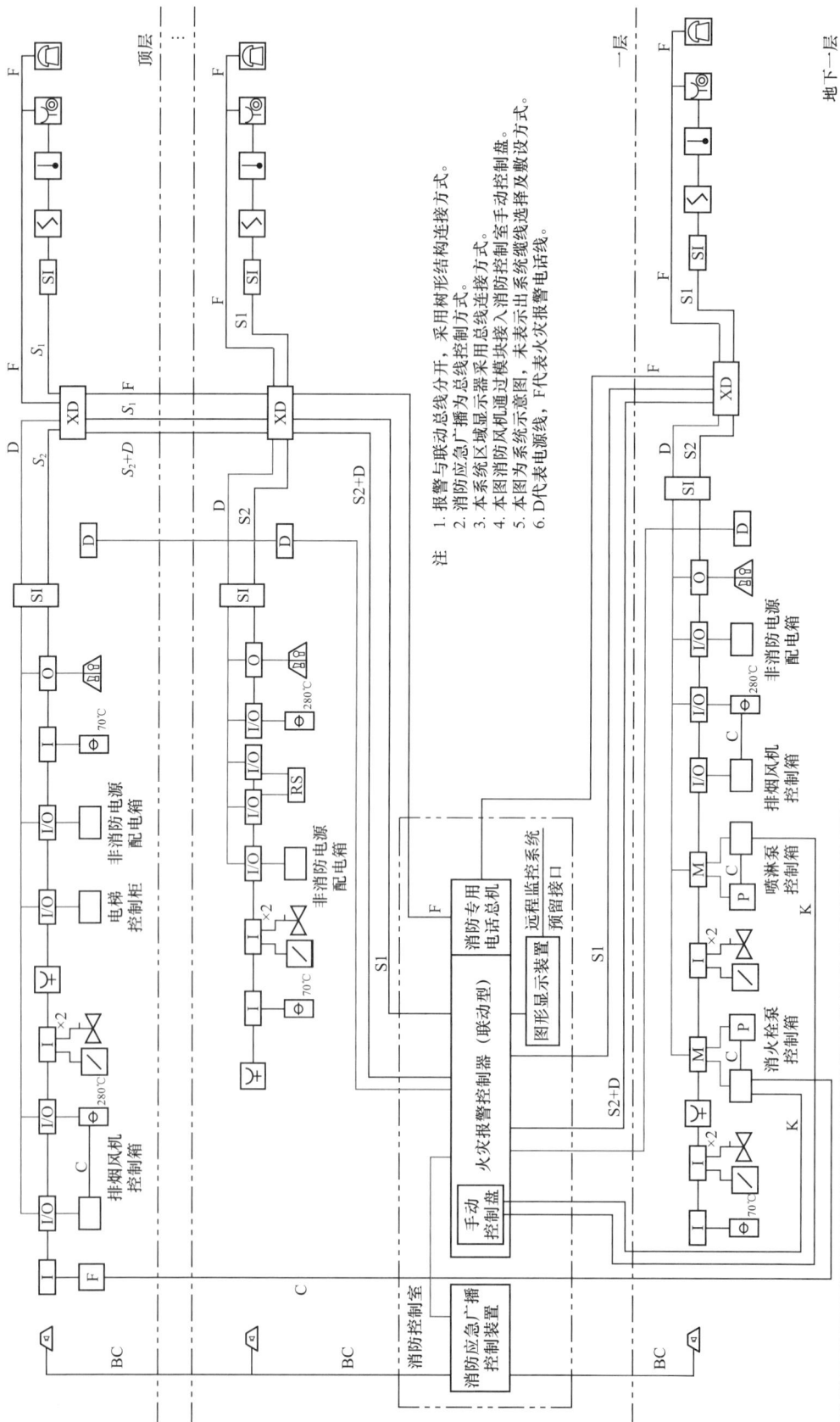

注：
1. 报警与联动总线分开，采用树形结构连接方式。
2. 消防应急广播为总线控制方式。
3. 本系统区域显示器采用总线连接方式。
4. 本图消防风机通过模块接入消防控制室手动控制盘。
5. 本图为系统示意图，未表示出系统缆线选择及敷设方式。
6. D代表电源线，F代表火灾报警电话线。

图 12.1-3　集中报警系统示例

12.1.12 消防风机控制。《消防设施通用规范》(GB 55036—2022)要求，加压送风机、排烟风机、补风机应具有现场手动启动、与火灾自动报警系统联动启动和在消防控制室手动启动的功能。当系统中任一常闭加压送风口开启时，相应的加压风机均应能联动启动；当任一排烟阀或排烟口开启时，相应的排烟风机、补风机均应能联动启动。《电气与智能化通用规范》(GB 55024—2022)要求，消防水泵、防烟和排烟风机应采用联动/连锁控制方式，还应在消防控制室设置手动控制消防水泵启动装置。在消防控制室应具有消防风机手动启动的功能，不需要从消防风机控制箱单独敷设线路至消防控制室，采用模块控制即可。示例见图12.1-4。

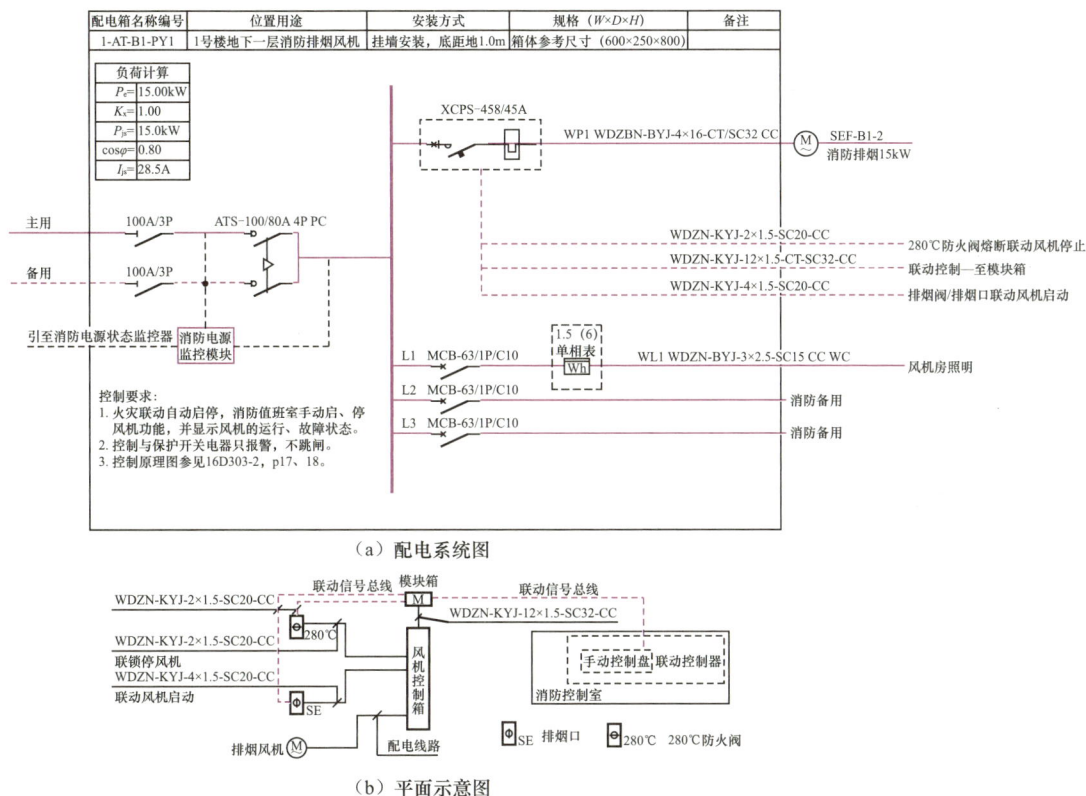

图 12.1-4 消防排烟风机配电系统图和平面示意图

12.2 电气火灾监控系统

12.2.1 电气火灾监控系统由：电气火灾监控器、剩余电流式电气火灾监控探测器、测温式电气火灾监控探测器和故障电弧探测器等组成。

12.2.2 在无消防控制室且电气火灾监控探测器设置数量不超过8只时，可采用独立式电气火灾监控探测器。

12.2.3 剩余电流式电气火灾探测器、测温式电气火灾探测器和电弧故障探测器的监测点设置应符合下列原则：

（1）计算电流300A及以下时，宜在变电所低压配电室或总配电室集中测量；300A以上时，宜在楼层配电箱进线开关下端口测量。

（2）当配电回路为封闭母线槽或预制分支电缆时，应在分支线路总开关下端口测量。

（3）当建筑物为低压进线时，在总开关下分支回路上测量。国家级文物保护单位，砖木或木结构重点古建筑的电源进线在总开关的下端口测量。

（4）设置了电气火灾监控系统的档口式家电商场、批发市场等场所的末端配电，应设置电弧故障火灾探测器或限流式电气防火保护器。

（5）储备仓库、电动车充电等场所的末端回路，设置限流式电气防火保护器。

12.2.4 电气火灾监控系统应监测配电线路的剩余电流和温度，当超过限定值时应报警；应具备显示装置接入功能，实时传送监控信息，显示监控数值和报警部位。

12.2.5 已设置直接及间接接触电击防护的剩余电流保护电器的配电回路，不应重复设置剩余电流式电气火灾监控器。

12.3 防火门监控系统

12.3.1 防火门监控系统一般由防火门监控器（主机）、门磁开关（一体式）、电动闭门器（一体式）、监控分机组成。防火门监控器设置在消防控制室内。

12.3.2 疏散通道上各防火门的开启、关闭及故障状态信号应反馈至防火门监控器。

12.3.3 应由常开防火门所在防火分区内的两只独立的火灾探测器或一只火灾探测器与一只手动火灾报警按钮的报警信号，作为常开防火门关闭的联动触发信号，联动触发信号应由火灾报警控制器或消防联动控制器发出，并应由消防联动控制器或防火门监控器联动控制防火门关闭。

12.4 消防设备电源监控系统

12.4.1 消防设备电源监控系统可由消防设备电源状态监控器、监控分机（系统规模小时监控分机可不设置）、电压传感器、电流传感器、电压 / 电流传感器等部分或全部设备组成。

12.4.2 消防设备电源监控点宜设置在下列部位：

（1）变电所消防设备主电源、备用电源专用母排或消防电源柜内母排。

（2）为重要消防设备如消防控制室、消防泵、消防电梯、防排烟风机、非集中控制型应急照明、防火卷帘门等供电的双电源切换开关的出线端。

（3）无巡检功能的 EPS 应急电源装置的输出端。

（4）为无巡检功能的消防联动设备供电的直流 24V 电源的出线端。

12.4.3 消防设备电源监控器应能接收并显示其监控的所有消防设备的主用电源和备用电源的实时工作状态信息。当消防设备电源发生过电压、欠电压、过电流、缺相等故障时，消防设备电源监控器应发出故障声、光信号，显示并记录故障的部位、类型和时间。

12.4.4 平时使用的消防设备配电箱（柜），电源进线处可设置电压传感器或电压 / 电流传感器，出线回路宜设置电压 / 电流传感器；平时不使用的消防设备配电箱（柜），电源进线处 ATS 后端的监测点可设置电压传感器。

12.4.5 每台消防设备电源监控器所能连接的监控分机数量及每台监控分机能连接的监控模块数量，应满足设备产品要求。

12.4.6 消防设备电源监控器应设置在消防控制室，未设置消防控制室时，应设置在有人值班的场所。监控分机可设置在电气竖井或楼层配电间等处。

12.4.7 当系统中设置有图形显示装置时，消防设备电源监控器应将消防电源设备状态信息反馈至图形显示装置。

12.5 消防应急照明与疏散指示系统

消防应急照明与疏散指示系统见本《技术措施》8.7。

12.6 余压监测控制系统

12.6.1 当暖通专业设有机械加压送风系统，且设有测压装置及风压调节措施时，应设置余压监测控制系统。余压监控系统由余压监控器、余压控制器、余压探测器等组成。

12.6.2 余压探测器的设置位置应根据暖通条件确定，通常在每层封闭楼梯间或防烟楼梯间前室设置余压探测器，前室、合用前室、消防电梯前室与走道之间的压差应为25～30Pa，楼梯间内两个余压探测器距离大于楼梯间高度的1/2，防烟楼梯间、封闭楼梯间与走道之间的压差应为40～50Pa。

12.6.3 当余压值超过规定值时，余压探测器发出报警信号，余压监控器打开加压风机旁的电动多叶调节阀进行泄压，使楼梯间、前室余压值回落到正常值。

12.6.4 余压监控器应设置在消防控制室内。

12.7 消防控制室、消防值班室

12.7.1 设置了火灾自动报警系统和联动控制系统的建筑（群），应设置消防控制室。

12.7.2 仅设置了区域火灾自动报警系统的建筑应设置消防值班室。不具备设置分消防控制室条件的超高层建筑裙房以上部分，有需求的业态可设置消防值班室。

12.7.3 附设在建筑内的消防控制室，宜设置在建筑内首层或地下一层，疏散门应直通室外或安全出口，当设置在地下一层时，应能通过就近的楼梯直通室外。

12.7.4 建筑群或园区的消防控制室宜设置在消防车能够到达且靠近园区主要出入口、靠近主市政路附近，并靠近消防水泵房，在5min内能到达消防水泵房。

12.7.5 消防控制室的设置应符合下列要求：

（1）不应与变（配）电所等电磁场干扰较强的设备用房贴临，当不能避免时，应采取有效的电磁屏蔽措施。

（2）应远离强振动源和强噪声源等可能影响消防控制室设备正常工作的场所，当不能避免时，应采取有效的隔振、消音和隔声措施。

（3）不应设置在厕所、浴室、卫生间、厨房、空调机房、泵房或其他潮湿、易积水场所的正下方或贴邻。

（4）应远离粉尘、油烟、有害气体及生产（厨房等）或储存具有腐蚀性、易燃、易爆物品的场所。

（5）消防控制室可单独设置，也可与安全技术防范系统合并设置；与消防有关的公共广播机房可与消防控制室合并设置。当消防和安防控制中心合并设置时，消防和安防设备应分区布置，宜相对独立。

（6）消防控制室附近宜设卫生间和休息间。

（7）消防控制室门口应有明显标识。

（8）消防控制室内宜设独立空调。

（9）消防控制室应预留向上级消防监控中心报警的接口。

（10）消防控制室内应设置消防专用电话总机和可直接报火警的外线电话，消防专用电话网络应为独立的消防通信系统。

第 3 篇 智 能 化 篇

13 信 息 设 施 系 统

13.1 信息接入系统

13.1.1 信息接入系统应具有将建筑物内所需的公共信息及专用信息接入的功能，通信网、有线电视网应接入有需求的建筑物内，并合理配置信息接入系统设施用房。

13.1.2 在公共信息网络已实现光纤传输的地区，信息设施工程必须采用光纤到用户或光纤到用户单元的方式建设。

13.1.3 单体公共建筑或建筑群内设置不少于 1 个进线间，位置宜设置在地下一层并靠近市政信息接入点的外墙部位。

13.1.4 进线间的面积不应小于 10m²，应满足不少于 3 家电信业务经营者接入设施的使用空间与面积要求。

13.1.5 单体或群体建筑引入管按需求宜设置一处或多处引入点，引入管应采用无缝钢管或热浸镀锌焊接钢导管，其引入建筑物导管的点位数、导管根数、导管公称口径的选择宜符合表 13.1-1 的规定。

表 13.1-1　　　　　　　　　　信息接入系统引入管要求

建筑物类型	引入建筑弱电综合导管的点位数量	通信专用导管			弱电系统导管		
		导管根数	其中备用	钢管公称口径 DN(mm)	管道根数	其中备用	钢导管公称口径 DN(mm)
多层建筑	≥1	5	1	40/50/80	2	1	40/50/80
高层建筑	≥1	5～6	1～2	90/100/125	3～4	1～2	80/90/100
超高层及250m以上建筑	≥2	6～9	2～3	90/100/125	3～4	1～2	80/90/125
园区信息通信机房建筑	≥1	6～12	2～3	90/100/125	4～6	1～2	80/90/100
园区消防安防控制机房建筑	≥1	8～12	3～6	90/100/125	4～6	1～2	80/90/100
地下室连通的大型及特大型建筑群	≥2	6～9	2～3	90/100/125	3～4	1～2	80/90/100

13.1.6 信息接入系统应具有对接智慧城市的技术条件。

13.2 综合布线系统

13.2.1 综合布线系统要满足建筑物内语音、数据、图像和多媒体等信息传输的需求，并根据缆线敷设方式和安全保密的要求，选择满足相应安全等级的信息缆线。

13.2.2 系统宜按工作区、配线子系统、干线子系统、建筑群子系统、设备间、进线间、管理进行分项内容设计。

13.2.3 工作区面积的划分，应根据建筑功能和需求确定，当终端设备需求不明确时，可参照表 13.2-1 确定。

表 13.2-1　　　　　　　　　　　　　工作区面积划分

建筑物类型及功能	工作区面积 (m²)
信息中心、网管中心、呼叫中心、金融中心、证交中心、调度中心、特种阅览室等终端设备较为密集的场所	3 ～ 5
办公区，图书馆阅览室	5 ～ 10
体育场馆业务区	5 ～ 50
医院业务区	10 ～ 50
学校教室，实验室，档案室	20 ～ 50
展览区，商场	20 ～ 60
航站楼，铁路客运站公共区域	50 ～ 100

13.2.4 铜缆布线系统的分级与类别见表 13.2-2。

表 13.2-2　　　　　　　　　　　　铜缆布线系统分级与类别

系统分级	系统产品类别	支持带宽和传输速率	传输距离 (m)	应用
A	—	100kHz/—		语音和报警、门禁等低速数据
B	—	1MHz/4Mbit/s	100	语音和 4Mbits/s 令环牌网络等数据
C	3 类（大对数）	16MHz/10Mbit/s	100	语音和 10Mbits/s 以太网、4Mbits/s 令环牌网络等数据
D	5 类（屏蔽和非屏蔽）	100MHz/100Mbit/s	100	读音和最高传输速率 100Mbits/s 的数据
E	6 类（屏蔽和非屏蔽）	250MHz/1Gbit/s	100	千兆以太网和语音
EA	6A 类（屏蔽和非屏蔽）	500MHz/10Gbit/s	100	千兆、万兆以太网
F	7 类（屏蔽）	600MHz/10Gbit/s	100	万兆以太网
FA	7A 类（屏蔽）	1000MHz/10Gbit/s	100	万兆以太网

13.2.5 光纤的分类及应用传输距离。

（1）多模光纤的分类见表 13.2-3。

表 13.2-3　　　　　　　　　　　　　　多模光纤的分类

光纤类别	光纤直径 (μm)	最小模式带宽 (MHz·km)			
		满溢光发射带宽 (MHz·km)		有效光发射带宽 (MHz·km)	
		850nm	1300nm	850nm	1300nm
OM1	50 或 62.5	200	500	—	—
OM2	50 或 62.5	500	500	—	—
OM3	50	1500	500	2000	—
OM4	50	3500	500	4700	—
OM5	50	—	—	28000	—

（2）100M、1G 以太网光纤的应用传输距离见表 13.2-4。

表 13.2-4　　　　　　　　100M、1G 以太网光纤的应用传输距离

光纤类型	应用网络	光纤直径 (μm)	波长 (nm)	带宽 (MHz)	应用距离 (m)
多模	100BASE-FX	—	—	—	2000
	1000BASE-SX	62.5	850	160	220
	1000BASE-LX			200	275
				500	550
	1000BASE-SX	50	850	400	500
				500	550
	1000BASE-LX		1300	400	550
				500	550
单模	1000BASE-LX	<10	1310	—	5000

（3）10G 以太网光纤的应用传输距离见表 13.2-5。

表 13.2-5　　　　　　　　10G 以太网光纤的应用传输距离

光纤类型	应用网络	光纤直径 (μm)	波长 (nm)	模式带宽 (MHz·km)	应用距离 (m)
多模	10GBASE-S	62.5	850	160/150	26
				200/500	33
				400/400	66
		50		500/500	82
				2000/—	300
	10GBASE-LX4	62.5	1300	500/500	300
		50		400/400	240
				500/500	300
单模	10GBASE-L	<10	1310	—	10000
	10GBASE-E		1550	—	30000 ～ 40000
	10GBASE-LX4		1300		10000

13.3　移动通信室内信号覆盖系统

13.3.1　民用建筑占地面积每 0.2km²，应设置 1 个宏蜂窝基站机房或室外一体化基站位置。

13.3.2　楼内宏蜂窝基站机房应选择靠近楼顶的房间，机房使用面积不应小于 30m²；供电电源要求，农村基站不小于 20kW，郊区及县城基站不小于 25kW，市区基站不小于 30kW；单位面积荷载不应小于 6kN/m²。并在楼层弱电间预留设置移动通信室内微基站设备安装位置及线缆敷设桥架。

13.3.3　民用建筑内应预留移动通信室内信号覆盖系统机房，可设置在信息接入机房内，也可单独设置。单位面积荷载不应小于 6kN/m²。具体面积要求见表 13.3-1。

表 13.3-1　　　　　　　　　移动通信室内信号覆盖系统机房面积

面积 (m²)	建议尺寸 (m×m)	适用建筑面积
5	2×2.5	单栋建筑面积不超过 5000m²
30	5×6	单栋建筑面积大于 5000m² 且不超过 50000m²
40	5×8	单栋建筑面积大于 50000m² 且不超过 100000m²

注　若单栋建筑面积超过 100000m²，除应设置至少一处移动通信室内信号覆盖系统机房（面积不宜低于 40m²）之外，每增加 50000m² 应额外增设一个专用机房或根据建筑群布局增设专用机房。

13.3.4　宏蜂窝基站机房、移动通信室内信号覆盖系统机房的土建应符合下列要求：

（1）机房梁下净高度不应低于 2.8m，门高不小于 2.1m，门宽不小于 1.2m，门应向外开启。

（2）机房不宜设置窗户，若必须设置时，应安装密闭双层玻璃窗。

13.4　卫星通信系统

13.4.1　VSET 系统（甚小口径卫星通信系统）由通信卫星转发器、主站、终端站和系统网管设施组成，见图 13.4-1。

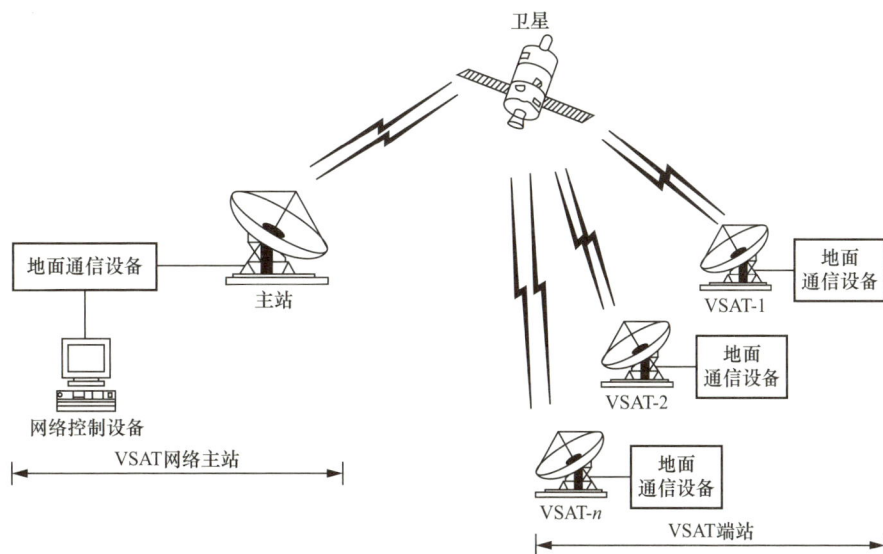

图 13.4-1　VSET 系统示意图

13.4.2 甚小口径卫星通信系统网络的拓扑结构可分为星状网、网状网和混合网。

（1）星状网：通常是由一个 HUB 主站（一般是处于中心城市的枢纽站）和若干个 VSAT 小站（远端用户终端站）组成，见图 13.4-2。小站之间通信要通过主站，按"小站—卫星—主站—卫星—小站"方式构成通信链路，要经过双跳形式才能通信，具有较大的（约 0.45s）传输时延。最适合于广播、手机等进行点到多点的通信应用环境，适用于数据业务或录音电话，不适用于实时语音业务。小站天线口径比较小，网络时延比较大。

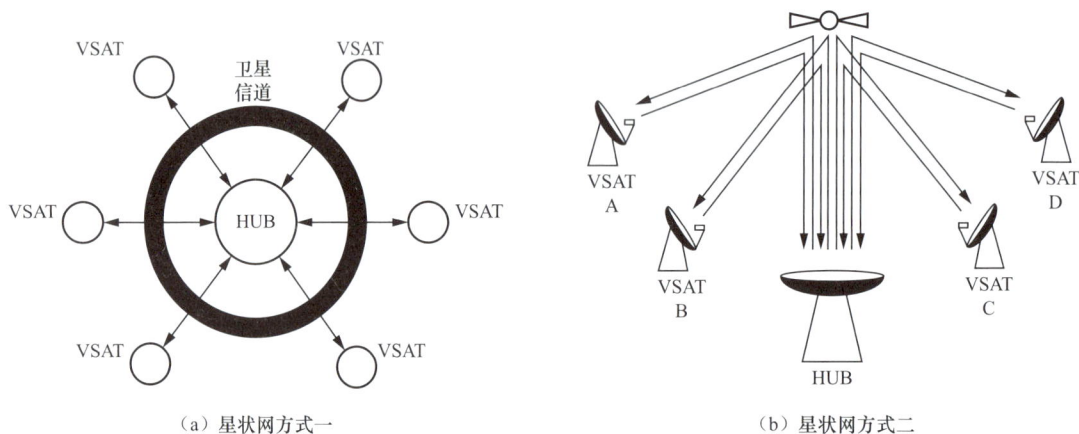

（a）星状网方式一 　　　　　　　　　　　　　（b）星状网方式二

图 13.4-2　星状网示意图

（2）网状网：允许任何两个 VSAT 地球站之间进行直接通信，为无中心的分散网络结构，按"小站—卫星—小站"通信链路实现"单跳"通信，传输时延比星形网络减少一半，只有 0.27s。但一般会选择一个站作为主控站，对全网进行监控管理，主控站不做业务转接，见图 13.4-3。网状网适合于点到点之间进行实时通信的应用环境，适用于话务量大的话音传输，各远端站之间通信业务较多情况。但 VSAT 小站天线口径很难进一步缩小。

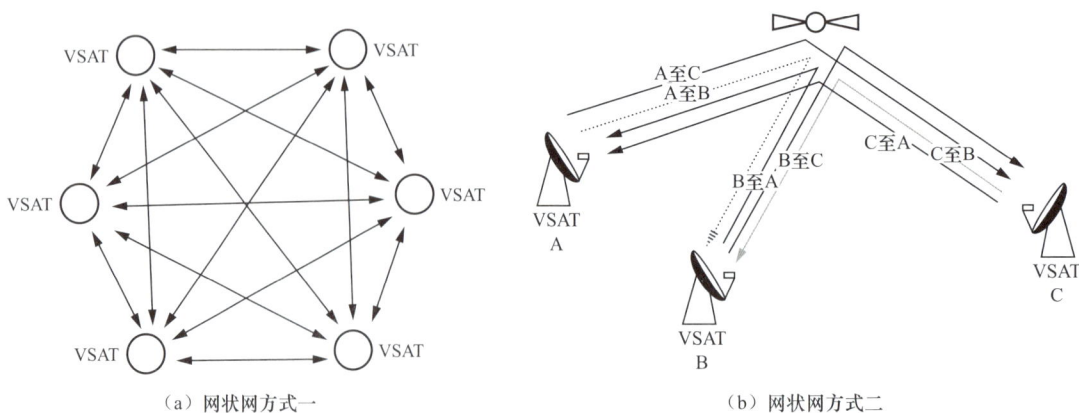

（a）网状网方式一 　　　　　　　　　　　　　（b）网状网方式二

图 13.4-3　网状网示意图

（3）混合网络：是融星形网络和网状网络于一体的网络，集中各自有利的方式完成链接。网中各 VSAT 小站之间可以不通过主站转接，而直接进行双向通信，见图 13.4-4。混合网络适用于点到点或点到多点之间进行综合业务传输的应用环境，适用于既有话音业务又有数据业务的情况，对卫星资源利用率比较高、网络较大、传输范围较广，但是网络结构复杂。

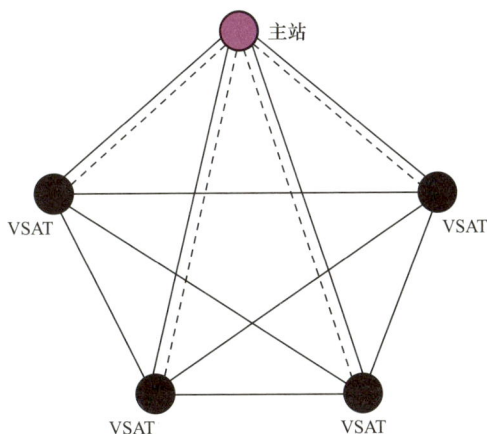

图 13.4-4　混合网络示意图

13.4.3　VSAT 系统地面固定端站的站址选择应避开天线周边的建筑物、广告牌、各种高塔和地形地物对天线电波的阻挡和反射引起的干扰。VSAT 系统天线到前段机房接收机端口的缆线长度不宜大于 20m。

13.5　用户电话交换系统

13.5.1　用户电话交换机分为程控数字用户交换机（PBX 或 PABX）、ISDN 用户交换机（ISPBX）、IP 交换机（IPPBX）、软交换用户电话交换机等；

13.5.2　民用建筑内物业管理部门宜设置内部用户电话交换机，并满足楼内物业管理办公用房、各个机电设备用房及控制室、内部餐饮用房、大堂总服务台、门卫室及相关公共场所等处的有线通信要求。

13.5.3　用户交换机容量的确定：

（1）初期装机容量 = 1.3×［目前所需门数 +（3 ～ 5）年内近期增容数］；

（2）终期装机容量 = 1.2×［目前所需门数 +（10 ～ 20）年内远期发展增容数］；

（3）用户机的备用量可按照实装电话机数量的 20% 考虑。

13.5.4　用户电话交换系统机房的选址及设置：

（1）单体建筑的机房宜设置在裙房或地下一层（有多地下层时），并宜靠近信息接入机房、弱电间或电信间。群体建筑的机房宜设置在群体建筑平面中心位置。

（2）机房按功能分为交换机室、控制室、配线室、电源室、进线室、辅助用房，以及用户电话交换机系统的话务员室、调度系统的调度室、呼叫中心的座席室；机房使用面积可参照表 13.5-1 确定。

表 13.5-1　　　　　　　　　　用户电话交换系统机房使用面积

交换系统容量数（门）	交换机机房使用面积（m²）
≤500	≥30
501 ～ 1000	≥35

续表

交换系统容量数（门）	交换机机房使用面积（m²）
1001 ～ 2000	≥40
2001 ～ 3000	≥45
3001 ～ 4000	≥55
4001 ～ 5000	≥70

注　表中机房使用面积包括主机及配线架（柜）设备、配电及蓄电池设备的使用面积，但不包含话务员室及辅助用
　　房使用面积。

13.5.5　用户电话交换系统的直流供电应符合下列要求：

（1）通信设备直流电源电压宜为 48V。

（2）当建筑物内设有发电机组时，蓄电池组的初装容量应满足系统 0.5h 的供电时间要求。

（3）当建筑物内无发电机组时，根据需要蓄电池组应满足系统 0.5 ～ 8h 的放电时间要求。

（4）当电话交换系统对电源有特殊要求时，应增加电池组持续放电的时间。

13.5.6　用户交换机中继线的选择见表 13.5-2。

表 13.5-2　　　　　　　　　　用户交换机中继线的选择

序号	交换机的容量（门或线）	中继线对数（参考值）		中继方式
		呼出	呼入	
1	＜50	1 ～ 5		双向
2	50	3	4	呼出、呼入分开
3	100	6	5	
4	200	10	11	
5	300	13	14	
6	400	15	16	
7	500	18	19	

13.6　无线对讲系统

13.6.1　数字无线对讲系统宜采用 1 台或多台固定数字中继台及室内天馈线分布系统进行通信组网，也可采用多个手持台（数字手持对讲机）进行单频通信组网。

13.6.2　固定数字中继台及室内天馈线分布系统可由固定数字中继信道主机、合路器、分路器、宽带双工器、干线放大器、功率分配器、耦合分支器、射频同轴电缆或光缆、近端光信号发射器 / 远端光接收射频放大器、室内或室天线、数字对讲机等组成。

13.6.3　系统宜采用 400MHz 专用频段或属地无线电管理机构对使用数字手持对讲机规划的频段。当本地消防、公安部门对建筑内有灭火救援指挥或接处警无线对讲信号需求时，可将 350MHz 专用信号源引入。建筑高度大于 100m 的建筑、大型或特大型建筑及有特殊需求的场所，专用信号源引入宜采用指挥基站的微蜂窝或宏蜂窝信号引入方式。

13.6.4 高度大于 100m 的建筑、大型或特大型建筑，室内天馈线分布系统的线缆设计应采用系统主干路由光缆及分支路由电缆混合分布方式。主干路馈线采用光缆传输时，宜采用单模光缆、近端光信号发射器和远端光接收射频放大器冗余结构方式。

13.6.5 室内天馈线分布系统设计应符合下列要求：

（1）室内宜采用小功率全向吸顶天线或吸盘天线多点分散布置，天线采用垂直方式。

（2）电梯轿厢内部信号覆盖：高层建筑电梯竖井宜设置八木定向天线或泄漏射频同轴电缆等；多层建筑可在电梯前室或合用前室处设置室内吸顶全向天线。

13.6.7 设计采用的通信频率须获得当地无线电管理局等政府部门的许可，用户向当地无线电管理委员会申请确认频段后方可实施。

13.7 信息网络系统

13.7.1 应根据建筑的运营模式、业务性质、应用功能、环境安全条件及使用需求，进行合理的系统组网架构规划，以满足建筑使用功能的构成状况、业务需求及信息传输的要求。

13.7.2 根据工程的规模、管理部门、使用人员和应用的不同需求，一般设置的物理网络类型有办公内网、办公外网（Wi-Fi）、智能化设备网、会议专网、安防专网等。

13.7.3 根据项目规模，网络系统采用二/三层网络架构，即核心层+接入层/核心层+汇聚层+接入层；宜采用星形拓扑结构，有高可靠性要求的网段应采用双链路环网或网状结构冗余链路等混合结构。

13.7.4 无线网络覆盖系统作为一种灵活的数据通信系统，成为有线局域网有效的延伸和补充。无线网络应覆盖建筑内所有公共区域、楼层走道、电梯、大堂、等区域，在公共聚集活动等区域考虑选择高密度接入的 AP 设备。

13.7.5 常用设备占用单元参考高度见表 13.7-1。

表 13.7-1　　　　　　　　　　常用设备占用单元参考高度

序号	设备名称		占用单元数	备注
1	常规 24 口接入交换机		1U	—
2	常规 24 口汇聚交换机		1U	—
3	路由器		3U	—
4	防火墙		1U	—
5	无线控制器		1U	—
6	服务器	塔式服务器	见备注	与普通 PC 外形类似，无固定尺寸，较大，每面机柜 2～4 台
		机架式服务器	见备注	有 1U、2U、3U、4U、5U、7U 几种标准，1U、2U 最常用
		刀片服务器	7U	放置在刀片服务器机柜内
7	磁盘整列卡		3U	—
8	核心交换机		见备注	每个厂家尺寸不一致，有 11U、17U、22E、36U 等不同

序号	设备名称		占用单元数	备注
9	DDF 配线架	12 口	1U	
		16 口		
		18 口		
		24 口	2U	
		48 口	4U	
10	ODF 配线架	12 芯	1U	
		24 芯	2U	
		36 芯	3U	
		48 芯	3U	
		72 芯	4U	

注 1. 1U=44.45mm，42U=44.45×42=1866.9mm。

2. 标准 42U（19″）机柜一般宽度为 600mm 或 800mm，机柜内安装的设备宽度为 482.6mm，对设备深度没有规定。

3. 机柜内设备不得叠放（需要间隔散热），具体间隔规定：2U（含 2U）以下规格设备之间间隔≥1U；2U 以上规格设备之间间隔≥2U；2U（含 2U）以下规格服务器和 2U 以上规格服务器之间间隔≥1.5U。

13.8 有线电视及卫星电视接收系统

13.8.1 民用建筑有线电视系统设计界面由自设前端或分配网络的接入点开始。有线电视系统信号源为当地有线电视信号、自办节目及卫星电视。

13.8.2 卫星电视接收站站址的选择，应符合下列规定：

（1）宜选择在周围无微波站和雷达站等干扰源处，并应避开同频干扰。

（2）应远离高压线和飞机主航道。

（3）应考虑风沙、尘埃及腐蚀性气体等环境污染因素。

（4）卫星信号接收方向应保证无遮挡。

（5）卫星电视接收站信号衰减不应超过 12dB，信号线保护导管截面积不应小于馈线截面积的 4 倍。

13.8.3 民用建筑有线电视系统可采用 HFC 接入分配网，系统的接入点至光节点应采用光信号传输，光节点至用户终端可采用电信号传输。HFC 接入分配网宜采用光纤到楼（层）（FTTB）同轴电缆到用户终端的传输和分配方式。

13.8.4 民用建筑有线电视系统也可采用 IP 接入分配网，系统的接入点至用户配线箱 / 家居配线箱应采用光信号传输，用户配线箱 / 家居配线箱至用户终端设备可采用光信号或电信号传输。IP 接入分配网应采用光纤到户（FTTH）和光缆、同轴电缆、对绞电缆或无线到用户终端设备的传输和分配方式。

13.8.5 有线电视前端机房可按下列要求预留：播出节目＜ 10 套，面积宜为 20m²；节目每增加 5 套，面积宜增加 10m²；光端机（光节点）机房：2m×2m。

13.8.6 卫星电视接收系统由抛物面天线、馈源、高频头、功率分配器和卫星接收机组成，最后与有线电视系统连接。

13.8.7 卫星电视接收天线的选择，应符合下列规定：

（1）卫星电视接收天线应根据所接收卫星采用的转发器，选用 C 频段或 Ku 频段抛物面天线；天线增益应满足卫星电视接收机对输入信号质量的要求。

（2）当天线直径大于或等于 4.5m，且对其效率及信噪比均有较高要求时，宜采用反馈式抛物面天线；当天线直径小于 4.5m 时，宜采用前馈式抛物面天线；当天线直径小于或等于 1.5m 时，Ku 频段电视接收天线宜采用偏馈式抛物面天线。

（3）天线直径大于或等于 5m 时，宜采用内置伺服系统的天线。

（4）在建筑物上架设的天线基础设计应计算其自重荷载及风荷载。

（5）天线的结构强度应满足其工作环境的要求；沿海地区宜选用耐腐蚀结构天线，风力较大地区宜选用网状天线。

13.9 公共广播系统

13.9.1 公共广播系统设计应符合下列规定：

（1）公共广播系统应具有实时发布语音广播的功能。当公共广播系统具有多种语音广播用途时，应有一个广播传声器处于最高广播优先级。

（2）紧急广播应具有最高级别的优先权，紧急广播系统备用电源的连续供电时间应与消防疏散指示标识照明备用电源的连续供电时间一致。

（3）公共广播系统应能在手动或警报信号触发的 10s 内，向相关广播区播放警示信号（含警笛）、警报语音或实时指挥语音。

（4）以现场环境噪声为基准，紧急广播的信噪比应等于或大于 12dB。

13.9.2 广播分区设置应符合下列规定：

（1）建筑物宜按楼层或功能分区。

（2）大厦可按楼层分区，场馆可按部门或功能块分区，走廊通道可按结构分区。

（3）管理部门与公共场所宜分别设区。

（4）重要部门或广播扬声器音量需要由现场人员调节的场所，宜单独设区。

（5）每一个分区内广播扬声器的总功率不宜大于 200W，且应与分路控制器的容量相适应。

13.9.3 公共广播扬声器的选择应满足灵敏度、频响、指向性等特性及播放效果的要求，并应符合下列规定：

（1）办公室、生活间、客房等可采用 1 ～ 3W 的扬声器。

（2）走廊、门厅及公共场所的背景音乐、业务广播等宜采用 3 ～ 5W 扬声器。

（3）在建筑装饰和室内净高允许的情况下，对大空间的场所宜采用声柱或组合音箱。

（4）扬声器提供的声压级宜比环境噪声高 10 ～ 15dB，但最高声压级不宜超过 90dB。

（5）在噪声高、潮湿的场所设置扬声器时，应采用号筒扬声器。

（6）室外扬声器的防护等级应为 IP56。

13.9.4 公共广播系统宜采用定压输出，输出电压宜采用 70V 或 100V，其交流电源容量一般按照终端广播设备的交流耗电容量的 1.5 ～ 2 倍计算。厅堂扩声系统功放设备的配置与选择应有功率储备，语言扩声应为 2 ～ 3 倍，演出扩声应为 4 ～ 6 倍，音乐扩声应为 6 ～ 8 倍或以上。

13.9.5　航站楼、客运码头、铁路旅客站和汽车客运站的旅客大厅等环境噪声较高的场所设置公共广播系统时，系统应能根据噪声的大小自动调节音量，广播声压级应比环境噪声高 10 ~ 15dB。应从建筑声学和广播系统两方面采取措施，满足语言清晰度的要求。

13.9.6　厅堂扩声扬声器的布置宜采用集中布置、分散布置及混合布置，并应符合下列规定：

（1）集中布置时，应使听众区的直达声较均匀地覆盖全场，并减少声反馈。下列情况，扬声器系统宜采用集中布置方式：

1）设有舞台并要求视听效果一致；

2）受建筑体型限制不宜分散布置。

（2）分散布置时，应控制靠近前台第一排扬声器的功率，减少声反馈。应防止听众区产生双声现象，必要时可在不同通路采取相对时间延迟措施。下列情况，扬声器系统宜采用分散式布置方式：

1）建筑物内的大厅净高较高，纵向距离长或者大厅被分隔成几部分使用时，不宜集中布置；

2）系统需要采用多通道扩声，播放立体声节目。

（3）下列情况，扬声器或扬声器组宜采用混合布置方式：

1）对眺台过深或设楼座的剧院等，宜在被遮挡的声影部位布置辅助扬声器系统；

2）对大型或纵向距离较长的大厅，除集中设置扬声器系统外，宜在后区布置辅助扬声器系统；

3）对各方向均有观众的场所宜混合布置，控制扬声器指向性及声压级，避免听到回声。

（4）返听扬声器应安装在靠近舞台台口位置，并应独立控制。

（5）重要扩声场所扬声器的布置方式宜根据建筑声学实测结果确定。

13.9.7　在厅堂集中布置扬声器时，应符合下列规定：

（1）扬声器或扬声器组至最远听众的距离，不应大于临界距离 ❶ 的 3 倍。

（2）扬声器或扬声器组与任一只传声器之间的距离，应大于临界距离。

（3）扬声器的轴线不应对准主席台和其他设有传声器之处；对主席台上空附近的扬声器或扬声器组应单独控制。

（4）看到发言人位置应与听到扬声器组扩声方位相同，达到声像方位一致。

13.9.8　广场类室外扩声扬声器或扬声器组的设置应符合下列规定：

（1）满足供声范围内的声压级及声场均匀度的要求。

（2）扬声器或扬声器组的声辐射范围应避开障碍物。

（3）控制反射声或因不同扬声器、扬声器组的声程差引起的双重声，应在直达声后 50ms 内到达听众区。

13.10　会议系统

13.10.1　会议系统可包括会议电视系统及电子会议系统。

13.10.2　会议电视系统可构建双方或多方视频会议，并可实现如下功能：

（1）收看及监察对方或多方会议的现场图像、数据文本，并且能收看到当前会议系统网络上运行的实时数据信息；

---

❶　临界距离是指声源在室内稳定地辐射声波时，在某一方向上直达声能量密度与混响声能量密度相等的点到声源中心的距离。

（2）能进行流畅的交互式语音与图像沟通。

13.10.3　会议电视系统用房要求见表 13.10-1。

表 13.10-1　　　　　　　　　　会议电视系统用房面积要求

会议电视规模与形式		会议室面积 (m²)	设备机房、控制室面积 (m²)	参会人数（人）
个人终端型	有线连接	4 ～ 6	—	1 ～ 2
	无线连接	—		1
小型 1		15 ～ 20	—	≤8
小型 2		20 ～ 35		9 ～ 16
中型		35 ～ 120	5 ～ 8	16 ～ 50
大型		120 ～ 220	15 ～ 20	50 ～ 100
特大型		≥220	20 ～ 30	≥100
远程呈现		50 ～ 100	5	6 ～ 16

注　1．中型、大型或特大型会议电视场所内会议桌椅宜面向显示屏幕扇形排列布置，第一排会议桌椅与单屏幕（双屏幕）显示部分之间距离宜为 2.0 ～ 4.0m。

　　2．大型或特大型会场控制室可设置双层单向透明观察窗，观察窗不宜小于 1.2m（宽）×0.8m（高），下沿距控制室地面为 0.9m。

　　3．会场参会人员观看投影幕布或显示屏上中西文字体的最小视距，前排视距宜按视频显示画面对角线尺寸 1.5 ～ 2 倍计算；后排最远视距宜按视频显示画面对角线尺寸 4 ～ 5 倍计算。超出视距时应在室内中场或后场区域增设辅助显示屏。

13.10.4　电子会议系统可包括会议讨论系统、同声传译系统、表决系统、扩声系统、显示系统、会议摄像系统、录制和播放系统、集中控制系统和会场出入口签到管理系统等。

（1）典型电子会议系统工程子系统选择参见表 13.10-2。

表 13.10-2　　　　　　　　　　典型电子会议系统子系统选择

子系统	小型讨论会议室	中型同传会议厅	政府中型会议厅	会议中心多功能厅	人大、政协会堂	大型国际会议厅
会议讨论系统	√	√	√	√	√	√
有线同声传译系统	—	√	—	—	√	√
红外线同声传译系统	—	√（可选）	—	√（可选）	√（可选）	√（可选）
会议表决系统	—	√	√	√	√	√
会议扩声系统	√（可选）	√	√	√	√	√
会议显示系统	√（可选）	√	√	√	√	√
会议摄像系统	—	√	√	√	√	√
会议录制和播放系统	—	√	√	√	√	√
集中控制系统	√（可选）	√	√	√	√	√
会场出入口签到管理系统	—	—	—	—	√	√
控制室	—	√（可选）	√	√	√	√

（2）使用移动式设备的会议室，应在摄像机、监视器等设备附近设置专用电源插座回

路，并应与会场扩声、会议显示系统设备采用同相电源，避免产生噪声、噪波等干扰现象。

13.11　呼叫信号和信息导引发布系统

13.11.1　呼叫信号系统包括病房护理呼叫信号系统、候诊呼叫信号系统、老年人公寓呼叫信号系统、营业厅呼叫信号系统、电梯多方通话系统和公共求助呼叫信号系统等。

13.11.2　呼叫信号系统宜由主机、呼叫分机、信号传输、呼叫提示等单元组成。

13.11.3　医院病房护理呼叫信号系统应具有下列功能：

（1）应随时接收患者呼叫，准确显示呼叫患者床位号或房间号。

（2）当患者呼叫时，护士站应有明显的声、光提示，病房门口宜具有光提示，走廊宜具有提示显示屏。

（3）多路同时呼叫时，能对呼叫者逐一记忆、显示，检索可查。

（4）特护患者应具有优先呼叫权。

（5）病房卫生间的呼叫，在主机处应具有紧急呼叫提示。

（6）对医护人员未做临床处置的患者呼叫，其提示信号应持续保留。

（7）具有医护人员与患者双向通话功能的系统，宜限定最长通话时间，对通话内容宜能录音、回放。

（8）危险禁区病房或隔离病房宜具备现场图像显示功能，并可在护士站对分机呼叫复位、清除。

（9）宜具有护理信息自动记录功能。

（10）宜具有故障自检功能。

13.11.4　医院候诊呼叫信号系统的功能应符合下列要求：

（1）就诊排队应以科室初诊、复诊、指定医生就诊等分类录入，自动排序。

（2）随时接受医生呼叫，并应在候诊区的主显示屏上准确显示候诊号及就诊席号。

（3）当多路同时呼叫时，宜逐一记忆、记录，并按录入排序，分类自动分诊。

（4）分诊台可对候诊厅语音提示，音量可调，应保证有效提示。

（5）诊室分机与分诊台主机可双向通话。

（6）诊室门口宜设置提示分屏。

（7）有特殊医疗工艺要求科室的候诊，宜具备图像显示功能。

13.11.5　公共求助呼叫信号系统设计应符合下列规定：

（1）无障碍卫生间应设置公共求助呼叫信号装置。

（2）停车库无障碍车位宜设置公共求助呼叫信号装置。

（3）系统主机宜设于物业管理室或消防控制室。

（4）公共求助呼叫信号系统的功能应符合下列要求：

1）无障碍卫生间当采用求助按钮方式时，求助按钮应设于厕位或洗手位伸手可及处；求助按钮宜按高、低位分别设置，高位按钮底边距地 0.8 ～ 1.0m，低位按钮底边距地 0.4 ～ 0.5m。

2）系统应具有确定求助地址的功能。

3）无障碍卫生间门口应设置声光报警器。

13.11.6　信息导引及发布系统由播控中心单元、数据资源库单元、传输单元、播放单元、显示查询单元等组成。

13.11.7 信息导引发布系统宜采用 TCP/IP 网络结构，接入智能化专网 / 办公网，划分独立 VLAN。管理终端和流媒体文件服务器采用 C/S 或 B/S 系统结构，应可支持多个管理终端。

13.11.8 系统宜具有公共业务信息的接入、采集、分类和汇总的数据资源库，并在建筑公共区域向公众提供信息告示、标识导引及信息查询等多媒体信息发布功能。

13.12 时钟系统

13.12.1 时钟系统由母钟、子钟、标准时间信号接收、信号传输、接口、监控管理等单元组成。

13.12.2 时钟系统应接收北斗卫星时钟信号或 GPS 时钟信号，并转换为北京时间作为校时基准，并可同时接收 BPM 短波授时台的校时信号，以北京时间为基准自动校时。

13.12.3 母钟单元宜采用主机、备机的配置方式，主机、备机之间应能实现自动或手动切换；当时钟系统规模较大或线路传输距离较远时，可设置二级母钟；二级母钟接收中心母钟发出的标准时间信号，应随时与中心母钟保持同步。

13.12.4 子钟单元可采用指针式或数字式，具有独立计时功能，平时跟踪母钟单元标准时间信号对自身精度进行校准，并向母钟回送自身工作状态。

14 建筑设备管理系统

14.1 一般规定

14.1.1 建筑设备管理系统（BMS）可对下列子系统进行设备运行和建筑能耗的监测与控制：①冷热源系统；②空调及通风系统；③给水排水系统；④供配电系统；⑤照明系统；⑥电梯和自动扶梯系统。

14.1.2 BMS 应支持互通、可互操作、互换等开放式系统技术。

14.1.3 应确保系统和信息的安全性。

14.1.4 应根据建筑的功能、重要性等确定采取冗余、容错等技术。

14.1.5 BMS 的设计应合理配置系统，使系统具备一定的灵活性，便于运行管理、运维和扩展。

14.1.6 当工程有智能建筑集成要求时，BMS 应提供与火灾自动报警系统及安全技术防范系统的通信接口，构成建筑设备管理系统。

14.1.7 BMS 设计应收集建筑、结构、给排水、暖通、电气等各专业条件，确定系统要求，实现系统功能。

14.2 网络架构与设备配置

14.2.1 建筑设备监控系统（BAS），宜采用分布式系统和多层次的网络结构，并应根据系统的规模、功能要求及选用产品的特点，采用三层、两层或单层的网络结构，但不同网络结构均应满足分布式系统集中监视操作和分散采集控制的原则。

14.2.2 大型系统宜采用三层或两层的网络结构，三层网络结构由管理、控制、现场三个网络层构成，中、小型系统宜采用两层或单层的网络结构。各网络层应符合下列规定：

（1）管理网络层应完成系统集中监控和各子系统的功能集成。

（2）控制网络层应完成建筑设备的自动控制。

（3）现场网络层应完成末端设备控制和现场仪表的信息采集与处理。

14.2.3 管理网络层应满足下列要求：

（1）宜采用星形拓扑结构，选用对绞电缆作为传输介质，在使用建筑物的综合布线系统的情况下，也可采用环形、总线拓扑结构。

（2）服务器与操作站之间的连接宜选用交换机。

（3）管理网络层的服务器和至少一个操作站应位于监控中心内。

（4）在 BAS 中，某些子系统有自己独立的监控室，且这些监控室位于建筑物不同地点时，管理网络层本层网络宜使用建筑物的综合布线系统组成。

（5）在 BAS 的设备控制器带有以太网接口的场合，管理网络层本层网络及控制网络层本层网络宜统一使用建筑物的综合布线系统组成。

14.2.4   控制网络层应完成对主控项目的开环控制和闭环控制、监控点逻辑开关表控制和监控点时间表控制。

14.2.5   控制网络层的设备控制器可采用直接数字控制器（DDC）、可编程逻辑控制器（PLC）或兼有 DDC、PLC 特性的混合型控制器（HC）。民用建筑宜选用 DDC 控制器，设备控制器应满足下列要求：

（1）设备控制器的电源宜采用建筑设备管理系统机房集中供电方式，供电线缆与通信线缆分别敷设。

（2）设备控制器宜按建筑机电设备的楼层平面布置进行划分，其位置应设在冷冻站、热交换站、空调机房、新风机房等控制参数较为集中之处，也可设置在最靠近上述建筑机电设备机房的弱电竖井或弱电间中。

（3）设备控制器的容量应留有余量，以备系统今后扩展，预留容量不小于总容量的 10%。

（4）末端设备控制器和分布式智能 I/O 模块应安装在相关的末端设备附近，并宜直接安装在末端设备的控制柜（箱）里。

14.3   冷源系统监控要求

14.3.1   制冷机组通常采用自带的控制器控制，应有接口将信息纳入 BAS。辅助设备的监控由 BAS 完成。

14.3.2   当系统中有多台机组时，机组的群控可由机组设备商或由 BAS 实现。

14.3.3   BAS 应对制冷系统设备具有下列控制功能：

（1）制冷系统设备进行启、停的顺序控制。

（2）冷冻水供回水压差进行恒定闭环控制。

（3）机组冷冻水、冷却水及冷却塔进水电动阀控制。

（4）压差旁路二通阀调节控制。

（5）备用泵投切、冷却塔风机启停控制。

（6）冷水机低流量保护的开关量控制。

（7）宜能按照累计运行时间进行设备的轮换使用。

（8）宜能根据冷量需求确定机组运行台数的节能控制。

（9）宜对机组出水温度进行优化设定。

（10）冷却水最低水温控制。

（11）冷却塔风机台数控制或风机调速控制。

（12）水泵的保护控制。

（13）应能根据膨胀水箱内水位自动启停补水泵。

（14）宜能自动控制水泵运行台数或频率。

（15）冷却塔风机联动控制，应根据设定的冷却水温度上、下限启停风机。

（16）溴化锂吸收式制冷系统应设置冷却水温度低于 24℃时的防溴化锂结晶报警及连锁控制。

（17）冰蓄冷系统应有主机蓄冷、主机供冷、融冰供冷、主机和蓄冷设备同时供冷运行模式参数设置，同时应具有主机优先、融冰优先、固定比例供冷运行模式的自动切换，并应根据数据库的负荷预测数据进行综合优化控制。冰蓄冷系统应有换热器二次冷媒防冻开关保护控制和乙二醇泵的启停控制。

14.3.4　BAS 应对制冷系统设备具有如下监测功能：

（1）监测冷水供水、回水温度及压力，并具有自动显示、超限报警、历史数据记录、打印及绘制趋势图功能。

（2）监测冷水供水流量，并具有瞬时值显示、流量计算、超限报警、历史数据记录、打印及绘制趋势图功能。

（3）能根据冷水供回水温差及流量瞬时值计算冷量和累计冷量消耗。

（4）当系统有冷水过滤器时，应监测水过滤器前后压差，并设置堵塞报警。

（5）监测进、出冷水机的冷却水水温，并能自动显示、极限值报警、历史数据记录、打印。

（6）监测冷却塔、膨胀水箱、补水箱内水位，对水箱内水位开关的高低水位或当气体定压罐内高低压力越限时，应报警，历史数据记录和打印。

（7）监测分、集水器的温度和压力（或压差）。

（8）监测水泵进、出口压力。

（9）监测并记录系统内的水泵、风机、冷水机组的等设备的运行状态及运行时间。

（10）监测冷水机组的蒸发器和冷凝器侧的水流开关状态。

（11）冰蓄冷系统应监测蓄冰槽进出口乙二醇溶液温度、蓄冰槽液位。

14.4　热源系统监控要求

14.4.1　锅炉通常采用自带的控制器控制，应有接口将信息纳入 BAS。辅助设备的监控由 BAS 完成。

14.4.2　当系统中有多台锅炉时，锅炉的群控可由锅炉设备商或由 BAS 实现。

14.4.3　当热源采用市政热水时，BAS 应完成对市政热水温度的采集，并可采用电动阀调节流量。

14.4.4　BAS 对锅炉应具有下列监测功能：

（1）监测锅炉的启停和工作状态、故障报警信息。

（2）监测锅炉的烟道温度及热水或蒸汽压力、温度、流量。

（3）监测补水箱的水位。

（4）监测锅炉的油耗或气耗。

（5）监测锅炉一次侧水泵的运行状态、压差、旁通阀的开度及供回水温度。

14.4.5　热交换系统设备的监控要求如下：

（1）应设置热交换系统的启、停顺序控制。

（2）应根据二次供水温度设定值控制一次侧温度调节阀开度，使二次侧热水温度保持在设定范围。

（3）宜设置二次供回水恒定压差控制；根据设在二次供回水管道上的差压变送器测量值，调节旁通阀开度或调节热水泵变频器的频率以改变水泵转速，保持供回水压差在设定值范围。

（4）应监测汽—水交换器的蒸汽温度、二次供回水温度、供回水压力、二次侧压差和旁通阀开度、补水箱的水位、水流开关状态，并监测热水循环泵的运行状态；当温度、压力超限及热水循环泵故障时报警。

（5）应监测水—水交换器的一次供回水温度、压力，二次供回水温度、压力，二次侧压差和旁通阀开度，补水箱的水位，水流开关状态，并监测热水循环泵运行状态，当温度、压力超限及热水循环泵故障时报警。

（6）多台热交换器及热水循环泵并联设置时，应在每台热交换器的二次进水处设置电动蝶阀，根据二次侧供回水温差和流量，调节热交换器台数。

（7）宜具有二次水流量测量的瞬时值显示、流量计算、历史数据记录、打印等功能。

（8）当需要经济核算时，应根据二次供回水温差及流量瞬时值计算热量和累计热量消耗。

14.5 新风机组监控要求

14.5.1 新风机组宜设置由室内 CO_2 浓度控制送风量的自动调节系统；在人员密度相对较大且变化较大的房间，可根据室内 CO_2 浓度或人数 / 人流监测，修改最小新风比或最小新风量的设定值。

14.5.2 应设置新风机的自动 / 手动启停控制。

14.5.3 新风机与新风阀应设连锁控制。

14.5.4 当发生火灾时，应接受消防联动控制信号连锁停机。

14.5.5 在寒冷地区，新风机组应设置防冻开关报警和连锁控制。

14.5.6 新风机组应设置送风温度自动调节系统。

14.5.7 新风机组宜设置送风湿度自动调节系统。

14.5.8 宜能根据新风机组送风温度来调节水阀的开度。

14.5.9 新风机组应监测送风温度、湿度，室外温、湿度，新风过滤器两侧压差，机组的自动 / 手动，启停状态的监测及阀门状态显。

14.5.10 当新风机组采用自带控制设备时，应有接口将信息纳入 BAS。

14.6 空调机组监控要求

14.6.1 空调机组应设置风机、新风阀、回风阀、水阀的连锁控制。

14.6.2 应设置空调机组的自动 / 手动启停控制。

14.6.3 寒冷地区，空调机组应设置防冻开关报警和连锁控制。

14.6.4 机组送风温度设定值应能根据供冷和供热工况而改变。

14.6.5 宜能根据机组送 / 回风温度调节水阀的开度。

14.6.6 宜能根据季节变化调节风阀的开度。

14.6.7 在定风量空调系统中，应根据回风或室内温度设定值，比例、积分连续调节冷水阀或热水阀开度，保持回风或室内温度不变。

14.6.8 在定风量空调系统中，应根据回风或室内湿度设定值，开关量控制或连续调节加湿除湿过程，保持回风或室内湿度不变。宜设置根据回风或室内 CO_2 浓度控制新风量的自动调节系统。

14.6.9 在变风量空调机组中，风机宜采用变频控制方式，对系统最小风量进行控制；送风量的控制应采用定静压法、变静压法或总风量法。

14.6.10 变风量装置控制器宜选择一体化微控制器。

14.6.11 空调机组应监测送、回风温度，送、回风湿度，空气过滤器两侧压差，超限报警，自动 / 手动，启停状态，CO_2 浓度。空调机组宜设置室外温、湿度监测。

14.6.12   当空调机组采用自带完整的控制系统设备时，应有接口将信息纳入 BAS。

14.7   通风系统设备的监控要求

14.7.1   应监测各风机运行状态，自动 / 手动状态及累计运行时间。

14.7.2   宜按照使用时间来控制风机的定时启 / 停。

14.7.3   应监测风机的故障报警信号。

14.7.4   宜能根据区域的风量平衡和压力等参数控制风机的启停台数和转速。

14.7.5   在需要的场所，可根据场所内 CO_2 浓度或其他参数控制通风机的运行台数和转速。

14.7.6   对于发热量和通风量较大的场所，宜根据使用情况或室内内温度监测控制风机的启停、运行台数和转速。

14.8   生活给水系统监控要求

14.8.1   当建筑物顶部设有生活水箱时，应设置液位计测量水箱液位，其高水位、低水位值应用于控制给水泵的启停，超高水位、超低水位值用于报警。

14.8.2   当建筑物采用恒压变频给水系统时，应设置压力变送器测量给水管压力，用于调节给水泵转速以稳定供水压力，并监测水流开关状态。

14.8.3   采用多路给水泵供水时，应具有依据相对应的液位设定值控制各供水管电动阀（或电磁阀）的开关，同时应具有各供水管电动阀（或电磁阀）与给水泵间的连锁控制功能。

14.8.4   应设置给水泵运行状态显示、故障报警。

14.8.5   当生活给水主泵故障时，备用泵应自动投入运行。

14.8.6   宜设置主、备用泵自动轮换工作方式。

14.8.7   给水系统控制器宜有手动、自动工况转换。

14.9   排水系统的监控要求

14.9.1   排水系统通常采用自带的控制器控制，应有接口将信息纳入 BAS。

14.9.2   接入 BAS 的信息应包括运行状态显示、故障报警、运行时间累计、超高水位报警信息。

14.10   中水系统监控要求

14.10.1   中水箱应设置液位计测量水箱液位，其上限信号用于停中水泵，下限信号用于启动中水泵。

14.10.2   中水恒压变频供水系统的监控要求同恒压变频给水系统，但应具有根据中水箱液位来控制补水电动阀（或电磁阀）的功能。

14.10.3   主泵故障时，备用泵应自动投入运行。

14.10.4   宜设置主、备用泵自动轮换工作方式。

14.10.5   中水系统控制器宜有手动、自动工况转换。

14.11 供配电系统监控要求

14.11.1 供配电系统监测宜采用独立的系统，应有接口将信息纳入 BAS。

14.11.2 当建筑内未设专业供配电监测系统，但设有 BAS 时，BAS 应对供配电系统下列电气参数进行监测：

（1）中压进线断路器、馈线断路器和母联断路器，应设置分、合闸状态显示及故障跳闸报警。

（2）中压进线回路及配出回路有功功率、无功功率、功率因数、频率显示及历史数据记录。

（3）中压进出线回路宜设置电流、电压显示及趋势图和历史数据记录。

（4）低压进线开关及重要的配出开关应设置分、合闸状态显示及故障跳闸报警、脱扣记录。

（5）低压进出线回路宜设置电流、电压、功率、电能显示、趋势图及历史数据记录。

（6）低压宜设置 0.4kV 零序电流显示及历史数据记录。

（7）低压宜设置功率因数补偿电流显示及历史数据记录。

（8）当有经济核算要求时，应设置用电量累计。

（9）宜设置变压器线圈温度显示、超温报警、运行时间累计及强制风冷风机运行状态显示；油冷却变压器油温、油位的监测。

14.11.3 柴油发电机的控制系统应有接口将信息纳入 BAS。接入 BAS 的信息应包括柴油发电机及辅助设备的电气参数、运行状态显示及故障报警、油箱油位显示及超高、超低报警、蓄电池组电压显示及充电器故障报警。

14.12 照明系统监控要求

14.12.1 照明监控系统宜采用独立的系统，应有接口将信息纳入 BAS。

14.12.2 接入 BAS 的信息应包括照明系统的工作状态和报警信息。

14.13 电梯监控要求

14.13.1 电梯监控系统宜采用独立的系统，应有接口将信息纳入 BAS。

14.13.2 接入 BAS 的信息应包括电梯的运行状态及故障报警、累计运行时间。

15 安全技术防范系统

15.1 一般规定

15.1.1 安全技术防范系统应由实体防护系统和电子防护系统构成，并应选择利用天然屏障、人工屏障、防护器具（设备）等构成的实体防护系统，以及选择入侵和紧急报警系统、视频监控系统、出入口控制系统、停车库（场）安全管理系统、安全检查系统、楼宇对讲系统、电子巡查系统、安全防范管理平台等构成的电子防护系统。

15.1.2 安全技术防范系统根据建筑的风险对象等级进行相应的安防系统工程设计。安全技术防范系统宜由安防综合管理系统和相关子系统组成。子系统包括入侵报警系统、视频监控系统、出入口控制系统、电子巡查系统、停车库（场）管理系统、楼宇对讲系统等。

15.1.3 安全技术防范系统设防的区域及部位宜符合下列规定：

（1）周界宜包括建筑物、建筑群外围周界、建筑物周边外墙、建筑物地面层、建筑物顶层等。

（2）出入口宜包括建筑物、建筑群周界出入口、建筑物地面层出入口、房间门、建筑物内和楼群间通道出入口、安全出口、疏散出口、停车库（场）出入口等。

（3）通道宜包括周界内主要通道、门厅（大堂）、楼层通道、楼层电梯厅、自动扶梯口等。

（4）公共区域宜包括营业厅、会议厅、休息厅、功能转换层、避难层、停车库（场）等。

（5）重要部位宜包括重要办公室、财务出纳室、集中收款处、重要物品库房、重要机房和设备间、重要厨房等。

15.1.4 民用建筑场所设置的视频监控设备，不得直接朝向涉密和敏感的区域及有关设施。

15.2 视频监控系统

15.2.1 视频监控系统宜采用基于网络化的数字高清视频监控系统，可提供视频录像、远程查看、视频回放、高实用性及冗余视频备份存储，以及网络视频矩阵功能。

15.2.2 系统采用分布式数字系统架构与集中式管理平台，方便增容/扩容，管理方便直观。系统由视频前端、传输交换、管理控制、视频显示、视频存储五部分组成，完成对现场图像信号的采集、切换、控制记录、存储等功能。系统应具有容错能力和自愈能力。

15.2.3 系统设计宜满足监控区域有效覆盖、合理布局、图像清晰、控制有效的基本要求；视频监控摄像机的设置应符合下列规定：

（1）周界宜配合周界入侵探测器设置监控摄像机。

（2）公共建筑地面层出入口、门厅（大堂）、主要通道、电梯轿厢、停车库（场）行车道及出入口等应设置监控摄像机。

（3）建筑物楼层通道、电梯厅、自动扶梯口、停车库（场）内宜设置监控摄像机。

（4）建筑物内重要部位应设置监控摄像机。

（5）超高层建筑的避难层（间）应设置监控摄像机。

（6）安全运营、安全生产、安全防范等其他场所宜设置监控摄像机。

15.2.4 电梯轿厢内设置摄像机时，视频信号电缆应选用屏蔽性能好的电梯专用电缆。电梯轿厢内设置的摄像机应安装在电梯轿厢门左或右侧上部。

15.2.5 摄像机安装距地高度，室内宜为 2.5 ～ 5m，室外宜为 3.5 ～ 10m。

15.2.6 系统的信号传输宜采用有线传输方式，必要时可采用无线传输和有线传输混合方式；当采用有线传输方式时，模拟系统传输介质宜采用同轴电缆，数字系统传输介质宜采用综合布线对绞电缆或光缆；当长距离传输或在强电磁干扰环境下传输时，应采用光缆。

15.2.7 前端摄像机、解码器等宜由监控中心专线集中供电。前端摄像机设备距监控中心较远时，可就地供电。网络摄像机可采用 POE（以太网供电）方式。重要部位网络摄像机不宜采用 POE 供电方式。

15.2.8 系统宜采用不间断电源供电，其蓄电池组供电时间不小于 1h。

15.2.9 视频安防监控系统中使用的设备必须符合国家法律法规和现行强制性标准的要求，并经法定机构检验或认证合格。

15.3 入侵报警系统

15.3.1 入侵报警系统宜分别设置或综合设置建筑物、建筑群周界防护、区域防护、空间防护、重点目标防护，并应符合下列规定：

（1）周界设置入侵探测器时，应构成连续无间断的警戒线（面），每个独立防区长度不宜大于 200m。

（2）建筑物地面层与顶层的出入口、外窗宜设置入侵探测器。

（3）重要通道及出入口宜设置入侵探测器。

（4）重要部位宜设置入侵探测器，财务出纳室、重要物品库房应设置入侵探测器和紧急报警装置。

15.3.2 入侵报警系统宜由前端探测设备、传输单元、控制设备、显示记录设备等组成，系统宜采用总线传输方式。

15.3.3 系统应能显示各报警点位置及各层平面图，打印报告及数据库存档，并具有如下功能：

（1）系统宜与视频监控系统、出入口控制系统等联动。

（2）根据需要，系统除应具有本地报警功能外，还应具有异地报警的相应接口；报警控制器应具有驱动外围设备功能，并应具有与其他系统集成、联网的接口。

（3）系统应具有自检、故障报警、防破坏报警等功能。

（4）系统布防、撤防、报警、故障等信息的存储时间不应小于 30d，防范恐怖袭击重点目标的视频图像信息保存期限不应少于 90d。

（5）报警控制器应设有备用电源，备用电源容量应保证系统正常工作 8h。

15.3.4 入侵探测器的选择与设置应符合下列规定。

（1）探测器的灵敏度、探测距离、覆盖面积应能满足防护要求。

（2）报警区域应按不同目标区域相对独立性划分；当防护区域较大、报警点分散时，应采用带有地址码的探测器。

（3）防护目标应在入侵探测器的有效探测范围内，入侵探测器覆盖范围内应无盲区。

（4）被动红外探测器的防护区域内，不应有影响探测的障碍物，并应避免受热源干扰。

（5）拾音器的安装位置应与摄像机相配合，音频信号应接入该摄像机音频通道上。

（6）采用室外双光束或多光束主动红外探测器时，探测器最远警戒距离不应大于其最大探测距离的 70%；围墙顶端与最下一道光束距离不应大于 0.3m。

（7）紧急报警按钮的设置应隐蔽、安全和便于操作。

15.4 出入口控制系统

15.4.1 出入口控制系统宜由前端识读装置与执行机构、传输单元、处理与控制设备以及相应的系统软件组成，具有放行、拒绝、记录、报警基本功能。采用 TCP/IP 网络构架的系统由工作站、管控软件、网络控制器、门组控制器、读卡器（重要场所采用指人脸识别、指静脉等生物识别装置）、门禁卡及电锁等组成。

15.4.2 疏散通道上设置的出入口控制装置必须与火灾自动报警系统联动，在火灾或紧急疏散状态下，出入口控制装置应处于开启状态。

15.4.3 当系统管理主机发生故障或通信线路故障时，出入口控制器应能独立工作。重要场合出入口控制器应配置 UPS，当正常电源失去时，应保证系统连续工作不少于 48h，并保证密钥信息及记录信息记忆一年不丢失。

15.4.4 系统宜独立组网运行，并宜具有与入侵报警系统、视频监控系统联动的功能。

15.4.5 当与一卡通联合设置时，应保证出入口控制系统的安全性要求。

15.4.6 根据需要可在重要出入口处设置行李或包裹检查、金属探测、爆炸物探测等防爆安全检查设备。

15.4.7 识读设备与出入口控制器之间宜采用屏蔽对绞电缆，出入口控制器之间的通信总线最小截面积不应小于 1.0mm²。

15.5 电子巡查系统

15.5.1 电子巡查系统可采用在线 / 离线式巡更系统的方式。对实时巡查要求高的建筑物，宜采用在线式电子巡查系统。其他可采用离线式电子巡查系统。

15.5.2 巡查站点应设置在建筑物出入口、楼梯前室、电梯前室、停车库（场）、重要部位附近、主要通道及其他需要设置的地方。巡查站点识读器的安装位置宜隐蔽，安装高度距地宜为 1.4m。

15.5.3 在线式电子巡查系统出现系统故障时，识读装置应能独立实现对该点巡查信息的记录，系统恢复后自动上传记录信息。巡查记录保存时间不宜小于 30d。

15.5.4 离线式电子巡查系统应采用信息识读器或其他方式，对巡查行动、状态进行监督和记录。巡查人员应配备可靠的通信工具或紧急报警装置。

15.5.5 巡查管理主机应利用软件，实现对巡查路线的设置、更改等管理，并对未巡查、未按规定路线巡查、未按时巡查等情况进行记录、报警。

15.6 停车库（场）管理系统

15.6.1 有车辆进出控制及收费管理要求的停车库（场）宜设置停车库（场）管理系统。

15.6.2 停车库（场）管理系统应具备先进、灵活、高效等特点，可利用免取卡、临时卡、计次卡、储值卡等实行全自动管理。

15.6.3 系统应根据用户的实际需求，合理配置下列功能：

（1）入口处车辆统计与车位显示、出口处收费显示。

（2）出入口电动栏杆机（道闸）自动控制。

（3）车辆出入检测与读卡识别。

（4）自动计时、计费与收费。

（5）出入口及场内通道行车指示。

（6）车位引导与调度控制。

（7）消防疏散联动、紧急报警、对讲。

（8）视频监控。

（9）车牌视频识别免取卡出入管理。

（10）智能反向寻车。

（11）多个出入口的联网与综合管理。

（12）分层（区）的车辆统计与车位状况显示。

（13）停车场（库）分层（区）的车辆查询、自助缴费终端。

15.6.4 停车库（场）内所设置的视频监控或入侵报警系统，除在收费管理室控制外，还应在安防监控中心进行集中管理、联网监控。

15.6.5 停车库（场）管理系统应与火灾自动报警系统联动，在火灾等紧急情况下联动打开电动栏杆机。

15.7 楼宇对讲系统

15.7.1 楼宇对讲系统宜由访客呼叫机、用户接收机、管理机、电源等组成。

15.7.2 楼宇对讲系统设计宜符合下列规定：

（1）别墅宜选用访客可视对讲系统；多幢别墅统一物业管理时，宜选用数字联网式访客可视对讲系统。

（2）住宅小区和单元式公寓应选用联网式访客（可视）对讲系统。

（3）有楼宇对讲需求的其他民用建筑宜设置楼宇对讲系统。

（4）管理机可监控访客呼叫机并可与用户接收机双向对讲，管理机应具有优先通话功能；宜具有设备管理和权限管理功能。

（5）访客呼叫机应具有密码开锁功能，宜具有识读感应卡开锁功能。

（6）用户接收机应具有与访客呼叫机、管理机双向对讲功能、遥控开锁功能，宜具有报警求助功能和监视功能。

（7）楼宇对讲系统应具有与安防监控中心联网的接口，用户接收机报警求助信号应能直接传至管理机，报警求助信号宜同时传至安防监控中心。

15.7.3 访客呼叫机和用户接收机安装宜符合下列规定：

（1）访客呼叫机宜安装在入口防护门上或入口附近墙体上，安装高度底边距地宜为1.3m。

（2）用户接收机宜安装在过厅侧墙或起居室墙上，安装高度底边距地宜为1.3m。

15.8 安防监控中心

15.8.1 设有集中监控要求的建筑应设置安防监控中心。安防监控中心应配置接收、显示、记录、控制、管理等硬件设备和管理软件。

15.8.2　安防监控中心的使用面积应与安防系统的规模相适应，不宜小于 20m²。与消防控制室或智能化总控室合用时，其专用工作区面积不宜小于 12m²。

15.8.3　安防监控中心接收、记录、电源装置等硬件设备宜安装在独立设备间内，并宜采取散热和降噪措施。

15.8.4　安防监控中心应设置为禁区，应有保证自身安全的防护措施和进行内外连接的通信装置，并应设置紧急报警装置和留有向上一级接处警中心报警的通信接口。

15.8.5　安防监控中心宜设置专用配电箱；当与消防控制室合用机房，或与智能化总控室合用机房时，配电箱可合用。

15.9　安防综合管理系统

15.9.1　安防综合管理系统设计应包括集成系统和安防综合管理平台设计，系统集成方式和集成范围，应根据建设单位需求、系统规模及安全管理规定等确定。

15.9.2　安防综合管理系统宜包含如下基本功能：

（1）视频类设备远程管理及控制、报警类设备远程管理及控制。

（2）门禁类设备远程管理及控制。

（3）电子地图应用、远程监看和控制图像。

（4）系统日志、数据集中存储、权限集中管理等。

（5）系统应支持语音对讲、语音广播、远程门禁控制及管理、照明设备远程控制等功能。

（6）应建立集成各子系统的安保集成监控管理平台，实现对建筑物整体范围的综合防范及管理，并实现必须的联动控制功能。

15.9.3　安防综合管理系统应能实现下列联动：

（1）入侵报警系统应与视频监控系统联动，当发生报警时，联动装置应能启动摄像、录音、辅助照明等装置，并自动进入实时录像状态。

（2）视频监控系统应与火灾自动报警系统实现联动，在火灾情况下，可自动将监视图像切换至现场画面．监视火灾趋势，向消防人员提供必要信息。

（3）出入口控制系统宜与入侵报警系统、视频监控系统联动。

15.9.4　系统采用模块化设计，满足未来新安防子系统接入扩展需求；系统提供与上级应用平台对接集成接口：系统集成（IIS）接口、智慧城市集成接口、平安城市集成接口等。

15.9.5　当安防综合管理系统发生故障时，各子系统应能独立运行；某一子系统的故障不应影响其他子系统的正常工作。

16 智能化系统机房

16.1　智能化系统机房宜包括民用建筑所设置的进线间（信息接入机房）、信息网络机房、用户电话交换机房、消防控制室、安防监控中心、智能化总控室、公共广播机房、有线电视前端机房、建筑设备管理系统机房、弱电间（电信间、弱电竖井）等。

16.2　机房位置选择应符合下列规定：

（1）机房宜设在建筑物首层及以上各层，当有多层地下层时，也可设在地下一层。

（2）机房不应设置在厕所、浴室或其他潮湿、易积水场所的正下方或与其贴邻。

（3）机房应远离强振动源和强噪声源的场所，当不能避免时，应采取有效的隔振、消声和隔声措施。

（4）机房应远离强电磁场干扰场所，当不能避免时，应采取有效的电磁屏蔽措施。

16.3　大型公共建筑宜按使用功能和管理职能分类集中设置机房，并应符合下列规定：

（1）信息设施系统总配线机房宜与信息网络机房及用户电话交换机房靠近或合并设置。

（2）安防监控中心宜与消防控制室合并设置。

（3）与消防有关的公共广播机房可与消防控制室合并设置。

（4）有线电视前端机房宜独立设置。

（5）建筑设备管理系统机房宜与相应的设备运行管理、维护值班室合并设置或设于物业管理办公室。

（6）信息化应用系统机房宜集中设置，当火灾自动报警系统、安全技术防范系统、建筑设备管理系统、公共广播系统等中央控制设备集中设在智能化总控室内时，不同使用功能或分属不同管理职能的系统应有独立的操作区域。

16.4　各运营商机房应预留条件，具体由运营商自行设计实施。

16.5　进线间（信息接入机房）设置应符合下列要求：

（1）单体公共建筑或建筑群内宜设置不少于1个进线间，多家电信业务经营者宜合设进线间。

（2）进线间宜设置在地下一层并靠近市政信息接入点的外墙部位。

（3）进线间应满足缆线的敷设路由、成端位置及数量、光缆的盘长空间和缆线的弯曲半径、配线设备、入口设施安装对场地空间的要求。

（4）进线间的面积应按与通信管理局连通管道的数量及入口设施的最终容量设置，并应满足不少于3家电信业务经营者接入设施的使用空间与面积要求，进线间的面积不应小于 $10m^2$。

（5）进线间设置在只有地下一层的建筑物内时，应采取防渗水措施，宜在室内设置排水地沟并与设有抽、排水装置的集水坑相连。

（6）当进线间设置涉及国家安全和机密的弱电设备时，涉密与非涉密设备之间应采取房间分隔或房间内区域分隔措施。

（7）住宅进线间宜靠近本建筑物的线缆入口处、进线间和弱电间，并宜与布线系统垂直竖井相通。

16.6 弱电间（弱电竖井）设置应符合下列要求：

（1）弱电间宜设在进出线方便，便于设备安装、维护的公共部位，且为其配线区域的中心位置。

（2）智能化系统较多的公共建筑应独立设置弱电间及其竖井。

（3）弱电间位置宜上下层对应，每层均应设独立的门，不应与其他房间形成套间。

（4）弱电间不应与水、暖、气等管道共用井道。

（5）弱电间应避免靠近烟道、热力管道及其他散热量大或潮湿的设施。

（6）当设置综合布线系统时，弱电间至最远端的缆线敷设长度不得大于 90m；当同楼层及邻层弱电终端数量少，且能满足铜缆敷设长度要求时，可多层合设弱电间。

（7）智能化系统性质重要、可靠性要求高或高度超过 250m 的公共建筑，宜增设 1 个弱电间（竖井）。

（8）弱电间的面积应满足设备安装、线路敷设、操作维护及扩展的要求。

（9）弱电间内的设备箱宜明装，安装高度宜为箱体底边距地 0.5 ～ 1.5m。

16.7 弱电间的面积，宜符合下列规定：

（1）采用落地式机柜的弱电间，面积不宜小于 2.5m（宽）×2.0m（深）；当弱电间覆盖的信息点超过 400 点时，每增加 200 点应增加 1.5m²（2.5m×0.6m）的面积。

（2）采用壁挂式机柜的弱电间，系统较多时，弱电间面积不宜小于 3.0m（宽）×0.8m（深）；系统较少时，面积不宜小于 1.5m（宽）×0.8m（深）。

（3）当多层建筑弱电间短边尺寸不能满足 0.8m 的要求时，可利用门外公共场地作为维护、操作的空间，弱电间房门应将设备安装场地全部敞开，但弱电间短边尺寸不应小于 0.6m。

16.8 各机房基本参数要求见表 16.8-1。

表 16.8-1　　机房基本参数要求

建筑空间	室内净高(m)	均布荷载(kN/m²)	顶棚、墙面	地面装修	温度(℃)	湿度(%)	通风
消防安防控制室	≥2.5	≥6	饰材浅色、不反光、不起灰	防静电架空地板	18～28	30～80	—
信息网络机房	≥2.5	≥10	饰材浅色、不反光、不起灰	防静电架空地板	18～28	40～70	微正压
UPS 区域	≥2.5	≥16	饰材不起灰	防静电架空地板	18～28	30～75	—
弱电间	≥2.5	≥4.5	墙身及顶棚需防潮	水泥地面	5～35	20～80	—

第4篇 说　　明　　篇

17　住宅电气施工图设计说明示例

本说明适用于高层住宅小区的施工图设计说明。

17.1　设计依据

（1）工程概况：

1）工程名称；

2）建设地点；

3）自然环境：海拔、最热月月平均温度、年平均雷暴日数等；

4）建筑类别及性质；

5）面积、层数、高度；

6）结构类型；

7）抗震设防烈度；

8）建筑设计使用年限；

9）人防工程类别及防护等级；

10）耐火等级。

（2）建设单位提供的有关部门认定的工程设计资料、设计任务书及设计要求。

（3）各市政主管部门对初步设计的审批意见。

（4）供电方案及其他供电部门提供的资料。

（5）相关专业提供给本专业的工程设计资料。

（6）设计执行的主要法规和所采用的主要标准：

《电动机能效限定值及能效等级》（GB 18613—2020）

《居民住宅小区电力配置规范》（GB/T 36040—2018）

《建筑设计防火规范（2018年版）》（GB 50016—2014）

《建筑照明设计标准》（GB/T 50034—2024）

《供配电系统设计规范》（GB 50052—2009）

《20kV及以下变电所设计规范》（GB 50053—2013）

《低压配电设计规范》（GB 50054—2011）

《通用用电设备配电设计规范》（GB 50055—2011）

《建筑物防雷设计规范》（GB 50057—2010）

《汽车库、修车库、停车场设计防火规范》（GB 50067—2014）

《住宅设计规范》（GB 50096—2011）

《火灾自动报警系统设计标准》（GB 50116—2013）

《建设工程施工现场供用电安全规范》（GB 50194—2014）

《电力工程电缆设计标准》（GB 50217—2018）

《建筑物电子信息系统防雷技术规范》（GB 50343—2012）

《民用建筑设计统一标准》（GB 50352—2019）

《住宅建筑规范》（GB 50368—2005）

《绿色建筑评价标准》（GB/T 50378—2019）

《建筑机电工程抗震设计规范》（GB 50981—2014）

《装配式混凝土建筑技术标准》（GB/T 51231—2016）

《消防应急照明和疏散指示系统技术标准》（GB 51309—2018）

《电动汽车分散充电设施工程技术标准》（GB/T 51313—2018）

《民用建筑电气设计标准》（GB 51348—2019）

《建筑节能与可再生能源利用通用规范》（GB 55015—2021）

《建筑环境通用规范》（GB 55016—2021）

《建筑电气与智能化通用规范》（GB 55024—2022）

《建筑与市政施工现场安全卫生与职业健康通用规范》（GB 55034—2022）

《消防设施通用规范》（GB 55036—2022）

《建筑防火通用规范》（GB 55037—2022）

《建筑与市政工程施工现场临时用电安全技术标准》（JGJ/T 46—2024）

《车库建筑设计规范》（JGJ 100—2015）

《城市夜景照明设计规范》（JGJ/T 163—2008）

《住宅建筑电气设计规范》（JGJ 242—2011）

其他有关现行国家标准、行业标准及地方标准

17.2 设计内容与范围

17.2.1 本设计包括建设红线内的内容

本设计包括建设红线内的内容有电力配电系统，照明系统，防雷、接地及安全措施。电气消防（电气火灾监控系统、消防设备电源监控系统、防火门监控系统、火灾自动报警系统、消防应急广播等）见第 19 章。电气人防见第 25 章。

17.2.2 设计分工与分工界面

（1）变（配）电室、高压电缆分界室（仅北京项目设置）由城市供电部门负责设计，变（配）电室（包括公用和自用变电所）由甲方另行委托有设计资质的设计部门具体设计；本设计仅预留站房面积、考虑运输通道及站房内照明、风机、接地等配套设计，配合市政专业完成室外管线的路由规划设计。

（2）电源分界点：变（配）电室低压配电柜内低压断路器下口。

（3）商业部分为二次装修场所；对于二次装修场所，本次设计只预留电源，待装修设

计方案确定后由精装设计单位二次设计。

（4）夜景照明仅在变电所内预留相应电源回路，具体由夜景照明专项设计。夜景照明设计需满足 JGJ/T 163—2008 相关设计要求。

（5）本工程采用太阳能光热系统，不采用太阳能光伏系统，太阳能光热系统及太阳能系统与构件及其安装安全要求详见水专业图纸（需根据各地方太阳能光伏系统相关规范进行设计）。

17.3　供配电系统

17.3.1　负荷等级及各类负荷容量

本工程为一类高层住宅，汽车库为Ⅰ类车库，最高负荷等级为一级，具体负荷分级如下：

（1）一级负荷：消防用电负荷、应急照明、住宅走道照明、值班照明、安防系统、智能化机房、客梯、排污泵、生活水泵用电，安装功率＿＿＿kW。

（2）二级负荷：热交换系统用电，安装功率＿＿＿kW。

（3）三级负荷：其余用电设备，安装功率＿＿＿kW。

17.3.2　供电电源及变电所设置情况

由上级 ×× 站及 ×× 站引来双重 10kV 电源为本项目供电。当一个电源发生故障时，另一个电源不应同时受到损坏（如项目有供电方案，明确供电方案号，尚无供电方案的，按初步确认的所需电源的电压等级和电源路数供电）。

根据建筑平面布局及使用情况，按照安全可靠、经济合理、接近负荷中心、进出线方便的原则设置变电所。10kV 配电室（变电所）按功能属性分为公用变电所和自用变电所：

（1）公用变电所为住宅楼（含住户和电梯、水泵等公共设备）供电。

（2）自用变电所为地下车库、配套公共服务设施、商业及电动充电桩等供电。

本项目设置 × 座公用变电所，× 座自用变电所。其中，1 号变电所为公用变电所，内设置 × 台 1000kVA 干式变压器。2 号变电所为自用变电所，内设置 × 台 1000kVA 干式变压器。

17.3.3　负荷指标

（1）居民住宅小区的住宅用电总负荷按表 17.3-1 选取。

表 17.3-1　　　　　　　　　　用电负荷和电能计量表的选择

套型	建筑面积 $S(m^2)$	用电负荷 (kW)	电能表（单相)(A)
A	$S<60$	6	5（60）
B	$60<S\leqslant90$	8	5（60）
C	$90<S\leqslant140$	10	5（60）

注　当单套住宅建筑面积大于 140m² 时，超出的建筑面积可按 40～50W/m² 计算用电负荷。

（2）居民住宅小区的住宅用电总负荷的计算采用需要系数法计算。需要系数见表 17.3-2。

表 17.3-2　　　　　　　　　　住宅需要系数表

按单相配电连接的户数	按三相配电连接的户数	需要系数
1～3	3～9	0.9～1
4～8	12～24	0.65～0.9

续表

按单相配电连接的户数	按三相配电连接的户数	需要系数
9 ～ 12	27 ～ 36	0.5 ～ 0.65
13 ～ 24	39 ～ 72	0.45 ～ 0.5
25 ～ 124	75 ～ 372	0.4 ～ 0.45
125 ～ 259	375 ～ 777	0.3 ～ 0.4
260 ～ 300	780 ～ 900	0.26 ～ 0.3

（3）集中配置充电桩，暂按车位数量的 ×% 考虑，其配电系统按 100% 配置充电桩进行容量预留。电动汽车慢充充电装置用电负荷按 7kW/ 台计算。电动汽车充电桩负荷计算参考国标图集《建筑电气常用数据》（19DX101-1），做法参见《电动汽车充电基础设施设计与安装》（18D705-2）。

17.3.4　负荷计算及变压器容量选择

根据负荷计算，本工程变压器总容量为 ×kVA；其中，1 号公用变电所内设置 × 台 1000kVA 干式变压器。2 号自用变电所内设置 × 台 1000kVA 干式变压器。

17.3.5　谐波治理措施

（1）选用 Dyn11 接线组别的配电变压器，变压器的负载率为 ×，不高于 85%。

（2）配电系统尽可能做到三相平衡。

（3）出变（配）电室引出的配电线路采用 TN-S 系统或 TN-C-S 系统。当采用 TN-C-S 系统时，电源自进入住宅楼进户端做重复接地，之后的中性导体（N）与保护导体（PE）应分开。

（4）配电线路与电子信息系统传输线路分开敷设，当受建筑条件限制而必须平行贴近敷设时，应采取屏蔽措施。

（5）本项目采用的 LED 灯具的驱动电源满足谐波限值要求。

（6）建筑物之间的接地网宜利用建筑物钢筋做公用接地，并做好进出管线的等电位联结。

17.4　电力配电系统

（1）每座住宅楼地下一层设置低压配电室，配电室内设光柜和力柜，其电源分别引自公用变电所 220/380V 不同母线段，光柜为住宅楼的住户提供电源，力柜为住宅楼的电梯、水泵、风机、公共区域照明等提供电源。光柜、力柜采用上进上出方式。

（2）本工程采用放射式与树干式相结合的供电方式；由变电所至光柜或力柜采用放射式供电；由光柜至电能表箱采用树干式供电，由力柜至末端配电箱采用放射式与树干式相结合供电。

（3）住宅光柜按输出配电回路设置剩余电流保护器，住宅力柜总进线处设置剩余电流保护器，剩余电流报警值设定为 300mA，接入电气火灾报警系统。

（4）住宅每层设置电能表箱，电能表箱安装在每层电井内；每户内设置一个家居配电箱，家居配电箱装设同时断开相线和中性线的电源进线开关电器。每套住宅设置过、欠电压保护电器。

（5）当每套住户用电负荷不超过 12kW 时，每户采用单相进线，每套住宅至少配置一块单相电能表。当每套住户用电负荷超过 12kW 时，每户采用三相进线，电能表按相序计量，且每层或每间房的单相设备、电源插座采用同相电源供电。

（6）空调电源插座、普通电源插座与照明分设回路，厨房电源插座和卫生间电源插座设置独立回路。

（7）电源插座回路设置带剩余电流保护功能的断路器，剩余动作电流不大于 30mA，无延时型。

（8）每栋住宅屋顶给 5G 基站预留 5kW 电源。

17.5   电动机启动及控制方式

（1）本工程小于 30kW 的电动机采用直接启动方式；30kW 及以上电动机采用软启动方式，对变频负载采用变频运行方式；消防设备 30kW 及以下的电动机采用全压启动方式，30kW 以上的电动机采用星三角启动方式。

（2）污水泵采用液位传感器就地控制，水位超高报警、水位显示及泵故障由 BA 系统完成。

（3）排风机、送风机等采用 BA 系统控制，同时设有就地手动控制。

（4）消防专用设备：消火栓泵、喷淋泵、消防稳压泵、排烟风机、加压送风机等不进入 BA 系统，按消防控制程序进行监控。

（5）排风兼排烟风机，进风兼火灾补风机平时由 BA 系统控制，火灾时按消防控制程序进行监控。

（6）给消防电机配电回路中的热继电器保护只用于与报警，不动作，给消防设备配电的低压断路器不设置过负荷保护。

（7）电梯的电机采用高效电机和先进的控制技术，2 台及 2 台以上电梯考虑具有集中调控和群控功能。

（8）低压交流电动机选用高效能电动机，其能效应符合 GB 18613—2020 节能评价值的规定。

17.6   计量

（1）公用变电所采用高压计量方式，在高压进线处设置当地供电局许可型号的专用计量表。采用复费率电能表，满足执行峰谷分时电价的要求。

（2）小区车库、幼儿园、配套公建、住宅力柜在电源进线处设电能表计量。

（3）每套住宅均设置计量表，楼梯间等公共照明与电梯等动力负荷一并设表计量，设有地下室的公共用房照明配电单独设置计量表。

17.7   照明系统

（1）照明种类：正常照明、应急照明。

（2）照度标准。各房间或场所的照度标准及照明功率密度值按现行 GB/T 50034—2024 及 GB 55015—2021 执行；各功能房间的眩光值、显色指数、照度均匀度均应满足相应规范要求，具体见表 17.7-1 和表 17.7-2。

表 17.7-1　　　　　　　　全装修居住建筑每户照明功率密度限值

房间或场所	照度标准值 (lx)	照明功率密度限值 (W/m²)	R_a
起居室	100		80
卧室	75		80
餐厅	150	≤5.0	80
厨房	100		80
卫生间	100		80

表 17.7-2　　　　　　　　　公共区域照明功率密度限值

房间或场所	照度标准值 (lx)	照明功率密度限值 (W/m²)	R_a	UGR	U_o
车道	50	≤1.9	60	—	0.6
车位	30		60	—	
住宅单元门厅	100	≤3.5	60	22	0.4
走廊、楼梯间	50	≤2.0	60	25	0.4
电梯前厅	75	≤3.0	60	—	0.4
空调机房、储藏室、泵房、库房等	100	≤3.5	60	—	0.4
弱电机房、消防安防控制室	500	≤13.5	80	19	0.6
变电所	200	≤6.0	80	—	0.6

（3）光源、灯具选择。

1）光源与灯具采用 LED 灯，住户内灯具与装修风格协调，LED 色温不大于 4000K，一般显色指数 R_a 大于 80，特殊显色指数 R_9 大于 0，色容差不大于 5SDCM。

2）住宅居室等人员长期停留的场所应采用无危险类（RG0）照明产品。

3）车库照明采用高低功率转换功能的 LED 车库专用灯，灯具带雷达感应控制，无车与人行走时低功率运行，当有人和车行走时自动转换至高功率运行。

4）楼梯间、走廊等公共部位的照明采用节能自熄灯。储藏间、设备机房等需要设就地跷板开关控制照明灯具的场所，应本着节能的原则细分控制回路。

5）所有插座回路均设剩余电流动作保护电器。

（4）应急照明。

1）住宅部分采用自带电源集中控制型消防应急照明和疏散指示系统，楼梯和电梯前室疏散照明最低照度为 10lx，灯具采用 A 型灯具，应急照明灯兼用日常照明。正常情况下，该灯具高功率时采用红外感应控制，满足日常照明 50lx 的照度要求；在火灾情况下，应急照明控制器切断 A 型应急照明配电箱电源，灯具由蓄电池供电，转至低功率满足最低照度为 10lx 的照度要求，具体做法参考《应急照明设计与安装》（19D702-7）第 71、72 页。

2）车库部分采用集中电源集中控制型消防应急照明和疏散指示系统，灯具采用 A 型灯具，均管吊安装，距地高度不低于车道控制标高，疏散走道地面最低水平照度不低于 3lx，车道处的方向标志灯标识面均采用与疏散方向垂直安装。电源线与控制线采用二总线，即电源线与控制线采用两根线，采用 WDZN-BYJ(F) 型铜芯耐火线穿 SC 钢管暗敷，线路电压等级不低于交流 450/750V。车库疏散照明做法参考 19D702-7 第 64 页。

3）消防控制室、消防水泵房、变电所、防排烟机房以及发生火灾时仍需正常工作的消防设备房应设置备用照明，其作业面的最低照度不应低于正常照明的照度。其中，消防控制室、消防水泵房、变电所等发生火灾时仍需工作、值守的区域，应同时设置备用照明、疏散照明和疏散指示标识；具体做法参考 19D702-7 第 77 ～ 79 页。

（5）夜景照明、道路照明均采用 LED 灯具，智能集中控制，具体详见夜景外照明专项设计。

17.8　电气设备安装

17.8.1　住户内家居设备要求

（1）每套住宅设置一个家居配电箱，位置尽量避开明显位置，不应放在卫生间及厨房墙面上，底边距地高度 1.6 ～ 1.8m，墙内暗装。

（2）与卫生间无关的管线不应穿越卫生间，卫生间内管线不应敷设在 0 区、1 区、2 区。

（3）除注明外，照明开关为 10A、250V 单极开关，底边距地 1.3m 暗装。住户内插座安装要求详见大样图中图例要求。每套住宅内安装在 1.80m 及以下的插座均应采用安全型插座。

17.8.2　公共区域设备要求

（1）大型设备配电采用控制柜落地安装，照明箱、动力箱、控制箱在竖井、机房、地下室安装时均为明装，箱体安装高度：箱体高度≤600mm 时，底边距地 1.4m；600mm＜箱体高度≤800mm 时，底边距地 1.2m；800mm＜箱体高度≤1000mm 时，底边距地 1.0m；1000mm＜箱体高度≤1200mm，底边距地 0.8m；箱体高度 1200mm 以上，为落地安装，潮湿场所下设 300mm 高混凝土基座。

（2）卷帘门控制箱，当有吊顶时，安装在吊顶内墙上、柱上或梁壁上；无吊顶时，安装在卷帘门附近的柱上、墙上，顶距顶板底 0.3m。卷帘门控制按钮距地 1.3m，至卷帘门控制箱线路采用 WDZBN-KYJY-8×1.0-SC32-WC。

（3）照明开关、插座均为暗装；消防泵房、水泵房、热力机房电源插座采用防护型，底边距地 1.8m；除平面图中另有注明者外，插座均采用单相两孔＋单相三孔安全型插座。开关底边距地 1.3m，距门框 0.15m。

（4）无障碍厕位在底距地 0.5m 及 1.0m 分别处设求助按钮，在门外底距地 2.5m 设求助音响装置。专用无障碍卫生间，报警信号上传至园区消防安防控制室，除上述要求外，照明开关应采用大翘板开关，中心距地 1.0m。

（5）开关、插座和照明灯具在靠近可燃物时，应采取隔热、散热等防火措施。

（6）消防用电设备配电箱、柜应有明显标识，安装在配电间或机房内。

（7）室外敷设的电气设备应选用防水型；防护等级应满足规范要求。其中，室外配电箱的防护等级不应低于 IP56。

（8）电气竖井做 150mm 高挡水门槛，电气竖井墙体为空心砖时，需每隔 500mm 做圈梁，以便固定设备。

17.9　电缆、导线的选型及敷设

（1）住户配电电缆选用 WDZB-B1-YJY-0.6/1kV（d0，t0，a1）铜芯无卤低烟阻燃 B 类交联聚乙烯绝缘聚烯烃护套电力电缆、燃烧性能 B1 级，由住宅低压配电室沿电缆槽盒敷设至电气竖井，在电气竖井沿电缆梯架以树干方式配电。

（2）低压消防负荷的配电电缆，变电所出线干线选用 BTTZ 矿物绝缘电缆；其余支线选用 WDZBN-B1-YJY- 0.6/1kV（d0，t0，a1）铜芯无卤低烟阻燃 B 类耐火交联聚乙烯绝缘聚烯烃护套电力电缆、燃烧性能 B1 级。

（3）低压消防负荷的配电导线选用 WDZCN-B1-BYJ-450/750V（d0，t0，a1）铜芯无卤低烟阻燃 C 类耐火交联聚乙烯绝缘电线、燃烧性能 B1 级。

（4）耐火电缆、耐火导线穿钢管暗敷时，应敷设在不燃烧体结构内且保护层厚度不应小于 30mm；明敷时（包括敷设在吊顶内），应穿金属导管或采用封闭式金属槽盒保护，金属导管或封闭式金属槽盒应采取防火保护措施。

（5）低压普通负荷的配电导线选用 WDZC-B1-BYJ-450/750V（d0，t0，a1）铜芯无卤低烟阻燃 C 类交联聚乙烯绝缘电线、燃烧性能 B1 级。照明、插座分别由不同的回路供电，除注明者外，照明和插座回路导线穿管暗敷设；4 根以下穿管 SC20，5 ~ 6 根穿管 SC25，所有照明回路均设 1 根 PE 线。

（6）导管和电缆槽盒内配电电线的总截面面积，不应超过导管或电缆槽盒内截面积的 40%；电缆槽盒内控制线缆的总截面积，不应超过电缆槽盒内截面积的 50%。

（7）在建筑物底层及地面层以下外墙内的线缆采用暗敷钢管布线，导管壁厚不应小于 2.0mm；室内干燥场所的线缆采用金属导管布线，导管壁厚不应小于 1.5mm；明敷钢管管径小于（含）40mm 采用 JDG 钢管，明敷钢管管径大于 40mm 采用镀锌钢管。

（8）梯架、槽盒、线管穿过楼板及防火分区隔墙处均用防火胶泥封堵。梯架、镀锌槽盒、支架均外涂防火涂料。电缆桥架要可靠接地，接地线采用一条 25mm×4mm 镀锌扁钢通长敷设。

17.10　防雷

17.10.1　防雷类别、雷电防护等级

本工程高层建筑预计雷击次数为___次 /a，按第二类防雷措施设防。

建筑物电子信息系统雷电防护等级为 D 级。在变电所低压侧配电母线上设置 I 级试验的电涌保护器，电涌保护器的电压保护水平值应小于或等于 2.5kV。每一保护模式的冲击电流值应等于或大于 12.5kA。突出屋面（LPZOB 区）的设备配电箱内应在开关的电源侧装设 II 级试验的电涌保护器，其电压保护水平不应大于 2.5kV，标称放电电流值应根据具体情况确定。

17.10.2　接闪器

采用 φ10mm 镀锌圆钢作接闪带，沿着建筑物屋面的女儿墙（坡屋顶时：屋角、屋脊、屋檐和檐角）敷设，并在整个屋面组成不大于 10m×10m 或 12m×8m 的接闪网格。屋顶的金属支架均与接闪带连通。

利用建筑物结构柱子内的主筋作引下线，利用结构基础内钢筋网作接地体。防雷接闪

网格不大于 <u>12m×8m 或 10m×10m</u>。防雷引下线间距不大于 <u>18m</u>。凡突出屋面的所有金属构件，如金属通风管、屋顶风机、金属屋面、金属屋架等均应与接闪带可靠焊接。为防雷电波侵入，电缆进出线在进出端应将电缆的金属外皮、钢管等与电气设备接地相连。电子信息系统的各种箱体、壳体、机架等金属组件应与建筑物的共用接地网作等电位连接。

17.10.3　引下线

利用建筑物钢筋混凝土柱子或剪力墙内两根 φ16mm 以上主筋通长焊接、绑扎作为引下线，间距不大于 18m、引下线上端与接闪带焊接、下端与接地极焊接。外墙引下线在室外地面下 1m 处引出与室外接地极焊接。建筑物四角的外墙引下线在距室外地面上 0.5m 处设测试卡子。

17.10.4　防侧击雷措施

当建筑高度大于 45m 时，应采取防侧击雷措施：

（1）建筑物内钢筋混凝土的钢筋应相互连接。

（2）结构圈梁中的钢筋应每 3 层连成闭合环路作为均压环，并应同防雷装置引下线连接。

（3）应将 45m 及以上外墙上的栏杆、门窗等较大金属物直接或通过预埋件与防雷装置连接，水平突出的墙体应设置接闪器并与防雷装置连接。

（4）垂直敷设的金属管道及类似金属物，尚应在顶端和底端与防雷装置连接。

17.11　接地及安全措施

17.11.1　接地型式

本项目低压配电的接地型式采用 TN-S 系统。

17.11.2　接地电阻

防雷接地、变压器中性点接地及电气设备保护接地等共用接地装置，要求接地电阻不大于 <u>1Ω</u>，当接地电阻达不到设计要求时，应在室外增设人工接地体。室外接地及焊接处均应刷沥青防腐。

17.11.3　等电位联结

（1）本工程做总等电位联结，在变电所内设有总等电位端子箱；总等电位板由紫铜板制成，应将建筑物内保护干线、设备进线总管、建筑物金属构件进行连接，总等电位联结均采用等电位卡子，不允许在金属管道上焊接。

（2）在弱电机房、消防安防控制室、水泵房、浴室等潮湿场所处设局部等电位联结。除特殊注明外，局部等电位箱暗装，底距地 0.3m。将卫生间内所有金属管道、构件连接。水池区域设置局部等电位联结，由景观水池厂家进行深化设计。

（3）机械车位、充电桩等设备的接地端子均应可靠接地。所有 I 类电气设备金属外壳均应可靠接地。

（4）暖通专业在各燃气表间设有的排风管道应设置导除静电的接地装置。设备的静电过滤器需与接地装置连接。气体钢瓶间的管网、壳体应设防静电接地。

（5）计算机电源系统、有线电视引入端、电信引入端设过电压保护装置。强、弱电系统采用共用接地装置。

（6）消防控制室、弱电机房等设备用房接地利用大楼的共用接地装置作为其接地极，设独立引下线，引下线采用 WDZ-BYJ-1×25-PC40 暗敷。

（7）电气竖井内接地干线，每隔 3 层与就近楼板钢筋做等电位联结。

（8）电缆梯架和槽盒本体之间的连接应牢固可靠；当电缆梯架和槽盒全长不大于 30m 时，不应少于两处与保护导体可靠连接；全长大于 30m 时，敷设一条 40mm×4mm 热镀锌扁钢，起始端和终点端均应可靠接地，每隔 20～30m 应增加一个连接点。

（9）在电梯基坑内设局部等电位端子箱，端子箱与电梯井道侧墙及地面内钢筋、电梯控制箱 PE 排连通，并采用 25mm×4mm 热镀锌扁钢与电梯井道内的金属导轨、金属构件等进行等电位联结。

（10）等电位联结做法参见《等电位联结安装》（15D502）。

17.12　外线

（1）本工程由市政 10kV 高压电缆井直接引入，根据外电源设计单位提资预留金属穿墙套管。

（2）在车库四周外墙上预留至室外的低压管线，并在室外出散水合适位置设置人孔或手孔电缆井，电缆井定位详见建筑专业室外管线综合图；做法参见《电力电缆井设计与安装》（07SD101-8）。

（3）所有从室内至室外的直埋管线的穿外墙处做法参见《110kV 及以下电缆敷设》（12D101-5）第 103 页。

17.13　电气抗震设计

本工程抗震设防烈度为___度，依据 GB 50981—2014 进行抗震设计。

（1）电气设备系统中内径大于等于 60mm 的电气配管和重量大于等于 15kg/m 的电缆桥架及多管共架系统须采用机电管线抗震支撑系统。

（2）变压器、配电箱（柜）等电气设备应有抗震措施。

（3）设在建筑物屋顶上的 5G 基站等设备，应采取防止因地震导致设备或其部件损坏后坠落伤人的安全防护措施。

（4）刚性管道侧向抗震支撑最大设计间距不得超过 12m，柔性管道侧向抗震支撑最大设计间距不得超过 6m。

（5）刚性管道纵向抗震支撑最大设计间距不得超过 24m，柔性管道纵向抗震支撑最大设计间距不得超过 12m。

（6）抗震支撑最终间距应由深化设计单位根据现场实际情况综合确定。

17.14　装配式建筑电气设计

本工程按照 GB/T 51231—2016 中相关要求进行电气设计，并参见《装配式建筑电气设计与安装》（20D804-P41）等相关规定进行施工，具体要求如下：

（1）装配式混凝土建筑的电气设备与管线的设计，应满足预构件工厂生产、施工安装及使用维护的要求。

（2）装配式混凝土建筑的电气设备与管线设置及安装应符合下列规定：

1）电气和智能化系统的竖向主干线应在公共区域的电气竖井内设置；

2）配电箱、智能配线箱不宜安装在预制构件上；

3）当大型灯具、桥架、母线配电设备等安装在预制构件上时，应采用预留预埋件固定设置在预制构件上的接线盒、连接管等应做预留，出线口和接线盒应准确定位；

4）不应在预制构件受力部位和节点连接区域设置洞及接线盒，隔墙两侧的电气和智能设备不应直接连通设置。

（3）装配式混凝土建筑的防雷设计应符合下列规定：

1）当利用预制剪力墙、预制柱内的部分钢筋作为防雷引下线时，预制构件内作为防雷引下线的钢筋，应在构件接缝处作可靠的电气连接，并在构件接缝处预留施工空间及条件，连接部位应有永久性明显标记；做法参见《装配式建筑电气设计与安装》（20D804-P41）等相关做法。

2）建筑外墙上的金属管道、栏杆、门窗等金属物需要与防雷装置连接时，应与相关预制构件内部的金属件连接成电气通路。

3）设置等电位连接的场所，各构件内的钢筋应作可靠的电气连接，并与等电位连接箱连通。

17.15　其他

（1）凡与施工有关而又未说明之处参见国家、地方标准图集。

（2）本工程所选设备、材料，必须具有国家级检测中心的检测合格证书；必须满足与产品相关的国家标准；供电产品、消防产品应具有相关许可证。

（3）为设计方便，所选设备型号仅供参考，招标所确定的设备和材料的规格、性能等技术指标，不应低于设计图纸的要求。所有设备确定厂家后均需建设、施工、设计、监理四方进行技术交底。

（4）本设计文件需要报县级以上政府建设行政主管部门或其他有关部门、施工图审查部门审查批准后方可使用。

（5）建设方、施工方应遵守《建设工程质量管理条例》（国务院令第 279 号）。

（6）施工过程中，施工现场供用电应严格执行 GB 55034—2022、GB 50194—2014 及 JGJ/T 46—2024 的要求。现场施工遵守《建设工程安全生产管理条例》（国务院令第 393 号）的规定。

（7）建设方应提供电源等市政原始资料，原始资料必须真实、准确、齐全。

（8）由各单位采购的设备、材料，应保证符合设计文件及合同的要求。

（9）施工单位必须按照工程设计图纸和施工技术标准施工，不能自行修改工程设计，施工单位在施工过程中发现设计文件和图纸有差错的，应当及时提出意见和建议。

（10）建设工程竣工验收时，必须具备设计单位签署的质量合格文件。

17.16　本工程参考的施工图集

《民用建筑电气设计与施工》（2008 年合订本）（D800-1 ～ 8）
《干式变压器安装》（99D201-2）
《应急照明设计与安装》（19D702-7）
《常用灯具安装》（96D702-2）

《特殊灯具安装》（03D702-3）

《防雷与接地（上册）》（2016 年合订本）（D500 ～ D502）

《防雷与接地（下册）》（2016 年合订本）（D503 ～ D505）

《室内管线安装》（2004 年合订本）（D301-1 ～ 3）

《常用风机控制电路图》（16D303-2）

《常用水泵控制电路图》（16D303-3）

18 公共建筑电气施工图设计说明示例

本说明以北京项目为例进行介绍。

18.1 设计依据

（1）工程概况

1）工程名称。

2）建设地点。

3）自然环境：海拔、最热月月平均温度、年平均雷暴日数等。

4）建筑类别及性质：本项目属特大型博物馆，分为南区、北区、附属工程 3 个子项，共计 10 个单体，包括一类高层、二类高层、多层建筑。

5）面积、层数、高度。

6）结构类型。

7）抗震设防烈度。

8）建筑设计使用年限。

9）人防工程类别及防护等级。

10）耐火等级。

（2）建设单位提供的有关部门认定的工程设计资料，如供电、消防、通信、公安等。

（3）建设单位提供的设计任务书及设计要求。

（4）初步设计评审意见。

（5）相关专业提供给本专业的工程设计资料。

（6）设计执行的主要法规和所采用的主要标准：

《建筑设计防火规范（2018 年版）》（GB 50016—2014）

《建筑照明设计标准》（GB/T 50034—2024）

《人民防空地下室设计规范（2023 年版）》（GB 50038—2005）

《供配电系统设计规范》（GB 50052—2009）

《20kV 及以下变电所设计规范》（GB 50053—2013）

《低压配电设计规范》（GB 50054—2011）

《通用用电设备配电设计规范》（GB 50055—2011）

《建筑物防雷设计规范》（GB 50057—2010）

《人民防空工程设计防火规范》GB 50098—2009

《火灾自动报警系统设计规范》（GB 50116—2013）

《公共建筑节能设计标准》（GB 50189—2015）

《电力工程电缆设计标准》（GB 50217—2018）

《建筑物电子信息系统防雷技术规范》（GB 50343—2012）

《民用建筑设计统一标准》（GB 50352—2019）

《绿色建筑评价标准》（GB/T 50378—2019）

《建筑机电工程抗震设计规范》（GB 50981—2014）

《消防应急照明和疏散指示系统技术标准》（GB 51309—2018）

《民用建筑电气设计标准》（GB 51348—2019）

《建筑节能与可再生能源利用通用规范》（GB 55015—2021）

《建筑环境通用规范》（GB 55016—2021）

《建筑电气与智能化通用规范》（GB 55024—2022）

《消防设施通用规范》（GB 55036—2022）

《建筑防火通用规范》（GB 55037—2022）

《建筑工程设计文件编制深度规定（2016 年版）》

《消防安全疏散标志设置标准》（DB 11/1024—2022）

《公共建筑节能设计标准》（DB 11/687—2015）

《绿色建筑设计标准》（DB 11/938—2012）

其他有关现行国家标准、行业标准及地方标准

18.2 设计范围

18.2.1 设计内容

本项目设置的建筑电气系统包括：10/0.4kV 变（配）电系统（含变电所、柴油发电机房）、配电系统、照明系统（含智能照明控制系统）、防雷、接地及安全措施、抗震设计、装配式设计（当项目按装配式建筑要求建设时，需增加装配式建筑电气设计专项说明）。

电气节能与可再生能源利用、环保措施、绿色建筑电气设计见第 23、24 章；电气消防（应急照明及疏散指示系统、电气火灾监控系统、消防设备电源监控系统、防火门监控系统、火灾自动报警系统、消防应急广播）见第 20 章；电气人防见第 25 章。

18.2.2 设计分界

18.2.2.1 电缆分界室（仅北京项目）

电缆分界室的设计、安装及调试工作由外电源设计公司负责。本设计仅负责电缆分界室的照明、通风、排水等配套设计。电源分界点为变电所 10kV 进线柜总开关进线端压线螺栓（高基用户）。

18.2.2.2 变电所

（1）变电所设计不在本次设计范围内，需甲方另行委托有电力设计资质的供电咨询公司进行深化设计，并经当地电力部门审核通过后，方可作为正式施工图进行施工。本次设计仅根据供电方案及供电公司要求进行变电所相关图纸相关楼板洞、预埋件的预留预埋工作。

（2）为配合供电公司及低压配电系统的衔接，本设计包含了变电所低压配电系统、变电所的基本布置，但此图仅作为专业供电公司的参考，需要供电公司深化设计并统一报供电部门审核。

（3）变电所分界点为变电所低压配电柜馈电断路器出线端（低基用户）。

18.2.2.3 二次装修区域

本工程除楼梯间、设备机房、设备竖井、地下车库、库房、人防外，均为二次装修区

域，二次装修区域除应急照明和火灾自动报警系统设计到位外，其余仅预留电源。

18.2.2.4　厨房

本设计仅负责预留电源，具体设计由厨房专项设计单位深化设计，设计院确认。

18.2.2.5　景观照明

本设计仅负责预留电源，景观照明由专项设计单位负责。

18.2.2.6　智能化系统专项（含数据机房）

本工程弱电设计深度按照中华人民共和国住房和城乡建设部颁布的《建筑工程设计文件编制深度规定》中规定的一般设计深度予以出图，深化设计由专项设计完成。

18.2.2.7　需深化设计的电气系统

（1）柴油发电机房：需根据中标机组的技术参数对机组及控制屏布置、排烟系统、消声降噪、燃油系统进行深化设计。

（2）充电桩：本项目在室外停车场设置充电桩，设置比例为车位数的20%，共40个充电桩，其中快慢比例为3：7，快充12个，慢充28个。

18.2.2.8　配套电控箱的设备配电

对于电梯、扶梯、防火卷帘、挡烟垂壁、电动窗、消防稳压泵、生活水泵、电伴热设备、新风机组、空调机组、冷水机组等配套电控箱/柜的设备，本设计仅配电至电控箱/柜、电控箱/柜与设备之间的线路，本次设计预留电缆桥架或预埋管，由施工单位根据设备厂家的要求现场敷设，并要求设备配套电控箱/柜内的配电开关具备隔离功能。

18.2.2.9　抗震支吊架

本次设计仅提出需设置抗震支吊架的范围及管道走向，抗震支撑最终间距及做法应根据现场实际情况由专业公司深化设计完成。

18.3　10/0.4kV 变（配）电系统

18.3.1　负荷等级和负荷容量

18.3.1.1　负荷等级（见表18.3-1）

表 18.3-1　　　　　　10/0.4kV 变（配）电系统负荷等级与用电负荷名称

负荷等级	用电负荷名称
特级负荷	安防系统、专网机房、图书检索用计算机系统、A级数据机房的电子信息设备
一级负荷	消防控制室、防排烟设施、消防电梯、防火卷帘、消防泵、潜污泵（兼消防）、火灾自动报警系统、应急照明等消防负荷
	电梯、货梯、弱电机房、弱电间、生活水泵、锅炉房、换热站、中水泵、B级数据机房的电子信息设备、主机房照明及空调控制系统等
二级负荷	室外雨污水设备、厨房设备、主要通道照明
三级负荷	其余负荷

18.3.1.2　各级别负荷容量

特级负荷 P_e=190kW，一级负荷 P_e=3323kW，二级负荷 P_e=2064kW，三级负荷 P_e=10225kW，消防负荷 P_e=1200kW，其中电力负荷（电梯、水泵）780kW，照明负荷（照明、插座、空调）15022kW。

18.3.2　供电电源及电压等级

本项目由 2 路双重 10kV 电源供电，两个电源应满足当一个电源发生故障时，另一个电源不应同时受到损坏。每路电源均能单独承担本项目全部特级、一级、二级负荷。电源总容量 17760kVA。

市政 10kV 供电电源为电缆埋地引入，接至本项目电缆分界室，由电缆分界室接入本项目总变电所，再由总变电所接至各分变电所。

18.3.3　自备电源

18.3.3.1　柴油发电机组

（1）为了确保消防负荷及特级负荷的供电可靠性，在 5 号地下一层设置 1 座柴油发电机房，安装 1 台 AC400V/50Hz 低压柴油发电机组，基本功率（P_{RP}）为 1600kW。

（2）主要供电负荷：消防负荷、库区排水设备、库区照明、安防系统、专网机房、弱电间、展陈负荷、电梯。其中总消防负荷 1200kW（其中北区消防负荷最大为 850kW），总保障负荷 2460kW（最大保障负荷为 1205kW），按以上两类负荷中的最大容量选择柴油发电机组容量。

（3）启动条件：当 2 路市电均失电后启动柴油发电机，向应急母线供电。启动信号取自低压侧 2 路进线断路器失压信号，启动时间小于 30s。柴油发电机电源接入市电电源配电系统处采用 ATS 开关，保证电气及机械连锁，防止并网运行。

（4）后备时间：3h。

（5）储油方式：柴油发电机房内设置一间储油间，内设 1 个体积不大于 1m³ 的日用油箱，日用油箱间预留室外油管。室外设置 1 个储油罐，体积 5m³，油罐采用室外直埋。油路设计见动力专业图纸。

18.3.3.2　UPS 电源

火灾自动报警系统、专网机房、安防系统、弱电间等用电，由弱电系统承包商配套提供 UPS 电源，电源容量、供电时间均应满足各系统的要求。

18.3.4　高、低压配电系统接线型式及运行方式

18.3.4.1　10kV 配电系统

两路 10kV 电源采用单母线分段方式运行，中间设联络断路器。平时两段母线分列运行，互为备用，当任一电源故障或停电时，通过手动 / 自动操作母联断路器，由另一路电源承担全部特级、一级、二级负荷。进线、母联断路器之间设电气连锁，任何情况下只能合其中的两个断路器。

18.3.4.2　低压配电系统

变压器低压侧采用单母线分段方式运行，中间设联络断路器，联络断路器设有自投自复、自投手复、自投停用的三种选择功能。主进断路器与联络断路器设电气连锁，任何情况下只能合其中的两个断路器。

18.3.5　电缆分界室

在 6 号首层设置一间电缆分界室，设有独立通向室外出口，面积不小于 30m²，内设电缆夹层，层高不小于 2.1m。用于市政电源引入。

18.3.6　变电所

本工程设置 10/0.4kV 变电所 5 座，总安装容量约 17760kVA，变压器共计 14 台，具体见表 18.3-2。

表 18.3-2　　　　　　　　　　　变电所设置清单

变电所名称	位置	变压器台数及容量	供电范围
1 号总变电所	5 号楼地下二（实为地下一层）	2×1600kVA	北区地下、3～5 号楼、南库区、2 号 2A 号 2B 号楼、8 号楼、室外充电桩、景观照明
		2×2500kVA	制冷站、南北区库区空调
2 号数据机房分变电所	5 号地下二层（实为地下一层）	2×1250kVA	一期数据机房设备
		2×2000kVA	二期数据机房设备
3 号南区分变电所	1 号楼首层	2×500kVA	1 号 1A 号 1B 号楼、9 号楼、室外广场、景观照明
4 号动力中心分变电所	室外	2×400kVA	锅炉房、换热站、景观照明、室外充电桩
5 号库区分变电所	库区内	2×630kVA	库区

变电所梁下净高不小于 3.5m，下设电缆夹层，夹层层高不小于 2.1m（净高不小于 1.9m），变电所高出同层地面 200mm。

18.3.7　继电保护

18.3.7.1　10kV 继电保护

（1）继电保护装置应满足可靠性、灵敏性、速动性和选择性的要求。以计算机系统作为监控中心，通过微机综合保护测控单元，实现对 10kV 设备的监测和保护。

（2）高压配电系统的短路故障保护应具备可靠、快速且有选择地切除被保护设备和线路的短路故障的功能。

（3）进户 10kV 进线断路器应具有过负荷和短路电流延时速断保护功能。

（4）配电断路器应具有过负荷和短路电流速断保护功能。变压器高温报警、变压器超温跳闸、门误动跳闸。

（5）隔离开关与相应的断路器、接地开关之间应采取闭锁措施。

18.3.7.2　低压保护装置

低压主进、联络断路器设过载长延时、短路短延时脱扣器；其他低压断路器设过载长延时、短路瞬时脱扣器；非消防回路设分励脱扣器，在火灾时，断掉相关设备电源。要求所有低压开关脱扣器脱扣电流可调，动作时间可调。

18.3.8　操作电源和信号

总变电所 10kV 高压开关柜真空断路器的操作电源为直流 110V、65A·h，采用组合式直流电源柜，直流电源柜的电源来自 10kV 变电所的所用电配电箱。分变电所 10kV 高压开关柜真空断路器采用交流操作。10kV 高压开关柜真空断路器采用弹簧储能操动机构。

18.3.9　电能计量

本项目以高压计度为主、低压计度为辅。

（1）高压配电室高压侧设专用计量柜，其中专用电流互感器、有功电能表、无功电能表的型号、规格由供电部门决定。

（2）低压侧在变电所出线干线设置多功能仪表，并在楼层配电总箱设计量电能表，对插座、照明、空调实施分项计量［变电所及楼层总箱低压断路器均采用智能断路器，智能断路器具有电气测量及报警、状态感知、诊断维护及健康状态指示、故障及历史记录等功能，能进行本地和 / 或远程监控，并具有物联网（IoT）云平台连接能力，能对插座、照明、空调实施分项计量]。

18.3.10 无功补偿

本项目采用集中安装在各变电所的并联干式电容器进行无功补偿，电容器组采用自动循环投切方式，满足供电局对补偿后功率因数不小于 0.9 的要求。

18.3.11 谐波治理

为了避免建筑内电子设备等对供电电源产生的谐波干扰，在变电所设置具有调谐滤波功能的无功补偿柜。为了避免谐波干扰，本设计在变电所预留有源滤波设备位置，待建筑投入运行后根据实际情况设置。

18.3.12 变电所智能监控系统

变（配）电系统工程采用变（配）电计算机监控管理系统，实现系统工程全自动化管理。采用综合电力参数测量仪与智能电力仪表相结合的方式对所有回路开关量、模拟量进行实时采集，对各区域电能表远程抄表。系统监控主机设置于总变电所值班室内。

18.3.13 设备运输

1 号、2 号变电所的变压器采用预留的设备吊装孔运输；3 号变电所在首层，直接由开向室外的运输门运输；柴油发电机房北侧为下沉庭院，柴油发电机组吊装进下沉庭院后，直接推入柴油发电机房。

18.4 配电系统

18.4.1 供电方式

18.4.1.1 10kV 配电系统

采用放射式供电，市电进入总变电所，再由总变电所分别放射两路电源至各个分变电所。

18.4.1.2 低压配电系统

（1）低压配电系统采用放射式与树干式相结合的方式。对于单台容量较大的负荷或重要负荷，采用放射式配电；对于一般负荷，采用放射式与树干式相结合的方式配电。

（2）各级负荷供电方式。

1）消防负荷：由双重电源的两个低压回路在末端配电箱处切换供电，其中火灾自动报警系统另设置 UPS、应急照明及疏散指示系统采用集中电源集中控制型系统，以满足上述负荷不允许中断供电的需求。

2）特级负荷：由三个电源供电，三个电源由满足一级负荷要求的两个电源和一个应急电源组成。

3）一级负荷：由双重电源的两个低压回路在末端配电箱处切换供电。

4）二级负荷：本工程为双重电源供电，且两台变压器低压侧设有母联断路器，由任一段低压母线单回路供电。

5）三级负荷：由低压母线单回路供电，应急时可切除此部分负荷。

（3）按防火分区和功能分区设置强、弱电竖井。

18.4.2 电力设备的控制

（1）对于防排烟、正压送风风机，平时可在其配电箱柜上手动控制，火灾时通过火灾自动报警系统控制，并应在消防设备联动控制台上实现联动控制；其热继电器只作报警信号、不做保护之用，断路器也不设过负荷保护。消防专用设备的控制不纳入 BA 系统。

（2）对于平时兼消防的补风风机，平时采用变频控制，火灾时应切换到旁路直接启动，不得采用变频控制。

（3）排风兼排烟风机、进风兼补风风机，平时由 BA 系统控制，火灾时由消防控制室控制并具有优先权。用于消防时，设备的过负荷保护只报警，不跳闸。

（4）30kW（不含）以下电动机可直接启动；30kW 及以上消防系统电机采用星—角启动，其他非消防系统电机采用软启动器。

（5）消防水泵设置机械应急启泵功能，由水泵配套。

（6）消防水池设置就地水位显示装置，并在消防控制室设置显示消防水池水位的装置，该装置应能显示最高、最低水位报警信号和正常水位。

（7）冷水机组、空调机组、新风机组等设备配套的控制箱柜，应预留纳入 BA 系统的接口条件。

（8）冷水机组、冷冻泵、冷却泵、冷却塔、空调机、新风机、排风机、送风机、诱导风机、热风幕等，采用 BA 系统及就地手动控制。需要与风机连锁的 220V 电动风阀，由风机的启停直接连锁风阀作动。

（9）潜污泵采用液位传感器就地控制，水位超高报警、水位显示及泵故障由 BA 系统采集信号完成。

（10）通过低压断路器上附加分励脱扣器的方式切除非消防电源，并将其脱扣信号反馈至消防控制模块。

18.5　照明系统

本项目照明种类有正常照明、应急照明、值班照明、警卫照明、障碍照明。

照明方式有一般照明、混合照明（一般照明＋局部照明）、重点照明。

18.5.1　照度标准

应符合 GB 55015—2021 及 GB/T 50034—2024 中的相关要求，主要场所照度标准及功率密度值见表 18.5-1。

表 18.5-1　　　　　　　　主要场所照度标准及功率密度值

房间或场所	照度标准值 (lx)	照明功率密度限值 (W/m²)	UGR	R_a
消防控制室、数据机房、专网机房	500	13.5	19	80
办公、研究用房、技术用房、控制室	500	13.5	19	80
会议、阅览区、报告厅、多功能厅、贵宾室、值班室	300	8	19/22	80
门厅、展厅、藏品库、餐厅	200	6	19/22	80
配电室	200	6	—	80
序厅、设备机房、走廊、宿舍	100	3.5	22	80

18.5.2　光源、灯具选择

（1）本项目所有光源、灯具均采用 LED 灯，长期工作或停留的房间或场所，其性能满足如下要求：

1）光源的显色指数 $R_a \geq 80$，$R_9 > 0$；

2）色温 $T \leqslant 4000K$；

3）色容差不应大于 5 SDCM；

4）光生物安全性为无危险类（RG0）照明产品；

5）光源或灯具的闪变指数 P_{st}^{LM} 不大于 1；光源或灯具频闪效应可视度 SVM 不大于 1.3；

6）主要功能房间或场所的统一眩光值（UGR）不大于 19；

7）功率因数不小于 0.95。

（2）消防控制室、网络机房、办公室采用嵌入式 LED 面板灯。

（3）设备机房采用 LED 直管灯，管吊式或链吊式灯具。

（4）卫生间采用嵌入式 LED 筒灯。

（5）有吊顶走廊采用嵌入式 LED 筒灯或 LED 面板灯，无吊顶走廊采用链吊式 LED 面板灯或直管灯。

（6）楼梯间采用 LED 红外感应吸顶灯。

（7）地下车库采用线槽灯，或采用管吊式 LED 直管灯。

（8）电梯井道内采用 DC 36V 照明灯具或采用 AC 220V 照明灯具，其照明回路设置漏电保护断路器。

（9）电缆夹层、设备夹层内照明灯具采用 DC 36V 供电电压。

（10）储油间、燃气表间、锅炉房等爆炸危险场所采用防爆灯具，保护钢管明敷。

（11）厨房、淋浴间、水泵房等潮湿场所采用防水防尘灯具，防护等级不小于 IP54。

（12）藏品库房选用无紫外线的光源，并应有遮光装置。

（13）允许人员进入的水池，安装在水下的灯具选用防触电等级为 Ⅲ 类的灯具，其电压等级为交流不超过 12V，直流不超过 30V。

（14）安装在人员密集场所的吊装灯具玻璃罩，应采取防止玻璃破碎向下溅落的措施。

（15）灯具效能应满足表 18.5-2 和表 18.5-3 要求。

表 18.5-2　　　　发光二极管筒灯灯具的效能　　　　（lm/W）

色温 (K)	2700		3000		4000	
灯具出光口形式	格栅	保护罩	格栅	保护罩	格栅	保护罩
灯具效能	55	60	60	65	65	70

表 18.5-3　　　　发光二极管平面灯灯具的效能　　　　（lm/W）

色温 (K)	2700		3000		4000	
灯具出光口形式	反射式	直射式	反射式	直射式	反射式	直射式
灯具效能	60	65	65	70	70	75

18.5.3　照明控制

（1）本项目门厅、展厅等公共场所采用智能照明控制系统，该系统可与 BAS 联网；门厅等公共场所照明按建筑使用条件和天然采光状况采取分区、分组集中控制。展厅照明、大空间照明采取分区、分组或单灯集中控制。

（2）设备用房、库房、普通办公室照明采用就地开关控制。

（3）地下车库采用红外感应式 LED 直管灯，设有高、低功率两种模式，平时灯具为低功率，有人或车接近时变为高功率。

（4）走廊、楼梯间采用红外感应控制。

18.5.4 展厅照明要求

（1）展厅内一般照明应采用紫外线少的光源。对于对光敏感及特别敏感的展品或藏品，使用光源的紫外线相对含量应小于 20μW/m。

（2）展厅一般照明按展品照度值的 20% ～ 30% 选取。

（3）展厅直接照明光源的色温不大于 4000K。

（4）对辨色要求一般的场所，光源一般显色指数（R_a）不低于 80，特殊显色指数 R_9 不小于 0；对陈列绘画、彩色织物及其他多色展品等展品辨色要求高的场所，光源一般显色指数（R_a）不低于 90，R_9 不低于 50。

（5）展厅选用同类光源的色容差不大于 3 SDCM，其他场所选用同类光源的色容差不大于 5 SDCM。

（6）光源或灯具的闪变指数 P_{st}^{LM} 不大于 1。光源或灯具频闪效应可视度 SVM 不大于 1.3。

（7）展厅内一般照明的统一眩光值（UGR）不大于 19。

18.5.5 照明线路设计要求

（1）照明配电终端回路设短路保护、过负荷保护和接地故障保护。

（2）当正常照明灯具安装高度在 2.5m 及以下，且灯具采用交流低压供电时，设置剩余电流动作保护电器作为附加防护。

（3）正常照明支线穿钢管在楼板、吊顶内敷设。

（4）当由照明接线盒引至灯具的一段线路长度小于 1.2m 时，可穿钢质波纹管、可挠金属管保护。

（5）灯具距顶板安装高度大于 1.2m 时，照明支线采用穿钢管明敷或在专用金属线槽内敷设。

（6）地下车库可采用线槽灯，照明支线在线槽内敷设；或采用 LED 直管灯，照明支线穿钢管明敷。

（7）照明平面图中灯具之间的导线根数未标注的为 3 根；灯具与单联、双联、三联、四联开关之间导线根数分别为 2、3、4、5 根，平面图中不再标注。

（8）插座支线穿钢管埋地、埋墙暗敷，平面图中未标注导线均为 3 根。

（9）插座回路故障电流的动作时间除注明者外均为 30mA。

18.6 设备选型及安装

18.6.1 10kV 高压电器及开关设备

18.6.1.1 10kV 高压开关柜

选用 KYN28A-10 型手车式金属铠装开关柜，下进、下出的进出线方式。高压断路器采用真空断路器，运行分段能力 31.5kA。

18.6.1.2 环网柜

选用 SF_6 绝缘环网柜，下进、下出的进出线方式。

18.6.2 变压器

选择环氧树脂浇注低噪声、低损耗节能型干式变压器，SCB19（SCBH19）-10/0.4kV，10±2×2.5%，Dyn11，$U_k\%=6\%$，大于 1600kVA 的变压器，$U_k\%=8\%$，自带外壳（IP30），

配强迫风冷系统，下进、上出的进出线方式。

18.6.3　低压电气及开关设备

选用 GCS 型抽出式开关柜。上进、下出的进出线方式。低压断路器运行分断能力 50kA 及以上。

18.6.4　柴油发电机组

（1）机组要求：柴油发电机组采用闭式水循环风冷的整体机组的冷却方式；发电机采用 PMG 永磁他励方式，控制屏采用微处理器；满足里氏地震烈度 8 度的抗震要求。机组能快速手动 / 自动启动，15s 内启动调整带负荷，能带 60% 以上负荷启动，电压调整率 ±0.5%，频率调整率 ±1%。

（2）排烟：采用环保标准型机组，烟道排放达欧洲 Ⅲ 号以上标准。机组排烟管上需安装触媒型排烟净化器，燃烧后排放的烟气，其林格曼黑度不应大于 1 级，并通过屋顶排放。排烟口附近 3m 范围内建筑构件考虑隔热措施。

（3）消声：机房设计时应采取机组消声及机房隔声措施，治理后环境噪声不宜超过城市区域环境噪声标准类别 2，即昼间≤60dB（A），夜间≤50dB（A）。

（4）机组（机载控制屏、减振基础）、启动（直流电源及电加热器）、单机控制柜、电源配电柜、电缆或母线系统、燃油系统（输油管及日用油箱）、排烟系统（消音器及隔热排烟管）、通风及消声系统等完成机组本身或附属设备的所有连接，应一并招标采购。

18.6.5　配电箱、柜

（1）消防用配电箱、控制箱，应有明显标识。

（2）各层配电箱、控制箱采用落地、挂墙安装，除在电气竖井、设备机房内等专用房间内明装外，其他均为暗装。安装方式：箱体高度为 600mm 以下时，距地 1.4m；600～800mm 时，距地 1.2m；800～1000mm 时，距地 1.0m；1000～1200mm 时，距地 0.8m；1200mm 以上时，为落地安装，下设 300mm 的基座。不同尺寸配电箱并排安装时，箱体顶部应对齐。

（3）防火卷帘电控箱顶部距顶板 200mm 挂墙安装，电控箱至防火卷帘控制按钮预埋一根 D=20mm 钢管，施工单位根据厂家要求选择线缆并敷设。

（4）电开水器就地设置就地开关箱，就地开关箱安装高度底边距地 1.6m 挂墙安装，箱内设置剩余电流动作保护功能的断路器，额定剩余动作电流 30mA 无延时型。

（5）本项目控制箱均为非标产品，由生产厂根据设计要求、平面位置，完成原理图、接线图、盘面布置图、设备材料表。

（6）室外配电箱、控制箱、隔离开关箱、就地检修按钮箱，其防护等级为 IP54。

（7）消防水泵控制柜当设置在专用消防水泵控制室时，其防护等级为 IP30；当与消防水泵放在同一空间时，其防护等级不低于 IP55。

18.6.6　其他

（1）照明开关均为 86 系列，除注明者外均为 250V、10A；安装高度，底边距地 1.4m（残疾人卫生间内 1.0m，残疾人卫生间内报警按钮高度 0.5m 及 1.0m），距门框 0.2m，均为暗装。有淋浴的卫生间内开关采用防潮防溅型；残卫开关采用搬把式。

（2）插座均为 86 系列，普通插座除注明者外均为 250V、10A，单相两孔 + 三孔安全型插座，安装高度底边距地 0.3m；壁挂空调插座采用 250V、10A，单相三孔带开关安全型插座，安装高度底边距地 2.5m；有淋浴的卫生间内插座采用防潮防溅型。

（3）卫生间小便斗感应式冲洗阀防水电源接线盒底边距地 1.1m；卫生间洗手盆红外感应龙头防水电源接线盒底边距地 0.5m；烘手器插座底边距地 1.2m。

（4）洗手盆下电热水器插座底边距地 0.5m，其余电热水器插座底边距地 2.5m，均采用防潮防溅型插座。

（5）消防泵房、水泵房、制冷机房、空调机房等有水设备机房，插座底边距地 1.8m，均采用防潮防溅型插座。

（6）开关、插座和照明灯具靠近可燃物时，应采取隔热、散热等防火措施。

（7）有淋浴、浴缸的卫生间内开关、插座及其他电器面板及管线应设在 Ⅱ 区以外。

（8）电源插座与智能化插座之间距离大于 500mm，电源插座与散热器距离大于 1m。

（9）风机盘管配套调速开关，就地预留 86 接线盒（暗装），接线盒至风机盘管预留一根 D=20mm 钢管，施工单位根据厂家要求选择线缆并敷设。

（10）VRV 室内机配套控制开关，就地预留 86 接线盒（暗装），接线盒至室内机预留一根 D=20mm 钢管，施工单位根据厂家要求选择线缆并敷设。

（11）空调机组、新风机组、送排风机、水泵等各类用电设备的电源供电点的具体位置，以设备专业的图纸为准。

（12）太阳能热水系统使用的电气设备除设置短路和过负荷保护外，还应增加剩余电流动作保护、无水断电保护等。

（13）设备机房内管线在不影响使用和安全的前提下，采用穿钢管明敷或在专用金属线槽内敷设。

18.7 线缆选择和敷设

18.7.1 线缆选择

线缆的燃烧性能为 B1 级（燃烧滴落物 / 微粒等级 d0 级，烟气毒性等级 t0 级，腐蚀等级 a1 级），消防线缆的耐火要求为耐火温度不低于 950℃，持续供电时间不小于 180min。

（1）高压电缆选用 WDZB-YJY-B1-8.7/10kV（d0，t0，a1）铜芯无卤低烟阻燃 B 类交联聚乙烯绝缘聚烯烃护套电力电缆、燃烧性能 B1 级。

（2）低压普通负荷的配电电缆选用 WDZB-YJY-B1-0.6/1kV（d0，t0，a1）铜芯无卤低烟阻燃 B 类交联聚乙烯绝缘聚烯烃护套电力电缆、燃烧性能 B1 级。

（3）低压普通负荷的配电导线选用 WDZC-BYJ-B1-450/750V（d0，t0，a1）铜芯无卤低烟阻燃 C 类交联聚乙烯绝缘电线、燃烧性能 B1 级。

（4）低压消防负荷的配电电缆，变电所出线干线选用 BTTZ 矿物绝缘电缆；其余支线选用 WDZBN-YJY-B1-0.6/1kV（d0，t0，a1）铜芯无卤低烟阻燃 B 类耐火交联聚乙烯绝缘聚烯烃护套电力电缆、燃烧性能 B1 级。

（5）低压消防负荷的配电导线选用 WDZCN-BYJ-B1-450/750V（d0，t0，a1）铜芯无卤低烟阻燃 C 类耐火交联聚乙烯绝缘电线、燃烧性能 B1 级。

（6）控制电缆选用 WDZB-KYJY-B1-0.6/1kV（d0，t0，a1）铜芯无卤低烟阻燃 B 类交联聚乙烯绝缘聚烯烃护套控制电缆、燃烧性能 B1 级，与消防有关的控制电缆选用 WDZBN-KYJY-B1-0.6/1kV（d0，t0，a1）铜芯无卤低烟阻燃 B 类耐火交联聚乙烯绝缘聚烯烃护套控制电缆、燃烧性能 B1 级。

（7）潜污泵配套控制箱出线选用防水电缆。

（8）普通负荷的配电母线采用密集型铜质母线（4+1）芯，消防负荷的配电母线采用耐火密集型铜质母线（4+1）芯。

18.7.2　线缆敷设

（1）插接母线采用密集型铜质母线（4+1）芯，在竖井内明敷，插接箱内断路器均设置分励脱扣器，插接母线终端头应封闭，并在适当位置加膨胀节。插接箱底边距地 1.4m 挂墙安装。

（2）当母线与母线、母线与电器或设备接线端子采用多个螺栓搭接时，各螺栓的受力应均匀，不应使电器或设备的接线端子受额外的应力。

（3）导管和电缆槽盒内配电电线的总截面面积不应超过导管或电缆槽盒内截面面积的 40%，电缆槽盒内控制线缆的总截面面积不应超过电缆槽盒内截面面积的 50%。

（4）在有可燃物闷顶和吊顶内敷设电力线缆时，应采用不燃材料的导管或电缆槽盒保护。

（5）矿物绝缘电缆敷设在电缆梯架内，耐火电力电缆敷设在防火金属线槽（封闭型）内。普通电缆与矿物绝缘电缆、耐火电缆应分设桥架敷设，竖井内面对面敷设。

（6）电缆在电气竖井内垂直敷设及电缆在大于 45°倾斜的支架上或电缆桥架内敷设时，应在每个支架上固定；电缆桥架水平安装时，支、吊架的距离不大于 2m；垂直安装时，支架间距不大于 2.0m。

（7）电缆出入电缆桥架及配电箱（柜）应固定可靠，其出入口应采取防止电缆损伤的措施。

（8）耐火电缆、耐火导线穿钢管暗敷时，应敷设在不燃烧体结构内且保护层厚度不应小于 30mm；明敷时（包括敷设在吊顶内），应穿金属导管或采用封闭式金属槽盒保护，金属导管或封闭式金属槽盒应采取防火保护措施。

（9）电缆 T 接或分支处采用设置电缆 T 接箱方式，不可采用绝缘穿刺线夹。电缆 T 接箱应安装在电气竖井或设备机房内。分支电缆截面积小于干线截面积时，分支长度不应超过 3m。

（10）平面图中所有回路均按回路单独穿金属管，不同支路不应共管敷设，各回路的 N 线、PE 线均从配电箱中引出。

（11）同一交流回路的电线应敷设于同一金属电缆槽盒或金属导管内；电线在电缆槽盒内应按回路分段绑扎，电线出入电缆槽盒及配电箱（柜）应采取防止电线损伤的措施。

（12）本项目暗敷钢管采用焊接钢管；建筑物底层及地面层以下外墙内的线缆采用导管暗敷布线，采用的金属导管壁厚不应小于 2.0mm；明敷钢管管径小于（含）40mm 采用 JDG 钢管，明敷钢管管径大于 40mm 采用镀锌钢管。

（13）室内干燥场所的线缆采用导管布线，采用的金属导管壁厚不应小于 1.5mm。

（14）室内潮湿场所的线缆明敷时，采用防潮防腐材料制造的导管或电缆桥架，且金属导管壁厚不应小于 2.0mm；采用可弯曲金属导管时，应选用防水重型的导管。

（15）PE 线必须用黄 / 绿导线或标识。

（16）所有穿过建筑物伸缩缝、沉降缝、后浇带的管线应按国家、地方标准图集中有关做法施工。

（17）在爆炸性气体环境内钢管配线的电气线路应做好隔离密封，具体见 GB 50058—2014。

（18）电缆桥架穿过防火分区、防烟分区、楼层时，在安装完毕后，必须用防火材料封堵，防火金属线槽的耐火极限应满足耐火时间要求。具体做法见《电缆防火阻燃设计与施工》（06D105），桥架安装时应注意与其他专业之间的配合。

（19）在同一桥架内敷设的双路电源线路，应在桥架两侧敷设，中间加隔板。直线段长度超过30m的钢制电缆桥架设置伸缩节。

（20）电缆桥架全长不大于30m时，不应少于2处与保护导体可靠连接；全长大于30m时，每隔20～30m应增加一个连接点，起始端和终点端均应可靠接地；全长超过30m的金属桥架可在电缆桥架内通长敷设一根40mm×4mm热镀锌扁钢，利用该扁钢在两端及中间多处与桥架连通并与保护导体可靠连接。平面图中不再显示。

18.8　防雷

18.8.1　防雷类别、雷电防护等级

（1）本项目为人员密集的公共建筑物，所在地年平均雷暴日数T_d=35.2d/a，年预计雷击次数0.06，按第二类防雷建筑物设计防雷。防雷措施满足防直击雷、侧击雷、闪电感应、雷电波侵入及防雷击电磁脉冲。

（2）根据本项目的重要性、使用性质和价值，建筑物电子信息系统雷电防护等级为A级。

18.8.2　接闪器

（1）有金属屋面的，金属板无绝缘层覆盖。利用其金属屋面做接闪器，不锈钢、热镀锌钢、钛和铜板的厚度不应小于0.5mm，铝板的厚度不应小于0.65mm，锌板厚度不小于0.7mm。

（2）在屋顶用ϕ10mm热镀锌圆钢做接闪网格，接闪网格不应大于10m×10m或12m×8m；当采用滚球法保护时，滚球法保护半径不应大于45m。

（3）建筑物地下一层或地面层、顶层的结构圈梁钢筋应连成闭合环路，中间层应在每间隔不超过20m的楼层连成闭合环路。闭合环路应与本楼层结构钢筋和所有专用引下线连接。

（4）应将高度45m及以上外墙上的栏杆、门窗等较大金属物直接或通过预埋件与防雷装置相连，高度45m及以上水平突出的墙体应设置接闪器并与防雷装置相连。

18.8.3　引下线

（1）利用建筑物结构柱子内2根直径不应小于10mm的主钢筋作为专用引下线，引下线不少于2根，专用引下线沿建筑物外轮廓均匀设置。其间距满足专用引下线的平均间距不应大于18m的要求。

（2）专用引下线上端应与接闪器可靠连接，下端应与防雷接地装置可靠连接。

（3）建筑物外的引下线敷设在人员可停留或经过的区域时，应采用下列一种或两种方法，防止跨步电压、接触电压和旁侧闪络电压对人员造成伤害：

1）外露引下线在高2.7m以下部分应穿能耐受100kV冲击电压（1.2/50μs波形）的绝缘保护管；

2）应设立阻止人员进入的带警示牌的护栏，护栏与引下线水平距离不应小于3m。

18.8.4　接地装置

（1）利用建筑物筏板基础、独立柱基础、基础拉梁内主钢筋作自然接地体；不连通处采用40mm×4mm热镀锌扁钢将基础焊接连通，组成接地网格。

（2）各单体外侧至少预留4处（不限于）接地引出线，用于与人工接地极连接。

18.8.5 防雷击电磁脉冲

（1）变电所引出本建筑物至其他有独自敷设接地装置的配电装置时，在低压侧配电屏母线上装设Ⅰ级试验的电涌保护器，电涌保护器每一保护模式的冲击电流值≥12.5kA（10/350μs）；当无线路引出本建筑物时，在低压侧配电屏母线上装设Ⅱ级试验的电涌保护器，电涌保护器每一保护模式的标称放电电流值应等于或大于5kA（8/20μs）。电涌保护器的电压保护水平值应小于或等于2.5kV。

（2）在给电子信息设备供电的层配电箱内装Ⅱ级试验的电涌保护器，其标称放电电流≥40kA（8/20μs）；弱电机房配电箱内Ⅱ级试验的电涌保护器，其标称放电电流≥5kA（8/20μs）。

（3）屋顶室外风机、室外照明配电箱内装Ⅱ级试验的电涌保护器，其标称放电电流≥50kA（8/20μs）。

（4）计算机电源系统、有线电视引入端、电信引入端设过电压保护装置。

（5）电源线路的电涌保护器应满足建筑物电子信息系统防雷等级A级要求。

18.8.6 其他防雷措施

（1）凡突出屋面的金属物体，如卫星天线基座（电视天线金属杆）、金属通风管、屋顶风机、金属屋面、金属屋架、金属栏杆等均应与屋面防雷装置可靠连通。

（2）室外风管系统的拉索等金属固定件防雷要求应满足《通风与空调工程施工质量验收规范》（GB 50243—2016）相关规定。

（3）建筑物屋顶上的设备配电线路，其保护钢管的一端应与配电箱和PE线相连，另一端应与用电设备外壳、保护罩相连，并应就近与屋顶防雷装置相连。

（4）垂直敷设的金属管道及金属物的底端和顶端应与防雷装置相连。

（5）支持太阳能热水系统的钢结构支架应与屋顶防雷装置连通。

（6）室外接地凡焊接处均应刷沥青防腐。

（7）防接触电压和跨步电压的措施：

本项目利用基础钢筋形成接地网格，使地面满足均衡电位。

18.9 接地与安全措施

18.9.1 接地型式

本项目低压配电的接地型式采用TN-S系统。

18.9.2 接地电阻

本项目防雷接地、变压器中性点接地、电气装置和设备的保护接地、智能化系统接地，以及其他需要接地的设备，均共用接地装置，接地电阻不大于0.5Ω，若实测大于此值，应打人工接地极直至满足要求。

18.9.3 等电位联结

（1）本项目采用总等电位联结。

（2）把总水管、煤气管、空调立管等所有进出建筑物的金属体及结构钢筋与总等电位联结端子箱连通。在防雷区界面处安装等电位联结端子箱，把进出各防雷区的金属构件连通，并把各等电位联结端子箱之间连通。

（3）总等电位联结均采用各种型号的等电位卡子，不允许在金属管道上焊接。

（4）带淋浴设备的卫生间采用辅助等电位联结，从适当的地方引出两根大于ϕ16mm结构钢筋至局部等电位箱LEB，局部等电位箱暗装，底距地0.3m，将该场所内所有金属管道、构件联结。具体做法参考《等电位联结安装》（15D502）。

（5）强弱电井、弱电机房、设备机房等采用辅助等电位联结。

（6）柴油发电机房设辅助等电位端子箱，机房内墙上0.2m采用40mm×4mm镀锌扁钢设置一圈水平接地体，并与机组、日用油箱不少于2处连通；供油管道做防静电接地。

（7）公共厨房、制冷机房、空调机房、消防泵房、水泵房内设辅助等电位端子箱。

（8）室外电动汽车充电车位应设辅助等电位联结，并应接地。

18.9.4　其他接地措施

（1）燃气锅炉房、燃气表间等爆炸危险场所应做防静电接地。

（2）空调系统设置电加热器的金属风管及设置电伴热装置的消防水管应可靠接地。

（3）变（配）电所等室内墙上水平接地体距地0.2m，明敷，过门处埋地处理。

（4）当采用Ⅰ类灯具时，灯具的外露可导电部分可靠接地。

18.10　抗震设计

（1）内径不小于60mm的电气配管及重力不小于150N/m的电缆梯架、电缆槽盒、母线槽均应进行抗震设防。

（2）应急广播预设置地震广播模式。

（3）电梯和相关机械、控制器的连接、支承，应满足水平地震作用及地震相对位移的要求；垂直电梯宜具有地震探测功能，地震时电梯应能够自动就近平层并停运。

（4）蓄电池应安装在抗震架上，电池间连线应采用柔性导体连接，端电池宜采用电缆作为引出线。蓄电池安装中心较高时，应采取防止倾倒措施。

（5）配电箱（柜）、通信设备的安装设计应符合下列规定：

1）配电箱（柜）、通信设备的安装螺栓或焊接强度应满足抗震要求。

2）靠墙安装的配电柜、通信设备机柜底部安装应牢固。当底部安装螺栓或焊接强度不够时，应将顶部与墙壁进行连接。

3）当配电柜、通信设备柜等非靠墙落地安装时，根部应采用金属膨胀螺栓或焊接的固定方式。当地震烈度为8度或9度时，可将几个柜在中心位置以上连成整体。

4）壁挂安装的配电箱与墙壁之间应采用金属膨胀螺栓连接。

5）配电箱（柜）、通信设备机柜内的元器件应考虑与支承结构间的相互作用，元器件之间采用软连接，接线处应做防震处理。

6）配电箱（柜）面上的仪表应与柜体组装牢固。

（6）设在水平操作面上的消防、安防设备应采取防止滑动措施。

（7）设置建筑物屋顶上的共用天线，应采取防止因地震导致设备或其部件损坏后坠落伤人的安全防护措施。

（8）其他要求应满足GB 50981—2014相关规定。

18.11　其他

（1）除配套电控箱/柜的设备（如空调机组、新风机组、冷水机组、生活水泵等）外，其余水泵、风机等设备的配电箱柜应待设备中标并核对技术参数后方可加工，避免由于中标设备技术偏离造成配电箱柜的返工。

（2）对于专项设计图纸、深化设计图纸应提交设计院进行审核，确认后方可施工。

（3）其他要求参见 17.15。

18.12　本工程参考的施工图集

《建筑电气与智能化通用规范》（24DX002-1）

《民用建筑电气设计与施工》（2008 年合订本）（D800-1 ～ 8）

《干式变压器安装》（99D201-2）

《柴油发电机组设计与安装》（15D202-2）

《应急照明设计与安装》（19D702-7）

《常用灯具安装》（96D702-2）

《特殊灯具安装》（03D702-3）

《防雷与接地 上册》（2016 年合订本）（D500 ～ D502）

《防雷与接地 下册》（2016 年合订本）（D503 ～ D505）

《室内管线安装》（2004 年合订本）（D301-1 ～ 3）

《常用风机控制电路图》（16D303-2）

《常用水泵控制电路图》（16D303-3）

19　住宅电气消防施工图设计说明示例

本说明以北京项目为例进行介绍。

19.1　设计依据

《消防安全标志　第1部分：标志》（GB 13495.1—2015）
《消防应急照明和疏散指示系统》（GB 17945—2010）
《消防控制室通用技术要求》（GB 25506—2010）
《建筑设计防火规范（2018年版）》（GB 50016—2014）
《火灾自动报警系统设计规范》（GB 50116—2013）
《建筑机电工程抗震设计规范》（GB 50981—2014）
《建筑防烟排烟系统技术标准》（GB 51251—2017）
《消防应急照明和疏散指示系统技术标准》（GB 51309—2018）
《民用建筑电气设计标准》（GB 51348—2019）
《建筑与市政工程抗震通用规范》（GB 55002—2021）
《建筑电气与智能化通用规范》（GB 55024—2022）
《消防设施通用规范》（GB 55036—2022）
《建筑防火通用规范》（GB 55037—2022）
《车库建筑设计规范》（JGJ 100—2015）
《住宅建筑电气设计规范》（JGJ 242—2011）
《消防安全疏散标志设置标准》（DB11/T 1024—2022）（北京市地标）
其他有关现行国家标准、行业标准及地方标准

19.2　设计范围

主要设计内容：火灾探测报警系统，消防联动控制系统，火灾警报和消防应急广播系统，手动火灾报警按钮和消防专用电话系统，防火门监控系统，可燃气体探测报警系统，电气火灾监控系统，消防设备电源监控系统，疏散通道余压监控系统，消防主电源、备用电源及火灾自动报警系统接地，消防应急照明及疏散指示标识系统。

19.3　火灾自动报警系统形式及系统组成

（1）本工程为一类高层住宅，其公共部位和套内设置火灾自动报警系统；（本工程为二类高层住宅，其公共部位设置火灾自动报警系统；）采用集中报警系统。（设置多个消防水泵房的住宅群，采用控制中心报警系统），火灾自动报警系统按两总线环路／树形设计。

（2）集中报警系统／控制中心报警系统由火灾报警器、手动火灾报警按钮、火灾声光警报器、消防应急广播、消防专用电话、消防控制室图形显示装置、火灾报警控制器、消防联动控制器等组成。

（3）火灾自动报警系统设置自动和手动触发报警装置，系统应具有火灾自动探测报警或人工辅助报警、控制相关系统设备应急启动并接收其动作反馈信号的功能。

（4）火灾自动报警系统各设备之间应具有兼容的通信接口和通信协议。

19.4　消防控制室

（1）在 ×× 建筑 / 建筑首层 / 地下一层设置消防控制室 / 主消防控制室（与安防控制室合用），在 ×× 建筑设置分消防控制室（控制中心报警系统），其入口处有明显标识，主 / 分消防控制室疏散门直通室外或安全出口。

（2）本建筑所有火灾自动报警系统信号均引至消防控制室（区域报警）、主消防控制室应显示所有火灾报警信号和联动控制状态信号，并应能控制建筑共用的消防水泵等消防设备，各分消防控制室内消防设备之间可互相传输、显示状态信息，可控制分区内的防火门、防火卷帘门、正压送风机、排烟设备、消防电梯、消防广播、非消防电源等，但不互相控制（控制中心报警系统）。

（3）消防控制室内设置火灾报警控制器、消防联动控制器、消防控制室图形显示装置、消防电话总机、消防应急广播控制装置、消防应急照明和疏散指示系统控制装置、消防电源监控器、防火门监控器、燃气报警主机、疏散通道余压监控主机、电梯控制器等设备。

（4）消防控制室设有用于火灾报警的外线电话。

（5）消防控制室可显示消防水池、消防水箱水位并有最高、最低水位报警。

（6）消防控制室应有相应的竣工图纸、各分系统控制逻辑关系说明、设备使用说明、系统操作规程、应急预案、值班制度、维护保养制度及值班记录等文件资料。

（7）消防控制室内严禁穿过与消防设施无关的电气线路及管路。

19.5　火灾自动报警系统

19.5.1　设置原则

（1）任一台火灾报警控制器所连接的火灾探测器、手动火灾报警按钮和模块等设备总数和地址总数，均不应超过 3200 点，其中每一总线回路连接设备的总数不超过 200 点，且应留有不少于额定容量 10% 的余量。

（2）任一台消防联动控制器地址总数或火灾报警控制器（联动型）所控制的各类模块总数不应超过 1600 点，每一联动总线回路连接设备的总数不超过 100 点，且应留有不少于额定容量 10% 的余量。

（3）系统总线上应设置总线短路隔离器，每个总线短路隔离器保护的火灾探测器、手动火灾报警按钮和模块等消防设备的总数不应超过 32 点；总线穿越防火分区时，应在穿越处设置总线短路隔离器。

19.5.2　火灾探测器设置原则

（1）根据场所不同，火灾探测器类型的选择原则如下：

1）门厅、走廊、电气竖井、设备机房、气体灭火房间、地下车库、消防电梯、防烟楼梯的前室及合用前室等场所选用感烟探测器；

2）柴油发电机房、变（配）电室及通信网络机房等设置气体灭火区域、防火卷帘两侧等场所选用感温探测器；

3）住宅厨房设燃气探测器，探测报警信号接入住户访客对讲系统；

4）区域显示器（楼层显示器）：每个单元设置一台仅显示本单元的区域显示器，区域显示器设置在出入口等明显和便于操作的部位；

5）接收水流指示器、防火阀、消火栓按钮和压力开关的报警信号。

（2）探测器与其他设备的水平间距要求。点型探测器至墙壁、梁边的水平距离，不应小于0.5m；探测器周围0.5m内，不应有遮挡物；至空调送风口边的水平距离不小于1.5m，并宜接近回风口安装；探测器至多孔送风顶棚孔口的水平距离不应小于0.5m。

（3）模块的设置。

1）风机房，在模块相对集中的位置设置模块箱；

2）模块严禁设置在配电（控制）柜（箱）内，本报警区域内的模块不应控制其他报警区域的设备；

3）未集中设置的模块附近应有尺寸不小于100mm×100mm的标识。

19.5.3 消防联动控制系统

19.5.3.1 一般要求

（1）需要火灾自动报警系统联动控制的消防设备，其联动触发信号应采用两个独立的报警触发装置报警信号的"与"逻辑组合；消防联动控制器应能按设定的控制逻辑向各相关的受控设备发出联动控制信号，并接收相关设备的联动反馈信号；各受控设备接口的特性参数应与消防联动控制器发出的联动控制信号相匹配。

（2）主消防控制室可联动控制所有与消防有关的设备，包括防排烟系统、消防水泵、气体灭火系统、防火卷帘、电梯、火灾应急照明、安防系统联动、火灾报警等。其中，加压送风机、排烟风机、补风机应具有现场手动启动、与火灾自动报警系统联动启动和在消防控制室手动启动的功能；消防水泵应采用联动/连锁控制方式，还应在消防控制室设置手动控制消防水泵启动装置。

（3）非消防类设备：包括空调机组、新风处理机组、送风机、排风机等设备的联动控制。在火灾报警后，消防控制室通过就地控制模块自动关闭这类设备及接收这类设备的停机信号。

19.5.3.2 自动喷水灭火系统的联动控制设计

（1）湿式系统和干式系统的联动控制设计。

1）联动控制方式：由湿式报警阀压力开关的动作信号作为触发信号，采用硬线直接控制启动喷淋消防泵，联动控制不受消防联动控制器处于自动或手动状态影响。

2）手动控制方式：将喷淋消防泵控制箱（柜）的启动、停止按钮用专用线路直接连接至设置在消防控制室内的消防联动控制器的手动控制盘，直接手动控制喷淋消防泵的启动、停止；消防分控制室如需直接启动喷淋消防泵，通过主消防控制室统一控制。

3）水流指示器、信号阀、压力开关、喷淋消防泵的启动和停止的动作信号，应反馈至消防控制室的消防联动控制器。

（2）预作用系统的联动控制设计。

1）联动控制方式：应由同一报警区域内两只及以上独立的感烟火灾探测器或一只感烟火灾探测器与一只手动火灾报警按钮的报警信号，作为预作用阀组开启的联动触发信号。由消防联动控制器控制预作用阀组的开启，使系统转变为湿式系统；当系统设有快速排气装置时，应联动控制排气阀前的电动阀的开启。

2）手动控制方式：将喷淋消防泵控制箱（柜）的启动和停止按钮、预作用阀组和快速排气阀入口前的电动阀的启动和停止按钮，用专用硬线直接连接至设置在消防控制室内消防联动控制器的手动控制盘，并应直接手动控制喷淋消防泵的启动、停止及预作用阀组和电动阀的开启。

3）水流指示器、信号阀、压力开关、喷淋消防泵的启动和停止的动作信号，有压气体管道气压状态信号和快速排气阀入口前电动阀的动作信号应反馈至消防联动控制器。

19.5.3.3　气体灭火系统的联动控制

（1）本工程在变（配）电室、弱电机房设置气体灭火系统。气体灭火系统由专用的气体灭火控制器控制。

（2）气体灭火系统的联动触发信号应由火灾报警控制器或消防联动控制器发出。

（3）气体灭火系统的联动触发信号和联动控制设计。

1）应由同一防护区域内两只独立的火灾探测器的报警信号、一只火灾探测器与一只手动火灾报警按钮的报警信号或防护区外的紧急启动信号，作为系统的联动触发信号，探测器的组合采用感烟探测器和感温火灾探测器。

2）气体灭火控制器在接收到满足联动逻辑关系的首个联动触发信号后，应启动设置在该防护区内的火灾声光警报器，且联动触发信号应为任一防护区域内设置的感烟火灾探测器、其他类型火灾探测器或手动火灾报警按钮的首次报警信号；在接收到第二个联动触发信号后，应发出联动控制信号，且联动触发信号应为同一防护区域内与首次报警的火灾探测器或手动火灾报警按钮相邻的感温火灾探测器、火焰探测器或手动火灾报警按钮的报警信号。

（4）联动控制信号应包括下列内容：

1）关闭防护区域的送（排）风机及送（排）风阀门；

2）停止通风和空气调节系统及关闭设置在该防护区域的电动防火阀；

3）联动控制防护区域开口封闭装置的启动，包括关闭防护区域的门、窗；

4）启动气体灭火装置，气体灭火控制器可设定不大于30s的延迟喷射时间。

（5）平时无人工作的防护区，设置为无延迟的喷射，应在接收到满足联动逻辑关系的首个联动触发信号后执行以下操作：

1）关闭防护区域的送（排）风机及送（排）风阀门；

2）停止通风和空气调节系统及关闭设置在该防护区域的电动防火阀；

3）联动控制防护区域开口封闭装置的启动，包括关闭防护区域的门、窗；在接收到第二个联动触发信号后，应启动气体灭火装置。

（6）气体灭火防护区出口外上方设置表示气体喷洒的火灾声光警报器，指示气体释放的声信号应与该保护对象中设置的火灾声警报器的声信号有明显区别。启动气体灭火装置的同时，应启动设置在防护区入口处表示气体喷洒的火灾声光警报器；组合分配系统应首先开启相应防护区域的选择阀，然后启动气体灭火装置。

（7）气体灭火系统的手动控制方式：

1）在防护区疏散出口的门外设置气体灭火装置的手动启动和停止按钮，手动启动按钮按下时，气体灭火控制器应执行相应的联动操作；手动停止按钮按下时，气体灭火控制器应停止正在执行的联动操作。

2）气体灭火控制器应设置对应于不同防护区的手动启动和停止按钮，手动启动按钮按下时，气体灭火控制器应执行相应的联动操作；手动停止按钮按下时，气体灭火控制器应停止正在执行的联动操作。

（8）在防护区域内设有手动与自动控制转换装置的系统，其手动或自动控制方式的工作状态应在防护区内、外的手动和自动控制状态显示装置上面显示，该状态信号应反馈至消防联动控制器。

19.5.3.4 防、排烟系统的联动控制

防排烟类消防风机包括加压送风机、消防补风机（兼平时送风）、排烟风机（兼平时排风）等设备。

加压送风机、排烟风机、消防补风机具有现场手动启动、与火灾自动报警系统联动启动和在消防控制室手动启动的功能。当系统中任一常闭加压送风口开启时，相应的加压风机均应能联动启动；当任一排烟阀或排烟口开启时，相应的排烟风机、补风机均应能联动启动。

送风口、排烟口、排烟窗或排烟阀开启和关闭的动作信号，防烟、排烟风机启动和停止及电动防火阀关闭的动作信号，均应反馈至消防联动控制器。

（1）防烟系统的联动控制。

1）应由加压送风机所在防火分区内的两只独立的火灾探测器或一只火灾探测器与一只手动火灾报警按钮的报警信号，作为送风口开启和加压送风机启动的联动触发信号，并应由消防联动控制器联动控制相关层前室等需要加压送风场所的加压送风口开启和加压送风机启动。

2）应由同一防烟分区内且位于电动挡烟垂壁附近的两只独立的感烟火灾探测器的报警信号，作为电动挡烟垂壁降落的联动触发信号，并应由消防联动控制器联动控制电动挡烟垂壁的降落。

3）机械加压送风系统与火灾自动报警系统联动，在防火分区内火灾信号确认后15s内联动同时开启该防火分区的全部疏散楼梯间、该防火分区所在着火层及其相邻上下各一层疏散楼梯间及其前室或合用前室的常闭加压送风口和加压送风机。

4）电动挡烟垂壁具有火灾自动报警系统自动启动和现场手动启动功能，当火灾确认后，火灾自动报警系统在15s内联动相应防烟分区的全部活动挡烟垂壁，60s以内挡烟垂应开启到位。

（2）排烟系统的联动控制。

1）应由同一防烟分区内的两只独立的火灾探测器的报警信号作为排烟口、排烟窗或排烟阀开启的联动触发信号，并应由消防联动控制器联动控制排烟口、排烟窗或排烟阀的开启，同时停止该防烟分区的空气调节系统。

2）应由排烟口、排烟窗或排烟阀开启的动作信号，作为排烟风机启动的联动触发信号，并应由消防联动控制器联动控制排烟风机的启动。

3）自动排烟窗采用与火灾自动报警系统联动或温度释放装置联动的控制方式。当采用与火灾自动报警系统自动启动时，自动排烟窗应在60s内或小于烟气充满储烟仓时间内开启完毕。带有温控功能自动排烟窗，其温控释放温度应大于环境温度30℃且小于100℃。

4）常闭排烟阀或排烟口具有火灾自动报警系统自动开启、消防控制室手动开启和现场

手动开启功能，开启信号与排烟风机联动。当火灾确认后，火灾自动报警系统在 15s 内联动开启相应防烟分区的全部排烟阀、排烟口、排烟风机和补风设施，并在 30s 内自动关闭与排烟无关的通风、空调系统；担负两个及以上防烟分区的排烟系统，应仅打开着火防烟分区的排烟阀或排烟口，其他防烟分区的排烟阀或排烟口应呈关闭状态。

5）在垂直主排烟管道与每层水平排烟管道连接处的水平管段上、一个排烟系统负担多个防烟分区的排烟支管上、排烟风机入口处、排烟管道穿越防火分区处的排烟防火阀具有在 280℃时自行关闭、连锁关闭相应排烟风机和补风机的功能。其中排烟风机入口处的总管上设置的 280℃排烟防火阀在关闭后应直接联动控制风机停止，排烟防火阀及风机的动作信号应反馈至消防联动控制器。

（3）防、排烟系统的手动控制。

1）在消防控制室内的消防联动控制器上能手动控制送风口、电动挡烟垂壁、排烟口、排烟窗、排烟阀的开启或关闭及防烟风机、排烟风机等设备的启动或停止。

2）防烟、排烟风机的启动、停止按钮，应采用专用线路直接连接至设置在消防控制室内的消防联动控制器的手动控制盘，并应直接手动控制防烟、排烟风机的启动、停止。

19.5.3.5　防火门系统的联动控制

（1）由常开防火门所在防火分区内的两只独立的火灾探测器或一只火灾探测器与一只手动火灾报警按钮的报警信号，作为常开防火门关闭的联动触发信号，联动触发信号由火灾报警控制器或消防联动控制器发出，并由消防联动控制器或防火门监控器联动控制防火门关闭。

（2）疏散通道上各防火门的开启、关闭及故障状态信号反馈至防火门监控器。

19.5.3.6　防火卷帘门的联动控制

（1）疏散通道上的防火卷帘，由防火分区内任两只独立的感烟探测器或任一只专门用于联动卷帘的感烟探测器的报警信号，联动控制防火卷帘下降至距楼板面 1.8m 处，任一只专门用于联动防火卷帘的感温探测器的报警信号联动卷帘下降至楼板面；在卷帘的任一侧距卷帘纵深 0.5 ～ 5m 内设置不少于 2 只专门用于联动防火卷帘的感温探测器。

（2）非疏散通道上的防火卷帘，由防火分区内任两只独立的火灾探测器的报警信号，作为防火卷帘下降的联动触发信号，联动控制防火卷帘直接下降到楼板面。

（3）手动控制方式，由防火卷帘两侧设置的手动控制按钮控制防火卷帘的升降，非疏散通道上的防火卷帘还能在消防控制室内的消防联动控制器上手动控制防火卷帘的降落。

（4）防火卷帘下降至距楼板面 1.8m 处、下降到楼板面的动作信号和防火卷帘控制器直接连接的感烟、感温火灾探测器的报警信号，应反馈至消防联动控制器。

19.5.3.7　电梯的联动控制

当火灾确认后，强制所有电梯停于首层或电梯转换层，其状态及动作信号传送给消防控制室，普通电梯停电，消防电梯进入消防状态。

19.5.3.8　应急照明的联动控制

（1）集中电源集中控制型消防应急照明和疏散指示系统，由火灾报警控制器或消防联动控制器启动应急照明控制器实现。

（2）集中电源非集中控制型消防应急照明和疏散指示系统，由消防联动控制器联动应急照明集中电源和应急照明分区集中电源实现。

（3）自带电源集中控制型消防应急照明和疏散指示系统，应由消防联动控制器联动消防应急照明配电箱实现。

（4）确认火灾后，由发生火灾的报警区域开始，顺序启动全楼疏散通道的消防应急照明和疏散指示系统，系统全部投入应急状态的启动时间不应大于 5s。

19.5.3.9　其他相关联动控制设计

（1）确认火灾后，应能切断火灾区域及相关区域的非消防电源，正常照明电源保持到自动喷淋系统、消火栓系统动作前切断。

（2）确认火灾后，能自动打开涉及疏散的电动栅杆，开启相关区域安全技术防范系统的摄像机监视火灾现场。

（3）确认火灾后，能打开疏散通道上由门禁系统控制的门和庭院的电动大门，并打开停车场出入口的挡杆。

19.6　火灾警报和消防应急广播系统

19.6.1　火灾警报器

（1）火灾警报器设置在每个楼层的楼梯口、消防电梯前室、建筑内部拐角等处的明显部位，与安全出口指示标志灯具不设置在同一面墙上。

（2）每个报警区域内应均匀设置火灾警报器，其声压级应高于背景噪声 15dB，且不应低于 60dB。

（3）在确认火灾后，系统应能启动所有火灾声、光警报器。

（4）具有语音提示功能的火灾声警报器应具有语音同步的功能。

19.6.2　消防应急广播

（1）在消防控制室内设置火灾应急广播机柜，机组采用定压式输出。消防应急广播系统的联动控制信号由消防联动控制器发出。当确认火灾后，同时向全楼进行广播。消防控制室有最高控制权限。

（2）消防应急广播设置。

1）消防应急广播按防火分区和报警区域划分；当发生火灾时，消防控制室值班人员可根据火灾发生的区域，自动或手动进行火灾广播，及时疏散人员。

2）设置在电梯前室、疏散楼梯间、走道和大厅等公共场所的扬声器功率为 3W，设备机房等在环境噪声大于 60dB 的场所设置的扬声器，额定功率为 5W，下皮距地 2.5m 壁装。

3）在环境噪声大于 60dB 的场所设置的扬声器，在其播放范围内最远点播放声压级应高于背景噪声 15dB。

4）具有消防应急广播功能的多用途公共广播系统，应具有强制切入消防应急的功能。

5）广播扬声器应使用阻燃材料，或具有阻燃外壳结构。

6）在消防控制室应能手动或按预设控制逻辑联动控制选择广播分区、启动或停止应急广播系统，并应能监听消防应急广播。在通过传声器进行应急广播时，应自动对广播内容进行录音。消防控制室内应能显示消防应急广播的广播分区的工作状态。

（3）播放要求。消防应急广播的单次语音播放时间宜为 10 ～ 30s，应与火灾声光警报器分时交替工作，可采取 1 次火灾声光警报器播放、1 次或 2 次消防应急广播播放的交替工作方式循环播放。

（4）电源要求。消防应急广播设备主电源采用消防电源，直流备用电源采用专用 UPS，备用电源在放电至终止电压条件下，充电 24h，其容量应能提供消防应急广播设备在监视状态下工作 8h 后，在制造商给出的最大容量满负载条件下工作 30min。

19.7 手动火灾报警按钮和消防专用电话系统

19.7.1 手动火灾报警按钮

每个防火分区或楼层至少设置一个手动火灾报警按钮。从一个防火分区内的任何位置到最邻近的手动火灾报警按钮的步行距离不大于 30m。手动火灾报警按钮设置在疏散通道或出入口处，且位于明显、便于操作的部位。选择带有电话插孔的手动火灾报警按钮。

19.7.2 消防专用电话系统

（1）消防专用电话网络为独立的消防通信系统。

（2）在消防水泵房、发电机房、变（配）电室、计算机网络机房、主要通风和空调机房、防排烟机房、灭火控制系统操作装置处或控制室、消防电梯机房及其他与消防联动控制有关的且经常有人值班的机房，应设置消防专用电话分机；消防电梯电梯轿厢内部应设置专用消防对讲电话。

（3）在消防控制室设置消防专用电话总机和可直接报警的外线电话，消防专用电话总机与电话分机或插孔之间的呼叫方式为直通式。消防电话总机应有消防电话通话录音功能。消防控制室外线电话进出线路端口安装适配的信号浪涌保护器。

19.8 防火门监控系统

（1）防火门监控器设置在消防控制室内，防火门监控系统由以下设备组成：防火门监控主机门磁开关（一体式）、电动闭门器（一体式）、监控分机。

（2）门磁开关或电动闭门器设置在疏散通道上的常开防火门和常闭防火门处。

（3）疏散通道上各防火门的开启、关闭及故障状态信号，应反馈至防火门监控器；防火门监控器应将防火门状态信息反馈至图形显示装置。

（4）本系统从消防控制室至常开防火门的通信线路采用 WDZN-RYJS-2×1.5mm²（通信线）+WDZN-BYJ-2×2.5mm²（电源线）-MR/SC20 同管敷设；至常闭防火门的通信线路采用 WDZN-RYJS-2×1.5mm²-MR/SC20。

19.9 电气火灾监控系统

电气火灾监控系统应独立组成，电气火灾监控探测器的设置不应影响所在场所供配电系统的正常工作。电气火灾监控器设置在消防控制室内。

（1）电气火灾监控系统由下列设备组成：电气火灾探测器、接口模块，剩余电流式电气火灾探测器，测温式电气火灾探测器，故障电弧探测器。

（2）剩余电流式电气火灾探测器、测温式电气火灾探测器和电弧故障探测器的监测点设置原则：

1）计算电流 300A 及以下时，在变电所低压配电室或总配电室集中测量；300A 及以上时，在楼层配电箱进线开关下端口测量。

2）配电回路为封闭母线槽和预制分支电缆，在分支线路总开关下端口测量。

3）建筑物为低压进线时，在总开关下分支回路上测量。

（3）电动车充电等场所的末端回路设置限流式电气防火保护器。

（4）电气火灾监控系统应监测配电线路的剩余电流和温度，当超过限定值时应报警；应具备显示装置接入功能，实时传送监控信息，显示监控数值和报警部位。

（5）本系统从消防控制室至变（配）电室低压出线或总配电室的低压出线、层配电箱的通信线路采用 WDZN-RYJS-2×1.5mm²-MR/SC20。

19.10　消防设备电源监控系统

（1）消防设备电源监控器设置在消防控制室内，消防设备电源监控系统由下列设备组成：消防设备电源状态监控器、电压信号传感器、电流信号传感器、电流／电压信号传感器、区域分机。

（2）电流／电压信号传感器的监测点设置原则：

1）变电所消防设备主电源、备用电源专用母排或消防电源柜内母排。

2）消防设备电源监控器应能接收并显示其监控的所有消防设备的主用电源和备用电源的实时工作状态信息。双电源切换开关的出线端发生过电压、欠电压、过电流、缺相等故障时，消防设备电源监控器应发出故障声、光信号，显示并记录故障的部位、类型和时间。

（3）平时使用的消防设备配电箱（柜），电源进线处设置电压传感器或电压／电流传感器，出线同路设置电压／电流传感器；平时不使用的消防设备配电箱（柜），电源进线处设置电压传感器，能将工作状态和故障信息传输给消防控制室图形显示装置。

（4）消防设备电源监控系统设置在重要消防设备如消防控制室、消防泵、消防电梯、防排烟风机、非集中控制型应急照明、防火卷帘门等供电的双电源切换开关的出线端。

（5）本系统从消防控制室至变（配）电室消防低压出线或总配电室的消防低压出线、消防配电箱的通信线路采用 WDZN-RYJS-2×1.5mm²（通信线）+WDZN-BYJ-2×2.5mm²（电源线）-MR/SC20 同管敷设。

19.11　疏散通道余压监控系统

（1）本工程根据 GB 51251—2017，设置疏散通道余压监控系统。

（2）在前室、合用前室设置余压传感器，余压传感器的探测点一侧设于前室，另一侧设于走道，余压设定值为 25～30Pa；当系统控制区域超压时，余压传感器发出报警信息，余压控制器联动控制泄压阀执行器，根据实际余压值与设定值的差异调节泄压阀，以保证前室正压为设定值。

（3）在楼梯间设置余压传感器，余压传感器探测点一侧设于楼梯间，另一侧设于走道，余压设定值 40～50Pa，当系统区域内超压时，余压传感器发出报警信息，余压控制器联动控制泄压阀执行器，根据实际余压值与设定值的差异调节泄压阀，以保证楼梯间正压为设定值。

（4）余压控制器接收到超压报警后，控制泄压阀执行器来连续调节泄压阀进行泄压，调节余压在安全范围内。

19.12 消防主电源、备用电源及火灾自动报警系统接地

19.12.1 消防主电源、备用电源

（1）火灾自动报警系统应设有主电源和备用电源。

（2）火灾自动报警系统的主电源采用消防电源，备用电源采用专用 UPS，其输出功率应大于火灾自动报警及联动控制系统全负荷功率的 120%，蓄电池组的容量应保证火灾自动报警及联动控制系统在火灾状态同时工作负荷条件下连续工作 3h 以上。

（3）火灾自动报警系统中控制与显示类设备的主电源应直接与消防电源连接，不应使用电源插头。

19.12.2 火灾自动报警系统接地

（1）消防系统接地利用大楼综合接地装置作为其接地极，设独立引下线，引下线采用 $2\times$（WDZ-BYJ-$1\times25mm^2$-PC40）暗敷；要求综合接地电阻不大于 0.5/1Ω；

（2）消防控制室内电气设备的金属外壳、机柜、机架和金属管、槽均进行等电位连接，由消防控制室引至各消防电子设备的专用接地线应选用铜芯绝缘导线，其线芯截面积不小于 4mm²。

（3）消防系统槽盒均应敷设一条 25mm×4mm 热镀锌扁钢，当槽盒全长不大于 30m 时，不应少于两处与保护导体可靠连接；全长大于 30m 时，每隔 20～30m 应增加一个连接点，起始端和终点端均应可靠接地，满足施工验收规范中接地要求。

19.13 消防应急照明及疏散指示系统

19.13.1 供电电源和控制方式

（1）本工程住宅部分采用自带电源集中控制型消防应急照明和疏散指示系统，并实现以下要求：

1）照明配电箱由消防电源的专用回路供电。

2）灯具的主电源通过应急照明配电箱一级分配后为灯具供电，应急照明配电箱的主电源输出断开后，灯具应自动转入自带蓄电池供电。

3）灯具采用 A 型灯具，应急照明灯兼用日常照明，正常情况下，该灯具高功率时采用红外感应控制，满足日常照明 50lx 的照度要求，在火灾情况下，应急照明控制器切断 A 型应急照明配电箱电源，灯具由蓄电池供电，转至低功率满足最低照度为 10lx 的照度要求，具体做法参考《应急照明设计与安装》（19D702-7）第 71、72 页。

（2）本工程车库部分采用集中电源集中控制型消防应急照明和疏散指示系统，并实现以下要求：

1）在竖井设分区集中电源装置。集中电源由消防电源的专用应急回路供电。

2）灯具的主电源和蓄电池的电源应由集中电源提供，并在集中电源内部实现输出转换后给灯具供电。

3）灯具采用 A 型灯具，应急灯管吊安装，距地高度不低于车道控制标高。

4）车道处的方向标志灯标识面均采用与疏散方向垂直安装。

5）电源线与控制线采用二总线，即电源线与控制线采用两根线，采用 WDZN-BYJ（F）型铜芯耐火线穿 SC 镀锌钢管暗敷，线路电压等级不低于交流 300/500V。

6）车库疏散照明做法参考 19D702-7 第 64 页。

19.13.2　备用照明

变（配）电室、消防控制室、消防水泵房、防排烟机房及发生火灾时，仍需正常工作、值守的区域应同时设置备用照明、疏散照明和疏散指示标识。备用照明供电持续时间不少于 180min。变（配）电室、消防控制室、消防泵房照明具体做法参考 19D702-7 第 77～79 页。

19.13.3　疏散照明照度

（1）疏散楼梯间、疏散楼梯间的前室或合用前室、消防专用通道，不应低于 10.0lx。

（2）疏散走道、人员密集场所，不应低于 3.0lx。

19.13.4　蓄电池供电时间要求

（1）集中电源的蓄电池和灯具自带蓄电池达到使用寿命周期后标称的剩余容量，应保证放电时间满足 GB 51309—2018 第 3.2.4 条第 1～5 款规定的持续工作时间，即满足《建筑电气与智能化通用规范》（24DX002-1）第 66 页表中要求。

（2）应急照明控制器的主电源由消防电源供电，控制器的自带蓄电池电源应至少在控制器在主电源中断后工作 3h。

19.13.5　灯具要求

消防疏散指示标志和消防应急照明灯具应符合现行 GB 13495.1—2015 和 GB 17945—2024 的规定。

19.13.6　标志灯的规格

（1）室内高度大于 4.5m 的场所，选择特大型或大型标志灯。

（2）室内高度为 3.5～4.5m 的场所，选择大型或中型标志灯。

（3）室内高度小于 3.5m 的场所，选择中型或小型标志灯。

19.13.7　安装高度

出口指示灯在门上方安装时，底边距门框 0.2m；若门上无法安装时，在门旁墙上安装，顶距吊顶 50mm；吊式出口指示灯、疏散诱导指示灯底边距地 2.5m，嵌墙式疏散诱导指示灯底边距地 0.5m，在地面上安装的应急疏散指示灯选用防水型，其线路做防水处理。

19.14　传输、控制线缆选型及敷设方式

火灾自动报警系统的传输线路和 50V 以下供电的控制线路，应采用电压等级不低于交流 300/500V 的铜芯绝缘导线或铜芯电缆。

（1）电气消防信号线：WDZN-RYJS-2×1.5mm²-SC20；电源干线：WDZN-BYJ-2×2.5mm²-SC20；电源支线：WDZN-BYJ-2×2.5mm²-SC20；火警电话线：WDZN-RYJS-2×1.5mm²-SC20；消防广播线：WDZN-RYJS-2×1.5mm²-SC20。

（2）传输干线采用防火金属线槽在弱电间、车库、公共区域（吊顶内）明敷，支线暗敷设时，应采用金属管、可挠（金属）电气导管或 B1 级以上的刚性塑料管保护，并应敷设在不燃烧体的结构层内，且保护层厚度不宜小于 30mm；支线明敷设时，应采用金属管、可挠（金属）电气导管保护。

（3）在室内干燥场所，采用金属导管布线的线缆，其壁厚不应小于 1.5mm；在室内潮

湿场所及地下室场所，采用金属导管或金属桥架明敷时，应采取防潮防腐措施，且金属导管壁厚不应小于 2.0mm；明敷的导管、电缆桥架，应选择燃烧性能不低于 B1 级的难燃材料制品或不燃材料制品。

（4）火灾自动报警系统应单独布线，相同用途的导线颜色应一致，且系统内不同电压等级、不同电流类别的线路应敷设在不同线管内或同一线槽的不同槽孔内。

（5）在人员密集场所的疏散通道中，火灾自动报警系统的供电线路、消防联动控制线路，应采用燃烧性能不低于 B1 级的耐火铜芯电线电缆；其他场所的报警总线、消防联动控制线路应采用燃烧性能不低于 B2 级的电线、电缆；报警总线、消防应急广播和消防专用电话等传输线路，应采用燃烧性能不低于 B2 级的耐火铜芯电线电缆。

（6）火灾自动报警系统设备的防护等级，应满足在设置场所环境条件下正常工作的要求。

（7）电气线路和各类管道穿过防火墙、防火隔墙、竖井井壁、建筑变形缝处和楼板处的孔隙，应采取防火封堵措施。防火封堵组件的耐火性能不应低于防火分隔部位的耐火性能要求。

19.15　抗震设计

（1）本工程位于 ××，抗震设防烈度为 × 度，因此本建筑的机电工程进行抗震设计。内径不小于 60mm 的电气配管及重力不小于 150N/m 的电缆梯架、电缆槽盒均应进行抗震设防。

（2）地震时应保证火灾自动报警及联动控制系统正常工作。

（3）应急广播系统宜预置地震广播模式。

（4）蓄电池的安装设计应符合下列规定：

1）蓄电池应安装在抗震架上；

2）蓄电池间连线应采用柔性导体连接，端电池宜采用电缆作为引出线；

3）蓄电池安装重心较高时，应采取防止倾倒措施。

（5）设在水平操作面上的消防、安防设备应采取防止滑动措施。

（6）线缆穿管敷设时宜采用弹性和延性较好的管材。

（7）引入建筑物的电气管路敷设时符合下列规定：

1）在进口处采用挠性线管或采取其他抗震措施；

2）当进户井贴邻建筑物设置时，缆线在井中留有余量；

3）进户套管与引入管之间的间隙采用柔性防腐、防水材料密封。

（8）电气管路敷设时符合下列规定：

1）当线路采用金属导管、刚性塑料导管、电缆梯架或电缆槽盒敷设时，使用刚性托架或支架固定，不使用吊架。当必须使用吊架时，安装横向防晃吊架。

2）当金属导管、刚性塑料导管、电缆梯架或电缆槽盒穿越防火分区时，其缝隙采用柔性防火封堵材料封堵，并在贯穿部位附近设置抗震支撑。

3）金属导管、刚性塑料导管的直线段部分每隔 30m 设置伸缩节。

（9）本建筑的机电工程抗震设计必须符合 GB 50981—2014 及 GB 55002—2021 的要求设计，并参考图集《建筑电气设施抗震安装》（16D707-1）进行安装施工。

19.16 其他

（1）处于潮湿环境内的消防电气设备，外壳的防尘与防水等级不应低于 IP54。

（2）系统竣工后，建设单位应负责组成施工、设计、监理等单位进行系统验收，验收不合格不得投入使用。

（3）施工单位必须按照批准的工程设计文件和施工技术标准施工，不能自行修改工程设计，施工单位在施工过程中发现设计文件和图纸有差错的，应当及时提出意见和建议。

（4）本工程所选设备、材料，必须具有国家级检测中心的检测合格证书，必须满足与产品相关的国家标准，供电产品、消防产品应具有相关许可证。

20 公共建筑电气消防施工图设计说明示例

本说明以北京项目为例进行介绍。

20.1 设计依据

《消防应急照明和疏散指示系统》（GB 17945—2024）
《消防控制室通用技术要求》（GB 25506—2010）
《建筑设计防火规范（2018 年版）》（GB 50016—2014）
《火灾自动报警系统设计规范》（GB 50116—2013）
《火灾自动报警系统施工及验收标准》（GB 50166—2019）
《建筑机电工程抗震设计规范》（GB 50981—2014）
《消防应急照明和疏散指示系统技术标准》（GB 51309—2018）
《民用建筑电气设计标准》（GB 51348—2019）
《建筑与市政工程抗震通用规范》（GB 55002—2021）
《建筑电气与智能化通用规范》（GB 55024—2022）
《消防设施通用规范》（GB 55036—2022）
《建筑防火通用规范》（GB 55037—2022）
《车库建筑设计规范》（JGJ 100—2015）
《消防安全疏散标志设置标准》（DB11/T 1024—2022）
其他有关现行国家标准、行业标准及地方标准。

20.2 设计范围

主要设计内容见 19.2。

20.3 系统形式及系统组成

（1）本工程为一类高层 / 二类高层 / 多层建筑 / 建筑群，采用区域报警 / 集中报警 / 控制中心报警系统，火灾自动报警系统按两总线环路 / 树形设计。

（2）集中报警系统 / 控制中心报警系统由火灾报警器、手动火灾报警按钮、火灾声光警报器、消防应急广播、消防专用电话、消防控制室图形显示装置、火灾报警控制器、消防联动控制器等组成。

（3）火灾自动报警系统设置自动和手动触发报警装置，系统应具有火灾自动探测报警或人工辅助报警、控制相关系统设备应急启动并接收其动作反馈信号的功能。

（4）火灾自动报警系统各设备之间应具有兼容的通信接口和通信协议。

20.4 消防控制室

消防控制室的设置详见 19.4。

20.5　火灾探测报警系统及消防联动控制系统

20.5.1　设置原则

设置原则详见 19.5.1。

20.5.2　火灾探测报警系统

（1）根据场所不同，火灾探测器类型的选择原则如下：

1）门厅、走廊、餐饮、会议室、办公室、电气竖井、设备机房、气体灭火房间、地下车库、消防电梯、防烟楼梯的前室及合用前室等场所选用感烟探测器；

2）厨房、柴油发电机房、变（配）电室及通信网络机房等设置气体灭火区域、防火卷帘两侧等场所选用感温探测器；

3）数据机房设置吸气式感烟火灾探测器；

4）高度超过 12m 的高大空间采用线型光束感烟探测器及高清图像型感烟探测器，线型光束感烟探测器分层设置；

5）区域显示器（楼层显示器）：每个楼层至少设置一台仅显示本楼层的区域显示器，区域显示器设置在出入口等明显和便于操作的部位；

6）接收水流指示器、防火阀、消火栓按钮和压力开关的报警信号。

（2）探测器与其他设备的水平间距要求详见 19.5.2（2），模块的设置详见 19.5.2（3）。

20.5.3　消防联动控制系统

20.5.3.1　一般要求

一般要求详见 19.5.3.1。

20.5.3.2　消火栓系统的联动控制设计

（1）消火栓系统为临时／常高压系统。

（2）联动控制方式：消火栓系统出水干管上设置的低压压力开关、高位消防水箱出水管上设置的流量开关或报警阀压力开关等信号作为触发信号，采用硬线直接控制启动消火栓泵，联动控制不受消防联动控制器处于自动或手动状态影响。消火栓按钮的动作信号作为报警信号及启动消火栓泵的联动触发信号，由消防联动控制器联动控制消火栓泵的启动。

（3）手动控制方式：将消火栓泵控制箱（柜）的启动、停止按钮用专用线路直接连接至设置在消防控制室内的消防联动控制器的手动控制盘，并应直接手动控制消火栓泵的启动、停止；分消防控制室如需直接启动消火栓泵，通过主消防控制室统一控制。

（4）主消防控制室内消防水泵控制柜平时应使消防水泵处于自动启泵状态，消防水泵控制柜设置机械应急启泵功能，应保证在控制柜内的控制线路发生故障时由有管理权限的人员紧急启动消防水泵。机械应急启动时，应确保消防水泵在报警后 5min 内正常工作。消火栓泵的动作信号应反馈至消防联动控制器，消防控制柜或控制盘应能显示消防水泵和稳压泵的运行状态。

（5）消防水池处设置就地水位显示装置，同时在消防控制室等设置显示消防水池、高位消防水箱间水位的装置，同时具有最高和最低报警水位。

20.5.3.3　自动喷水灭火系统的联动控制设计

（1）湿式系统和干式系统的联动控制设计详见 19.5.3.2（1）。

（2）预作用系统的联动控制设计详见 19.5.3.2（2）。

（3）雨淋系统的联动控制。

1）联动控制方式：应由同一报警区域内两只及以上独立的感温火灾探测器或一只感温火灾探测器与一只手动火灾报警按钮的报警信号，作为雨淋阀组开启的联动触发信号，应由消防联动控制器控制雨淋阀组的开启。

2）手动控制方式：将雨淋消防泵控制箱（柜）的启动和停止按钮、雨淋阀组的启动和停止按钮，用专用硬线直接连接至设置在消防控制室内的消防联动控制器的手动控制盘，并应直接手动控制雨淋消防泵的启动、停止及雨淋阀组的开启。

3）水流指示器、压力开关、雨淋阀组、雨淋消防泵启动和停止的动作信号应反馈至消防联动控制器。

（4）自动控制水幕系统的联动控制设计。

1）联动控制方式：当自动控制的水幕系统用于防火卷帘的保护时，应由防火卷帘下落到楼板面的动作信号与本报警区域内的任一火灾探测器或手动火灾报警按钮的报警信号作为水幕阀组启动的联动触发信号，并应由消防联动控制器联动控制水幕系统相关控制阀组的启动；仅用于水幕系统作为防火分隔时，应由该报警区域内两只独立感温火灾探测器的火灾报警信号作为水幕阀组启动的联动触发信号，并应由消防联动控制器联动控制水幕系统相关控制阀组的启动。

2）手动控制方式：应将水幕系统相关控制阀组和消防泵控制箱（柜）的启动、停止按钮用专用硬线直接连接至设置在消防控制室内的消防联动控制器的手动控制盘，并应直接手动控制消防泵的启动、停止及水幕系统相关控制阀组的开启。

3）压力开关、水幕系统相关控制阀组和消防泵的启动、停止的动作信号，应反馈至消防联动控制器。

（5）自动跟踪定位射流灭火系统。

1）自动跟踪定位射流灭火系统的消防水泵应同时具有自动控制、消防控制室手动强制控制和水泵房现场控制三种控制方式。消防控制室手动强制控制和水泵房现场控制相对于自动控制应具有优先权。

2）自动跟踪定位射流灭火系统保护范围应采用复合探测方式（线型光束感烟探测器及高清图像型感烟探测器），保护区内均匀设置与火灾报警系统合用的声、光报警器。

3）现场控制箱具有消防水泵、自动控制阀等状态显示功能；消防控制室内系统控制主机具有与火灾自动报警系统和其他联动控制设备的通信接口，并具有消防水泵、灭火装置、自动控制阀、信号阀和水流指示器等状态显示功能。

4）系统的视频信号传输采用视频同轴电缆/光缆传输。采用视频同轴电缆传输时，电缆中间无接头。当探测和控制信号传输距离较远时，采用光缆传输。

5）系统在自动控制状态下，控制主机接到火警信号确认火灾发生后，能自动启动消防水泵、打开自动控制阀、启动系统射流灭火，同时启动声、光警报器和其他联动设备。系统自动启动后应能连续射流灭火。当系统探测不到火源时，自动消防炮灭火系统/喷射型自动射流灭火系统应连续射流不小于5min后停止喷射；喷洒型自动射流灭火系统应连续喷射不小于10min后停止喷射。系统停止射流后再次探测到火源时，应能再次启动射流灭火。

6）系统在手动控制状态下，人工确认火灾后手动启动系统射流灭火。

7）在自动控制状态下，当自动消防炮灭火系统/喷射型自动射流灭火系统探测到火源后，应至少有2台灭火装置对火源扫描定位和至少1台且最多2台灭火装置自动开启射流，且射流应能到达火源。

在自动控制状态下，当喷洒型自动射流灭火系统探测到火源后，对应火源探测装置的灭火装置应自动开启射流，且其中应至少有一组灭火装置的射流能到达火源。

（6）开式高压细水雾系统联动控制设计。开式高压细水雾系统的控制，应同时具有自动控制、手动控制和应急操作三种控制方式。

1）自动控制：每个保护区内部均设置烟感探测器和温感探测器。发生火灾时当烟感探测器报警，火灾报警控制器联动开启设置该保护区域内的警铃，当烟、温探测器均报警后，火灾报警控制器联动开启设置该保护区域内的声光报警器，并打开对应灭火分区控制阀，收到分区阀开阀到位信号后，火灾报警控制器发出启泵信号，高压泵组自动启动，对该区域喷发细水雾灭火；压力开关同时反馈系统动作信号。

2）手动控制：当现场人员确认火灾且自动控制还未动作，可按下现场区域控制阀的手动启动按钮，启动系统，喷发细水雾灭火。

3）机械应急操作：当自动控制和手动控制失效时，通过操作区域控制阀的手柄，打开控制阀，启动系统，喷发细水雾灭火。

4）火灾报警联动控制系统能远程启动泵组或瓶组、开式系统分区控制阀，并应能接收水泵的工作状态、分区控制阀的启闭状态及细水雾喷发的反馈信号。

20.5.3.4　气体灭火系统的联动控制

气体灭火系统的联动控制详见19.5.3.3。

20.5.3.5　防、排烟系统的联动控制

防、排烟系统的联动控制详见19.5.3.4。

20.5.3.6　防火门系统的联动控制

防火门系统的联动控制详见19.5.3.5。

20.5.3.7　防火卷帘门的联动控制

防火卷帘门的联动控制详见19.5.3.6。

20.5.3.8　电梯的联动控制

电梯的联动控制详见19.5.3.7。

20.5.3.9　应急照明的联动控制

应急照明的联动控制详见19.5.3.8（1）、（2）、（4）。

20.5.3.10　其他相关联动控制设计

（1）燃气报警器报警后，应切断燃气阀，并启动事故风机。

（2）其余详见19.5.3.9（1）～（3）。

20.6　火灾警报和消防应急广播系统

20.6.1　火灾报警器

火灾报警器详见19.6.1。

20.6.2　消防应急广播

（1）在消防控制室内设置火灾应急广播机柜，机组采用定压式输出。消防应急广播系统的联动控制信号由消防联动控制器发出。当确认火灾后，同时向全楼进行广播。消防控制室有最高控制权限。

（2）消防应急广播设置。

1）消防应急广播按防火分区和报警区域划分；当发生火灾时，消防控制室值班人员可根据火灾发生的区域，自动或手动进行火灾广播，及时疏散人员。

2）设置在电梯前室、疏散楼梯间、走道和大厅等公共场所的扬声器功率为 3W，客房扬声器功率为 1～3W；在厨房、制冷机房等环境噪声大于 60dB 的场所采用 5W，下皮距地 2.5m 壁装。

3）在环境噪声大于 60dB 的场所设置的扬声器，在其播放范围内最远点播放声压级应高于背景噪声 15dB。

4）具有消防应急广播功能的多用途公共广播系统，应具有强制切入消防应急的功能。

5）广播扬声器应使用阻燃材料，或具有阻燃外壳结构。

6）在消防控制室应能手动或按预设控制逻辑联动控制选择广播分区、启动或停止应急广播系统，并应能监听消防应急广播。在通过传声器进行应急广播时，应自动对广播内容进行录音。消防控制室内应能显示消防应急广播的广播分区的工作状态。

（3）播放要求详见 19.6.2（3），电源要求详见 19.6.2（4）。

20.7　手动火灾报警按钮和消防专用电话系统

20.7.1　手动火灾报警按钮

手动火灾报警按钮详见 19.7.1。

20.7.2　消防专用电话系统

消防专用电话系统详见 19.7.2。

20.8　防火门监控系统

防火门监控系统详见 19.8。

20.9　可燃气体探测报警系统

（1）可燃气体探测器报警系统应由可燃气体报警控制器、可燃气体探测器和火灾声光警报器等组成。

（2）在燃气表间、厨房燃气阀门处设置燃气探测器。

（3）当可燃气体报警控制器接收到可燃气体探测报警信号后，连锁开启该区域的事故排风机，关断燃气紧急切断阀。

（4）可燃气体探测报警系统应独立组成，可燃气体探测器不应直接接入火灾报警控制器的报警总线，由可燃气体报警控制器接入火灾自动报警系统。可燃气体报警控制器发出报警信号时，应能启动保护区域的火灾声光警报器。可燃气体报警控制器的报警信息和故障信息，应在消防控制室图形显示装置或起集中控制功能的火灾报警控制器上显示，但该类信息与火灾报警信息的显示应有区别。

（5）可燃气体探测器报警系统设置在有防爆要求的场所时，尚应符合有关防爆要求。

20.10　电气火灾监控系统

电气火灾监控系统应独立组成，电气火灾监控探测器的设置不应影响所在场所供配电系统的正常工作。电气火灾监控器设置在消防控制室内。

（1）电气火灾监控系统由下列设备组成：<u>电气火灾探测器、接口模块，剩余电流式电气火灾探测器，测温式电气火灾探测器，故障电弧探测器</u>。

（2）剩余电流式电气火灾探测器、测温式电气火灾探测器和电弧故障探测器的监测点设置原则：

1）计算电流 300A 及以下时，在<u>变电所低压配电室或总配电室集中测量</u>；300A 及以上时，在<u>楼层配电箱进线开关下端口测量</u>。

2）配电回路为封闭母线槽和预制分支电缆，在<u>分支线路总开关下端口测量</u>。

3）建筑物为低压进线时，在总开关下分支回路上测量。<u>国家级文物保护单位，砖木或木结构重点古建筑的电源进线在总开关的下端口测量</u>。

4）<u>档口式家电商场、批发市场等场所的末端配电设置电弧故障火灾探测器</u>。

（3）<u>储备仓库、电动车充电等场所的末端回路设置限流式电气防火保护器</u>。

（4）电气火灾监控系统应监测配电线路的剩余电流和温度，当超过限定值时应报警；应具备显示装置接入功能，实时传送监控信息，显示监控数值和报警部位。

（5）本系统从消防控制室至变（配）电室低压出线或总配电室的低压出线、层配电箱的通信线路采用 <u>WDZN-RYJS-2×1.5mm²-MR/SC20</u>。

20.11　消防设备电源监控系统

消防设备电源监控系统详见 19.10。

20.12　疏散通道余压监控系统

疏散通道余压监控系统详见 19.11。

20.13　消防主电源、备用电源及火灾自动报警系统接地

20.13.1　消防主电源、备用电源
消防主电源、备用电源详见 19.12.1。

20.13.2　火灾自动报警系统接地
弱电竖井内的接地线其下端应与接地网可靠连接。所有弱电竖井内均垂直敷设一条，水平敷设一圈 40mm×4mm 热镀锌扁钢，水平与垂直接地扁钢间应可靠焊接。竖井内的接地干线应与每层楼板钢筋作等电位联结。其余要求详见 19.12.2（1）～（3）。

20.14　消防应急照明及疏散指示系统

20.14.1　供电电源和控制方式
（1）本工程采用集中电源集中控制型，在消防控制室设置应急照明控制器，应急照明控制器通过 485 总线与分区集中电源通信，在竖井设分区集中电源装置。

（2）集中电源由消防电源的专用回路供电。

（3）灯具的主电源和蓄电池电源应由集中电源提供，并在集中电源内部实现输出转换后应由同一配电回路的灯具供电。

（4）应急照明控制器接收到火灾报警控制器的火灾报警信号后，控制系统所有非持续型照明灯的光源应急点亮，持续型灯具的光源由节电点亮模式转入应急点亮模式；控制集

中电源转入蓄电池电源输出。

20.14.2 备用照明

变（配）电室、消防控制室、消防水泵房、防排烟机房，以及发生火灾时仍需正常工作、值守的区域应同时设置备用照明、疏散照明和疏散指示标识。备用照明供电持续时间不少于 180min。

20.14.3 疏散照明照度

（1）疏散楼梯间、疏散楼梯间的前室或合用前室、避难走道及其前室、避难层、避难间、消防专用通道，不应低于 10.0lx。

（2）疏散走道、人员密集场所，不应低于 3.0lx。

（3）其他场所不应低于 1.0lx。

20.14.4 蓄电池供电时间要求

蓄电池供电时间要求详见 19.13.4。

20.14.5 灯具要求

灯具要求详见 19.13.5。

20.14.6 标志灯的规格

标志灯的规格详见 19.13.6。

20.14.7 安装高度

安装高度详见 19.13.7。

20.15 传输、控制线缆选型及敷设方式

传输、控制线缆选型及敷设方式详见 19.14。

20.16 抗震设计

抗震设计详见 19.15。

20.17 其他

其他详见 19.16。

21 住宅智能化施工图设计说明示例

21.1 设计依据

（1）工程概况：建筑类别、性质、结构类型、基础形式、面积、层数、高度等。

（2）建筑、结构、给排水、暖通及电气专业提供的设计资料。

（3）建设方提出的设计要求及相关的设计资料。

（4）采用的主要标准及法规：

《安全防范系统供电技术要求》（GB/T 15408—2011）

《建筑设计防火规范（2018 年版）》（GB 50016—2014）

《建筑物防雷设计规范》（GB 50057—2010）

<u>《汽车库、修车库、停车场设计防火规范》（GB 50067—2014）（如无车库功能需要取</u>
消相应规范）

《住宅设计规范》（GB 50096—2011）

《火灾自动报警系统设计规范》（GB 50116—2013）

<u>《公共建筑节能设计标准》（GB 50189—2015）</u>

《建设工程施工现场供用电安全规范》（GB 50194—2014）

《民用闭路电视监控系统工程设计规范》（GB 50198—2011）

《有线电视网络工程设计标准》（GB/T 50200—2018）

《综合布线系统工程设计规范》（GB 50311—2016）

《智能建筑设计标准》（GB 50314—2015）

《建筑物电子信息系统防雷设计规范》（GB 50343—2012）

《安全防范工程技术规范》（GB 50348—2018）

《住宅建筑规范》（GB 50368—2005）

<u>《绿色建筑评价标准》（GB/T 50378—2019）（如有地方绿建设计和评价标准，需要补充</u>
相应的标准）

《入侵报警系统工程设计规范》（GB 50394—2007）

《视频安防监控系统工程设计规范》（GB 50395—2007）

《出入口控制系统工程设计规范》（GB 50396—2007）

《视频显示系统工程设计规范》（GB 50464—2008）

<u>《公共广播系统工程技术标准》（GB/T 50526—2021）</u>

《无障碍设计规范》（GB 50763—2012）

《建筑机电工程抗震设计规范》（GB 50981—2014）

《民用建筑电气设计标准》（GB 51348—2019）

《建筑节能与可再生能源利用通用规范》（GB 55015—2021）

《建筑环境通用规范》（GB 55016—2021）

《建筑与市政工程无障碍通用规范》（GB 55019—2021）

《建筑给水排水与节水通用规范》（GB 55020—2021）

《建筑电气与智能化通用规范》（GB 55024—2022）

《安全防范工程通用规范》（GB 55029—2022）

《建筑与市政施工现场安全卫生与职业健康通用规范》（GB 55034—2022）

《消防设施通用规范》（GB 55036—2022）

《建筑防火通用规范》（GB 55037—2022）

《施工现场临时用电安全技术规范（附条文说明）》（JGJ/T 46—2024）

《车库建筑设计规范》（JGJ 100—2015）（如无车库功能需要取消相应规范）

《住宅建筑电气设计规范》（JGJ 242—2011）

《建筑工程设计文件编制深度规定（2016 年版）》

其他有关现行国家标准、行业标准及地方标准

21.2 设计范围

21.2.1 本工程智能化设计主要设计内容

（1）信息化应用系统：公共服务系统，智能卡应用系统，物业管理系统，家居管理系统。

（2）智能化集成系统：智能化信息集成（平台）系统，集成信息应用系统。

（3）信息设施系统：信息接入系统，布线系统，移动通信室内信号覆盖系统，无线对讲系统，电话、信息网络系统，有线电视系统，公共广播系统，信息导引及发布系统，电梯五方通话及监控系统、智能家居系统。

（4）建筑设备管理系统：建筑设备监控系统、建筑能效监管系统。

（5）安全技术防范系统：周界安全防范系统、电子巡查系统、视频安防监控系统、停车库（场）管理系统、访客对讲系统、紧急求助报警系统装置、入侵报警系统、出入口控制系统、安全防范综合管理平台。

（6）机房工程：信息接入机房，信息设施系统总配线机房，运营商机房（兼做移动通信室内信号覆盖系统放大机房及有线电视机房），消防、安防控制室，智能化设备间（弱电间）、电信间（弱电井）等。

21.2.2 各智能化机房的位置及相互关系

（1）附设在建筑内的消防控制室，设置在建筑内首层或地下一层，疏散门直通安全出口。

（2）本项目在××××设置弱电进线间，市政线缆由××××引入本工程弱电进线间内。

（3）本工程在××××设置×个运营商机房（引入移动、联通、电信、铁通等运营商并满足其接入需求，同时兼做移动通信室内信号覆盖系统放大机房及有线电视机房，每300 户设置一个不小于 50m² 机房，上述机房均预留土建条件，由运营商及当地有线电视部门自行设计及建设。

（4）本工程在每栋住宅地下一层设置设备间（使用面积 10m²），各层××××设置电信间（弱电井）。

21.2.3 设计界面及与其他专业设计的分工

（1）与运营商界面：室内移动通信覆盖系统的设计、施工及安装调试均由三大运营商

负责，智能化配合预留运营商机房、楼层弱电间设备安装空间及敷设线槽（包括弱电间竖向及楼层横向线槽）。光纤入户系统运营商负责机房内运营商 ODF 机架及跳线设备，开发商负责公共 ODF 机架及后端配线设备及线缆。

（2）与建筑专业界面：机房装修由建筑专业设计实施，机房内相关的土建隔墙、防火门等设计由建筑专业负责，智能化提资机房装修条件。各层弱电井 / 弱电间内部的墙面、地面、天花、照明电气等均由一次建筑进行配合设计。

（3）与强电专业界面：火灾自动报警系统、智能照明系统由强电专业设计；智能化机房内强电专业负责配电引回路至机房，机房配电箱 / 柜及配电箱 / 柜引至末端设备由智能化专业实施；机房普通照明和应急照明供电、接地端子箱由强电专业设计，智能化负责机柜、箱体、末端管道设备至接地端子箱的接地。远传表具由强电专业提供。

（4）与暖通专业界面：智能化机房内机房空调及送排风系统由暖通专业设计，智能化专业提资机房等级及设备布置条件。远传表具由暖通专业提供。

（5）与水专业界面：智能化机房内机房气体灭火系统由水专业设计。远传表具由水专业提供。

（6）与电梯专业界面：电梯五方对讲系统所需的信号线，由电梯专业提供、敷设、并校线，五方对讲系统调试电梯专业完成。电梯摄像机及网桥的电源由电梯厂家提供。电梯摄像机信号线由智能化专业利用无线网桥实现。

（7）与专业公司界面：信息化应用系统中除智能卡应用系统外，其他子系统根据使用方需求，由专业 IT 公司定制。

（8）本工程设计深度按照中华人民共和国住房和城乡建设部颁布的《建筑工程设计文件编制深度规定（2016 年级）》中规定的 3.6 及 4.5 中智能化设计要求及设计深度出图，智能化专项设计由甲方另行委托完成。

21.2.4　智能化与其他专业设计的接口条件要求

（1）强电专业接口条件要求：

1）变（配）电系统：设置电力监控系统自成套控制，主机需能提供标准通信接口及开放的通信协议用于 BAS 集成，通信协议采用 OPC、ModBus、BACnet 协议，并提供所采用通信协议的编码格式以及地址对应表；

2）智能照明系统：要求自成套控制，主机需能提供标准通信接口及开放的通信协议给 BAS 集成，通信协议采用 OPC、ModBus、BACnet 协议，并提供所采用通信协议的编码格式以及地址对应表。

（2）给排水专业接口条件要求：

1）给排水专业设备只监不控；

2）生活水泵房、中水泵房自成套控制，主机需能提供标准通信接口及开放的通信协议给 BAS 集成，通信协议采用 OPC、ModBus、BACnet 协议，并提供所采用通信协议的编码格式以及地址对应表；

3）污水提升设备：控制箱提供启停控制、运行状态显示和故障报警等干接点。

（3）暖通专业接口条件要求：

1）冷热源系统：自成套控制，主机需能提供标准通信接口及开放的通信协议给 BAS 集成，通信协议采用 OPC、ModBus、BACnet 协议，并提供所采用通信协议的编码格式以及地址对应表。

2）多联机系统：要求自成套控制，主机需能提供标准通信接口及开放的通信协议给建筑设备监控系统集成，通信协议采用 OPC、ModBus、BACnet 协议，并提供所采用通信协议的编码格式以及地址对应表。

3）风机盘管：采用两管制；风机盘管电动水阀电源为 AC 24V；自动复位。

4）风机盘管控制面板：联网型 RS-485（由智能化采购施工）或与智能照明组合式面板（由智能照明系统承包方采购施工）。

5）空调机组、新风机组。

（4）电梯专业接口条件要求：要求自成套控制，主机需能提供标准通信接口及开放的通信协议给 BAS 集成，通信协议采用 OPC、ModBus、BACnet 协议，并提供所采用通信协议的编码格式以及地址对应表。

（5）机电专业接口条件要求：要求水、电、计量表需能提供标准通信接口及开放的通信协议给智能化系统集成，通信协议采用 OPC、ModBus、BACnet 协议，并提供所采用通信协议的编码格式以及地址对应表。

（6）信号类型。

1）模拟量输入（AI）输出（AO）：0 ～ 10V 直流电压。

2）数字量输入（DI）输出（DO）：无源触点。

21.3　信息化应用系统

（1）公共服务系统。

1）公共服务系统应具有访客接待管理和住宅小区内公共服务信息发布等功能，并宜具有将各类公共服务事务纳入规范运行程序的管理功能。

2）本系统可包括小区门户网站、App/ 公众号及各类公共服务信息应用集成。

（2）智能卡应用系统。

1）智能卡应用系统应具有身份识别等功能，并宜具有消费、计费、考勤、停车、出入通行（包括小区、单元及电梯的出入通行）等管理功能，且应具有适应不同安全等级的应用模式。通过该系统对持卡者实行身份识别、电子门禁、巡更和停车场等的综合管理。

2）本系统除采用门禁卡片之外，还可以采用指纹识别、人脸识别等生物识别技术作为信息载体实现一卡通功能，以满足智能卡应用系统不同安全等级的应用需求。

（3）物业管理系统。

1）应具有对住宅小区内的物业经营、运行维护进行管理的功能。满足物业运维管理需求，包括对住宅建筑内入住人员管理、住户房产维修管理、住户各项费用的查询及收取、住宅建筑公共设施管理、住宅建筑工程图纸管理、保洁管理、租赁管理、车辆管理、仓库管理、停车场管理、设备设施运行管理、综合信息服务、客户投诉查询、安防、消防、绿化等。

2）物业管理系统应预留与设备管理系统、车辆管理系统、安全防范系统、消防系统等的接口。

（4）家居管理系统。综合火灾自动报警、安全技术防范、家庭信息管理、能耗计量及数据远传、物业收费、停车场管理、公共设施管理、信息发布等系统；能接收公安部门、消防部门、社区发布的社会公共信息，并应能向公安、消防等主管部门传送报警信息。

（5）以上系统均为应用软件系统，由业主根据实际使用情况，另行委托专业 IT 公司进行定制设计。

21.4 智能化集成系统

将住宅小区日常运作的各种信息，如 BAS、安全防范系统、火灾自动报警系统、公共广播系统、通信系统，以及各种日常办公管理信息、物业管理信息等构成相关联的一个整体，可采用 3D 可视化技术 / 轻量化 BIM 模型，对智能化各子系统实时信息及历史数据进行采集、分析处理及可视化展现，实现数字孪生，从而有效提升建筑整体的运作水平和效率。该系统具有家电控制、照明控制、安全报警、环境监测、建筑设备控制、工作生活服务等至少 3 种类型的服务功能，具有远程监控的功能；并具有通过以太网物理接口（光纤），采用 TCP/IP 通信协议接入智慧城市（城区、社区）的功能。

21.5 信息设施系统

21.5.1 信息接入系统

（1）在 ××× 设置信息接入系统设施机房，将通信网、有线电视网等建筑物内所需的公共信息及专用信息接入。

（2）市政线缆由 ××× 引入本工程信息接入系统设施机房，再由此引至电信、联通、移动、铁通、有线电视等运营商机房。满足住宅区和住宅建筑内光纤到户通信设施的工程，必须满足多家电信业务经营者平等接入、用户可自由选择电信业务经营者的要求。

（3）本项目采用光纤到户方式建设，每套住户配置家居配线箱。地下通信管道、配线管网、电信间、设备间等通信设施，与住宅区及住宅建筑同步建设。

（4）弱电电缆从建筑物外面进入建筑物弱电进线间时，选用适配的信号线路电涌保护器。

21.5.2 布线系统

住宅小区按照每 300 户设置一个配线区，按照每 120 户设置一个光缆交接箱。每户住宅用户、物管办公、商业商铺均设置家居配线箱，由交接箱或楼层弱电箱预留 2 根预埋管至户内家居弱电箱。

21.5.3 移动通信室内信号覆盖系统

（1）移动通信室内信号覆盖系统满足室内移动通信用户语音及数据通信业务需求，满足多种技术标准的无线信号接入。

（2）建筑物内设置移动通信信号全覆盖系统，公共移动通信信号覆盖至建筑物的地下公共空间、客梯轿厢内。通过基站加室内天馈系统，在建筑物内地上、地下包括停车场区域内及电梯井道内设置发射用天线，解决楼内移动通信网络信号的质量问题。室内天线根据建筑特点采用壁装或吸顶式安装等。室内无线覆盖系统应覆盖整个建筑，做到公共区域无盲区。

（3）系统由各大运营商投资建设（包括系统设计、工程施工、设备定位和安装等），本设计仅配合提供系统所需的设备机房（包括弱电竖井预留设备安装空间）、电源（由强电专业配合提供）及线路的路由走向及敷设线槽等。移动电话业务运营商，为整个项目提供手机信号覆盖业务，各运营商基站及前端设备设置于各自的运营商机房内。

21.5.4 无线对讲系统

（1）数字无线对讲系统采用 400M 专用频段，当本地消防、公安部门对建筑内有灭火救援指挥或接处警无线对讲信号需求时，将 350MHz 专用信号源引入，并在消防控制室或安防监控中心与物业管理部门对讲系统信号源进行合路。

（2）无线对讲系统按照 4 个信道设计，满足建筑内物业管理及保安通信等需求（物业部、工程部、安保部等部门），在紧急或意外事件出现时及时调度指挥相关部门工作人员，实现高效、即时处理。

（3）设计采用的通信频率须获得当地无线电管理局等政府部门的许可，用户向当地无线电管理委员会申请确认频段后方可实施。

21.5.5　电话、信息网络系统

（1）住宅用户采用无源光网络（PON）系统。由交接箱或楼层弱电箱至少预留 2 根预埋管至户内家居配线箱，入户导管外径为 25mm。采用钢管暗敷设，导管内穿放不少于一根带线，带线中间不得有接头。

（2）每户住宅在套内走廊、门厅或起居室等便于维护处设置家居配线箱，预留 AC220V 带保护接地的单相交流电源插座，并应将电源线通过导管暗敷设至家居配线箱内的电源插座。当 220V 交流电源接入箱体内电源插座时，采取强、弱电安全隔离措施。

（3）电话、信息网络接入端口应按需求配置，预留裕量：每套住宅的电话插座数量不少于 2 个，信息网络插座不少于 1 个；起居室、主卧室、书房应装设电话插座，次卧室、卫生间宜装设电话插座，起居室、主卧室、书房可装设信息插座。电话、信息插座暗装，底边距地高度为 0.3 ～ 0.5m，卫生间电话插座底边距地高度为 1.0 ～ 1.3m。

21.5.6　有线电视系统

（1）每套住宅有线电视系统进户线不少于 1 根，进户线在家居配线箱内做分配交接。

（2）每套住宅有线电视插座数量不少于 1 个，在起居室、主卧室装设电视插座，次卧室宜装设电视插座。采用双向传输电视插座，底边距地高度为 0.3 ～ 0.5m 暗装。

（3）有线电视系统终端输出电平满足用户接收设备对输入电平的要求。

21.5.7　公共广播系统

（1）公共广播系统分为背景音乐广播系统和火灾应急广播系统。住宅建筑内火灾应急广播兼做背景音乐广播，按照防火分区设置，火灾发生时，强制投入火灾应急广播。火灾应急广播为独立的消防广播系统，设于各单体建筑公共区域内，当确认火灾后，可同时向全楼进行广播。

（2）背景音乐广播系统设于住宅区室外公共区域，播放背景音乐和日常广播。室外背景音乐广播线路敷设采用铠装电缆直接埋地、地下排管等敷设方式。具有室外传输线路（除光缆外）的公共广播系统设置防雷设施。公共广播系统的防雷和接地符合现行 GB 50343—2012 的有关规定。

（3）本工程广播机房与消防安防控制室合用。系统主要由话筒、功率放大器、分区选择器、扬声器等组成。系统采用 100V 定压输出方式，要求从功放设备的输出端至线路上最远的用户扬声器的线路衰耗不大于 3dB（1000Hz），紧急广播传输线路及其线槽（或线管）采用阻燃材料。

21.5.8　信息导引及发布系统

（1）系统具有公共业务信息的接入、采集、分类和汇总的数据资源库，并在住宅小区公共区域向公众提供信息告示、标识导引及信息查询等多媒体信息发布功能。

（2）根据住宅小区管理需要，布置信息发布显示屏或信息导引标识屏、信息查询终端等，并根据公共区域空间环境条件，选择信息显示屏和信息查询终端的技术规格、几何形态及安装方式等。

（3）对住宅建筑内的居民或来访者提供告知、信息发布及查询等功能。供查询的信息显示屏采用双向传输方式，仅为显示功能采用单向传输方式。显示屏可根据观看的范围、安装的空间位置及安装方式等条件，合理选定显示屏的类型及尺寸。各类显示屏应具有多种输入接口方式。

21.5.9　电梯五方通话及监控系统

（1）住宅小区的电梯设置五方通话系统，可实现控制室、电梯轿厢、电梯机房、电梯轿厢顶、电梯底坑五方通话。

（2）在电梯轿厢内装设电梯专用摄像机，由轿厢引一条视频电缆至控制室用于视频输入、输出，实现在控制室内对电梯进行远程实时监控、记录电梯运行状况，提高电梯管理效率。

（3）住宅建筑内的电梯能够智能刷卡控制，与出入门禁卡联动。

（4）五方对讲主机设置于消防安防控制室，由电梯厂家提供配套设备并安装调试。设计院根据厂家提出的线缆要求，在电梯机房和消防控制室之间设计管路和线缆，具体线型及敷设方式需与电梯公司沟通确认。

21.5.10　智能家居系统（可选）

（1）智能家居系统根据居民需求、投资、管理等因素确定设置，将家居报警、家用电器监控、能耗计量、访客对讲等集中管理，具备智能网关、智能照明控制、智能家电控制（包括空调、地暖、音箱等设备）、智能窗帘、智能家居环境及空气质量的监控功能。智能家居系统具有标准接口及开放协议，便于智能家居平台集成。

（2）家居报警包括燃气泄漏报警、紧急求助报警、非法入侵报警等，具有现场、远程、有线、无线进行布防和撤防功能。与小区公共安防系统进行集成，在消防安防控制室报警并显示；发生警情时，触发报警并将报警信息推送到业主手机、紧急联系人或物业，处理记录可供查询。

（3）智能家电监控包括家电的状态监视、故障报警及运行的自动控制，通过语音识别技术实现智能家电的声控功能。

21.6　建筑设备管理系统

21.6.1　建筑设备管理系统满足的规定

（1）支持开放式系统技术。

（2）具备系统自诊断和故障部件自动隔离、自动唤醒、故障报警及自动监控功能。

（3）具备参数超限报警和执行保护动作的功能，并反馈其动作信号。

（4）系统与其他建筑智能化系统关联时，配置与其他建筑智能化系统的通信接口。

（5）系统应建立信息数据库，并具备根据需要形成运行记录的功能。

（6）基于本系统，对可再生能源实施有效利用和管理。

21.6.2　建筑设备监控系统（BAS）设置及要求

（1）BAS包括：对住宅小区内的给水与排水系统、公共照明系统、电梯系统、集中式采暖通风及空气调节系统、供配电系统以及对公共安全系统、火灾自动报警与消防联动控制系统运行工况进行必要的监视和联动控制。对住宅建筑中的蓄水池（含消防蓄水池）、污水池水位进行检测和报警；对饮用水蓄水池过滤设备、消毒设备的故障进行报警。

（2）系统供电要求：BAS 设备设置在小区消防安防控制室，工作站设有 UPS 不间断供电单元，DDC 就近接引电源。

（3）设置原则：

1）冷热源站、锅炉房、生活水泵房等区域设备采用群控系统，接口采用 OPC、ModBus、BACnet 协议方式。锅炉房和换热机房设置供热量自动控制装置。

2）智能照明系统：住宅小区的室外照明采用智能照明控制系统。参见电气设计图纸。

3）车库 CO 监测—送排风联动：支持小区地下车库 CO 浓度实时在线检测并联动车库库内送排风机启停。

4）电梯状态监控系统（可选）：支持小区电梯的运行状态监控，对小区电梯的运行参数、时间进行统计与分析，具备本地存储和远程数据调用功能。

5）给排水设备监控系统：支持小区给水系统设备的启停控制、运行状态显示和故障报警；支持小区给水主泵、备用泵切换，主泵给水故障时，备用泵支持手动或自动投入运行；支持小区水箱液位监测、水位过高或过低报警；支持小区污水处理系统的启停控制、运行状态显示和故障报警；支持小区污水集水、处理池监测、水位过高或过低报警。生活给水水池（箱）设置水位控制和溢流报警装置。

6）如有绿色建筑星级评价要求时，设置 PM10、PM2.5、CO_2 浓度空气质量监测系统的智能家居，每套住宅建筑设置 PM10、PM2.5 空气质量监测器。对 PM10、PM2.5、CO_2 分别进行定时连续测量、显示、记录和数据传输，监测系统对污染物浓度的读数时间间隔不得长于 10min。当监测空气质量偏离理想阈值时系统有警示报警。

7）太阳能系统应对下列参数进行监测和计量：

a. 太阳能热利用系统的辅助热源供热量、集热系统进出口水温、集热系统循环水流量、太阳总辐照量，以及按使用功能分类的下列参数：太阳能热水系统的供热水温度、供热水量，太阳能供暖空调系统的供热量及供冷量、室外温度、代表性房间室内温度。

b. 太阳能光伏发电系统的发电量、光伏组件背板表面温度、室外温度、太阳总辐照量。

21.6.3　建筑能效监管系统

（1）建筑能效监管系统能耗监测的范围包括冷热源、供暖通风和空气调节、给水排水、供配电、照明、电梯等建筑设备，且计量数据应准确，符合国家现行有关标准的规定。

（2）能耗计量的分项及类别包括电量、水量、燃气量、集中供热耗热量、集中供冷耗冷量等使用状态信息，建筑物热量结算点热计量和住宅分户热计量（分摊）设置数据采集和远传系统；热计量系统供电独立设置电能表，单独计量系统用电量。锅炉房、换热机房和制冷机房计量设备耗电量和水的消耗量。锅炉房、换热机房和制冷机房对制冷机（热泵）耗电量及制冷（热泵）系统总耗电量进行计量。热源和热力站按计量燃料消耗量、补水量和耗电、循环水泵耗电量单独计量，住宅建筑设置分户热计量装置，公共区域设置电、热、气表计量装置，数据能经自动远传计量系统上传至能耗管理系统。

（3）能耗计量监管系统中电量、水量、集中供热耗热量、集中供冷耗冷量表计设置由电气、给排水及暖通专业提资，设置原则及位置以各专业的设计图纸为准。距能耗计量表具 0.3～0.5m 处，预留接线盒，且接线盒正面不应有遮挡物，便于管理。能耗计量及数据远传系统的电源就近引接。

（4）建筑能效监管系统的设置不应影响用能系统与设备的功能，不应降低用能系统与设备的技术指标。

（5）建筑能源系统按分类、分区、分项计量数据进行管理，可再生能源系统进行单独统计。建筑能耗以一个完整的日历年统计。能耗数据纳入能耗监督管理系统平台管理。

（6）建筑能效监管系统采用有线网络或无线网络。能源管理系统主机设置在物业管理室或消防安防控制室。

（7）通过对小区内住户的水表、热计量装置、电能表、燃气表等表具的计量远传设计，融合人工智能、大数据分析等技术，统一将数据传送至物联网平台，构建一体化的用能采集、能耗分析、运营管理、客户服务，减少基础设施重复建设。根据建筑物业管理的要求及基于对建筑设备运行能耗信息化监管的需求，对建筑的用能环节进行相应适度调控及供能配置适时调整，并通过对纳入能效监管系统的分项计量及监测数据统计分析和处理，提升建筑设备协调运行和优化建筑综合性能。

21.7　安全技术防范系统

本工程为住宅建筑，根据安全管理要求、系统规模等因素，按照基本型等级进行设防。系统按照安全可控、开放共享的原则，确定安全防范系统的子系统组成、集成/联网方式、传输网络、系统管理、存储模式、系统规定、接口协议等。

安全技术防范系统包括周界安全防范系统，电子巡查系统、视频安防监控系统、停车库（场）管理系统、访客对讲系统、紧急求助报警系统装置、入侵报警系统、出入口控制系统，安全防范综合管理（平台）系统。

在×××建筑物首层设置安防控制室，与消防控制室合用，内设安防电视墙、彩色监视器及操作设备等。安防控制室具有防止非正常进入的安全防护措施及对外的通信功能，预留向上级接处警中心报警的通信接口。设置视频监控装置，其采集的图像能清晰显示人员出入及室内活动的情况，并配备内外联络的通信设备及设置紧急报警装置，能够向外发送报警信息。当监控中心值守区与设备区为两个独立物理区域且不相邻时，两个区域之间的传输线缆应采取保护措施。安防控制室设备区设置入侵探测、出入口控制装置。

安防监控中心采用专用回路供电，安全防范系统按其负荷等级供电。同时接入安防控制室和公安机关接警中心的紧急报警。

21.7.1　周界安全防范系统

（1）电子周界防范系统与周界形状和出入口设置协调，预留与安全管理系统的联网接口。

（2）在住宅小区室外周界设置越界探测装置（设置视频周界，如有围墙，设置红外对射报警探测或张力式电子围栏），与小区消防安防控制室内安全技术防范系统联网使用，及时发现非法越界者并能实时显示报警路段和报警时间，自动记录与保存报警信息。

21.7.2　电子巡查系统

（1）采用离线式电子巡查系统，根据物业提出的巡更路线和巡更打卡时间编排方案，由系统管理人员通过计算机对巡查行为、状态进行实时监督和记录。系统管理软件显示巡更人员的日期、时间、地点、保安人员的姓名等数据。

（2）离线式电子巡查系统的信息识读器底边距地以为 1.3 ～ 1.5m，安装方式应具备防破坏措施，或选用防破坏产品。

21.7.3　视频安防监控系统

（1）基于网络化的数字高清视频监控系统，由视频前端、传输交换、管理控制、视频显示、视频存储五部分组成，完成对现场图像信号的采集、切换、控制记录、存储等功能。

（2）视频安防监控系统设计根据视频图像采集、目标识别的需要和现场环境条件等因素，选择相应的设备，具备对监控区域和目标进行视频采集、传输、处理、控制、显示、存储与回放等功能，应符合下列规定：

1）监控区域有效覆盖保护区域、部位和目标，监视效果满足场景监控或目标特征识别的需求；

2）系统具备按照授权对前端视频采集设备进行实时控制，或进行工作状态调整的能力；

3）系统具备按照授权实时调度指定视频信号到终端的能力；

4）系统能实时显示系统内的所有视频图像；

5）视频图像信息存储的时间不应少于30天；

6）系统具备设备管理、用户管理及日志管理等功能。

（3）前端系统。

1）在住宅小区的主要出入口、住宅建筑的各单元出入口、车库出入口、小区主要通道、首层及地下室电梯前室、电梯轿厢、地下车库、周界、消防安防控制室及重要部位设置摄像头。生活饮用水水箱间、给水泵房、变（配）电室、电梯机房等重要设备机房设置摄像头。小区内设置高空坠物监控摄像头。

2）前端系统的选择安装要根据不同的地点和环境来选择。

a．地下室内：选择低照度彩色摄像机；地下车库采用黑白、彩色自转换枪型摄像机，地下车库主车道交汇处采用带云台黑白、彩色自转换摄像机，地下车库出入口采用带强光抑制功能、宽动态黑白、彩色自转换摄像机；弱电机房、重要设备机房、生活饮用水水箱间、给水泵房、变（配）电室设置彩色半球或彩色枪式摄像机。

b．地上楼内区域：开阔大厅安装一体化球形摄像机；公共走道、电梯厅采用半球摄像机；电梯轿厢采用电梯专用微型半球摄像机（采用无线网桥方式或有线方式，有线方式电梯随缆由电梯供应商提供）；其他地方如走廊、出入口等可选择固定枪式摄像机或者固定半球摄像机。

c．室外区域：选择安装一体化云台摄像系统，包含镜头、摄像机、雨刮、防护罩、高速云台、解码器。选型及安装采用防水、防晒、防雷等措施，可结合灯杆进行安装。

d．摄像机均采用1080P数字高清网络摄像机。在光照变化较大区域采用宽动态摄像机；网络摄像机电源可独立供电（室外），也可通过POE交换机（室内）统一提供。

3）前端系统（视频监控摄像机）的探测灵敏度与监控区域内的环境最低照度相适应。

4）视频监控装置采集的图像能清晰显示监控区域内人员、物品、车辆的通行、活动情况。

（4）传输系统：采用全数字网络结构，利用智能化专用网络进行视频图像的传输，每层的网络摄像机直接通过网线连接至楼层交换机，将信号传输至中央服务器及各级监控工作站。

（5）终端系统：

1）包括视频处理显示记录设备和视频信号切换设备，包括安防服务器及工作站、网络存储磁盘阵列、流媒体服务器、数据网络交换设备、编解码设备、彩色监视器等设备。

2）视频显示系统的设备、部件和材料选择满足防潮、防火、防雷等要求。监控（分）中心的显示设备的分辨率不低于系统对采集规定的分辨率，<u>处于沿海地区等腐蚀性环境的LED 视频显示屏采取防腐蚀措施。</u>

3）视频安防监控系统具有与入侵报警系统和出入口控制系统联动的功能，作为报警的图像复核，能够对所有图像进行监视和存储。存储服务器的硬盘存储其所管理的摄像机 30 天的图像数据，存储计算按以下方式计算：1080P 码流按 6Mbit/s 计算，1 台摄像机 30 天的数据量为：$6 \div 8 \times 30 \times 24 \times 3600 \div 1024 = 1898.4$（GB）$\approx 1.85$TB。

4）视频存储设备设置在网络机房 / 消防安防控制室。

21.7.4　停车库（场）管理系统

（1）停车库（场）管理系统根据车辆进出停车库（场）的安全管理要求，选择适当类型的识读、控制与执行装置，具备对进出的车辆进行识别、通行控制和信息记录等功能，并满足下面要求：

1）系统通过对车辆的识读做出能否通行的指示；

2）执行装置具有防砸车功能；

3）执行装置具有紧急情况下人工开启的功能。

（2）采用车牌自动识别进行车辆进出凭证管理，实现不停车认证、自动验证过闸；具备车牌自动识别、图像对比、防砸车、脱机工作、车位管理等功能；本系统能够根据要求输出相关资料、文件或报表。

（3）通过后台记录、查询车辆，进行有效的车辆进出管理，外部临时车辆在出停车场时完成系统收费。收费模式有支持出口收费、中央收费、自助缴费、微信 / 支付宝网络支付。

（4）系统由入口设备、出口设备、通道设备、传输交换、图像识别设备、中央管理站等组成。出入口设备包括通道控制器（出入口发读卡机）、入口摄像机、地感线圈和栏杆；图像识别系统包括摄像机、辅助照明设备、工作站和图像对比软件组成，为了防止盗车、调换车辆现象发生，对管理方造成麻烦，在停车场的每个出入口对进出的车辆分别拍照，车辆出库时系统自动调出车辆进场照片通过人工对比来防止盗车、调车。

（5）在地下停车场入口设置车位显示屏，用于显示停车场各层的空车位情况。在各层车辆进入通道口设车位显示屏，显示各层的空车位情况。停车库（场）管理系统中央管理站设置在消防安防控制室。

（6）停车库（场）管理系统能接收消防联动控制信号，具有解除门禁控制的功能，停车场道闸自带小型 UPS 或采用弱电竖井内 UPS 供电，保证系统接到消防火灾自动报警信号后，将所有地下停车场地出口栏杆机杆臂抬起并锁住，同时关闭停车场入口设备。

（7）系统重点对住宅小区出入口、停车库（场）出入口及其车辆通行车道实施控制、监视、停车管理及车辆防盗等综合管理，并与电子周界防护系统、视频安防监控系统联网。

21.7.5　访客对讲系统

（1）访客对讲系统设计根据安全管理要求，选择对讲或可视对讲设备，具备被访人员通过音视频方式确认访客身份、控制开启出入口门锁的功能，并符合下列规定：

1）访客呼叫机与用户接收机之间具有双向对讲功能；

2）当受控门开启时间超过预设时长、访客呼叫机防拆装置被触发时，能够发出现场警示信息。

（2）访客可视对讲主机安装在住宅楼单元入口处防护门上或者墙体内，系统通过总线联网，联网干线信号引至消防安防控制室；次入口及地下室可进入住宅楼单元的门设访客对讲辅机。住户室内可视对讲分机安装在起居室（厅）内，主机和室内分机底边距地为 1.3 ～ 1.5m。

（3）住宅小区内各单元的访客对讲系统联网，管理主机设置在小区消防安防和控制室，小区出入口设置管理副机。

（4）管理主机能与管理副机、单元门口主机、住户室内分机之间，进行双向选呼和通话，并具备数字联网型可视对讲功能；管理主机具有访客信息（访客呼叫、访客图像、住户应答）的记录和查询功能，以及异常信息（系统停电、门锁故障、长时间开启）的声光报警、记录和查询功能。

21.7.6　紧急求助报警系统

每个住户至少安装一处紧急求助报警装置，紧急求助信号能报至消防安防控制室，其响应时间应满足国家现行有关标准要求。

21.7.7　入侵报警系统

（1）入侵报警系统具备对攀爬、翻越、穿越、隐蔽进入、强行闯入以及撬、挖、凿等入侵行为的探测和报警功能，符合下列规定：

1）准确、及时探测入侵行为或紧急报警装置触发状态，并发出入侵报警信号或紧急报警信号；

2）入侵探测器和控制指示设备具有防拆报警功能；

3）当报警信号传输线缆断路或短路、探测器电源被切断时，控制指示设备发出报警信号；

4）具有参数设置和用户权限设置功能；

5）具有设防、撤防、旁路胁迫报警等功能；

6）对入侵、紧急、防拆、故障等报警信号准确指示；

7）对操作、报警和警情处理等时间进行记录，且不更改；

8）单控制器系统报警响应时间不应超过 2s；

9）备用电源保证系统正常工作时间不少于 8h。

（2）入侵报警主机位于消防安防控制室。按时间、区域、部位，对全部或部分探测防区（回路）的瞬时防区、24h 防区、延时防区、设防、撤防、旁路、传输、告警、胁迫报警等功能进行设置。

（3）入侵报警系统由报警探测器、报警模块、传输系统、报警主机等组成，当探测器检测到防范现场有入侵者时，产生报警信号并传输到报警主机。本系统软件结合保安监控系统，以动态图像显示各报警点位置及各层平面图，接收警报后，迅速显示所在位置，并立即打印报告及数据库存档。为达至保安自动化，本系统与视频安防监控系统供联动。

（4）入侵报警系统在住户套内、户门、阳台及外窗等处，选择性的安装入侵报警探测装置。在首层、二层、顶层即次顶层住宅外窗处设置入侵报警探测器（红外幕帘探测器，可接入可视对讲主机），主要出入口、重要通道（包括通往顶层屋面的通道）、重要物品库房、重要设备用房、生活饮用水水箱间、给水泵房及一些重要房间（如财务室、网络机房）等重要场所设置双监探测器；设防状态下探测器能够及时发现非法侵入者并能实时显示报警位置和报警时间,自动记录与保存报警信息。

(5)具有内部使用空间的无障碍服务设施设置易于识别和使用的救助呼叫装置。无障碍客房和无障碍住房、居室主要人员活动空间设置救助呼叫装置。无障碍住房的门禁和无障碍客房的门铃同时满足听觉障碍者、视觉障碍者和语言障碍者使用。无障碍服务设施内供使用者操控的智能化调控面板易于识别,距地面高度为 0.85 ~ 1.10m。

(6)入侵报警系统双路供电,消防安防控制室采用 UPS 作为备用电源,末端就近由弱电井的安防电源箱供给。

21.7.8 出入口控制系统

(1)出入口控制系统设计根据通行对象进出各受控区的安全管理要求,选择适当类型的识读、控制与执行设备,具备凭证识别查验、进出授权、控制与管理等功能,满足下列要求:

1)安装于受控区以外的部件采取防拆保护措施;

2)疏散通道的出入口控制点满足紧急情况下人员不经凭证识读操作即可通行的要求;

3)断电开启的出入口控制点配置备用电源,并确保正常工作时间不少于 48h;

4)执行装置的连接线缆位于该出入口的受控区以外的部分封闭保护。

(2)在住宅小区人行主出入口、次出入口设置门禁读卡系统,实现小区刷卡进入,出门按钮离开。

(3)在住宅楼单元入口门口机处,设置门禁读卡器及电磁门锁,门禁读卡器与可视门口机在一处时,嵌入门口机安装。

(4)根据对保护对象的防护能力差异化的要求,确定相应的系统和设备的安全等级。设备/部件的安全等级应与出入口控制点的防护能力相适应。共享设备/部件的安全等级不低于与之相关联设备/部件的最高安全等级。根据安全等级的要求,采用相应自我保护措施和配置。位于对应受控区、同权限受控区或高权限受控区域以外的部件具有防篡改/防撬/防拆保护措施。

(5)系统能接收消防联动控制信号,具有解除门禁控制的功能。系统具有由其他紧急系统(如火灾等)授权自由出入的功能,满足紧急逃生时人员疏散的相关要求。当通向疏散通道方向为防护面时,系统必须与火灾报警系统及其他紧急疏散系统联动。当发生火警或紧急疏散时,疏散通道上和出入口处的门禁能集中解锁或能从内部不需使用钥匙等任何工具即手动解锁,人员不进行凭证识读操作即可安全通过。

(6)出入口控制系统中使用的设备必须符合国家法律法规和现行强制性标准的要求,并经法定机构检验或认证合格。

(7)出入口控制系统由工作站、门禁管理控制软件、网络控制器、门组控制器、读卡器(可采用人脸、指纹等生物识别装置)、IC/CPU 卡及电锁等组成,采用 TCP/IP+RS-485 总线网络构架。每个门禁点除门组控制器、读卡器、电锁外,还包括出门按钮、门磁开关、紧急破玻璃开门按钮等,具有放行、拒绝、记录、报警基本功能,实现停车、进门、梯控、POS 机收费、考勤等功能。当系统与其他业务系统共用的凭证或其介质构成"一卡通"的应用模式时,出入口控制系统独立设置与管理。

(8)出入口控制系统的设置原则:住宅楼内电梯设置梯控,并与门禁结合,门禁系统与电梯梯控系统结合进行呼梯操作。

(9)出入口控制系统执行部分的输入电缆在该出入口的对应受控区、同级别受控区或高级别受控区外的部分进行封闭保护，其保护结构的抗拉伸、抗弯折强度不低于镀锌钢管。

21.7.9　安全防范综合管理（平台）

（1）安全防范综合管理（平台）具有集成管理、信息管理、用户管理、设备管理、联动管理、日志管理、数据统计等功能。

（2）安全方案综合管理（平台）功能包含视频类设备远程管理及控制、报警类设备远程管理及控制、门禁类设备远程管理及控制、电子地图应用、远程监看和控制图象、系统日志、数据集中存储、权限集中管理等基本功能，支持语音对讲、语音广播、远程门禁控制及管理、照明设备远程控制等功能。建立集成各子系统的安保集成监控管理平台，实现对小区内建筑整体范围的综合防范及管理，并实现必须的联动控制功能。

（3）通过与小区内建筑集成管理系统联网，实现与火灾报警系统、楼宇设备自动化控制系统及电梯控制系统和一卡通系统在相关区域的联动控制。

21.8　机房工程

（1）住宅小区机房工程包括信息接入机房；信息设施系统总配线机房（一般不设置）；运营商机房（兼做移动通信室内信号覆盖系统放大机房及有线电视机房）；消防、安防控制室；智能化设备间（弱电间）、电信间（弱电井）等。其中，运营商机房由运营商设计及建设。

（2）机房设置要求。

1）运营商机房：由运营商及当地有线电视部门进行设计及建设。

2）消防、安防控制室：①机房装修系统（吊顶、内墙、隔墙、柱面、地面）；②机房供配电系统；③机房 UPS 系统；④机房空调系统（VRV 舒适型空调）；⑤机房照明系统；⑥机房防雷接地系统；⑦ KVM 系统（可选）。

（3）机房设备布置要求。

1）机房设备根据系统配置及管理需要分区布置，当几个系统合用机房时，按功能分区布置。

2）需要经常监视或操作的设备布置便于监视或操作。

3）工作时可能产生尘埃或有害物质的设备，集中布置在靠近机房的回风口处。

4）电子信息设备远离建筑物防雷引下线等主要的雷电流泄流通道。

5）设备机柜的间距和通道符合下列要求：

a. 设备机柜正面相对排列时，其净距离不小于 1.2m；

b. 背后开门的设备机柜，背面离墙边净距离不小于 0.8m；

c. 设备机柜侧面距墙不小于 0.5m，侧面离其他设备机柜净距不小于 0.8m，当侧面需要维修测试时，则距墙不小于 1.2m；

d. 并排布置的设备总长度大于 6m 时，两侧均设置通道；

e. 通道净宽不小于 1.2m。

6）壁挂式设备中心距地面高度为 1.5m，侧面距墙大于 0.5m。

7）活动地板下面的线缆敷设在金属槽盒中。

（4）机房内防雷接地。

1）智能化机房内所有设备的金属外壳、各类金属管道、金属线槽、建筑物金属结构，必须进行等电位联结并接地。

2）需要保护的电子信息系统必须采取等电位连接与接地保护措施。

3）防雷接地与交流工作接地、直流工作接地、安全保护接地共用一组接地装置时，接地装置的接地电阻值必须按接入设备中要求的最小值确定。

4）电子信息系统设备由 TN 交流配电系统供电时，从建筑物内总配电柜（箱）开始引出的配电线路必须采用 TN-S 系统的接地形式。

21.9　线缆敷设

（1）电力线缆和智能化线缆不应共用同一导管或电缆桥架布线。

（2）室内布线。

1）智能化线缆采用导管暗敷布线时，不应穿过设备基础；穿过建筑物外墙时，采取止水措施。

2）室内干燥场所线缆导管布线时，金属导管壁厚不小于 1.5mm；塑料导管暗敷设布线，选用不低于中型导管。

3）室内潮湿场所线缆明敷时，采用防潮防腐材料导管或金属桥架，且采取防潮防腐措施；金属导管壁厚不小于 2.0mm；采用可弯曲金属导管，选用防水重型导管。

4）建筑物底层及地面层以下外墙内的线缆采用导管暗敷布线时，金属导管壁厚不小于 2.0mm；采用可弯曲金属导管，选用防水重型导管；塑料导管布线，应选用重型导管。

5）建筑内智能化线缆均采用绝缘线缆，不采用裸露带电导体布线。除塑料护套电线外，其他电线不采用直敷布线方式；明敷导管、电缆桥架，选择燃烧性能不低于 B1 级的难燃材料制品或不燃材料制品。

6）导管敷设应符合下列规定：

a. 暗敷于建筑物、构筑物内的导管，不应在截面长边小于 500mm 的承重墙体内剔槽埋设；

b. 钢导管不得采用对口熔焊连接；镀锌钢导管或壁厚小于或等于 2mm 的钢导管，不得采用套管熔焊连接；

c. 敷设于室外的导管管口不应敞口垂直向上，导管管口在盒、箱内或导管端部设置防水弯；

d. 严禁将柔性导管直埋于墙体内或楼（地）面内。

7）人防区域穿过外墙、临空墙、防护密闭隔墙和密闭隔墙的各种电缆管线和预留备用管，进行防护密闭或密闭处理，选用管壁厚度不小于 2.5mm 的热镀锌钢管。人防各人员出入口和连通口的防护密闭门门框墙、密闭门门框墙上均预埋 4～6 根备用管，管径为 50～80mm，管壁厚度不小于 2.5mm 的热镀锌钢管，并符合防护密闭要求。

8）弱电桥架或槽盒均敷设一条 25mm×4mm 热镀锌扁钢作为弱电桥架接地装置。当电缆梯架或槽盒全长不大于 30m 时，不少于两处与保护导体可靠连接；全长大于 30m 时，每隔 20～30m 增加一个连接点，起始端和终点端均可靠接地。

9）智能化系统及机房内电气设备和智能化设备的外露可导电部分、外界可导电部分、建筑物金属结构等电位联结并接地；调光设备的金属外壳可靠接地；智能化系统单独设置的接地线采用截面积不小于 25mm^2 的铜材。

（3）室外布线。

1）室外埋地敷设的智能化线缆采用护套线、电缆或光缆，并采取相应的保护措施，且不应平行布置在地下管道的正上方或正下方。

2）当采用电缆排管布线时，在线路转角、分支处及变更敷设方式处，设置电缆人

（手）孔井。电缆人（手）孔井不应设置在建筑物散水内。

21.10　抗震设计

（1）本工程位于××××市，抗震设防烈度为×度。内径不小于 60mm 的电气配管及重力不小于 150N/m 的电缆梯架、电缆槽盒均进行抗震设防。

（2）应急广播系统预置地震广播模式。

（3）地震时应保证通信设备电源的供给、通信设备正常工作。

（4）蓄电池的安装设计符合下列规定：

1）蓄电池安装在抗震架上。

2）蓄电池间连线采用柔性导体连接，端电池采用电缆作为引出线。

3）蓄电池安装重心较高时，采取防止倾倒措施。

（5）配电箱（柜）、通信设备的安装设计应符合下列规定：

1）配电箱（柜）、通信设备的安装螺栓或焊接强度满足抗震要求。

2）靠墙安装的配电柜、通信设备机柜底部安装应牢靠。当底部安装螺栓或焊接强度不够时，将顶部与墙壁进行连接。

3）当配电柜、通信设备柜等非靠墙落地安装时，根部采用金属膨胀螺栓或缓解的固定方式。当抗震烈度为 8 度或 9 度时，将几个柜在重心位置以上连成整体。

4）壁式安装的配电箱与墙体之间采用金属膨胀螺栓连接。

5）配电箱（柜）、通信设备机柜内的元器件考虑与支撑结构件的相互作用，元器件之间采用软连接，接线处做防震处理。

6）配电箱（柜）面上的仪表与柜体组装牢固。

（6）建筑的非结构构件及附属机电设备，其自身及与结构主体的连接进行抗震设防。

（7）建筑附属机电设备不应设置在可能致使其功能障碍等二次灾害的部位；设防地震下需要连续工作的附属设备，设置在建筑结构地震反应较小的部位。

（8）设在水平操作面上的消防、安防设备采取防止滑动措施。

（9）设在建筑物屋顶上的共用天线采取防止因地震导致设备或其部件损坏后坠落伤人的安全防护措施。

（10）线缆穿管敷设时采用弹性和延性较好的管材。

（11）引入建筑物的电气管路敷设时符合下列规定：

1）在进口处采用挠性线管或采取其他抗震措施。

2）当进户井贴邻建筑物设置时，缆线在井中留有余量。

3）进户套管与引入管之间的间隙采用柔性防腐、防水材料密封。

（12）管路敷设时符合下列规定：

1）当线路采用金属导管、刚性塑料导管、电缆梯架或电缆槽盒敷设时，使用刚性托架或支架固定，不使用吊架。当必须使用吊架时，安装横向防晃吊架。

2）当金属导管、刚性塑料导管、电缆梯架或电缆槽盒穿越防火分区时，其缝隙采用柔性防火封堵材料封堵，并在贯穿部位附近设置抗震支撑。

3）金属导管、刚性塑料导管的直线段部分每隔 30m 设置伸缩节。

（13）配电装置至用电设备间连线符合下列规定：

1）当采用穿金属导管敷设时，进口处转为挠性线管过渡。

2）当采用电缆梯架或电缆槽盒敷设时，进口处转为挠性线管过渡。

（14）本建筑的机电工程抗震设计必须符合 GB 50981—2014 的要求设计，并参考图集《建筑电气设施抗震安装》（16D707-1）进行安装施工。

21.11　其他

（1）建筑内的电缆井、管道井在每层楼板处，采用不低于楼板耐火极限的不燃材料或防火封堵材料封堵。建筑内的电缆井、管道井与房间、走道等相连通的孔隙采用防火封堵材料封堵。

（2）管线穿越防火分区时按所穿墙体的耐火极限采用岩棉封堵，然后在两侧填充膨胀性防火密封胶。

（3）进出电气竖井采用易切割和可重复使用的膨胀性防火发泡砖。

（4）智能化设备的安装应牢固、可靠，安装件必须能承受设备的重量及使用、维修时附加的外力。吊装或壁装设备采取防坠落措施。在搬动、架设显示屏单元过程中断开电源和信号连接线缆，严禁带电操作。

（5）所有管路穿越潮湿场所时做好防腐密闭处理。

（6）室外的电缆桥架进入室内或配电箱（柜）时应有防雨水进入的措施，电缆槽盒底部应有泄水孔。

（7）所有伸出屋面的管线在伸出屋面 0.3m 处做防水弯头。

（8）设在建筑物屋顶的共用天线采取防止设备或其部件损坏后坠落伤人的安全防护措施。

（9）本工程所选设备、材料，必须具有国家级检测中心的检测合格证书，必须满足与产品相关的国家标准，供电产品、消防产品应具有相关许可证。

（10）为设计方便，所选设备型号仅供参考，招标所确定的设备和材料的规格、性能等技术指标，不应低于设计图纸的要求。所有设备确定厂家后均需建设、施工、设计、监理四方进行技术交底。

（11）本设计文件需要报县级以上政府建设行政主管部门或其他有关部门、施工图审查部门审查批准后方可使用。

（12）建设方、施工方应遵守《建设工程质量管理条例》（国务院第 279 号）。

（13）施工过程中，施工现场供用电应严格执行 GB 55034—2022、GB 50194—2014 及 JGJ/T 46—2024 的要求。现场施工遵守《建设工程安全生产管理条例》（国务院令第 393 号）的规定。

（14）建设方应提供电源等市政原始资料，原始资料必须真实、准确、齐全。

（15）由各单位采购的设备、材料，应保证符合设计文件及合同的要求。

（16）施工单位必须按照工程设计图纸和施工技术标准施工，不能自行修改工程设计，施工单位在施工过程中发现设计文件和图纸有差错的，应当及时提出意见和建议。

（17）建设工程竣工验收时，必须具备设计单位签署的质量合格文件。

21.12　本工程参考的施工图集

《建筑电气与智能化通用规范》（24DX002-1）

《智能建筑弱电工程设计与施工》（09X700）（上、下册）

《地下通信线缆敷设》（05X101-2）

《综合布线系统工程设计与施工》（20X1013）

《移动通信室内信号覆盖系统》（03X102）

《建筑设备管理系统设计与安装》（19X201）

《智能家居控制系统设计施工图集》（03X602）

《建筑智能化系统集成设计图集》（03X801-1）

《广播与扩声》（03X301-1）

《有线电视系统》（03X401-2）

《电能计量管理系统设计与安装　国家建筑标准设计参考图》（11CDX008-5）

《安全防范系统设计与安装》（06SX503）

《建筑设备监控》（09BD10）

《有线广播电视系统工程》（09BD11）

《广播、扩声与会议系统》（09BD12）

《安全技术防范工程》（09BD14）

《综合布线系统》（09BD15）

22 公共建筑智能化施工图设计说明示例

22.1 设计依据

（1）工程概况：建筑类别、性质、结构类型、基础形式、面积、层数、高度等。

（2）建筑、结构、给排水、暖通及电气专业提供的设计资料。

（3）建设方提出的设计要求及相关的设计资料。

（4）本工程采用的主要标准计及法规：

《安全防范系统供电技术要求》（GB/T 15408—2011）

《建筑设计防火规范（2018年版）》（GB 50016—2014）

《人民防空地下室设计规范》（GB 50038—2005）（如无人防需要取消相应规范）

《建筑物防雷设计规范》（GB 50057—2010）

《汽车库、修车库、停车场设计防火规范》（GB 50067—2014）（如无车库功能需要取消相应规范）

《人民防空工程设计防火规范》（GB 50098—2009）（如无人防需要取消相应规范）

《火灾自动报警系统设计规范》（GB 50116—2013）

《数据中心设计规范》（GB 50174—2017）

《公共建筑节能设计标准》（GB 50189—2015）

《民用闭路电视监控系统工程设计规范》（GB 50198—2011）

《有线电视网络工程设计标准》（GB/T 50200—2018）

《综合布线系统工程设计规范》（GB 50311—2016）

《智能建筑设计标准》（GB 50314—2015）

《建筑物电子信息系统防雷设计规范》（GB 50343—2012）

《安全防范工程技术规范》（GB 50348—2018）

《厅堂扩声系统设计规范》（GB 50371—2006）

《绿色建筑评价标准》（GB/T 50378—2019）（如有地方绿建设计和评价标准，需要补充相应的标准）

《入侵报警系统工程设计规范》（GB 50394—2007）

《视频安防监控系统工程设计规范》（GB 50395—2007）

《出入口控制系统工程设计规范》（GB 50396—2007）

《视频显示系统工程设计规范》（GB 50464—2008）

《公共广播系统工程技术标准》（GB/T 50526—2021）

《红外线同声传译系统工程技术规范》（GB 50524—2010）

《会议电视会场系统工程设计规范》（GB 50635—2010）

《民用建筑电气设计标准》（GB 51348—2019）

《建筑节能与可再生能源利用通用规范》（GB 55015—2021）

《建筑环境通用规范》（GB 55016—2021）

《建筑与市政工程无障碍通用规范》（GB 55019—2021）

《建筑给水排水与节水通用规范》（GB 55020—2021）

《建筑电气与智能化通用规范》（GB 55024—2022）

《安全防范工程通用规范》（GB 55029—2022）

《消防设施通用规范》（GB 55036—2022）

《建筑防火通用规范》（GB 55037—2022）

《办公建筑设计规范》（JGJ/T 67—2019）根据建筑的类型补充相应的建筑设计规范和电气设计规范）

《车库建筑设计规范》（JGJ 100—2015）（如无车库功能需要取消相应规范）

《建筑设备监控系统工程技术规范》（JGJ/T 334—2014）

《平战结合人民防空工程设计规范》（DB 11/994—2013）（北京地标，如无人防需要取消相应规范）

《人民防空工程防化设计规范》（RFJ 013—2010）（如无人防需要取消相应规范）

《建筑工程设计文件编制深度规定（2016年版）》

其他有关现行国家标准、行业标准及地方标准

22.2 设计范围

22.2.1 本建筑弱电设计主要设计内容

（1）信息化应用系统：公共服务系统、智能卡应用系统、物业管理系统、信息设施运行管理系统、信息安全管理系统。

（2）智能化集成系统：智能化信息集成（平台）系统、集成信息应用系统。

（3）信息设施系统：信息接入系统、布线系统、移动通信室内信号覆盖系统、用户电话交换系统、无线对讲系统、信息网络系统（包括无线网络覆盖系统）、有线电视系统及卫星电视接收系统、公共广播系统、会议系统、信息导引及发布系统、时钟系统、电梯五方通话及监控系统、卫星通信系统（可选）。

（4）建筑设备管理系统：建筑设备监控系统、建筑能效监管系统。

（5）安全技术防范系统：入侵报警系统、视频安防监控系统、出入口控制系统、电子巡查系统、访客管理系统、停车库（场）管理系统、安全检查系统（可选）、防冲撞系统（可选）、车位引导及反向寻车系统（可选）、安全防范综合管理平台、应急响应系统。

（6）机房工程：信息接入机房，有线电视机房，信息网络机房，运营商机房，移动通信室内信号覆盖系统放大机房，消防、安防控制室，智能化设备间（弱电间）等。

22.2.2 各智能化机房的位置及相互关系

（1）公共建筑配套建设与通信规划相适宜的公共通信设施。

（2）附设在建筑内的消防控制室，设置在建筑内首层或地下一层，布置在靠外墙部位；不与电磁干扰较强及其他可能影响消防控制设备正常工作的房间相邻；疏散门直通安全出口。

（3）本项目在××××设置弱电进线间，市政线缆由××××引入本工程弱电进线间内。

（4）本工程在××××设置×个运营商机房（引入移动、联通、电信、铁通等运营

商并满足其接入需求），1 个移动通信室内信号覆盖系统放大机房及 1 个有线电视机房，上述机房均预留土建条件，由运营商及当地有线电视部门自行设计及建设。

（5）本工程在 ×××× 设置信息网络机房，为 ×××× 级数据机房。

（6）本工程各层按照防火分区及覆盖半径（75m）设置弱电间 / 井。

22.2.3　设计界面及与其他专业设计的分工

设计要求及与其他专业设计的分工详见 21.2.3。

22.2.4　智能化与其他专业设计的接口条件要求

智能化与其他专业设计的接口条件要求详见 21.2.4。

22.3　信息化应用系统

（1）公共服务系统。

1）公共服务系统具有访客接待管理和公共服务信息发布等功能，并具有将各类公共服务事务纳入规范运行程序的管理功能。

2）本系统包括门户网站、展览 App/ 公众号及各类公共服务信息应用集成。

（2）智能卡应用系统。

1）智能卡应用系统具有身份识别等功能，并具有消费、计费、考勤、停车、票务管理、资料借阅、物品寄存、会议签到等管理功能，具有适应不同安全等级的应用模式。通过该系统对持卡者实行身份识别、电子门禁、巡更和停车场等的综合管理。

2）本系统除采用门禁卡片之外，还可以采用指纹识别、掌纹识别、人脸识别、手指静脉识别等生物识别技术作为信息载体实现一卡通功能，以满足智能卡应用系统不同安全等级的应用需求。

（3）物业管理系统。

1）具有对建筑的物业经营、运行维护进行管理的功能。满足物业运维管理需求，包括房产管理、客户管理、收费管理、保洁管理、租赁管理、车辆管理、仓库管理、会议管理、停车场管理、设备设施运行管理、综合信息服务、客户投诉查询、安防、消防、绿化等。

2）物业管理系统预留与设备管理系统、车辆管理系统、安全防范系统、消防系统等的接口。

（4）信息设施运行管理系统。对建筑物信息设施的运行状态、资源配置、技术性能等进行监测、技术、处理和维护。

（5）信息安全管理系统。

1）符合国家现行有关信息安全等级保护标准的规定。

2）通过采用防火墙、加密技术、安全隔离及病毒防治等各种技术和管理措施，确保通过网络传输和交换的数据不会发生增加、修改、丢失和泄露。对机房数据（包括互联网出入口信息、IP 段信息）、用户数据（包括应用服务信息、占用机房信息、导入导出）、基础数据监测（发现未报备 IP 及 IP 异常）、信息安全管理等上行流量数据进行监测，形成访问日志、违法违规网站、违法信息监测发现功能、违法信息过滤处置功能等。

（6）除智能卡应用系统外，其他系统均为应用软件系统，应由业主根据实际使用情况，另行委托专业 IT 公司进行定制设计。

22.4　智能化集成系统

（1）智能化集成系统为建筑智能化系统工程展现智能化信息合成应用和具有优化综合功效的支撑设施。以绿色建筑目标及建筑物自身使用功能为依据，满足建筑业务需求与实现智能化综合服务平台应用功效，确保信息资源共享和优化管理及实施综合管理功能。满足建筑的业务功能、物业运营及管理模式的应用需求，支持对智能化相关信息采集、数据通信、分析处理，实现对智能化实时信息及历史数据分析、可视化展现、满足远程及移动应用的扩展需要。系统采用智能化信息资源共享和协同运行的架构形式，采用国际通用的接口、协议，具有标准化通信方式和信息交互的支持能力，实现实用、规范和高效的监管功能，并适应信息化综合应用功能的延伸及增强，具有安全性、可用性、可维护性和可扩展性。

（2）智能化集成系统包括智能化信息集成（平台）系统与集成信息应用系统。智能化信息集成（平台）系统包括操作系统、数据库、集成系统平台应用程序、各纳入集成管理的智能化设施系统与集成互为关联的各类信息通信接口等；集成信息应用系统由通用业务基础功能模块和专业业务运营功能模块等组成。该系统具有虚拟化、分布式应用、统一安全管理等整体平台的支撑能力，并顺应物联网、云计算、大数据、智慧城市等信息交互多元化和新应用的发展，是对智能化各子系统信息进行综合管理，为各个子系统提供通用接口及通信协议，超前设计预留，分步实施。

（3）将日常运行的各种信息，如 BAS、安全防范系统、火灾自动报警系统、公共广播系统、通信系统，以及各种日常办公管理信息、物业管理信息等构成相关联的一个整体，可采用 3D 可视化技术 / 轻量化 BIM 模型，对智能化各子系统实时信息及历史数据进行采集、分析处理及可视化展现，实现数字孪生，从而有效提升建筑整体的运作水平和效率。

（4）智能化集成系统具有照明控制、安全报警、环境监测、建筑设备控制、工作生活服务等至少 3 种类型的服务功能，具有远程监控的功能。并具有通过以太网物理接口（光纤），采用 TCP/IP 通信协议接入智慧城市（城区、社区）的功能。

22.5　信息设施系统

22.5.1　信息接入系统

（1）在 ××× 设置信息接入系统设施机房，将通信网、有线电视网等建筑物内所需的公共信息及专用信息接入。

（2）本项目在 ××× 设置弱电进线间，市政线缆由 ×××（最好为 2 个方向）引入本工程弱电进线间内，再由此引至电信、联通、移动、有线电视（可选）等运营商机房。以满足在公用电信网络已实现光纤传输的地区，信息设施工程必须采用光纤到户或光纤到用户单元的方式建设；光纤到用户单元通信设施工程的设计必须满足多家电信业务经营者平等接入、用户单元内的通信业务使用者可自由选择电信业务经营者的要求。

（3）新建光纤到用户单元通信设施工程的地下通信管道、配线管网、电信间、设备间等通信设施，必须与建筑工程同步建设。

（4）当弱电电缆从建筑物外面进入建筑物弱电进线间时，应选用适配的信号线路浪涌保护器。

22.5.2 布线系统

（1）布线系统满足建筑物内语音、数据、图像和多媒体等信息传输的需求，根据建筑物的性质、功能、环境条件和近、远期用户需求进行设计，考虑施工和维护方便，进行系统布局、设备配置和缆线设计，确保综合布线系统工程的质量和安全，做到技术先进、经济合理。

（2）根据缆线敷设方式和安全保密的要求，选择满足相应安全等级的信息缆线；根据缆线敷设方式和防火的要求，选择相应阻燃及耐火等级的缆线；配置相应的信息安全管理保障技术措施。

（3）综合布线系统：综合布线系统采用开放式星形拓扑结构，由建筑群子系统、干线子系统、配线子系统、工作区、设备间、进线间及管理子系统组成。本系统仅考虑布线不涉及网络设备。

1）建筑群子系统。建筑群子系统由连接多个建筑物之间的主干电缆和光缆、建筑群配线设备（CD）、设备缆线和跳线等组成。建筑群和建筑物间的干线电缆、光缆布线的交接不多于两次，从楼层配线设备（FD）到建筑群配线设备（CD）之间只应通过一个建筑物配线设备（BD）。

建筑群子系统的数据主干线缆采用 × 根 ×× 芯 ××× 单模光纤，光纤端接采用尾纤熔接方式，端口统一采用 LC 接口 /SC 接口；如采用传统语音系统，语音主干采用 3 类或 5 类大对数对绞电缆。

2）干线系统。干线子系统由设备间至电信间的主干缆线、安装在设备间的建筑物配线设备（BD）及设备缆线和跳线组成。

干线子系统采用 × 根 ×× 芯 ××× 单模光纤作为网络系统干线；如采用传统语音系统，语音系统干线采用 ××× 芯 ×× 类大对数电缆。线缆均需符合 NEC/CEC 标准低烟无卤阻燃标准。

3）配线子系统。配线子系统由工作区的信息插座模块、信息插座模块到电信间配线设备（FD）的水平线缆、电信间的配线设备和设备线缆及跳线等组成。

配线子系统采用星形拓扑结构，水平电缆采用 ×× 类 4 对 UTP 铜缆，最大水平距离为 90m（指从管理间子系统中的配线架端口至工作区的信息插座的电缆长度），工作区的跳线、连接设备的跳线、交叉连接线的总长度不超过 10m。系统支持千兆到桌面，同时支持光纤到桌面、光纤到户的应用；数据及语音信息点根据不同需求采用 ×× 类屏蔽 / 非屏蔽端接模块。

公共区走道至弱电间部分通过槽盒保护进行水平线缆的敷设，由槽盒至智能化末端点位采用 JDG/SC 管敷设。

×× 网、×× 专网、×× 网共用一槽盒（弱电桥架），运营商桥架敷设移动通信室内信号覆盖系统及无线对讲系统线缆，UPS 桥架敷设 UPS 线缆。

4）工作区。工作区子系统主要为信息网络系统、电话交换系统、有线电视等系统提供面板、模块和成品跳线等。所有铜缆信息端口和所有语音端口均采用 × 类 RJ45 接头，连线采用 ×× 类 4 对 UTP 铜缆。线缆敷设到位后，单根裸线须进行半成品保护并标记区分，直至其他智能化系统的相关设备安装入场方可使用。面板、模块和跳线数量根据弱电专业施工图中的点位数量满额配置。

一个独立的需要设置终端设备（TE）的区域划分为一个工作区，面积划分见表 13.2-1。

在信息插座附近设置单相三孔电源插座，电源插座与信息插座相距 300mm，墙面信息插座安装高度距地面 300mm。

5）设备间及电信间。设备间（一般为汇聚机房）为在每栋建筑物的适当地点进行配线管理、网络管理和信息交换的场地。综合布线系统设备间安装建筑物配线设备、建筑群配线设备、以太网交换机、电话交换机、计算机网络设备。入口设施安装在设备间。使用面积不小于 10m²，设备间的宽度不小于 2.5m。设备间根据布线系统设备数量配置相应的 19 英寸标准机柜，用于放置配线架及网络设备，内设 PDU 电源，采用 UPS 供电。

电信间的使用面积不小于 5m²，电信间的数量按所服务楼层范围及工作区面积来确定。当该层信息点数量不大于 400 个、末端至电信间的最长水平电缆长度小于或等于 90m 时，设置 1 个电信间；最长水平线缆长度大于 90m 时，设 2 个或多个电信间；每层的信息点数量较少，最长水平线缆长度不大于 90m 的情况下，几个楼层合设一个电信间。

设备间子系统为信息网络、智能化设备的管理间，放置数据配线架、光纤配线架、跳线及相关网络设备等，所有线路采用星形结构链接至信息网络机房。连接至各信息点位的六类非屏蔽网线与六类非屏蔽 RJ45 配线架端接，通过网络跳线与交换机跳接；主干光纤与光纤尾纤进行熔接通过耦合器与光纤配线架端接，由光纤跳线与交换机光口跳接。

6）进线间。建筑群主干电缆和光缆，公用网和专用网电缆、光缆等室外线缆进入建筑物时，在进线间由器件成端转换成室内电缆、光缆。

进线间满足室外引入线缆的敷设与成端位置及数量、线缆的盘长空间和线缆的弯曲半径等要求，并提供不少于 3 家电信业务经营者安装入口设施使用的空间与面积，不小于 10m²。

在进线间线路入口处的管孔数量满足建筑物之间、外部接入各类通信业务、多家电信业务经营者线缆接入的需求，并留有不少于 4 孔的余量。

7）管理子系统。管理对工作区、电信间、设备间、进线间、布线路径环境中的配线设备、缆线、信息插座模块等设施按一定的模式进行标识、记录和管理。

22.5.3　移动通信室内信号覆盖系统

（1）室内需屏蔽移动通信信号的局部区域，考虑配置室内屏蔽系统，如会议室区域。

（2）其余见 21.5.3 的（1）～（3）。

22.5.4　用户电话交换系统

（1）根据建筑物的业务性质、使用功能、安全条件，满足建筑内语音、传真、数据等通信需求。

（2）系统的容量、出入中继线数量及中继方式等按使用需求和话务量确定，并留有裕量。

（3）采用基于数字的程控交换机系统，末端电话使用 IP 话机（IP 话机采用就地供电方式）。PABX 程控交换机主机设置在信息网络机房，引入数字中继接入 PABX，数量由末端使用量决定，内外线比为 8∶1。

（4）电话点位的设置原则：办公室设置双口信息插座（数据＋语音），按双口插座 5～10m² 预留。门厅、休息区等设置双口信息插座（数据＋语音）。

（5）公共场所中的网络通信设备部件应符合下列规定：

1）每 1 组公用电话中，至少设 1 部低位电话，听筒线长度不应小于 600mm；至少设 1

部电话具备免提对话、音量放大和助听耦合的功能。

2）每 1 组个人自助终端中，至少提供 1 部低位个人自助终端，至少设 1 部具备视觉和听觉两种信息传递方式的个人自助终端。

22.5.5 无线对讲系统

（1）数字无线对讲系统采用 1 台或多台固定数字中继台及室内天馈线分布系统进行通信组网，或可采用多个手持台（数字手持对讲机）进行单频通信组网；固定数字中继台及室内天馈线分布系统可由固定数字中继信道主机、合路器、分路器、宽带双工器、干线放大器、功率分配器、耦合分支器、射频同轴电缆或光缆、近端光信号发射器/远端光接收射频放大器、室内或室外天线、数字对讲机等组成。

（2）建筑物内采用金属吊顶时，将天线安装在天花板的外侧，避免金属材质对电磁波的屏蔽；对于使用非金属材料吊顶，天线可隐蔽安装在天花板内。系统采用室内吸顶天线和泄漏同轴电缆组成室内无源分布网络实现信号的覆盖。

（3）其余详见 21.5.4（1）～（3）。

22.5.6 信息网络系统

（1）信息网络系统满足建筑使用功能、业务需求及信息传输的要求，并配置信息安全保障设备及网络安全管理系统；建筑物的信息网络系统与建筑物外部的相关信息网互联时，设置有效抵御干扰和入侵的网络防火墙和防病毒软件等安全措施，且始终保持运行状态。

（2）根据建筑的运营模式、业务性质、应用功能、环境安全条件及使用需求进行系统组网的架构，本工程将建设以下几个物理网络：<u>办公内网、办公外网、智能化专网（按照业主需求确定各个子网之间是否需要物理隔离还是划分 VLAN）</u>。

（3）根据本项目特点及规模，各个子网系统均采用两层/三层网络架构，即<u>核心层（Core Layer）、汇聚层（convergence Layer）和接入层（Access Layer）</u>。通过分层部署使网络具有很好的扩展性（无需干扰其他区域就能根据需要增加容量），提升网络的可用性（隔离故障域降低故障对网络的影响），简化网络的管理。所有网络设备均支持全面的 IPv6 协议。

（4）无线网络覆盖系统作为一种灵活的数据通信系统，成为有线局域网有效的延伸和补充。无线网络通过 IEEE 802.11 a/b/g/n 无线标准协议编译，支持 2.4G 和 5.8G 双频，提供 54Mbit/s 的调制供 802.11 a/b/g 协议应用，以及 300Mbit/s 的调制供 802.11 n 协议应用，并支持 802.11ac 协议允许多站式 WLAN 带宽至少 1G/s。满足随时随地上网需求的同时，实现无限多媒体应用及用于连接无线访问节点到网络。无线网络提供无缝漫游，确保最低用户互动的持续连接。无缝漫游包括用户从各个访问节点之间转移时依然能保持网络连接的能力。

（5）办公网络包括有线与无线两个部分，承载物业办公用房的网络和语音及地上和地下公区 AP。同一弱电间内的接入交换机做环形堆叠设计。POE 交换机负责一层或多层的无线 AP 连接与供电。为保证带宽，每组堆叠后的<u>接入交换机通过 4 条 10G 光纤链路与本楼 2 台汇聚/核心交换机连接。汇聚机房内 2 台汇聚层交换机）做堆叠设计，采用 2 条 10G 光纤链路引至地下一层网络机房 2 台核心交换机。办公网核心交换机位于××层网络机房，2 台设备做堆叠设计。办公网通过防火墙及路由器与 Internet/外网相连接</u>。

（6）智能化专网用于视频监控系统、出入口控制系统、信息发布引导、BAS、建筑能效监管系统等。有线接入交换机部署在楼层中的弱电间中。同一弱电间内的接入交换机做链形堆叠设计。其中 POE 接入交换机为接入摄像头使用。为保证带宽，每组堆叠后的接入交换机通过 2 条 1G 光纤链路与本楼 2 台汇聚 / 核心交换机连接。汇聚机房 2 台汇聚聚层交换机（如有）做堆叠设计，上行采用 2 条 10G 光纤链路上行到网络机房 2 台核心交换机。智能化专用设备网的核心交换机位于 ×× 层网络机房，2 台设备做堆叠设计。智能化专用设备网的网络管理设备部署在 ×× 层网络机房中，负责智能化专用设备网内的网络管理。智能化专网通过防火墙与办公网联通，在核心交换机前端需部署 2 台防火墙作为边界安全设备。

22.5.7　有线电视系统

（1）本工程有线电视系统信号源为 ××× 有线电视信号、自办节目及卫星电视。由市政有线电视网引有线电视信号源光纤至本项目有线电视机房，系统提供双向数字电视有线信号；在屋顶设置卫星电视接收机房和卫星接收天线。自设前端的用户设置节目源监控设施。

（2）用户分配网络采用分配—分支或分配—分配方式，有线电视系统终端输出电平应满足用户接收设备对输入电平的要求，输出端不用时需接上 75Ω 匹配负载。在配线间或竖井内设置分配器箱及电视放大器箱，放大器供电由配线间或弱电竖井内专用电源插座供电。

（3）电视系统可考虑采用 IPTV 系统。系统传输采用综合布线系统通道，将 IPTV 系统网设置到智能化设备子网中，并做 Vlan 划分，各级网络交换机应支持组播功能。

22.5.8　公共广播系统

（1）广播机房与消防控制室合用，公共广播与消防应急广播共用一套音响设备，火灾时消防广播具有最高优先级；也可与消防应急广播系统分开独立设置（该种设置情况火灾时，公共广播系统强切），采用 IP 广播系统，系统采用网络架构，由广播主机、控制部分、节目源部分、传输分配部分等组成。

（2）当公共广播独立设置时，系统具有实时发布语音广播功能。当公共广播系统具有多种语音广播用途（如业务广播、背景音乐、应急广播等）时，应有一个广播传声器（紧急广播）处于最高广播优先级。当发生地震时，广播系统转入地震广播模式。

（3）紧急广播具有最高级别优先权，紧急广播系统备用电源连续供电时间与消防疏散指示标识照明备用电源的连续供电时间一致，且以现场环境噪声为基准，紧急广播的信噪比等于或大于 12dB。

（4）公共广播系统在手动或警报信号触发的 10s 内，向相关广播区播放警示信号（含警笛）、警报语音或实时指挥语音。

（5）火灾隐患地区使用的紧急广播传输线路及其线槽（或线管）采用阻燃材料。

（6）当室外公共区域设置背景音乐广播系统时，室外背景音乐广播线路的敷设采用铠装电缆直接埋地、地下排管等敷设方式。具有室外传输线路（除光缆外）的公共广播系统设有防雷设施。公共广播系统的防雷和接地符合现行 GB 50343—2012 的有关规定。

（7）公共广播系统扬声器的设置原则：办公楼大堂采用功率 6W 壁装扬声器在相应位置（接待台或弱电间内）设置就地音量控制器；其余区域均采用功率为 3W 的吸顶式扬声器；地下车库区域、大型机房、电梯轿厢不设置扬声器。

22.5.9　会议系统

（1）会议系统按使用和管理等需求对会议场所进行分类，并分别按会议（报告）厅、多功能会议室和普通会议室等类别组合配置相应的功能。<u>会议系统的功能包括音频扩声、图像信息显示、多媒体信号处理、会议讨论、会议信息录播、会议设施集中控制、会议信息发布等。采用分布式会议系统架构。</u>

（2）具有远程视频信息交互功能需求的会议场所，应配置视频会议系统终端（含内置多点控制单元）。

（3）在<u>报告厅</u>设厅堂扩声系统。厅堂扩声系统对服务区以外人员活动区域不应造成环境噪声污染，其扬声器系统，必须有可靠的安全保障措施，不应产生机械噪声。大型扬声器系统单独固定，并避免扬声器系统同工作时引起墙面和吊顶产生共振。扬声器系统承重结构改动或荷载增加时，必须由原结构设计单位或具备相应资质的设计单位核查有关原始资料，并对既有建筑结构的安全性进行核验、确认。

（4）会议电视会场的各种吊装设备和吊装件必须有可靠的安全保障措施。

（5）会议系统和会议同声传译系统具备与火灾自动报警系统联动功能。

22.5.10　信息导引及发布系统

（1）系统具有公共业务信息的接入、采集、分类和汇总的数据资源库，并在建筑公共区域向公众提供信息告示、标识导引及信息查询等多媒体信息发布功能。

（2）系统由播控中心单元、数据资源库单元、传输单元、播放单元、显示查询单元等组成，并根据应用需要进行设备的配置及组合；支持多通道显示、多画面显示、多列表播放和支持多种格式的图像、视频、文件显示，支持同时控制多台显示端设备。

（3）根据建筑物的管理需要，布置信息发布显示屏或信息导引标识屏、信息查询终端等，并根据公共区域空间环境条件，选择信息显示屏和信息查询终端的技术规格、几何形态及安装方式等。

22.5.11　时钟系统

（1）在<u>教学楼</u>设置时钟系统。时钟系统由母钟、子钟、标准时间信号接收、信号传输、接口、监控管理等单元组成，具有高精度标准校时功能，具备与当地标准时钟同步校准的功能，并具有故障告警等管理功能。

（2）时钟系统接收北斗卫星时钟信号或 GPS 时钟信号，并转换为北京时间作为校时基准，并可同时接收 BPM 短波授时台的校时信号，以北京时间为基准自动校时。

（3）母钟单元采用主机、备机的配置方式，主机、备机之间能实现自动或手动切换；当时钟系统规模较大或线路传输距离较远时，设置二级母钟；二级母钟接收中心母钟发出的标准时间信号，随时与中心母钟保持同步。

（4）用于统一建筑公共环境时间的时钟系统，采用母钟、子钟的组网方式，且系统母钟具有多形式系统对时的接口选择。

22.5.12　电梯五方通话及监控系统

（1）轿厢操作盘上装设的对讲机，实现与控制室中心、电梯轿厢、电梯机房、电梯轿厢顶、电梯底坑五方通话。

（2）在电梯轿厢内装设电梯专用摄像机，从轿厢至机房引一条视频电缆用于视频输入、输出设备。电梯监控系统使用户在控制室内对电梯进行远距离实时监控，并记录电梯运行中所出现的各种状况，提高电梯的管理效率。

（3）五方对讲主机设置于消防安防控制室，由电梯厂家提供配套设备并安装调试。设计院根据厂家提出的线缆要求，在电梯机房和消防控制室之间设计管路和线缆，具体线型及敷设方式需与电梯公司沟通确认。

22.5.13　卫星通信系统

（1）卫星通信系统为预留空间与条件，业主向卫星通讯公司提出申请，安装远端站设备，租用卫星信道进行通信。

（2）VSAT 卫星通信系统由通信卫星、地面枢纽中心站（主站）、终端站和系统网管设施组成。系统网络的控制、监测、卫星通信的信道分配和通信链路的建立由地面枢纽中心站完成。

（3）在楼顶层适当位置设置 VSAT 设备机房及 VSAT 天线安装空间，按中转站设计预留天线安装基础，可安装 3.5m 天线，预埋从天线至机房的线管。天线指向卫星方向上不能有任何障碍物，并有一个开阔的视野，对应的方向应避开电磁波干扰源。

22.6　建筑设备管理系统

22.6.1　建筑设备管理系统

建筑设备管理系统功能详见 21.6.1。

22.6.2　建筑设备监控系统（BAS）

（1）本工程设置 BAS。

（2）BAS 监控的设备范围包括冷热源、供暖通风和空气调节、给水排水、供配电、照明、电梯和自动扶梯等，并包括以自成控制体系方式纳入管理的专项设备监控系统等；采集的信息包括温度、湿度、流量、压力、压差、液位、照度、气体浓度、电量、冷热量等建筑设备运行基础状态信息。

（3）系统采用三层结构，由管理、控制、现场三个网络层构成。管理网络层由安装在计算机上的操作站和服务器、本层网络、网络设备及系统辅助设施组成，本层网络采用以太网组网及 TCP/IP 通信协议；控制网络层的设备控制器采用直接数字控制器（DDC）、可编程逻辑控制器（PLC）或兼有 DDC、PLC 特性的混合型控制器（HC），本层网络采用以太组网及 BACnet 或 Lonworks 协议；现场设备层由本层网络及其所连接的末端设备控制器、分布式智能 I/O 模块和传感器、电量变送器、照度变送器、执行器、阀门、风阀、变频器等智能现场仪表组成，采用现场总线。

（4）管理工作站设置在 ×××。系统供电要求：工作站设有 UPS 不间断供电单元，DDC 就地取电并备有电池作内存后备供电。

（5）设置原则：

1）冷热源站、锅炉房、生活水泵房等区域设备采用群控系统，接口采用 OPC、ModBus、BACnet 协议方式。

2）设有建筑设备管理系统的地下机动车库设置与排风设备联动的一氧化碳浓度检测装置。

3）生活给水水池（箱）设置水位控制和溢流报警装置。

4）臭氧发生器间、次氯酸钠发生器和盐氯发生器间，设置检测臭氧、氯泄漏的安全报警装置及尾气处理装置。

5）当通风空调系统采用电加热器时，建筑设备管理系统具有电加热与送风机连锁、电加热器无风断电、超温断电保护及报警装置的监控功能，并具有对相应风机系统延时运行后再停机的监控功能。

6）供暖空调系统设置自动室温调控装置。水泵、风机及电热设备采取节能自动控制措施。

7）电梯具备节能运行功能。两台及以上电梯集中排列时，设置群控措施。电梯具备无外部召唤且轿厢内一段时间无预置指令时，自动转为节能运行模式的功能。自动扶梯、自动人行步道具备空载时暂停或低速运转的功能。

8）锅炉房和换热机房设置供热量自动控制装置，大型公共建筑空调系统设置新风量按需求调节的措施。

9）建筑的走廊、楼梯间、门厅、电梯厅及停车库照明，根据照明需求进行节能控制；大型公共建筑的公用照明区域采取分区、分组及调节照度的节能控制措施。有天然采光的场所，其照明根据采光状况和建筑使用条件采取分区、分组，按照度或按时段调节的节能控制措施。建筑景观照明设置平时、一般节日及重大节日多种控制模式。

10）太阳能系统应对下列参数进行监测和计量：

a．太阳能热利用系统的辅助热源供热量、集热系统进出口水温、集热系统循环水流量、太阳总辐照量，以及按使用功能分类的下列参数：太阳能热水系统的供热水温度、供热水量；太阳能供暖空调系统的供热量及供冷量、室外温度、代表性房间室内温度。

b．太阳能光伏发电系统的发电量、光伏组件背板表面温度、室外温度、太阳总辐照量。

11）地源热泵系统监测与控制工程对代表性房间室内温度、系统地源侧与用户侧进出水温度和流量、热泵系统耗电量、地下环境参数进行监测。

a．设置 PM10、PM2.5、CO_2 浓度及室内干球温度、湿度、气流速度和辐射温度的空气质量监测系统，具有存储至少一年的监测数据和实时显示等功能。

b．办公、商业建筑主要功能房间设置监测系统对 PM10、PM2.5、CO_2 进行连续测量、显示、记录和数据传输，在建筑使用期间，读数时间间隔不长于 10min。

c．公共建筑人员长期停留空间至少设 PM10、PM2.5 检测，人员密集且流动大的场所至少设 CO_2 检测。

d．当监测空气质量偏离理想阈值时系统设有警示功能，不联动新风机组也可满足要求。

e．智能系统具有设备控制、照明控制、设施控制、安全报警、环境监测、暖通控制、可编程定时控制等至少 3 种类型的服务功能，同时对应服务功能具备系统具备远程监控的功能类型达到 3 种。

22.6.3　建筑能效监管系统

（1）能耗管理监控中心设置在地下一层消防安防控制室。能效监管系统由数据采集系统、数据传输网络系统、后台分析系统软件系统三大部分组成。该系统由数据采集层、数据处理层、数据存储服务层以及应用会话系统组成，采用 B/S 架构。

（2）建筑能效监管系统能耗监测的范围包括冷热源、供暖通风和空气调节、给水排水、供配电、照明、电梯等建筑设备，且计量数据应准确，符合国家现行有关标准的规定，并以建筑能效监管系统为基础，确保在建筑全生命期内对建筑设备运行具有辅助支撑的功能。

（3）能耗计量的分项及类别包括电量、水量、燃气量、集中供热耗热量、集中供冷耗冷量等使用状态信息。

1）锅炉房、换热机房和制冷机房计量设备耗电量和水的消耗量；锅炉房、换热机房和制冷机房对制冷机（热泵）耗电量及制冷（热泵）系统总耗电量进行计量；热源和热力站按计量燃料消耗量、补水量和耗电、循环水泵耗电量单独计量，设置能量计量装置。

2）甲类公共建筑按功能区域设置电能计量；甲类和乙类公共建筑的低压配电系统，实施分项计量。

（4）建筑能效监管系统的设置不应影响用能系统与设备的功能，不应降低用能系统与设备的技术指标。

（5）建筑能源系统按分类、分区、分项计量数据进行管理；可再生能源系统进行单独统计。建筑能耗以一个完整的日历年统计。能耗数据纳入能耗监督管理系统平台管理。对于 20000m² 及以上的大型公共建筑，建立实际运行能耗比对制度，并依据比对结果采取相应改进措施。

（6）根据建筑物业管理的要求及基于对建筑设备运行能耗信息化监管的需求，对建筑的用能环节进行相应适度调控及供能配置适时调整，并通过对纳入能效监管系统的分项计量及监测数据统计分析和处理，提升建筑设备协调运行和优化建筑综合性能。

（7）电量、水量、集中供热耗热量、集中供冷耗冷量表计设置由电气、给排水及暖通专业提资。

（8）本次系统设计仅包含能效监管系统平台及数据采集部分，计量表具由水、暖、电等相关专业提供并实施，表具安装数量及计量功能分区以相关专业为准。本系统负责系统数据的采集，要求相关专业提供的表具接口需满足本系统的接入需求并提供标准 Modbus 协议

22.6.4 智能照明系统

智能照明系统见第 8 章。

22.6.5 水质监测系统（可选）

水质在线监测系统是一套以在线自动分析仪器为核心，运用现代传感技术、自动测量技术、自动控制技术、计算机应用技术，以及相关的专用分析软件和通信网络组成的一个综合性的在线自动监测体系，可尽早发现水质的异常变化，防止水质污染迅速做出预警预报，及时追踪污染源，从而为管理决策服务。

设置水质在线监测系统，监测生活饮用水、再生水、空调冷却水的水质指标，记录并保存水质监测结果，随时供用户查询。水质监测的关键性位置和代表性测点包括水源、水处理设施出水和最不利用水点。

22.6.6 充电桩管理系统（可选）

本项目新能源车位设置充电桩管理系统。充电桩为要求为 2 级或更高等级的充电能力，充电桩应可联网，进行分时计价和具有能够参与需求响应计划的功能。

22.7 安全防范系统

本工程为××建筑，根据其安全管理要求、系统规模等因素，按照一～三级风险（适用于文物保护单位和博物馆、银行营业场所、民用机场、铁路车站和重要物资储存库五类特殊对象）/基本型、提高型、先进型［适用于新建、扩建和改建的通用型公共建筑安防工程，包括办公楼建筑、宾馆建筑、商业建筑（商场、超市）、文化建筑（文体、娱乐）等］等级进行设防。高风险保护对象的安全防范系统采用专用传输网络。

按照安全可控、开放共享的原则，确定安全防范系统的子系统组成、集成 / 联网方式、传输网络、系统管理、存储模式、系统规定、接口协议等。

本工程安全防范系统包括视频安防监控系统、入侵报警系统、出入口控制系统、电子巡查系统、安全检查系统（可选）、防冲撞系统（可选）、访客管理系统；停车库（场）管理系统、防冲撞系统（可选）、车位引导及反向寻车系统（可选）。

建筑物首层设置安防控制室，与消防控制室合用，内设安防电视墙、彩色监视器及操作设备等。安防控制室要求详见 21.7.2（6）。

22.7.1　视频安防监控系统

（1）本系统应具备的功能详见 21.7.3（1）。

（2）视频安防监控系统设计应符合的规定详见 21.7.3（2）。

（3）前端系统详见 21.7.3（3）。

（4）传输系统详见 21.7.3（4）。

（5）终端系统：

1）包括视频处理显示记录设备和视频信号切换设备，包括安防服务器及工作站、网络存储磁盘阵列、流媒体服务器、数据网络交换设备、编解码设备、彩色监视器等设备。

2）矩阵切换和数字视频网络虚拟交换切换模式的系统具有系统信息存储功能，在供电中断或关机后，对所有编程信息和时间信息均应保持。

3）监视图像信息和声音信息具有原始完整性。系统记录的图像信息包含图像编号 / 地址、记录时的时间和日期。

4）视频显示系统的设备、部件和材料选择应满足防潮、防火、防雷等要求。监控（分）中心的显示设备分辨率必须不低于系统对采集规定的分辨率。处于游泳馆、沿海地区等腐蚀性环境的 LED 视频显示屏采取防腐蚀措施。

5）视频安防监控系统具有与入侵报警系统和出入口控制系统联动的功能，作为报警的图像复核，能够对所有图像进行监视和存储。存储服务器的硬盘存储其所管理的摄像机 30 天的图像数据，存储计算按以下方式计算：1080P 码流按 6Mbit/s 计算，1 台摄像机 30 天的数据量为 $6 \div 8 \times 30 \times 24 \times 3600 \div 1024 = 1898.4$（GB）$\approx 1.85$TB。

6）视频存储设备设置在网络机房 / 消防安防控制室。

22.7.2　入侵报警系统

（1）入侵报警系统具备对攀爬、翻越、穿越、隐蔽进入、强行闯入及撬、挖、凿等入侵行为的探测和报警功能，并符合下列规定：

1）能准确、及时地探测入侵行为或紧急报警装置触发状态，并发出入侵报警信号或紧急报警信号；

2）入侵探测器和控制指示设备具有防拆报警功能；

3）当报警信号传输线缆断路或短路、探测器电源被切断时，控制指示设备能发出报警信号；

4）具有参数设置和用户权限设置功能；

5）具有设防、撤防、旁路胁迫报警等功能；

6）能对入侵、紧急、防拆、故障等报警信号准确指示；

7）能对操作、报警和警情处理等时间进行记录且不更改；

8）单控制器系统报警响应时间不超过 2s；

9）备用电源保证系统正常工作时间不少于 8h。

（2）入侵报警主机位于消防安防控制室。能按时间、区域、部位，对全部或部分探测防区（回路）的瞬时防区、24h 防区、延时防区、设防、撤防、旁路、传输、告警、胁迫报警等功能进行设置。对系统用户权限进行设置。当报警信号传输线被断路/短路、探测器电源线被切断、系统设备出现故障时，控制指示设备发出声、光报警信号。

（3）入侵报警系统由报警探测器、报警模块、传输系统、报警主机等组成，当探测器检测到防范现场有入侵者时，产生报警信号并传输到报警主机。系统采用总线传输方式。本系统软件结合保安监控主系统，以动态图像显示各报警点位置及各层平面图，接收警报后，迅速显示所在位置，并立即打印报告及数据库存档。为达至保安自动化，本系统与视频安防监控系统供联动。

（4）入侵报警系统设置原则（根据项目情况设置）。

1）采用被动红外/微波双鉴探测器、手动报警按钮，主要出入口、重要通道（包括通往顶层屋面的通道）、重要物品库房、重要设备用房、生活饮用水水箱间、给水泵房及一些重要房间（如财务室、网络机房）等重要场所设置双鉴探测器；首层大堂、服务台、消控保安控制室、财务室、集中收款处等处还设置紧急按钮装置、脚踢紧急报警按钮。

2）在残疾人卫生间内设置手动报警按钮，在残疾人卫生间门外侧上方设置声光报警装置，并在消防安保控制室内设置声光警报装置，手动报警按钮安装高度距地 0.5m，声光报警器安装在门上方 0.1m 处。

3）在重要房间如财务室等设置报警小键盘，可单独对房间在无人和有人的情况下进行布撤防。

4）具有内部使用空间的无障碍服务设施，设置易于识别和使用的救助呼叫装置。无障碍客房和无障碍住房、居室主要人员活动空间，设置救助呼叫装置。无障碍住房的门禁和无障碍客房的门铃同时满足听觉障碍者、视觉障碍者和语言障碍者使用。无障碍服务设施内供使用者操控的智能化调控面板应易于识别，距地面高度为 0.85～1.10m。

（5）入侵报警系统要求双路供电，中心采用 UPS 作为备用电源，末端就近由弱电井的安防电源箱供给。

22.7.3　出入口控制系统

（1）出入口控制系统设计根据通行对象进出各受控区的安全管理要求，选择适当类型的识读、控制与执行设备，具备凭证识别查验、进出授权、控制与管理等功能，满足下列要求：

1）安装于受控区以外的部件采取防拆保护措施；

2）疏散通道的出入口控制点满足紧急情况下人员不经凭证识读操作即可通行的要求；

3）断电开启的出入口控制点配置备用电源，确保正常工作时间不少于 48h；

4）执行装置的连接线缆位于该出入口的受控区以外的部分封闭保护。

（2）根据不同的通行对象进出各受控区的安全管理要求，在出入口处对其所持有的凭证进行识别查验，对其进出实施授权、实时控制与管理，满足实际应用需求。

（3）出入口控制系统设计内容包括：与各出入口防护能力相适应的系统和设备的安全等级、受控区的划分、目标的识别方式、出入控制方式、出入授权、出入口状态监测、登录信息安全、自我保护措施、现场指示/通告、信息记录、人员应急疏散、独立运行、一卡通用等。

（4）根据对保护对象的防护能力差异化的要求，确定相应的系统和设备的安全等级。设备/部件的安全等级应与出入口控制点的防护能力相适应。共享设备/部件的安全等级不应低于与之相关联设备/部件的最高安全等级。根据安全等级的要求，采用相应自我保护措施和配置。位于对应受控区、同权限受控区或高权限受控区域以外的部件具有防篡改/防撬/防拆保护措施。

（5）系统能接收消防联动控制信号，具有解除门禁控制的功能。系统允许由其他紧急系统（如火灾等）授权自由出入，满足紧急逃生时人员疏散的相关要求。当通向疏散通道方向为防护面时，系统必须与火灾报警系统及其他紧急疏散系统联动，当发生火警或需紧急疏散时，人员能不用进行凭证识读操作即可安全通过。

（6）出入口控制系统由前端识读装置与执行机构、传输单元、处理与控制设备，以及相应的系统软件组成，具有放行、拒绝、记录、报警基本功能。通过一卡通系统，实现停车、进门、梯控、POS机收费、考勤等功能，当系统与其他业务系统共用的凭证或其介质构成"一卡通"的应用模式时，出入口控制系统独立设置与管理。

（7）出入口控制系统中使用的设备必须符合国家法律法规和现行强制性标准的要求，并经法定机构检验或认证合格。

（8）当供电不正常、断电时，出入口控制系统的密钥（钥匙）信息及各记录信息不得丢失。

（9）采用非编码信号控制和/或驱动执行部分的管理与控制设备，必须设置于该出入口的对应受控区、同级别受控区或高级别受控区内。

（10）出入口控制系统的设置原则（可根据工程情况修改）：

1）门禁系统主要设置于办公大堂及各层公共过道进入办公区的出入门、通往屋顶的楼梯、消防/安防监控室、网络机房、管理层办公室、物业财务室、后勤办公区、重要机房、电梯、消防电梯前室等位置。

2）楼梯前室、办公室、设备机房采用单向门禁控制器，实现进门刷卡出门按钮功能；在各楼的地下各层和首层所有出入口及顶层通往室外平台出口都设置双向刷卡的门禁。

3）重要房间［如冷冻机房控制室、锅炉房、变（配）电值班室、消防控制室等］设置门禁系统。

4）疏散通道处门禁有门禁紧急出门按钮。

5）门禁系统的读卡器和开门按钮安装在门开的一侧，读卡器和开门按钮安装在距门边0.2m处，安装高度为距地1.5m。

6）电梯设置梯控，并与门禁结合。门禁系统与电梯梯控系统结合进行呼梯操作。

（11）出入口控制系统执行部分的输入电缆在该出入口的对应受控区、同级别受控区或高级别受控区外的部分封闭保护，其保护结构的抗拉伸、抗弯折强度不低于镀锌钢管。

22.7.4 电子巡查系统

（1）电子巡查系统能按照预先编制的巡查方案，实现对人员巡查工作状态进行监督管理，具有巡查路线、巡查时间、巡查人员设置和统计报表等功能。在线式电子巡查系统对不符合巡查方案的异常情况及时报警。

（2）本项目采用在线/离线式巡更系统的方式，在线式巡更系统利用现有的门禁系统，可通过地图实时显示巡更人员的位置。离线式巡更系统由巡更棒、巡更站、计算机、打印机、中文操作软件等组成。

（3）在主要通道、楼梯前室、门厅、所有通往外界的出入口、走廊、地下车库、重点保护房间、机房区及安防巡逻路由处设置巡检器，安排保安人员定时巡视。

22.7.5　安全检查系统（可选）

（1）安全检查系统设计根据保护对象对人员、车辆和禁限带物品的安全管理要求，选择相应设备，具备对进入保护单位或区域的人员、物品、车辆进行安全检查，对禁限带的爆炸物、武器、管制器具或其他违禁品进行探测、显示、报警和记录功能，并符合下面要求：

1）当选择成像式人体安全检查设备时，对人体隐私部位图像采取保护处理措施；

2）当微剂量 X 射线安全检查设备正常工作时，工作人员工作位置周围剂量当量率不应大于 $0.5\mu Sv/h$；

3）系统配备防爆处置设施。

（2）本系统主要由 X 光机及金属安检门组成，辅以手持式安检器进行安全检查。X 光机主要是针对外来人员的行李和携带的物品进行通关检查，而金属安检门要是针对人员自身是否携带非法器件进行检查。

（3）在收发室、访客区等区域，设置安检系统，对外来人员及所携带物品进行安检合格后，方可进入。

22.7.6　防冲撞系统（可选）

本工程在地下车库入口设置防冲撞系统，一旦发生紧急情况时，可以启动防冲撞管理及措施，阻止非许可车辆及人员进入特定区域。

22.7.7　访客管理系统

（1）本系统将主机、读卡模块、显示器、打印模块、摄像头、存储模块于一体。可实现对第二代身份证内存储的信息的准确读取，对 IC（M1）卡、ID 卡、蓝牙、NFC 等进行读写、指纹采集、权限设置，还可实现被访人员的确认功能，可实现远程在线等级、预约及授权。

（2）在前台 / 接待区设有访客机，集证件扫描、身份证识别（OCR）、数码摄像、射频识别（RFID）与高速热敏打印等技术，记录来访人员的证件信息、图像信息，并且通过前台客服人员与被访人员通过电话确认后，由被访人带领方可准入。

（3）系统具有预约拜访的功能：访问部门、员工姓名、访问时间等预约资料提前录入，系统自动显示当天的全部预约资料。访客到来时，接待员通过选择访客所在的公司，找到该访客的预约资料，完成访客的登记以及发卡。

（4）支持访客电话取消预约，或内部被拜访人取消预约，或更改拜访计划。

22.7.8　停车库（场）管理系统

（1）停车库（场）管理系统设计根据车辆进出停车库（场）的安全管理要求，选择适当类型的识读、控制与执行装置，具备对进出的车辆进行识别、通行控制和信息记录等功能，并满足下面要求：

1）系统能通过对车辆的识读做出能否通行的指示；

2）执行装置具有防砸车功能；

3）执行装置具有紧急情况下人工开启的功能。

（2）采用车牌自动识别进行车辆进出凭证管理，实现不停车认证、自动验证过闸；具备车牌自动识别、图像对比、防砸车、脱机工作、车位管理等功能；本系统能够根据要求输出相关的资料、文件或报表。

（3）系统可后台记录、查询车辆，进行有效的车辆进出管理，外部临时车辆将在出停车场时完成系统收费。收费模式：支持出口收费、中央收费、自助缴费、微信 / 支付宝网络支付。

（4）系统由入口设备、出口设备、通道设备、传输交换、图像识别设备、中央管理站等组成。出入口设备包括通道控制器（出入口发读卡机）、入口摄像机、地感线圈和栏杆；图像识别系统包括摄像机、辅助照明设备、工作站和图像对比软件组成，为防止盗车、调换车辆现象发生，在停车场的每个出入口对进出的车辆分别拍照，车辆出库时系统自动调出车辆进场照片通过人工对比。

（5）在地下停车场入口设置车位显示屏，显示停车场各层的空车位情况。在各层车辆进入通道口设车位显示屏，显示各层的空车位情况。停车库（场）管理系统中央管理站设置在消防安防控制室。

（6）停车库（场）管理系统应接收消防联动控制信号，具有解除门禁控制的功能，车场道闸自带小型 UPS 或采用弱电竖井内 UPS 供电，保证系统接到消防火灾自动报警信号后，将所有地下停车场地出口栏杆机杆臂抬起并锁住，同时关闭停车场入口设备。

22.7.9　车位引导及反向寻车系统（可选）

（1）本工程地下停车场为大型车场，区域划分多、车辆交通动线复杂，采用车位引导及反向寻车系统，进行地下车库内交通疏导，方便停车人反向寻车。

（2）车位引导及反向寻车系统由摄像机、车牌识别器、视频切换器、车位数据采集系统、内部车行引导屏、终端查询机、车位数据处理系统、外部剩余车位显示屏、系统管理软件、管理工作站组成。

（3）在每组车位上方装一个摄像机，通过车牌识别器对每个车位摄像机的轮询识别而统计出车位信息及已停车的车牌号码。在停车场入口处安装外部车位显示屏，该屏通过 TCP/IP 方式与服务器连接，在停车场内需要进行车行引导的位置（如各岔路口、弯道处）安装指示空车位数量的 LED 屏，指示屏通过 RS-485 方式与节点控制器连接。在工程出入口处及其他适当位置设置反向寻车查询机，方便车主查找车辆停放位置。当查询终端机无操作动作时会自动播放设置的广告内容，提高宣传效应。

（4）当车辆进入停车场入口时，入口处外部车位显示屏显示停车场是否有空位及空位的位置等信息，当有剩余空位时，进入停车场。显示屏精确到区域的引导，在关键路口设定指引屏，显示剩余车位数，区域每个车位上有红绿灯显示，用于区分是否有车，驾驶员能快速找到就近的空车位（地面停车场无法安装指示灯的也适用）。车位停车后自动检测改变红绿灯状态，并上传给后台软件分析，同步更新监控地图和区域引导屏的数量。

（5）反向查询系统通过视频图像处理技术，查找车辆停放位置时在查询终端机上输入车牌号，会显示车主及车辆所处的位置。找到车辆并驾车离开车位时，车牌识别器检测到该车位已空闲，改变红绿灯状态并将无车信号由车牌识别器送至后台软件，实时更新监控界面及外部入口显示屏。

22.7.10　安全防范综合管理（平台）

安全防范综合管理（平台）详见 21.7.9。

22.8　机房工程

22.8.1　机房工程设计内容包括信息接入机房，信息网络机房，运营商机房（三大运营商机房、有线电视机房、移动信号覆盖系统放大机房），消防、安防控制室，智能化设备间（弱电间）等。其中运营商机房由运营商设计及建设。

22.8.2　机房设计内容

（1）信息网络机房：①机房装修系统（吊顶、内墙、隔墙、柱面、地面）；②机房供配电系统；③机房 UPS 系统；④机房空调系统、新风系统（水冷机房专用精密空调）；⑤机房照明系统；⑥机房防雷接地系统；⑦机房气体灭火系统；⑧KVM 系统。

（2）消防安防控制室：①机房装修系统（吊顶、内墙、隔墙、柱面、地面）；②机房供配电系统；③机房 UPS 系统；④机房空调系统（VRV 舒适型空调）；⑤机房照明系统；⑥机房防雷接地系统；⑦KVM 系统。

22.8.3　机房设备布置要求

机房设备布置要求详见 21.8 的（3）。

22.8.4　机房内防雷接地

机房内防雷接地详见 21.8 的（4）。

22.9　线缆敷设

（1）电力线缆和智能化线缆不应共用同一导管或电缆桥架布线。

（2）室内布线：详见 21.9 的（1）、（2）。

1）智能化线缆采用导管暗敷布线时，不应穿过设备基础；穿过建筑物外墙时，采取止水措施。

2）室内干燥场所线缆导管布线时，金属导管壁厚不小于 1.5mm；塑料导管暗敷设布线，选用不低于中型导管。

3）室内潮湿场所线缆明敷时，采用防潮防腐材料导管或金属桥架，采取防潮防腐措施；金属导管壁厚不小于 2.0mm；采用可弯曲金属导管，选用防水重型导管。

4）建筑物底层及地面层以下外墙内的线缆采用导管暗敷布线时，金属导管壁厚不应小于 2.0mm；采用可弯曲金属导管，选用防水重型导管；塑料导管布线，应选用重型导管。

5）本建筑内智能化线缆均采用绝缘线缆，不采用裸露带电导体布线。除塑料护套电线外，其他电线不采用直敷布线方式；明敷导管、电缆桥架选择燃烧性能不低于 B1 级的难燃材料制品或不燃材料制品。

6）导管敷设应符合下列规定：

a. 暗敷于建筑物、构筑物内的导管，不应在截面长边小于 500mm 的承重墙体内剔槽埋设；

b. 钢导管不得采用对口熔焊连接；镀锌钢导管或壁厚小于或等于 2mm 的钢导管，不得采用套管熔焊连接；

c. 敷设于室外的导管管口不应敞口垂直向上，导管管口在盒、箱内或导管端部设置防水弯；

d. 严禁将柔性导管直埋于墙体内或楼（地）面内。

7）人防区域穿过外墙、临空墙、防护密闭隔墙和密闭隔墙的各种电缆（包括动力、照明、通信、网络等）管线和预留备用管，进行防护密闭或密闭处理，选用管壁厚度不小于 2.5mm 的热镀锌钢管。人防各人员出入口和连通口的防护密闭门门框墙、密闭门门框墙上均预埋 4 ～ 6 根备用管，管径为 50 ～ 80mm，管壁厚度不小于 2.5mm 的热镀锌钢管，并符合防护密闭要求。

（3）室外布线：详见 21.9 的（3）。

（4）建筑内的电缆井、管道井应在每层楼板处采用不低于楼板耐火极限的不燃材料或防火封堵材料封堵。建筑内的电缆井、管道井与房间、走道等相连通的孔隙采用防火封堵材料封堵。

（5）管线穿越防火分区时需按所穿墙体的耐火极限采用岩棉封堵，然后在两侧填充膨胀性防火密封胶。

（6）进出电气竖井采用易切割和可重复使用的膨胀性防火发泡砖。施工时需参考《建筑防火封堵应用技术规程》（CECS 154—2003）。

（7）所有管路穿越潮湿场所时做好防腐密闭处理。

（8）室外的电缆桥架进入室内或配电箱（柜）时应有防雨水进入的措施，电缆槽盒底部有泄水孔。

（9）所有伸出屋面的管线在伸出屋面 0.3m 处作防水弯头。

22.10　抗震设计

抗震设计详见 21.10。

22.11　其他

其他详见 21.11 的（4）、（8）～（10）、（12）～（17）。

22.12　本工程参考的施工图集

《建筑电气与智能化通用规范》（24DX002-1）

《智能建筑弱电工程设计与施工》（09X700）（上、下册）

《地下通信线缆敷设》（05X101-2）

《综合布线系统工程设计与施工》（20X1013）

《移动通信室内信号覆盖系统》（03X102）

《建筑设备管理系统设计与安装》（19X201）

《建筑智能化系统集成设计图集》（03X801-1）

《广播与扩声》（03X301-1）

《有线电视系统》（03X401-2）

《电能计量管理系统设计与安装　国家建筑标准设计参考图》（11CDX008-5）

《安全防范系统设计与安装》（06SX503）

《建筑设备监控》09BD10

《有线广播电视系统工程》09BD11

《广播、扩声与会议系统》09BD12

《安全技术防范工程》09BD14

《综合布线系统》09BD15

23 电气节能设计说明示例

本项目电气系统在满足建筑功能要求的前提下，满足安全性、可靠性、技术合理性和经济性的基础上，通过合理的系统设计、设备配置、控制与管理，减少能源和资源消耗，提高能源利用率。电气产品选用技术先进、成熟、可靠，损耗低，谐波发射量少，能效高，经济合理的符合国家能效标准规定的节能型电气产品。

23.1 供配电系统

（1）合理选择系统电压，供电电源电压采用 10kV，设备用电采用 380/220V 供电。

（2）负荷计算采用需要系数法，保证计算结果的准确性。

（3）变（配）电所设置靠近负荷中心及大功率用电设备，按不同业态和功能分区设置变电所。

（4）合理选择变压器容量和台数，变压器负载率控制在 60% ~ 80% 的范围，并应保持三相负荷平衡分配。季节性负荷、工艺负荷较大时，为其单独设置变压器，并具有退出运行的措施。

（5）在变（配）电室进行集中无功补偿，补偿后供电系统功率因数高压侧不应低于0.90，低压侧不应低于 0.95，并满足供电部门对功率因数要求。

（6）配电系统三相负荷的不平衡度不大于 15%。当单相负荷超过 20% 时，采用部分分相无功自动补偿装置。

（7）单台容量 250kW 及以上的用电设备，要求其功率因数大于 0.9；当功率因数较低且离变（配）电室大于 150m 时，采用设备自带无功功率就地补偿方式。

（8）谐波治理：配电系统的接地型式采用 TN-S 系统；变压器绕组采用 Dyn11 型接线；谐波严重且功率较大的设备采用专用回路供电；三相 UPS 的中性线接地，钳制由于谐波引起的中性线电位升高；大型用电设备、大型晶闸管调光设备、电动机变频调速控制装置等谐波源较大设备，就地设置谐波抑制装置。预留滤波设备空间；选择合理的用电设备减少负载产生的高次谐波，降低电力系统的无功损耗。

23.2 照明

（1）室内各个房间或场所的照明功率密度应符合《建筑节能与可再生能源利用通用规范》（GB 55015—2021）及《建筑照明设计标准》（GB/T 50034—2024）中的相关要求，主要场所照度标准及功率密度计算详见表 23.2-1。

（2）建筑夜景照明的照明功率密度（LPD）限值符合现行《城市夜景照明设计规范》（JGJ/T 163—2008）的有关规定。

表 23.2-1　　　　　　　　　　　　　照明节能设计判定表

序号	房间名称或场所	楼层	轴号	房间净面积(m²)	灯具安装高度(m)	参考平面高度(m)	光源及灯具类型	灯具效能(lm/W)	单套灯具光源参数		灯具数量	总安装容量(W)	照度(lx)		室形指数 RI		功率密度限值 LPD(W/m²)			
									光源(W)	光通量(lm)			计算值	标准值	计算值	标准值	计算值	标准值	修正系数	折算值
1																				
2																				
3																				
4																				
5																				
6																				
7																				
8																				
…																				

（3）光源和灯具的选择：

1）本项目均采用 LED 高效节能光源和灯具。

2）室内 LED 灯要求：功率因数大于 0.90，同类光源的色容差不应大于 5SDCM；色温不应高于 4000K；一般显色指数（R_a）不应低于 80；特殊显色指数（R_9）不应小于 0；对辨色要求高的场所，照明光源的一般显色指数（R_a）不应低于 90，特殊显色指数（R_9）不应小于 50。

3）长时间视觉作业的场所，统一眩光值 UGR 不应高于 19。

4）人员长时间工作或停留的场所应选用无危险类（RG0）灯具。

5）各场所选用光源和灯具的闪变指数不应大于 1；儿童及青少年长时间学习或活动的场所选用光源和灯具的频闪效应可视度（SVM）不应大于 1.0。

6）LED 灯具的谐波含量应符合《电磁兼容　限值　谐波电流发射限值》（GB 17625.1—2022）的规定。

7）室外照明采用泛光照明时，应控制投射范围，散射到被照面之外的溢散光不应超过20%。

（4）照明控制：有天然采光的场所，其照明根据采光状况和建筑使用条件采取分区、分组、按时段调节的节能控制措施。建筑的走廊、楼梯间、门厅、电梯厅及停车库照明能够根据照明需求进行节能控制；大型公共建筑的公用照明区域应采取分区、分组及调节照度的节能控制措施。本项目采用的具体措施为：

1）公共走廊、门厅、电梯厅的照明采用智能照明控制系统。

2）楼梯间照明灯具采用红外 + 雷达感应控制。

3）地下车库照明采用专用 LED 车库灯，能够自动感应进行高低功率转换控制。

4）大会议室、多功能厅等场所采用智能照明控制系统进行多场景分模式照明控制。

5）办公室、设备用房、储藏室等采用现场翘板开关面板。除单一灯具的房间，每个房间的灯具控制开关不宜少于 2 个，且每个开关所控的光源数不宜多于 6 盏。

6）风机盘管控制与照明控制联动，关灯后，风机盘管能联动停止运行。

7）建筑景观照明设置平时、一般节日、重大节日等多种控制模式。

23.3　电气设备选择

电气设备选择除满足当前国家标准、行业标准规定的产品设备能效要求外，还需满足国家相关部门发布的《重点用能产品设备能效先进水平、节能水平和准入水平（2024 年版）》。

（1）变压器的选择：选择低损耗、低噪声的节能变压器，采用 Dyn11 的接线组别；变压器负载率保证在其经济运行参数范围内；变压器的空载损耗和负载损耗不高于现行《电力变压器能效限定值及能效等级》（GB 20052—2020）规定的 2 级或以上节能评价值。

（2）电动机、交流接触器和照明产品的能效水平，应高于能效限定值或能效等级 3 级的要求。其中，高效能电动机能效应符合《电动机能效限定值及能效等级》（GB 18613—2020）要求；交流接触器能效应符合《交流接触器能效限定值及能效等级》（GB 21518—2022）规定的能效限定值要求；照明产品能效应符合《室内照明用 LED 产品能效限定值及能效等级》（GB 30255—2019）、《普通照明用 LED 平板灯能效限定值及能效等级》（GB 38450—2019）、《道路和隧道照明用 LED 灯具能效限定值及能效等级》（GB 37478—2019）的要求。

（3）电动机及变频器选择满足以下要求：无调速要求的电动机不应采用变频器，且应工作在高效率运行状态；当要求电动机调速但不要求连续调速运行时，宜采用双速或三速电动机；有连续调速运行要求的电动机采用变频器时，设计选用的变频器的谐波限制、能效等级，以及变频器的散热条件，应满足国家标准的相关要求。

（4）采用配备高效电机和先进控制技术的电梯。多台电梯的控制系统具备按照程序集中调控和群控的功能。电梯无外部召唤且轿厢内一段时间无预置指令时，电梯应具备自动转为节能运行方式的功能。自动扶梯具有节能拖动及节能控制装置，并设置自动控制自动扶梯运行的感应传感器。自动扶梯、自动人行道具备空载时停运待机功能。

（5）应急电源的选择：选择自身功耗低、谐波含量少的设备。

（6）数据中心的能效水平应高于《数据中心能效限定值及能效等级》（GB 40879—2021）要求的能效等级 3 级。塔式和机架式服务器的能效水平应高于《塔式和机架式服务器能效限定值及能效等级》（GB 43630—2023）要求的能效等级 3 级。

（7）充电桩的能效水平不应低于《电动汽车充电设备能效评价指标及试验规范》（T/CECA-G 0208）要求的能效等级 2 级。

23.4　智能化监测、计量与控制

（1）本项目采用 BAS 对空调系统、给排水系统、电梯、照明等系统进行节能控制。BAS 的设置符合现行国家标准《智能建筑设计标准》（GB 50314—2015）的有关规定。

（2）本项目设置建筑能效监管系统，对冷热源、输配电系统、照明及各功能区域能耗进行独立分项计量，实现本项目的能源消耗分析管理。

（3）本项目按功能区域设置电能计量。电梯、扶梯、室外景观照明、走廊照明、应急照明、锅炉房、热力站、制冷机房、给排水机房、信息中心、洗衣房、厨房餐厅、游泳池、健身房等场所设置独立的用电计量装置。

（4）居住建筑（住宅、集体宿舍、托儿所、幼儿园、公寓等）的供热锅炉房和热力站，应进行自动监测与控制，锅炉房和热力站的动力用电、水泵用电和照明用电应分别计量。

（5）水泵、风机及电热设备采取节能自动控制措施。

（6）公共建筑中的电开水器等电热设备采用定时控制。

（7）地下车库设置与风机联动的 CO 监测装置。

（8）电能监测中采用的分项计量仪表具备远传通信功能。分项计量系统中使用的电能仪表精度等级不低于 1.0 级，电流互感器精度等级不低于 0.5 级。

23.5　太阳能光伏发电系统

（若有设置，可选用此节写法。经与甲方确认，本项目水专业已采用太阳能光热系统，不设置太阳能光伏发电系统。太阳能光热系统详见水专业图纸。）

本项目设置太阳能光伏发电系统。在_____屋顶设置光伏板，组件容量_____，安装数量_____块，总装机容量约_____kWp，年发电总量约_____。

系统寿命：光伏组件设计使用寿命应高于 25 年，系统中多晶硅、单晶硅、薄膜电池组件自系统运行之日起，一年内的衰减率应分别低于 2.5%、3%、5%，之后每年衰减应低于 0.7%。

24 绿色建筑电气设计说明示例

该项目按照绿色建筑 ✕ 星级进行电气设计，对建筑全寿命期内的安全耐久、健康舒适、生活便利、资源节约、环境宜居等性能进行综合评价。所有控制项均满足《绿色建筑评价标准》（GB/T 50378—2019）的要求。评分项和加分项根据建设方需求及项目投资情况进行设计。

该项目每类指标的控制项、评分项、加分项的电气实现情况见表 24.0-1。

表 24.0-1　　该项目每类指标的控制项、评分项、加分项的电气实现情况

评价指标类别	指标类型		引用 GB/T 50378—2019 条文	设计做法	自评分
4 安全耐久	控制项		4.1.7 走廊、疏散通道等通行空间应满足紧急疏散、应急救护等要求，且应保持畅通	（1）大堂设置用于应急救护的电源插座。 （2）通行空间内没有影响疏散有效宽度的配电箱	达标
			4.1.8 应具有安全防护的警示和引导标识系统	在人员经常活动的场所，容易碰撞、夹伤、湿滑及危险的部位设置了安全警示标识；在紧急出口处、避险处、地库出入口附近等，设置了安全引导标识	达标
	评分项	I 安全	4.2.5 采取人车分流措施，且步行和自行车交通系统有充足照明，评价分值为 8 分	步行和自行车交通区域路面平均照度、路面最小照度和垂直照度的设计值应满足《城市道路照明设计标准》（CJJ 45—2015）和《建筑环境通用规范》（GB 55016—2021）室外部分要求	8
5 健康舒适	控制项		5.1.5 建筑照明应符合下列规定： 1. 照明数量和质量应符合现行国家标准《建筑照明设计标准》（GB 50034）的规定； 2. 人员长期停留的场所应采用符合现行国家标准《灯和灯系统的光生物安全性》（GB/T 20145）规定的无危险类照明产品； 3. 选用 LED 照明产品的光输出波形的波动深度应满足现行国家标准《LED 室内照明应用技术要求》（GB/T 31831）的规定	（1）本项目的室内照度、眩光值、一般显色指数等照明数量和质量指标均满足现行《建筑照明设计标准》（GB/T 50034—2024）及《建筑节能与可再生能源利用通用规范》（GB 55015—2021）的相关规定。 （2）人员长期停留场所的照明应选择安全级别为无危险类的产品。灯具选型均满足符合现行《灯和灯系统的光生物安全性》（GB/T 20145—2006）规定产品。 （3）LED 照明产品的光输出波形的波动深度应满足现行《LED 室内照明应用技术要求》（GB/T 31831—2015）的规定	达标
6 生活便利	控制项		6.1.3 停车场应具有电动汽车充电设施或具备充电设施的安装条件，并应合理设置电动汽车和无障碍汽车停车位	（1）本项目总停车位为 ✕ 辆，其中电动汽车 ✕ 辆。 （2）电动汽车充电桩均直接建设到位。 （3）本项目直接建设充电桩用电量 ✕（kVA），预留充电桩用电量 0（kVA），总用电量为 ✕（kVA），充电桩与其他负荷合用 变压器	达标
			6.1.5 建筑设备管理系统应具有自动监控管理功能	设置了建筑设备管理系统，系统满足《智能建筑设计标准》（GB 50314—2015）相关条文的规定	达标
			6.1.6 建筑应设置信息网络系统	根据现行标准《智能建筑设计标准》（GB 50314—2015），设置信息网络系统	达标

评价指标类别	指标类型		引用 GB/T 50378—2019 条文	设计做法	自评分
6 生活便利	得分项	Ⅲ 智慧运行	6.2.6 设置分类、分级用能自动远传计量系统，且设置能源管理系统实现对建筑能耗的监测、数据分析和管理，评价分值为8分	（1）本项目为公共建筑，冷热源、输配系统、电气、天然气等各部分能耗独立分项计量，并实现远传。 （2）能源管理系统实现数据的传输、存储、分析功能，系统可储存数据时间为1年	8
			6.2.7 设置PM10、PM2.5、CO_2 浓度的空气质量监测系统，且具有存储至少一年的监测数据和实时显示等功能，评价分值为5分	本项目在室内主要功能房间设置PM10、PM2.5、CO_2 浓度的空气质量监测系统与通风系统联动。设置实时显示、监测数据、数据分析和管理储存系统，数据可储存时间为1年	5
			6.2.8 设置用水远传计量系统、水质在线监测系统，评价总分值为7分，并按下列规则分别评分并累计： 1. 设置用水量远传计量系统，能分类、分级记录、统计分析各种用水情况，得3分； 2. 利用计量数据进行管网漏损自动检测、分析与整改，管道漏损率低于5%，得2分； 3. 设置水质在线监测系统，监测生活饮用水、管道直饮水、游泳池水、非传统水源、空调冷却水的水质指标，记录并保存水质监测结果，且随时供用户查询，得2分	（1）本项目给水系统按水平衡测试要求分级设置了远传水表计量系统，能分类、分级记录、统计分析各种用水情况。 （2）本项目远传水表计量系统可以利用计量数据进行管网漏损自动检测、分析与整改。 （3）本项目生活给水、雨水回用、管道直饮水、非传统水源、空调冷却水等系统设置了水质在线监测系统，对浊度、余氯、pH值、电导率（TDS）等指标进行监测	7
			6.2.9 具有智能化服务系统，评价总分值为9分，并按下列规则分别评分并累计： 1. 具有家电控制，照明控制、安全报警、环境监测、建筑设备控制、工作生活服务等至少3种类型的服务功能，得3分； 2. 具有远程监控的功能，得3分； 3. 具有接入智慧城市（城区、社区）的功能，得3分	（1）本项目具有照明控制、安全报警、环境监测、建筑设备控制4种服务功能。 （2）本项目在照明控制、安全报警、环境监测、建筑设备控制等服务功能具备远传监控功能，远程监控采用网络远程控制方式。 （3）本项目在能耗监测系统实现与智慧城市（城区、社区）平台对接	9
7 资源节约	控制项		7.1.4 主要功能房间的照明功率密度值不高于现行国家标准《建筑照明设计标准》（GB 50034）规定的现行值；公共区域的照明系统应采用分区、定时、感应等节能控制；采光区域的照明控制应独立于其他区域的照明区域	（1）主要功能房间的照明功率密度值满足现行《建筑照明设计标准》（GB/T 50034—2024）及《建筑节能与可再生能源利用通用规范》（GB 55015—2021）中规定的相关要求，详见照明功率密度值计算书。 （2）走廊、楼梯间、门厅、大堂、大空间、地下停车场等场所的照明系统采取定时、感应、智能照明系统等节能控制措施；采光区域的照明设置独立控制	达标

评价指标类别	指标类型		引用 GB/T 50378—2019 条文	设计做法	自评分
7 资源 节约	控制项		7.1.5 冷热源、输配系统和照明等各部分能耗应进行独立分项计量	（1）本项目为公共建筑、输配系统、照明、动力、特殊场所等各部分能耗独立计量，设置计量表。 （2）本项目供暖空调形式为低温地板辐射供暖、中央空调，冷热源为集中供热，入口设置冷（热）计量装置。 （3）本项目设置建筑能耗监测系统，各类用电分项计量措施，制冷机房、换热站及各单体冷量、热量分级计量措施	达标
			7.1.6 垂直电梯应采取群控、变频调速或能量反馈等节能措施；自动扶梯应采取变频感应启动等节能控制措施	本项目在公共位置设置电梯或扶梯。垂直电梯采取了电梯群控、变频调速等措施，扶梯采取了变频感应节能等控制措施	达标
	评分项	Ⅱ节能与能源利用	7.2.7 采用节能型电气设备及节能控制措施，评价总分值为10分，并按下列规则分别评分并累计： 1. 主要功能房间的照明功率密度值达到现行国家标准《建筑照明设计标准》（GB 50034）规定的目标值，得5分； 2. 采光区域的人工照明随天然光照度变化自动调节，得2分； 3. 照明产品、三相配电变压器、水泵、风机等设备满足国家现行有关节能评价值的要求，得3分	（1）主要房间或场所的照明功率密度值满足现行国家标准《建筑照明设计标准》（GB/T 50034—2024）及《建筑节能与可再生能源利用通用规范》（GB 55015—2021）中规定的相关要求，详见照明功率密度值计算书。 （2）采光区域照明设置照度传感器随天然光照度变化自动调节。 （3）本项目选用三相变压器类型及型号为 SCBH17- Dyn11 接线形式，额定容量 ×kVA，台数 ×，节能评价值为 2 级能效，满足要求：电动机、交流接触器和照明产品的能效水平应高于能效限定值或能效等级 3 级的要求	10
8 环境 宜居	评分项	Ⅱ室外物理环境	8.2.7 建筑及照明设计避免产生光污染，评价总分值为10分，并按下列规则分别评分并累计： 2. 室外夜景照明光污染的限制符合现行国家标准《室外照明干扰光限制规范》和现行行业标准《城市夜景照明设计规范》的规定 5 分	（1）玻璃幕墙见建筑专业。 （2）本项目设置夜景照明，夜景照明光污染的限制符合现行《建筑环境通用规范》（GB 55016—2021）、《室外照明干扰光限制规范》（GB/T 35626—2017）和现行行业标准《城市夜景照明设计规范》的规定	5

25 电气人防施工图设计说明示例

25.1 人防工程概况

该项目地下室设有人防工程，人防总建筑面积 <u>9429m²</u>，各防护单元参数详见表 25.1-1。

表 25.1-1 该项目各防护单元参数

防护单元编号	战时功能	平时用途	抗力等级	防化级别	防护区面积 (m²)
1	二等人员掩蔽	汽车库	核 6 常 6 级甲类	丙	1938.3
2	二等人员掩蔽	汽车库	核 6 常 6 级甲类	丙	1969.0
3	二等人员掩蔽	汽车库	核 6 常 6 级甲类	丙	1934.8
4	物资库	汽车库	核 6 常 6 级	丁	3586.9

25.2 设计依据

（1）当地人防设计要求、规定等。

（2）设计执行的人防工程主要法规及标准：《建筑设计防火规范（2018 年版）》（GB 50016—2014）、《建筑电气与智能化通用规范》（GB 55024—2022）、《建筑防火通用规范》（GB 55037—2022）、《人民防空地下室设计规范（2023 年版）》（GB 50038—2005）、《人民防空工程防化设计规范》（RFJ 013—2010）、《低压配电设计规范》（GB 50054—2011）、《建筑照明设计标准》（GB/T 50034—2024）。

（3）建筑专业提供的作业图及各专业提供的设计资料。

25.3 设计范围

（1）强电部分：供电电源、配电、线路敷设、照明、接地、柴油发电站、<u>防化设计</u>。

（2）弱电部分：通信系统。

25.4 供电电源

（1）平时负荷：本工程为 I 类汽车库，消防用电设备为一级负荷。

（2）战时负荷等级见表 25.4-1。

表 25.4-1 战时负荷等级

工程类别	负荷等级	负荷名称
二等人员掩蔽	一级负荷	基本通信设备、音响警报接收设备、应急通信设备，柴油电站配套的附属设备，应急照明
	二级负荷	战时风机、水泵，三种通风方式装置系统，正常照明，洗消用的电热淋浴器，电动密闭阀门
	三级负荷	不属于一级和二级负荷的其他负荷

工程类别	负荷等级	负荷名称
物资库	一级负荷	基本通信设备、应急通信设备，柴油电站配套的附属设备，应急照明
	二级负荷	战时风机、水泵，正常照明，电动密闭阀门
	三级负荷	不属于一级和二级负荷的其他负荷

（3）平、战电力负荷计算。

1）战时负荷计算见表 25.4-2。

表 25.4-2　　　　　　　　　　战时负荷计算

防护单元	负荷等级	安装容量	计算容量		
		P_e(kW)	P_j(kW)	Q_j(kvar)	S_j(kVA)
防护单元一	一级负荷	5	5	2.4	5.5
	二级负荷	25	20	9.6	22
	三级负荷	0	0	0	0
防护单元二	一级负荷	5	5	2.4	5.5
	二级负荷	25	20	9.6	22
	三级负荷	0	0	0	0
防护单元三	一级负荷	5	5	2	5
	二级负荷	25	20	9.6	22
	三级负荷	0	0	0	0
防护单元四	一级负荷	5	5	2	5
	二级负荷	30	24	11.5	26
	三级负荷	0	0	0	0
总计	一级负荷	20	20	9.6	22.1
	二级负荷	105	84	40.3	93
	三级负荷	0	0	0	0

2）平时负荷计算见表 25.4-3。

表 25.4-3　　　　　　　　　　平时负荷计算

负荷等级	安装容量	计算容量		
	P_e(kW)	P_j(kW)	Q_j(kvar)	S_j(kVA)
一级负荷（含消防负荷）	550	495	372	622
二级负荷	350	280	134	310
三级负荷	410	328	157	364
合计	1310	1103	663	1296

（4）电力系统电源。

1）由本楼变电所引入 3 路低压电源作为本人防工程的电力系统电源，该电源容量满足平时负荷及战时一、二级负荷的需要，3 路电源同时工作。

2）另引入多路低压电源（主备回路引自变压器不同母线段）作为本人防工程的消防电源，该电源容量满足消防负荷的需要，多路低压电源平时同时工作，互为备用。

（5）战时电源。

1）战时电源（固定电站）：本人防地下室内设置一座固定柴油发电站，内设2台200kW柴油发电机组，仅作为本人防地下室的战时内部电源。该固定电站的供电容量满足本楼人防工程战时一、二级负荷的需要。

2）战时电源（移动电站）：本楼地下一层车库内设置一座移动柴油发电站，内设1台120kW柴油发电机组，作为本楼防空地下室的战时内部电源。该移动电站的供电容量满足本楼人防工程战时一、二级负荷的需要。柴油发电站的供电电压等级均为380/220V，持续供电时间不小于本防护单元的隔绝防护时间。

（6）电源引入方式。

1）电力系统电源。当本楼内有变电所时，电力系统电源由本楼变电所穿过人防维护结构（墙体、楼板）引入；当本楼内无变电所时，电力系统电源采用室外埋地敷设，经本单体防爆波电缆井引入。

2）战时内部电源。由本楼固定柴油发电机站或移动柴油发电站穿防护密闭隔墙、密闭隔墙至各防护单元人防电源配电柜。

3）战时区域电源。采用电力电缆室外埋地敷设，经本单体防爆波电缆井引入。

25.5 配电

（1）每个防护单元的电源均引接电力系统电源和战时电源，并在人防电源配电柜中设有平、战电源转换装置。

（2）每个防护单元均设置人防电源配电柜、人防照明配电箱、应急照明配电箱、自成配电系统。以上配电箱均设置在专用配电间内。

（3）一级负荷采用双电源末端互投配电，二级和大容量的三级负荷采用单路放射式配电。

（4）人防区内消防设备均由所在楼内变电所不同母线段、低压配电间不同消防电源总箱引双回路放射供电，并在最末一级配电箱处设置自动切换装置。

（5）防护单元内设有三种通风方式信号装置系统。三种通风方式控制箱设置在防化通信值班室内；在战时进排风机房、防化通信值班室、配电间、人员出入口（包括连通口）最里一道密闭门内侧设置三种通风方式信号箱；在战时主要出入口防护密闭门外侧设置有防护能力的音响信号按钮，音响信号设置在防化值班室内。

（6）防空地下室内的各种动力配电箱、照明配电箱、控制箱，不应在外墙、临空墙、防护密闭隔墙、密闭隔墙上嵌墙暗装。若必须设置时，应采取挂墙式明装。

（7）防空地下室内安装的低压电器设备应采用无油、防潮设备，电淋浴器回路设置剩余电流动作保护断路器。消防用电设备、消防配电柜、消防控制箱等应设置明显标识。

25.6 线路敷设

（1）由室外地下进、出防空地下室的强电、弱电线路，分别设置防爆波电缆井。

（2）防空地下室的配电线缆选型如下：

1）线缆的燃烧性能：B1级（燃烧滴落物/微粒等级d0级，烟气毒性等级t0级，腐蚀等级a1级），消防线缆的耐火要求：耐火温度不低于950℃，持续供电时间不小于180min。

2）低压普通负荷的配电电缆选用 WDZB-B1-YJY-0.6/1kV（d0，t0，a1）铜芯无卤低烟阻燃 B 类交联聚乙烯绝缘聚烯烃护套电力电缆、燃烧性能 B1 级。

3）低压普通负荷的配电导线选用 WDZC-B1-BYJ-450/750V（d0，t0，a1）铜芯无卤低烟阻燃 C 类交联聚乙烯绝缘电线、燃烧性能 B1 级。

4）低压消防负荷的配电电缆选用 WDZBN-YJY-B1-0.6/1kV（d0，t0，a1）铜芯无卤低烟阻燃 B 类耐火交联聚乙烯绝缘聚烯烃护套电力电缆、燃烧性能 B1 级。

5）低压消防负荷的配电导线选用 WDZCN-B1-BYJ-450/750V（d0，t0，a1）铜芯无卤低烟阻燃 C 类耐火交联聚乙烯绝缘电线、燃烧性能 B1 级。

6）控制电缆选用 WDZB-B1-KYJY-0.6/1kV（d0，t0，a1）铜芯无卤低烟阻燃 B 类交联聚乙烯绝缘聚烯烃护套控制电缆、燃烧性能 B1 级，与消防有关的控制电缆选用 WDZBN-KYJY-B1-0.6/1kV（d0，t0，a1）铜芯无卤低烟阻燃 B 类耐火交联聚乙烯绝缘聚烯烃护套控制电缆、燃烧性能 B1 级。

（3）线缆敷设。

1）穿过外墙、临空墙、防护密闭隔墙和密闭隔墙的各种电缆（包括动力、照明、控制等）管线和预留备用管，均应进行防护密闭或密闭处理，应选用管壁厚度不小于 2.5mm 的热镀锌钢管。

2）各人员出入口和连通口的防护密闭门门框墙、密闭门门框墙上均预埋 4 根备用管，管径为 50mm，管壁厚度不小于 2.5mm 的热镀锌钢管，并应符合防护密闭要求。

3）电缆桥架不得直接穿过临空墙、防护密闭隔墙、密闭隔墙，当必须通过时应改为穿管敷设，并应符合防护密闭要求。

4）从变电所、低压配电间引至每个防护单元的战时配电回路应各自独立。战时内部电源配电回路的电缆穿过其他防护单元或非防护区时，在穿过的其他防护单元或非防护区内，应采取与受电端防护单元等级相一致的防护措施。

5）核 5 级、常 5 级防空地下室，明管电缆穿越防护单元隔墙、临空墙的保护管在冲击波方向需设抗力片，做法参见《全国民用建筑工程设计技术措施 防空地下室》（2009 年版）的第 147、148 页。

25.7 照明

本防空地下室平时和战时均设有正常照明和应急照明。平时，车库车位：30lx；车道：50lx。

（1）战时主要场所照度标准见表 25.7-1。

表 25.7-1　　　　战时主要场所照度标准

房间或场所	对应照度标准值 (lx)	照明功率密度限值 (W/m²)	UGR	R_a
配电间、值班室	200	≤6	—	60
柴油发电机房	100	≤3.5	25	60
空调机房、风机房、水泵房滤毒室、除尘室、洗消间	100	≤3.5	—	60
出入口	100	≤3.5	—	60
卫生间	150	≤5	—	80
走廊	100	≤3.5	25	80
车库	50	≤2	28	60

（2）光源和灯具选择。

1）本项目全部采用 LED 光源和灯具。

2）设备机房采用 LED 直管灯，管吊式或链吊式灯具。

3）卫生间、淋浴间采用嵌入式防水防尘 LED 筒灯。

4）无吊顶走廊采用链吊式 LED 面板灯或直管灯。

5）楼梯间采用 LED 红外感应吸顶灯。

6）地下车库采用红外感应 LED 线槽灯。

7）除链吊式灯具外，其余灯具应在临战时加设防掉落保护网。

8）从人防内部至防护密闭门外的照明线路，当防护区内和非防护区灯具共用一个电源回路时，在防护密闭门内侧（防护密闭门与密闭门之间），距顶 0.3m 处，单独设置熔断器做短路保护；或对非防护区的灯具设置单独回路供电。

（3）应急照明：本防空地下室战时应急照明利用平时应急照明，采用集中电源集中控制型。防化值班室、柴油电站设备用照明，照度不低于正常照度的 15%。其余场所战时应急照明照度标准同平时应急照明照度标准。

1）本项目应急照明系统采用区域集中电源集中控制型。平时，该系统监控主机设置在各消防控制室内，各防护单元配电间内设置应急照明专用应急电源柜，柜内设置集中蓄电池组，供电时间不小于 60min，系统输出电压为 DC 36V，监控主机可以集中控制和显示该系统的运行状态。应急照明由监控主机集中控制，平时可兼作值班照明，火灾时由火灾自动报警系统强制点亮；疏散指示标志灯、安全出口标志灯常亮。公共场所应急照明和疏散指示灯均采用 LED 灯具，灯具应满足《消防应急照明和疏散指示系统》（GB 17945—2024）中的要求。战时，可在各应急照明专用应急电源柜上就地控制该系统，并由柴油发电机组保证其战时连续供电时间的需求，即不小于防空地下室的隔绝防护时间（其中救护站、专业队人员掩蔽、专业队车辆掩蔽工程为 6h，二等人员掩蔽部、固定柴油发电站控制室为 3h，物资库为 2h）。

2）集中电源的蓄电池组达到使用寿命周期后标称的剩余容量应保证放电时间满足 60min。

3）消防疏散指示标志和消防应急照明灯具，除应符合 GB 50016—2014 的规定外，还应符合现行《消防安全标志　第 1 部分：标志》（GB 13495.1—2015）和 GB 17945—2024 的规定。

4）应急照明和疏散指示标志灯应设不燃烧材料制作的保护罩。

5）人员密集场所的消防安全疏散标识应急转换时间不应大于 0.25s，其他场所的应急转换时间不应大于 5s。

25.8　接地安全措施

25.8.1　接地型式

本工程低压配电接地型式采用 TN-S 系统。

25.8.2　接地装置

（1）利用建筑物基础内主钢筋作自然接地体；不连通处采用 40mm×4mm 热镀锌扁钢将基础焊接连通，组成接地网格。

（2）本楼外侧至少预留 4 处（不限于）接地引出线，用于与人工接地极连接。

25.8.3 接地电阻

防雷接地、系统接地、电气安全接地及其他需要接地的设备，均共用接地装置，接地电阻不大于 1Ω，若实测大于此值，应打人工接地极直至满足要求。

25.8.4 其他接地措施

（1）桥架、托盘和槽盒全长不大于 30m 时，不应少于 2 处与保护导体可靠连接；全长大于 30m 时，每隔 20 ～ 30m 应增加一个连接点，起始端和终点端均应可靠接地。在电缆桥架内通长敷设一根 40mm×4mm 热镀锌扁钢，要求该扁钢两端与配电间内 LEB 连通。

（2）柴油电站内金属油罐的金属外壳，金属油管的始末端、分支处、转弯处、以及直线段每隔 200 ～ 300mm 处做防静电接地。

（3）输油管道接头井处设置油罐车或油桶跨接的防静电接地装置。

25.8.5 等电位联结

（1）为用电安全，本项目作总等电位联结，把总水管、煤气管、空调立管等所有进出建筑物的金属体及结构钢筋与总等电位联结端子箱连通。在防雷区界面处安装等电位联结端子箱，把进出各防雷区的金属构件连通，并把各等电位联结端子箱之间连通。

（2）总等电位联结均采用各种型号的等电位卡子，不允许在金属管道上焊接。

（3）带淋浴设备的卫生间采用局部等电位联结，从适当的地方引出两根大于 $\phi16$mm 结构钢筋至局部等电位箱LEB，局部等电位箱暗装，底距地 0.3m，将该场所内所有金属管道、构件联结。具体做法参考《等电位联结安装》（15D502）。

（4）强弱电井、弱电机房、设备机房等采用局部等电位联结。

（5）防护密闭门、密闭门、防爆波活门的金属门框均做等电位连接。

25.8.6 过电压保护

（1）由室外引入配电电缆的进线配电柜内装第一级电涌保护器（SPD），各防护单元总配电箱内装第二级电涌保护器，弱电机房配电箱内装第三级电涌保护器。第一级电涌保护器应满足 10/350μs、SPD1a、B 级、I_{imp}≥15kA、U_p≤2.5kV。

（2）计算机电源系统、有线电视引入端、电信引入端设过电压保护装置。

（3）电源线路的浪涌保护器应满足建筑物电子信息系统防雷等级 B 级要求。

25.9 柴油发电站

25.9.1 电站设置

本工程人防地下室设置一座固定电站。

25.9.2 机组控制

（1）当市电未遭破坏时，战时电源以电力系统电源为主，当电力系统电源均失电后，投入柴油发电机组。

（2）柴油发电机组具有在机房内就地启动、调速、停机功能。

（3）当电力系统电源中断时，机组应能自启动，并在 15s 内向负荷供电。

（4）当电力系统电源恢复正常后，应能手动或自动切换至电力系统电源，并向负荷供电。

25.9.3 电站负荷计算

人防移动电站负荷计算表见表 25.9-1。

表 25.9-1 　　　　　　　　　　人防移动电站负荷计算表

负荷等级	负荷名称	安装功率 P_e(kW)	计算系数			计算功率			备注
			K_x	$\cos\varphi$	$\tan\varphi$	P_j(kW)	Q_j(kvar)	S_j(kVA)	
	防护单元 1								
一级负荷	应急照明，应急通信	1.0	1	0.9	0.48	1	0		
二级负荷	战时进风机	5.2	1	0.8	0.75	5	4		
	战时排风机	1.1	1	0.8	0.75	1	1		
	战时潜污泵	14.0	0.8	0.9	0.48	11	5		
	正常照明，防化值班室插座等	2.0	1	0.9	0.48	2	1		
	防护单元 2								
一级负荷	应急照明，应急通信	1	1.00	0.90	0.48	1	0		
二级负荷	战时进风机	5.2	1	0.8	0.75	5	4		
	战时排风机	1.1	1	0.8	0.75	1	1		
	战时潜污泵	14.0	0.8	0.9	0.48	11	5		
	正常照明，防化值班室插座等	5.0	1	0.9	0.48	5	2		
	防护单元 3								
一级负荷	应急照明，应急通信	3.0	1	0.9	0.48	3	1		
二级负荷	战时进风机	5.2	1	0.8	0.75	5	4		
	战时排风机	1.1	1	0.8	0.75	1	1		
	战时潜污泵	14.0	0.8	0.9	0.48	11	5		
	正常照明，防化值班室插座等	2.0	0.8	0.9	0.48	2	1		
	防护单元 4								
一级负荷	应急照明，应急通信	1.0	1	0.9	0.48	1	0		
二级负荷	战时进风机	5.5	1	0.8	0.75	6	4		
	战时排风机	5.5	1	0.8	0.75	6	4		
	战时潜污泵	14.0	0.8	0.9	0.48	11	5		
	正常照明，防化值班室插座等	5.0	1	0.9	0.48	5	2		
计入同时使用系数 K			0.90			85	48	98	
选择柴油发电机组容量（kW）		120							1×120kW
负荷率（%）		71							
合计		106				94	54		

25.10　通信系统

（1）医疗救护工程和防空专业队工程设置与所在地人防指挥机关相互联络的直线或专线电话，并设置应急通信设备。通信设备、电话设置在值班室 / 防化通信值班室内。

（2）人员掩蔽工程设置电话分机和音响警报接收设备，并设置应急通信设备，音响警报接收设备及应急通信设备设置在防化值班室内。

（3）区域电站、人防物资库、人防汽车库设置电话分机。

（4）人员掩蔽工程、配套工程中的值班室、防化通信值班室、通风机室、发电机房、电站控制室等房间设置电话分机。

（5）各类防空地下室中每个防护单元内的通信设备电源最小容量应符合表 25.10-1 要求。

表 25.10-1　　　各类防空地下室中每个防护单元内的通信设备电源最小容量

序号	工程类别	电源容量 (kW)
1	中心医院、急救医院	5
2	救护站	3
3	防空专业队工程	4
4	人员掩蔽工程	3
5	配套工程	3

（6）本工程防化值班室兼做指挥通信值班室。内设信息接口单元箱，并配备 SG 千兆单模光纤收发器、8 口千兆以太网网络交换机及电源插座。

（7）防护密闭门外设置信息接入箱，箱体采用 400mm×300mm×120mm 金属箱体。箱内设置光纤熔接盒。

（8）信息接口箱至信息接入箱熔接盒采用单模光缆连接，单模光缆芯数不应小于12 芯。

（9）防护单元内设置防空袭警报设备接口（设备接口按 1 个 /1000m² 设置），且任两个防空袭设备接口的最远距离应不大于 150m。设备接口通过单模光缆接至信息接口箱。

（10）信息接入箱、信息接口箱、防空警报设备接口及相互连通的线缆，均应与工程同步安装或敷设，不得临战转换。

25.11　防化设计

（1）一、二、三等人防指挥工程、核生化检测中心防化级别为甲级，四等人防指挥工程、医疗救助工程、防空专业队人员掩蔽工程及一等人员掩蔽工程、人防食品站、生产车间、区域供水站防化级别为乙级，二等人员掩蔽工程、人防区域电站控制室防护级别为丙级，交通干（支）道及连接通道、其他配套工程防化级别为丁级。

（2）防化级别为甲级的人防工程设置射线报警器和毒剂报警器，防化级别为乙级的人防工程设置毒剂报警器。防化级别为甲、乙级的工程设置空气放射性监测和空气染毒监测。防化级别为丙级的工程设空气放射性监测和空气染毒监测。防化级别为甲级、乙级、丙级及丁级的工程设置空气质量监测。

（3）射线报警器与毒剂报警器均由探头、主机和连接电缆组成。

1）射线报警器探头设在工程口外便于接收射线的地方，探头外壳必须接地，并有避雷、防晒、防雨和伪装保护措施，射线报警器主机与探头之间的连接电缆总长不超过1000m，进入工程主体之前的连接电缆采用内径70mm的镀锌钢管保护，并采取相应的防护措施。

2）毒剂报警器的探头设置，当战时为穿廊进风时，毒剂报警器的两个探头分设在进风口前两侧的穿廊壁龛内；当战时为竖井进风时，探头设在每个进风竖井的壁金内或支架上，探头外壳必须接地；毒剂报警器的探头到进风防爆波活门的距离满足规范要求，探头壁龛尺寸为500mm×500mm×600mm，电缆穿管出线口设在壁龛侧壁；毒剂报警器的探头与主机的连接电缆不得裸露在外，其穿管预埋内径为50mm的镀锌钢管；探头安装处设抗冲击波的保护措施。

（4）防化级别为甲级的工程防化值班室内设置射线和毒剂报警器主机（与核化生控制中心相连，报警信息由防化值班室向中控室传输）、测压装置、核化生控制中心，并配置通风设备工作状态显示装置；防化级别为乙级的工程防化值班室内设置毒剂报警器主机、接收核报警信息的音响设备、核化生控制中心、空气放射性测定装置、测压装置；防化级别为丙级的工程防化值班室内设置接收核化报警信息的音响设备、测压装置，并设置核化生控制中心、通风方式控制信号箱和空气放射性测定装置。

（5）空气放射性监测：由取样和测量组成。防化级别为甲级的工程取样操作点设在滤尘器室，其他防化级别的工程取样操作点设在滤毒器室。

（6）空气染毒监测：分通道透入监测和过滤吸收器尾气监测，分通道透入监测地点设在工程口部的最后一道密闭门内1m处，过滤吸收器尾气监测地点设在滤毒器室和进风机室。

（7）空气放射性监测、空气染毒监测和空气质量监测，防化级别为甲级的工程和医疗救护中心医院工程采用自动监测方式，四等指挥所工程采用自动监测方式，监测信息传输到核化生控制中心。自动监测仪器设置如下：

1）空气放射性监测仪设在滤尘器室；

2）一台毒剂监测仪设在最后一道密闭门内的壁龛或支架上，壁龛的尺寸不小于500mm×500mm×400mm，另一台毒剂监测仪设在风机室内滤毒进风机附近。

（8）射线报警器和毒剂报警器的连接电缆进入防化值班室之前采取电磁脉冲防护措施。

（9）防化化验室内设置监视人员操作安全的监控摄像头，监视设备设在防化值班室。

25.12 平战转换电气设备要求

（1）电缆、电线、护套线、弱电线路和备用预埋管穿过临空墙、防护密闭墙或密闭墙时，穿墙管应做密闭处理。穿墙管与电缆（电线）应在平时完成防护密闭或密闭封堵。

（2）人防工程内部通信的平战转换应满足以下要求：

1）防化通信值班室、指挥通信值班室应与工程同步砌筑，不得临战转换。

2）信息接入箱、信息接口箱、防空警报设备接口、视频监控设备接口及相互连通的线缆，均应与工程同步安装或敷设，不得临战转换。

3）通信电源和通信线路应与工程同步安装或敷设，不得临战转换。

（3）柴油发电站的内部设备（含柴油发电机、输油管等）不得预留平战转换项目，平时应全部安装到位。

（4）人防工程平战转换具体工作：

1）战时使用的用电设备（如通风方式控制箱、通风方式信号箱、防爆波呼唤按钮、水泵控制箱、战时排风机控制箱、战时进风机控制箱、人防总配电箱、照明灯具等）安装调试到位。

2）供战时用电设备的电线电缆敷设完毕。

3）落实战时电源。

4）安装战时使用的照明设备。

5）对平时使用、战时不用的电气设备和电气线路进行防护处理，确保使用场所人身安全。

（5）人防工程设备（防护防化、通风、给水、排水、供油和电器设备）设施（内部设施和外部设施）的标志和着色执行《人民防空工程设备设施标志和着色标准》（RFJ 01—2014），工程竣工验收前标识到位，并纳入竣工验收内容。

25.13 其他

（1）管线在穿过围护结构、防护密闭隔墙、密闭隔墙时，应配合留管，采取防护密闭和密闭处理，做法参照《防空地下室电气设备安装》（07FD02）。

（2）安装在围护结构、防护密闭隔墙、密闭隔墙上的电气设备均必须明装。

（3）人防内的电气设备应选用防潮性能好的定型产品。

（4）弱电进户电缆通过弱电防爆波井进入人防内，做法见《防空地下室电气设备安装》（07FD02-28）。

（5）通风方式控制箱通风方式指示灯箱电路图详见《防空地下室电气设备安装》（07FD02-12 ～ 13）。

（6）防空地下室音响信号按钮安装做法详《防空地下室电气设备安装》（07FD02-27）。

（7）施工时，电气设备元件安装尽量远离水暖设备及管道，电气专业应与其他专业密切配合，安全系统化施工，避免造成经济损失。

（8）施工单位必须按照工程设计图纸和施工技术标准施工，不得擅自修改工程设计。施工单位在施工过程中发现设计文件和图纸有差错的，应当及时提出意见和建议。

（9）本图需经图纸审查、消防、人防以及相关部门的各方面审查、并交底后，方可备料施工。

（10）建设工程竣工验收时，必须具备设计单位签署的质量合格文件。

26 夜景照明设计说明示例

26.1 设计依据

（1）工程概况。

1）工程名称。

2）建设地点。

3）自然环境。

4）建筑类别及性质。

5）主要经济技术指标（面积、层数、高度）。

6）结构类型。

7）抗震设防烈度。

8）建筑设计使用年限。

（2）建设单位提供的有关部门认定的工程设计资料。

（3）建设单位提供的设计任务书及设计要求。

（4）相关专业提供给本专业的工程设计资料。

（5）设计执行的主要法规和所采用的主要标准。

26.2 设计范围

26.2.1 设计内容

红线范围内的建筑外立面、室外景观的夜景照明和园区道路照明设计，包括照明设计方案、供配电系统、控制系统、防雷、接地及安全措施、照明设备及线路敷设。

26.2.2 设计分界

仅限于建筑外立面部分，不包括建筑雨棚、走廊等灰空间。电气设计分界点为电气专业给出的专用配电出线回路开关下口。

26.3 照明方案

（1）亮度分级、色温与色彩、照明效果等照明分析见照明设计方案。本项目亮度背景区域按 E3 区确定。

（2）照度、亮度设计标准：

1）室外公共区域照度值应符合表 26.3-1 的规定。

表 26.3-1 室外公共区域照度值和一般显色指数（水平照度参考平面为地面，垂直照度为 1.5m 高度）

场所		平均水平照明最低值 $E_{h.av}$(lx)	最小水平照度 $E_{h.min}$(lx)	最小垂直照度 $E_{v.min}$(lx)	最小半柱面照度 $E_{sc.min}$(lx)
道路	主要道路	15	3	5	3
	次要道路	10	2	3	2

续表

场所		平均水平照明最低值 $E_{h.av}(lx)$	最小水平照度 $E_{h.min}(lx)$	最小垂直照度 $E_{v.min}(lx)$	最小半柱面照度 $E_{sc.min}(lx)$
道路	健身步道	20	5	10	5
	活动场地	30	10	10	5

2）建筑物或构筑物立面照明的平均照度和平均亮度应符合表 26.3-2 的规定。

表 26.3-2　　建筑物或构筑物立面照明的照（亮）度值（亮度背景区域按 E3 区确定）

表面材料	反射比（%）	平均亮度 (cd/m²)				平均照度 (lx)			
		E0、E1 区	E2 区	E3 区	E4 区	E1 区	E2 区	E3 区	E4 区
浅色大理石、白色陶板、白色面砖、白色抹灰、白色涂料等	60 ～ 80	—	5	10	25	—	30	50	150
混凝土、浅灰色或灰色石灰石、浅黄色面砖、浅色涂料、铝塑板等	30 ～ 60	—	5	10	25	—	50	75	200
中灰色石灰石、砂岩、深色石材、普通棕黄色砖、黏土砖等	20 ～ 30	—	5	10	25	—	75	150	300

注　特殊建筑物或构筑物以及深色墙面的文物建筑和保护类建筑物或构筑物，可不受表 26.3-2 中规定的限制，但应与周围环境亮度相协调。

（3）灯具选型与布置。

1）本项目均选用 LED 光源灯具。

2）光源的一般显色指数 $R_a \geq 80$，$R_9 \geq 0$。

3）景观照明用 LED 灯具调光的动态范围应为 0% ～ 100%。

4）彩色光 LED 灯具的主波长范围及颜色纯度应符合表 26.3-3 规定。

表 26.3-3　　　　　　　LED 灯具的主波长范围及颜色纯度

颜色	红光	绿光	蓝光	黄光
主波长范围（nm）	610 ～ 700	508 ～ 550	455 ～ 485	585 ～ 600
颜色纯度限值（%）	≥94	≥72	≥90	≥93

（4）照明节能。

1）LED 路灯、庭院灯的效能应大于 140lm/W，草坪灯、埋地灯效能应大于 90lm/W，线条灯（RGBW）效能应大于 50lm/W。

2）照明配电线路功率因数应大于 0.85。

3）立面照明功率密度均小于 2.2W/m²。

26.4　供配电系统

（1）本工程夜景照明负荷等级为三级，供电电压 220/380V，50Hz，夜景照明系统总负荷为＿＿kW。

（2）本工程由变电所低压配电柜引出专用回路至首层夜景照明总箱。夜景照明配电采用放射式和树干式配电相结合的方式。

（3）各回路接线时应尽量保持三相平衡，三相负荷偏差在 15% 以内。

（4）单相分支回路电流值不超过 25A。

（5）照明灯具端供电电压不宜高于其额定电压值的 107%，不低于其额定电压值的 90%。

（6）景观照明在首层夜景照明总箱设置单独计量，计量电能表带远程抄表功能。

（7）配电回路装设短路、过负荷保护，室外终端回路均装设剩余电流动作保护电器。

（8）景观照明室内干线电缆选用 WDZB-B1-YJY-1.0kV 铜芯无卤低烟 B 级阻燃交联聚乙烯绝缘电力电缆，照明终端回路线缆截面积为 4mm²。由开关电源给 LED 灯具供电的支线采用 ZR-RVV 阻燃双重绝缘护套线。景观照明室外干线电缆选用 YJV22-1.0kV 铜芯交联聚乙烯绝缘钢带铠装聚氯乙烯护套电力电缆，分支线路采用 RVV 双重绝缘护套线穿管敷设。

26.5　控制系统

（1）本项目夜景照明纳入智能照明控制系统进行管理，主机设置在消防控制室。

（2）系统设置平日、一般节日和重大节日的照明控制模式，通过光控、时控、程控和智能等控制方式分路、分组或分区集中控制，并具备手动控制功能。

（3）控制系统采用的控制模块应能独立运行，主控系统或通信线路发生故障时，各控制模块可在设定的模式下正常运行；某个控制模块发生故障时，不应影响其他控制模块的正常运行。

（4）照明控制系统应确保现场采集的数据和控制指令的准确传送，可采用有线或无线通信方式。当设备发生故障时，应立即切断电源。

（5）系统预留联网监控、遥控的接口，能按互联网要求投入运行。

（6）灯具厂家或施工单位必须根据实际的灯具品牌对 DMX 控制系统进行二次深化，并由设计及业主确认。

（7）用于表演的景观照明用 LED 灯宜采用 DMX512-A 或 RDM 标准协议的控制方式。

（8）智能照明控制模块应带实际开关状态反馈及模块掉线故障报警功能。

（9）智能控制系统采用物联网架构时，应确保信息安全；信息安全宜包括网络安全、传输安全、运行安全、存储安全、制度安全。

（10）控制中心智能控制系统应具有下列功能：

1）具备远程或本地设置系统和设备参数的功能；

2）具备开关控制、模式控制、场景控制等功能；

3）能通过分析环境数据和照明控制需求，实现自动预设模式运行；

4）利用媒体立面照明方式时，支持远程下发并播放媒体信息，在媒体立面上进行展示；

5）能根据照明效果实现多建（构）筑物或多景物的照明联动控制；

6）具备能耗信息采集及数据储存功能，并宜支持能耗数据自动分析和报表生成功能；

7）具备运行状态实时监测、故障告警及反馈功能。

26.6　防雷、接地及安全要求

（1）室外道路照明配电系统的接地采用 TT 系统，干线回路采用 300mA 延时 0.2s 的剩余电流动作断路器，每个路灯杆分支处采用 30mA 无延时型剩余电流动作断路器，组成上下级剩余电流动作保护系统。

（2）室外埋地灯、草坪灯距建筑物外墙 20m 及以内时，由建筑物内引出的电源采用 TN-S 系统，每个终端回路采用 30mA 无延时型剩余电流动作断路器保护。

（3）室外埋地灯、草坪灯距建筑物外墙大于 20m 时，由建筑物内引出的电源采用局部 TT 系统，在室外配电箱处或第一个灯具处设接地极，引出 PE 线后与后续灯具金属外壳连接。每回路采用 30mA 无延时型剩余电流动作断路器保护。

（4）建筑物本体上安装的 I 类灯具，采用 TN-S 系统，当安装高度大于 2.5m 时，配电回路采用 300mA 的剩余电流动作断路器保护，主要用于防火保护。当安装高度不大于 2.5m 时，每回路采用 30mA 无延时型剩余电流动作断路器保护（建筑物本体上安装的灯具，均采用 DC 48V 的 III 类灯具，灯具驱动电源均集中放置在配电竖井或吊顶内，驱动电源前端的配电，采用 300mA 的剩余电流动作断路器保护，用于防火保护）。

（5）安装灯具的金属构架和灯具、配电箱外露可导电部分及金属软管应可靠接地，且有标识。

（6）安装在人员可触及场所的灯具，应采用安全特低电压供电或防意外触电的保护措施。安全特低电压供电应采用安全隔离变压器，其二次侧不应接地。

（7）建筑上装设的景观照明应采取防雷措施，防雷应符合《建筑物防雷设计规范》（GB 50057—2010）及《建筑物电子信息系统防雷技术规范》（GB 50343—2012）的要求。

（8）为防止直击雷，在屋面及外墙上的照明灯具须安装在本建筑物防雷装置保护范围内，其金属外壳、穿线钢管、接线盒等须与就近的防雷装置做电气连接。灯具在设有接闪带的女儿墙上安装时，灯具安装高度应满足其顶部低于接闪带 100mm。当不在邻近的防雷装置有效保护范围内时，应采取相应的防直击雷的措施与防闪电电涌侵入措施，支撑景观照明设施的金属构件应接地。

（9）进出建筑物的照明管线，应在进出线端将电缆的金属外皮，穿线钢管等与防雷装置或电气设备接地系统相连。从配电箱引出的穿线钢管的一端与配电箱外壳相连，另一端与用电设备外壳，并就近与屋顶防雷装置相连。穿线钢管的连接处应设跨接线，当钢管因连接设备而中间断开时，也应设跨接线。

（10）室外终端照明配电箱内须装设相应保护等级的电涌保护器（SPD）。

（11）景观照明设施设置应确保夜间公共环境安全，应避免干扰光对机动车驾驶员形成失能眩光或不舒适眩光，对机动车驾驶员产生的眩光的阈值增量不应大于 15%；

（12）景观照明选用彩色光时，不应与道路、铁路、机场、航运等信号灯造成视觉上的混淆。

（13）景观照明设施设置结合所处环境的自然生态特性，正确选择照明参数，合理确定照明方式和照明时间，避免或减少人工照明对生态环境的影响，见照明方案。

26.7　照明设备安全要求

（1）灯具的安全性能应符合《灯具　第 1 部分：一般要求与试验》（GB 7000.1—2023）的规定，灯具的选择应与其使用场所相适应，防触电保护为 I 类的灯具应可靠接地，室外人体可触及的灯具均选用 III 类灯具，若选用非 III 类灯具，则采用剩余电流动作保护作为电击防护的附加防护。

（2）照明设备的选择应符合谐波电流发射限值的规定。

（3）室外安装的灯具防护等级不低于 IP65，埋地灯具防护等级不低于 IP67，水下灯具防护等级应为 IP68。

（4）150W 及以上的照明装置在每个灯具配电分支处单独设置短路保护，人员能触及灯具或金属灯杆时，还应设置剩余电流动作保护作为电击防护的附加防护。

（5）室外照明配电箱、控制箱的防护等级不应低于 IP54。

（6）景观照明控制模块应满足室外环境运行的温、湿度条件及防护等级的要求。

（7）每套灯具的导电部分对地绝缘电阻值应大于 2MΩ。距地 2.5m 以下的照明设备应借助于工具才能开启。

（8）LED 灯具应选用专用开关电源，LED 灯具输入电压应与开关电源输出电压一致。使用功率最高不超过总功率的 80%。

26.8　照明设备安装要求

（1）室外落地配电箱不应安装在低洼处，箱底距地不宜低于 300mm。

（2）灯具固定应可靠，在振动场所使用的灯具应采取防振措施，高空安装的灯具应采取抗风压、防坠落措施，需固定投射方向的灯具应具有便于调整、牢固锁定的装置。灯具安装所需的支架及零部件均应全部为不锈钢或铝合金材质，并做防腐处理。

（3）灯具安装应便于检修。

（4）安装在人员密集场所的灯具，应采用防撞击、防玻璃破碎等措施。人员可触及的照明设备，当表面高于 60℃时，必须采用隔离保护措施以防烫伤。

（5）安装在饰面的灯具应采取防火措施，灯具及配套电器、开关电源、控制器等电气设备禁止安装在可燃材料表面。

（6）开关电源、各种控制器必须安装在金属外壳的箱体内，不得埋在地面和墙体内。多个驱动电源置于箱体时，需考虑留有一定间隙，保持散热良好，不可堆积。

（7）室外灯具宜隐蔽安装，灯具外壳颜色应与安装部位表面颜色协调；外立面夜景照明灯具及布线应做到不外露、不易触碰到，主立面严禁外露。

26.9　线路敷设要求

（1）室内部分沿金属线槽敷设或热镀锌钢管敷设，室外园林部分采用电缆穿 PVC 塑料管直埋敷设，埋设深度 0.7m 以下。过马路处应再套保护钢管，壁厚不小于 2.0mm，并覆盖混凝土保护板或包封处理。

（2）金属导管和线槽应与 PE 线可靠连接，并采取防水、防腐措施。

（3）金属导管严禁对口熔焊连接；镀锌钢管及壁厚不大于 2mm 的钢导管不得套管熔焊连接。

（4）以专用接地卡做跨接的，两卡间连接线应采用铜芯软导线且截面积不小于 4mm^2。

（5）室外露天敷设的金属管路，连接处应采取防水措施，接线盒应是防水型。

（6）灯具与接线盒连接的金属软管，应采用防水防腐可弯曲金属导管，两端锁母应与导管配套，安装后不得脱落，防护等级应达到 IP55 或与灯具一致。

（7）易燃结构及饰面上敷设的管盒应采取防火措施。

（8）室外露天敷设的金属管路，应采用防腐性能好的管材，且不应采用冷镀锌管材。

（9）灯具接线盒的防护等级应与灯具防护等级一致。

（10）除产品允许外，不同电压等级的线路应分管敷设，并满足施工验收规范关于敷设间距的要求。

26.10　干扰光限制

（1）园区道路、人行及非机动车道照明灯具上射光通比的最大值不应大于表 26.10-1 的规定值（E3 区）。

表 26.10-1　灯具上射光通比的最大允许值

照明技术参数	应用条件	环境区域			
		E0 区、E1 区	E2 区	E3 区	E4 区
上射光通比	灯具所处位置水平面以上的光通量与灯具总光通量之比（%）	0	5	15	25

（2）居住空间窗户外表面上产生的垂直面照度不应大于表 26.10-2 的规定值（E3 区）。

表 26.10-2　居住空间窗户外表面的垂直照度最大允许值

照明技术参数	应用条件	环境区域			
		E0 区、E1 区	E2 区	E3 区	E4 区
垂直面照度 E_v(lx)	非熄灯时段	2	5	10	25
	熄灯时段	0*	1	2	5

* 当有公共（道路）照明时，此值提高到 1 lx。

（3）夜景照明灯具朝居室方向的发光强度不应大于表 26.10-3 的规定值。

表 26.10-3　夜景照明灯具朝居室方向的发光强度最大允许值（E3 区）

照明技术参数	应用条件	环境区域			
		E0 区、E1 区	E2 区	E3 区	E4 区
灯具发光强度 I(cd)	非熄灯时段	2500	7500	10000	25000
	熄灯时段	0*	500	1000	2500

* 当有公共（道路）照明时，此值提高到 500cd；本表不适用于瞬时或短时间看到的灯具。

（4）当采用闪动的夜景照明时，相应灯具朝居室方向的发光强度最大允许值不应大于表 26.10-3 中规定数值的 1/2（E3 区）。

（5）建筑立面和标识面的平均亮度不应大于表 26.10-4 的规定值（E3 区）。

表 26.10-4　建筑立面和标识面的平均亮度最大允许值

照明技术参数	应用条件	环境区域			
		E0 区、E1 区	E2 区	E3 区	E4 区
建筑立面亮度 L_b（cd/m²）	被照面平均亮度	0	5	10	25
标识亮度 L_s（cd/m²）（不适用于交通信号标识）	外投光标识被照面平均亮度；对自发光广告标识，指发光面平均亮度	50	400	800	1000

（6）E1 区和 E2 区里不应采用闪烁、循环组合的发光标识，在所有环境区域这类标识

均不应靠近住宅的窗户设置。

（7）室外照明采用泛光照明时，应控制投射范围，散射到被照面之外的溢散光不应超过灯具输出总光通量的 20%。

（8）制订合理的景观照明开关灯时段和时间，见照明方案。

（9）在设置公共灯光艺术装置、激光表演装置、投影装置等特殊景观照明设施前，对可能受到干扰光影响的潜在受害对象进行分析评估，见照明方案。

26.11　管理与维护

（1）设施的产权单位应有固定的专业维修队伍对景观照明效果实施有效的监督。

（2）设施的维护管理单位应建立健全管理、运行、维护的各项制度，制定突发事件的应急预案和措施；明确岗位责任制，维修人员应持证上岗；在重大节日重点项目应派专业人员全程值守。

（3）照明设施应在规定的时间开启与关闭，按设计的模式和控制程序运行，并应能在特殊需要时紧急开启与关闭。

（4）重大节日（活动）前应对景观照明设施进行全面检查维护。

26.12　抗震设计

本工程抗震设计，参见《建筑机电工程抗震设计规范》（GB 50981—2014）。电气管路敷设时符合下列措施：

（1）当线路采用金属导管、刚性塑料导管、电缆梯架或电缆槽盒敷设时，使用刚性托架或支架固定，不使用吊架。当使用吊架时，安装横向防晃吊架。

（2）当金属导管、刚性塑料导管、电缆梯架或电缆槽盒穿越防火分区时，其缝隙采用柔性防火封堵材料封堵，并在贯穿部位附件设置抗震支撑。

（3）金属导管、刚性塑料导管的直线段部分每隔 30m 设置伸缩节。

（4）本项目中选用的配电箱、柜及箱、柜内组件应考虑与支撑结构件的相互作用，元器件之间采用软连接，接线处做防振处理。

（5）设在建筑物屋、构筑物上的灯具应取防止因地震导致设备或其部件损坏后坠落伤人的安全防护措施。

26.13　其他

（1）配电箱的外形尺寸仅为参考，由施工方根据现场实际情况深化，深化图纸经设计单位审核、业主确认后方可实施。

（2）本工程照明配电箱的配电系统及配电箱的安装位置，由施工方根据现场实际情况深化，深化图纸经设计单位审核、业主确认后方可实施。

（3）线路图中线路不完全表示实际走线点，具体走向应由施工单位在满足经济、合理的前提下，根据实际进行深化，深化图纸经设计单位审核、业主确认后方可实施。

（4）图中相序平衡表述不完善时，应根据实际情况调整相序，使之尽量趋于平衡。

（5）除特别说明外，灯具的固定螺丝均应采用不锈钢螺栓；金属软管均应采用防腐、防水型可挠金属软管。

（6）凡与施工有关而又未说明之处，参见国家相关规范或国家、地方标准图集施工，或与设计院协商解决。

（7）本工程所选设备、材料，应符合设计文件要求，必须满足与产品相关的国家标准及相应的检测合格证书；供电产品、消防产品应具有相关许可证。

（8）为设计方便，所选设备型号仅供参考，招标所确定的设备和材料的规格、性能等技术指标不应低于设计图纸的要求。所有设备确定厂家后均需建设、施工、设计、监理四方进行技术交底。

（9）建设方、施工方应遵守《建设工程质量管理条例》（国务院令第 279 号）。

（10）施工过程中，施工现场供用电应严格执行 GB 55034—2022、GB 50194—2014 及 JGJ/T 46—2024 的要求。现场施工遵守《建设工程安全生产管理条例》（国务院令第 393 号）的规定。

（11）建设方应提供电源等市政原始资料，原始资料必须真实、准确、齐全。

（12）施工单位必须按照工程设计图纸和施工技术标准施工，不能自行修改工程设计，施工单位在施工过程中发现设计文件和图纸有差错的，应当及时提出意见和建议。

（13）建设工程竣工验收时，必须具备设计单位签署的质量合格文件。

（14）其他未尽事宜，请参照现行国家和地方的有关规范、规程、标准图集，或现场业主要求执行。

（15）参考图集：

《建筑电气与智能化通用规范》（24DX002-1）

《民用建筑电气设计与施工》（2008 年合订本）（D800-1 ～ 8）

《常用灯具安装》（96D702-2）

《特殊灯具安装》（03D702-3）

《照明装置》（09BD6）。

后　　记

在本书即将付梓之际，作为主编，心中感慨万千。编写这本书的过程，犹如一场充满挑战与收获的旅程。

清华大学建筑设计研究院有限公司一直致力于推动建筑设计领域的发展与创新。强电犹如人的动脉血管，一旦出问题，会出现脑梗、心梗，生命不保。智能化犹如人的毛细血管和神经末梢，一旦某个部位出问题，会出现嘴歪眼斜、半身不遂等症状。电气与智能化任何地方有故障，都会带来建筑安全与舒适方面的问题。特别是电气专业人员，在建筑设计各专业的最末端，要为每个专业服务，时间紧，内容多，如何能高效保质保量完成任务，一直是我们面临的难题。我们深刻认识到，统一的技术措施对于确保项目的质量、安全和效率具有至关重要的意义。编写这本书的初衷便是为了整合我们多年来的实践经验、专业知识以及行业的最新发展成果，为建筑电气与智能化设计人员提供一份具有实际指导价值的参考资料，提高效率与准确性。

为了完成这本书，我们的团队付出了巨大的努力。众多专业人员参与其中，他们不仅要完成生产任务，还要对自己负责的章节精雕细琢，这些基本上都是在业余时间内完成的。团队凭借着扎实的理论基础和丰富的实践经验，对每一个章节、每一个技术细节都进行了深入地探讨和严谨地推敲，特别是戴德慈教授对全书内容进行的审校，严谨细致，提出了很多建设性的意见和建议，我对团队人员的付出深表感谢和敬意。

在编写过程中，我们充分考虑了行业的现状和未来发展趋势，力求使本书既具有现实的可操作性，又能为未来的技术发展提供一定的前瞻性引导。然而，我们也清楚地知道，建筑电气与智能化领域的技术飞速发展，新的理念和方法也在不断涌现，规范和标准不断更新，尽管我们努力追求内容的全面和准确，本书在送印之前，院内也试用了一年，但本书肯定会存在不足之处，我们诚挚地希望广大读者在使用过程中，能够提出宝贵的意见和建议，以便我们在今后的工作中不断完善和改进。

最后，我要感谢清华大学建筑设计研究院有限公司的领导和同事们给予的支持与帮助，院技术委员会、技术质量部和科技发展部的领导、同事鼎力支持，是他们的信任和鼓励让这本书得以顺利诞生。院技术委员会主任、首席总建筑师庄惟敏院士的支持与肯定并为本书作序，使我们编写团队倍感鼓舞和温馨，同时，也要感谢行业内各位专家、学者的指导与关心，他们的专业见解为本书增色不少，感谢中国电力出版社有限公司翟巧珍编辑的认真负责，对专业的熟悉，使本书能够快速与大家见面。

希望这本书能够成为建筑电气与智能化设计领域的有益工具，为推动行业的发展贡献一份力量，让我们共同努力，创造更加安全、智能、舒适的建筑环境。

2024 年 8 月

参 考 文 献

[1] 中国航空规划设计研究总院有限公司. 工业与民用供配电设计手册. 4 版. 北京：中国电力出版社，2016.

[2] 北京照明学会设计专业委员会. 照明设计手册. 3 版. 北京：中国电力出版社，2016.

[3] 王厚余. 建筑物电气装置 600 问. 北京：中国电力出版社，2013.

[4] 任元会. 低压配电设计解析. 北京：中国电力出版社，2020.

[5] 任元会. 低压配电设计解惑. 北京：中国电力出版社，2023.

[6] （法）Schneider Electric. 电气装置应用（设计）指南施耐德电气专家团队，译. 北京：中国电力出版社，2017.

[7] 中国建筑设计研究院有限公司. 建筑电气设计统一技术措施. 北京：中国建筑工业出版社，2021.

[8] 北京市建筑设计研究院有限公司. 建筑电气专业技术措施. 2 版. 北京：中国建筑工业出版社，2016.

[9] 住房和城乡建设部工程质量安全监管司，中国建筑标准设计研究院. 全国民用建筑工程设计技术措施 2009. 北京：中国计划出版社，2009.

[10] 全国建筑物电气装置标准化技术委员会. 建筑物电气装置国家标准汇编. 4 版. 北京：中国标准出版社，2019.

[11] 徐华. 应急照明设计简析 [J]. 建筑电气，2019（12）.

[12] 徐华. 消防应急照明和疏散指示系统应注意的问题探讨 [J]. 建筑电气，2021（8）.

[13] 徐华. 论城市照明电气安全 [J]. 建筑电气，2021（4）.

[14] 徐华. 10kV 变电所接地做法简析 [J]. 建筑电气，2023（4）.

[15] 清华大学建筑设计研究院有限公司，中国建筑标准设计研究院有限公司，应急管理部沈阳消防研究所. 19D702-7 应急照明设计与安装 [M]. 北京：中国计划出版社，2019.

[16] 中华人民共和国住房和城乡建设部，国家市场监督管理总局. 建筑节能与可再生能源利用通用规范：GB 55015—2021[S]. 北京：中国建筑工业出版社，2021.

[17] 中华人民共和国住房和城乡建设部，国家市场监督管理总局. 建筑环境通用规范：GB 55016—2021[S]. 北京：中国建筑工业出版社，2021.

[18] 中华人民共和国住房和城乡建设部，国家市场监督管理总局. 建筑电气与智能化通用规范：GB 55024—2022[S]. 北京：中国建筑工业出版社，2022.

[19] 中华人民共和国住房和城乡建设部，国家市场监督管理总局. 安全防范工程通用规范：GB 55029—2022[S]. 北京：中国建筑工业出版社，2022.

[20] 中华人民共和国住房和城乡建设部，国家市场监督管理总局. 建筑防火通用规范：GB 55037—2022[S]. 北京：中国建筑工业出版社，2022.

[21] 公安部天津消防研究所，公安部四川消防研究所. 建筑设计防火规范：GB 50016—2014[S]. 北京：中国计划出版社，2018.

[22] 清华大学建筑设计研究院有限公司. 教育建筑电气设计规范：JGJ 310—2013[S]. 北京：中国建筑工业出版社，2014.